情報処理技術者試験講師 **石田宏実** 著

# この1冊で合格!
## 石田宏実の
# 応用情報
## 技術者

シラバス
**7.0**
完全対応

# テキスト&問題集

JN039042

**KADOKAWA**

# 人気トップ講師が合格へナビゲート!

短期合格のために楽しく無駄のない勉強をしましょう

情報処理技術者試験講師
## 石田宏実

本書はオンライン講座 Udemy の応用情報技術者試験関連コースにて,トップの受講生数(午前版・午後版累計 3 万人超)を誇る石田先生が執筆しています。「へ~」と言いたくなる楽しい人気解説を,本書に凝縮!

---

## STEP 1　本書の 4大ポイント!

### ① 必修ポイントをきっちり理解できる

厳選した必修ポイントを,学びやすい順序で解説。日常的でない用語は具体例を挙げて丁寧に説明します。応用情報技術者試験は理解が最高の近道です!

### ② オールインワンで安心

わかりやすいテキストだけでなく,問題も豊富に掲載。学んだばかりの知識の理解度を,節末・章末で確認できます。本書 1 冊で合格レベルの知識が身につきます。

### ③ 人気講師が解説

プログラマとしての実務経験に裏打ちされたイメージしやすい解説。過去問を徹底分析してつかんだ,合格への最適な道筋を指南します。

### ④ 知識が身につく読者特典

①基礎知識をフォローする解説動画,②合格に必要十分な 5 回分の過去問解説動画, ③いつでも問題がとける Web アプリ問題集つき!

# だから**合格**できる！

応用情報技術者試験は試験範囲が広く難しいため，厳選した重要テーマを，学びやすいところから順に，そしてできれば興味深く学んでいけるように工夫しています。本書では応用情報技術者試験からトライする人でも取り組みやすいように解説レベルを下げ，補足の解説動画もつけています。

# わかりやすく学べる 紙面のヒミツ！

## 1 導入文
各テーマの概要を端的に紹介！俯瞰の視点で理解が深まる

## 3 過去問題
学んだ内容の過去問題をすぐに解いて知識を定着させよう

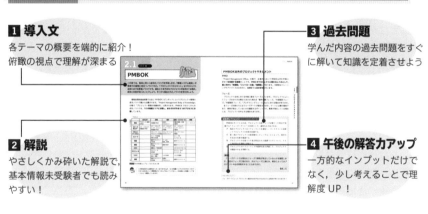

## 2 解説
やさしくかみ砕いた解説で，基本情報未受験者でも読みやすい！

## 4 午後の解答力アップ
一方的なインプットだけでなく，少し考えることで理解度 UP ！

## 5 章末の確認問題
各章で身につけた知識を過去問題で総復習できる！

 このマークが付いたテーマにはより詳しい解説動画あり（読者特典の詳細は p.664）

**AM** **PM** 午前試験 / 午後試験で必要となる知識

**Q 午後の解答力UP!** 午後試験を見据えたミニクイズ。解答は次ページ

# はじめに

　学生時代，応用情報技術者試験（以下「応用情報」）の前身となる「第一種情報処理技術者試験」に合格しました。しかし，私は合格するまで，「苦手な数学を完全にマスターしないと合格できない」という大きな勘違いをしていました。本書は，そう勘違いしていた 20 数年前の自分に向けた，合格だけに特化した書籍です。

　試験は実務とは違います。実務では 100 点を取らないとクレームに発展しますが，試験では 60 点で合格です。真面目な人ほど仕事のように 100 点を目指してしまうのですが，試験は「点取りゲーム」です。ゲームである以上，攻略法があります。応用情報における攻略法を知るためにはまず，試験の概要を理解する必要があります。

　試験主催団体のサイトには「期待する技術水準」が書かれています。基本情報の場合には明確に「プログラムを作成できる」とありますが，応用情報にはこれがありません。その代わり「動向や事例を収集できる」や「提案書を作成できる」「技術の調査が行える」などの言葉が並びます。つまり，応用情報はプログラマ向けではなく，「偉い人（管理者）向け」の試験なのです。

　現にプログラムの問題は基本情報では必須ですが（科目 B），応用情報では違います。もちろん数学が受験者全員に不要ということではありません。人によっては「代わりに選ぶ分野がどうしてもわからないから，数学の理解が必要なプログラムの問題を選ぶ」などの事情はあるかもしれません。ここで言いたいのは，学習は楽しくなければ非効率だということです。もし必要性が薄いなら苦手な分野は軽く学習し，楽しい分野をもっと重点的に学習してよいのです。

　本書ではとにかく，挫折しないよう学習できるよう心がけました。章立ても工夫し，「情報システム開発」「プロジェクトマネジメント」から始まり，「基礎理論」「アルゴリズム」などは後半に配置しています。第 1 章からいきなり身近ではない数学的な話から入ることを避けることで，学習意欲を維持できるようにしました。

　さらに，「へぇー」の連続で興味深く学習できるように工夫してみました。あなたが楽しく応用情報技術者試験に合格し，次のステップとして様々な試験にチャレンジするきっかけとなればこれほど嬉しいことはありません。

　校閲を学生時代からの友人である佐藤君にお願いしました。的確な指摘，ありがとう。また，本書を執筆する上で筆者の想いに共感していただき，企画や編集面でご尽力いただいた関係者の方々に心から感謝いたします。

石田宏実

# 目次

## 1章 情報システム開発

### 1.1 共通フレーム

### 1.2 ウォータフォールモデル

### 1.3 アジャイル開発

### 1.4 分析・設計

### 1.5 オブジェクト指向

### 1.6 モジュール分割

### 1.7 テスト

### 1.8 レビュー

## 2章 プロジェクトマネジメント

### 2.1 PMBOK

### 2.2 統合マネジメント

### 2.3 ステークホルダーマネジメント

### 2.4 コミュニケーションマネジメント

### 2.5 スコープマネジメント

### 2.6 資源マネジメント

# 6章 データ構造と アルゴリズム

# 7章 基礎理論

# 11 章 セキュリティ

# 1 試験概要

応用情報技術者試験（以下「応用情報」）は，情報処理推進機構（IPA）が実施するITに関する国家資格のひとつです。IPAによれば，当試験の対象者は「ITを活用したサービス，製品，システム及びソフトウェアを作る人材に必要な**応用的知識・技能をもち，高度IT人材としての方向性を確立した者**」とあります。

## 試験の詳細

試験は「午前」「午後」に分かれており，どちらも100点満点中**60点以上**を取ると合格です。

|  | 試験時間，出題形式 | 出題分野 |
|---|---|---|
| **午前** | 9:30 〜 12:00（150分）<br>四肢択一（出題数：80／<br>解答数：80問） | テクノロジ系／マネジメント系／ストラテジ系 |
| **午後** | 13:00 〜 15:30（150分）<br>記述式（出題数：11問／<br>解答数：5問） | 問1（必須）：情報セキュリティ<br>問2〜11（次の10分野から4問選択）：経営戦略／プログラミング／システムアーキテクチャ／ネットワーク／データベース／組込みシステム開発／情報システム開発／プロジェクトマネジメント／サービスマネジメント／システム監査 |

試験は春期，秋期の年2回実施です。受験資格は特になく，インターネットにて申込み，受験手数料は7,500円（税込）。全国の試験会場にて実施されます。

|  | 受験申込 | 試験 | 合格発表 |
|---|---|---|---|
| **春期** | 1月 | 4月 | 6月 |
| **秋期** | 7月 | 10月 | 12月 |

最新の試験情報は，必ず試験運営団体のIPAのHPにて確認してください。

IPAのHP：https://www.ipa.go.jp/shiken/index.html

# 2 学習計画

## 午前問題の学習計画

　情報処理技術者試験は，すべての試験区分で 60 点が合格基準です。応用情報では午前試験，午後試験ともに 60 点です。60 点で合格できる試験は，実はそれほど多くありません。他の資格試験では 70 点合格のものが多いのですが，情報処理技術者試験は違います。これを「60 点取らなくてはならない」と考えがちですが「40 点不正解でも合格できる」と考えてください。つまり，**多少の苦手分野があっても合格できる**といえます。

### 100点を目指さない

　午前試験は 80 問出題されますから，48 問正解すると合格です。つまり 32 問は不正解でも合格できます。しかし「では自信を持って 48 問正解できるようにしよう」とは思わなくて結構です。4 択問題ですから適当に答えた問題のうち 25％ は正解します。この 25％ を差し引くと，自信を持って答えるべき問題数は 38 問で，残りの 42 問は適当に選んでも合格基準の 48 問に到達するのです。

もちろんこれは，理論的にはそうであるというだけです。60 点ギリギリを狙うわけにはいきませんし，自信を持って答えても不正解の場合もあります。試験回の難易度もあるでしょう。しかし，**すべての問題に正解しようという意気込みで学習を始めるのは非常に効率が悪い**のです。

### 分野ごとに学習する濃度を設定する

　例えば，どうしてもデータベースが苦手な人がいたとします。その場合，データベースに関する対策はそこそこでも午前試験は合格できます。なぜならデータベースの出題は，午前試験 80 問のうち 5 問か 4 問だからです。仮に多く出題された試験回で 5 問出題されたとします。この 5 問すべてが不正解だったとしても，まだ全体では 27 問も間違えることができます。しかも 4 択問題ですから，この 5 問をすべて適当に選んだとしてもどれか 1 問くらいは正解するでしょう。もちろん，ある程度の学習はしたほうがよいでしょうから，5 問中 2 問は正解するとします。

　一方でその受験者は，ネットワークを学習していると比較的楽しいと感じるとします。学習がはかどるでしょうから，ぐんぐんと知識がついてきます。近年ではネットワークの問題は 6 問または 5 問出題されます。仮に 6 問出題されたとすると，そのうち 5 問は正解するはずです。データベースが 2 問しか取れなくてもネットワークで 5 問取ると，「データベース＋ネットワーク」で，11 問中 7 問正解したことに

なります。これで 63.6％ですから，合格圏内です。

　そう考えると，これから学習する知識のうち苦手分野については 2 つに 1 つくらいはよくわからなくても大丈夫，ということになります。データベースであれば，例えば「正規化の方法」は難易度が比較的高いと感じるかもしれませんが，他で挽回できるのであれば多少は習熟度に目をつぶることも可能です。

　また数学が圧倒的に得意であるという受験者は，それほど多くはないのではないでしょうか。例えば以下のような問題が出たことがあります。

---

　問 1　非線形方程式 $f(x) = 0$ の近似解法であり，次の手順によって解を求めるものはどれか。ここで，$y==f(x)$ には接線が存在するものとし，（3）で $x_0$ と新たな $x_0$ の差の絶対値がある値以下になった時点で繰返しを終了する。

　〔手順〕
　（1）解の近くの適当な $x$ 軸の値を定め，$x_0$ とする。
　（2）曲線 $y = f(x)$ の，点 $(x_0, f(x_0))$ における接線を求める。
　（3）求めた接線と，$x$ 軸の交点を新たな $x_0$ とし，手順（2）に戻る。

令和 3 年度秋期 問 1

---

　果たしてこれがわかるようになるまで，数学を勉強しなければならないのでしょうか？　数学関連の出題は近年では 3 問です。このうち「手に負えない」と感じることがあるとすれば，おそらく 1 問か 2 問だと思います。以下の問題も数学に関してですが，こちらは頑張ればなんとかなるのではないでしょうか？

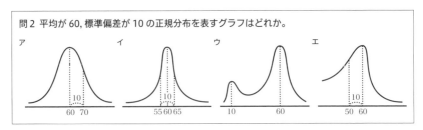

問 2 平均が 60，標準偏差が 10 の正規分布を表すグラフはどれか。

令和 5 年度春期 問 2

　このように分類に応じて，目指す得点が異なるのは正しいことです。もちろん数学が得意な受験者は 3 問とも正解するよう学習することで，他の分類で手を抜くことが許されるようになります。個人の興味や経験，知識レベルと相談して学習するボリュームを分類ごとに設定しましょう。

## 情報セキュリティは優先的に学習する

　情報セキュリティについては IPA が公式に「問題を増やす」と明言しています。そして実際にそれから増加傾向にあります。午後試験では問 1 が情報セキュリティであり，唯一の必須問題です。また高度試験の午前 II でも最高レベルであるレベル 4 の情報セキュリティ問題が出題されます。応用情報で出題される情報セキュリティの問題はレベル 3 に設定されています。つまり情報セキュリティについては苦手などとは関係がなく，多少無理をしてでも学習をしなければならない分野です。

## どの問題に力を入れるのかを選ぶ

　ここまでの話を総合すると，「情報セキュリティ」は別として，**それほど得意ではない分野は理解度 50% を目指して学習し，すでに知識があったり，学習していて楽しい分野は理解度 80% を目指す**学習方法だと効率がよいということになります。

その「分野」を，筆者が考えたくくりになりますが，以下に列挙してみます。ある程度シラバスに沿っていますが，一部異なります。「午前」欄は大まかな出題数です。「午後」欄は対応する午後試験の分野です。

興味を基準に重点的に学習する分野を検討する

| 興味 | 午前試験の出題数目安 | 午後試験 | 本書の対応する章 |
|---|---|---|---|
| 数学 | 3 | | 第 7 章 |
| プログラムが動く仕組み | 4 | 問 3：プログラミング | 第 6 章 |
| コンピュータの仕組み | 15 | 問 7：組込みシステム | 第 8 章 |
| データベース | 5 | 問 6：データベース | 第 9 章 |
| ネットワーク | 6 | 問 7：ネットワーク<br>問 1：情報セキュリティ * | 第 10 章<br>第 11 章 |
| セキュリティ | 10 | 問 1：情報セキュリティ | 第 11 章 |
| システム開発の手法 | 4 | 問 8：情報システム開発 | 第 1 章 |
| プロジェクト管理 | 4 | 問 9：プロジェクトマネジメント | 第 2 章 |
| 運用中のシステムの管理 | 3 | 問 10：サービスマネジメント | 第 3 章 |
| 監査 | 3 | 問 11：システム開発 | 第 4 章 |
| 経営／マーケティング | 7 | 問 2：経営戦略 | 第 5 章 |
| 会計 | 1 | 問 2：経営戦略 | 第 5 章 |
| 法律 | 4 | 問 2：経営戦略 | 第 5 章 |

＊試験回によって変動あり

「午前」欄はあくまで大まかな出題数であり，合計しても 80 問になりません。例えば過去に出題された「集団思考の説明として，適切なものはどれか。」という問題はどこにも含めていません。

　ここで知って欲しいのは，例えば「会計」を一生懸命学習したところで 1 問しかでないということです。この 1 問を「どうせ 1 問しかでないのだから**捨てる**」というのも正しい選択ですし，反対に「必ず 1 問は出るのだから**やる**」も正しいでしょう。

　筆者は学生時代に簿記を学習していましたし，会計事務所に勤務していた経験もありますので「会計」については，学習はスムーズだろうと考えました。そのため受験したときには，絶対にこの 1 問を得点するつもりで学習しました。しかしもしそうでなければ，捨てたかもしれません。午後試験で会計の知識が問われるのは数回に 1 度ですし，会計の知識を得たところで，実務上使う可能性は低いと考えたからです。もちろん学習意欲旺盛なあなたのことですから「絶対に理解したい」と思うかもしれませんが，こと試験対策ということで言えば必須ではないということになります。

　それでは，いますぐ上の表から，**午前試験で何を重点的に学習するか**を選んでください。目安としては「午前」欄が合計で 40 以上になるようにしてください。余裕があったり，すべて楽しそうであればもちろんすべてに○をつけましょう。そして○をつけた分野は 80％正解することを目指し，○をつけなかった分野は 50％正解することを目指しましょう。

　午前試験で力をいれる分野を選ぶにあたり，午後試験の存在も考える必要があります。例えば「数学」を一生懸命学習しても午前試験ではおそらく最大で 3 問正解するだけです。これを「多い」と考えるかは人それぞれですが，少なくとも午後試験には無関係です。それよりも午後試験で必須問題である「情報セキュリティ」に力を入れた方がよいかもしれません。

## 過去問題からの流用

　午前試験は，応用情報の過去問題からの流用が 40％程度です。近年は，他の高度試験などや情報セキュリティマネジメントなどからの流用も増えてきていますが，それでも多くは応用情報からの流用です。

　流用される場合，表現上の微調整がなされる場合はあれど，多くの場合は問題文や解答群も含めても全く同じです。微調整の類も含めると 40％程度が過去問題からの流用です。そうなると，過去問題をたくさん解くことが攻略法となるかもしれません。近年の出題だけで分析すると，もっとも近い試験回からの流用としては 1 年半前です。つまり 3 回前の試験からの流用が，最も近い試験回からの流用です。ただし全体としては 5 年以上前からの出題が多い傾向にあります。そのため，直近の 3 年間からの流用はほんの少ししかないと結論づけることができます。問題の流用があるという理由で過去問題をたくさん解こうとする場合，5 年前から 3 年以上遡るべきです。つまり **5 年前から 8 年前までを遡る**のが最低ラインです。

ただしこれは「同じものが出たから，わからなくてもそのまま答える」という対策の場合です。実際には，**受験する回から3年ほど遡る過去問題対策がおすすめ**です。確かに直近3年の流用はほとんどありません。しかし，過去問題を解くことで得られる知識が試験で役立つ効果が期待できます。

　例えば，この問題を学習することで，デルファイ法に関する知識を得たとします。

---

問75　予測手法の一つであるデルファイ法の説明はどれか。

　ア 現状の指標の中に将来の動向を示す指標があることに着目して予測する。
　イ 将来予測のためのモデル化した連立方程式を解いて予測する。
　ウ 同時点における複数の観測データの統計比較分析によって将来を予測する。
　エ 複数の専門家へのアンケートの繰返しによる回答の収束によって将来を予測する。

---

令和4年度秋期 問75

　すると，その次の試験に出題されたこの問題はおそらく正解できるでしょう。

---

問54　プロジェクトのリスクマネジメントにおける，リスクの特定に使用する技法の一つであるデルファイ法の説明はどれか。

　ア 確率分布を使用したシミュレーションを行う。
　イ 過去の情報や知識を基にして，あらかじめ想定されるリスクをチェックリストにまとめておき，チェックリストと照らし合わせることによってリスクを識別する。
　ウ 何人かが集まって，他人のアイディアを批判することなく，自由に多くのアイディアを出し合う。
　エ 複数の専門家から得られた見解を要約して再配布し，再度見解を求めることを何度か繰り返して収束させる。

---

令和5年度春期 問54

　ほとんど同じ問題が出ることを期待した「過去問題 丸暗記対策」は，かなり昔まで遡らないとあまり意味がありません。もちろん余裕があるのであれば，試験の大幅見直しがあった平成21年度から学習してみるとよいでしょう。しかし労力に

比べてあまり得点は上がりません。また午後試験の得点アップにも役立ちません。直近 3 年を解き，それらの問題を起点とした周辺知識を得るように学習してください。

## 午後問題の学習計画

### 何を選択するか

　次に午後試験の選択です。情報セキュリティは必須ですが，その他は選択問題であり 4 問を選ぶことになります。先ほど選んだ午前試験の分野のうち，もし対応する午後試験があるのであればそれらを選ぶとよいでしょう。

　なお，xv ページの表には「問 4　システムアーキテクチャ」はありません。システムアーキテクチャは試験回によって大きく内容が変わります。ある試験回ではネットワークに関連する問題だったり，また別の試験回はシステム開発だったりと，**システムアーキテクチャはなかなか対策が難しい分野です**。そのため，当日に問題を見て決めることになるでしょう。

「ネットワーク」に注目してください。午後試験では「ネットワーク」はもちろん「情報セキュリティ」も関連しています。試験回によって変動しますので▲としていますが，関連性が強い試験回もあります。例えば，令和 3 年度春期の情報セキュリティ（問 1）は，ネットワークとまったく関連がない問題でした。しかし，このような問題は少なく，ネットワークと関連が深い，いわゆる「ネットワークセキュリティ」の出題が多い傾向にあります。

　さらに「システムアーキテクチャ」では，ネットワークに関連した問題も出題されることがあります。そのため**もしそれほど抵抗がないのであればネットワークの学習をお勧めします**。午前試験でも近年は，データベースよりも常に 1 問多く出題されており，知識があれば少しばかり午前試験でも有利です。ただし，重要なのは「楽しいか」です。楽しければどんな学習でも記憶に残りますし，長続きします。

### 「読解」問題と「知識」問題

　午後試験は複数の「設問」で構成されています。それぞれの設問はさらに（1）（2）などから構成されています。それらは「読解力」が必要な問題と，「知識」が必要な問題と，それら「両方」が必要なものがあります。

　例えば，以下は読解力が必要な設問です。

---

（3）本文中の下線②について，経理部と調整すべきことを，30 字以内で答えよ。

---

令和 5 年度春期 問 10 の設問 2（3）

　では下線②をみてみましょう。

また，今後，経理部では，勤務時間を製造部に合わせて，交替制で夜勤を行う勤務体制を採って経理業務を行うことで，業務のスピードアップを図ることを計画している。この場合，会計系業務システムのサービス時間を見直す必要がある。そこで，X氏は，表4のサービスレベル目標の見直しが必要と考え，表3のサービスカタログを念頭に，②経理部との調整を開始することにした。

該当する下線を確認する

　本文を読んで話を理解し「経理部とはどんな調整が必要なのか」を答えることになります。一方，以下は知識だけが必要な問題です。

| 1 | INSERT INTO 従業員 _ 所属 _ 一時 （従業員コード，組織コード）<br>　SELECT A. 従業員コード，A. 所属組織コード FROM 所属 A，役職 B<br>　　WHERE TO_DATE （：集計年月日） e A. 所属開始年月日 AND A. 所属終了年月日<br>　　AND A. 役職コード = B. 役職コード AND f |
|---|---|
| 2 | INSERT INTO 従業員ごと _ 目標集計 _ 一時 （従業員コード，KPI コード，目標個人集計）<br>　SELECT 従業員コード，KPI コード，SUM （月別目標値） FROM 月別個人目標<br>　　WHERE 年月 e ：年度開始年月 AND ：集計年月<br>　　 g |

令和5年度春期 問6の設問2（1）

　システム監査などの「マネジメント系」や，経営戦略などの「ストラテジ系」は読解力が必要な設問が多い傾向にあります。情報セキュリティは「知識」寄りですが，一部「読解力」も必要です。データベースやネットワークなどの「テクノロジ系」はさらに「知識」寄りです。
　**「知識」寄りということは午前試験の学習が生きやすい**ことを意味しています。また**午後試験の学習をすることで，午前試験の点数も上がっていきます**。例えばデータベースの午前試験対策をすると，午後試験にも役立ちます。一方，システム監査の午後試験は読解力寄りの分野ですから，午前試験対策をしてもあまり午後試験のシステム監査には役立ちません。
　読解力が必要な試験対策としては，まず実際の経験が非常に有利です。以下のようなストーリーがよく試験では語られます。

Y 社は製造会社であり，国内に 5 か所の工場を有している。Y 社では，コスト削減，製造品質の改善などの生産効率向上の目標達成が求められており，あわせて不正防止を含めた原料の入出庫及び生産実績の管理の観点から，情報の信頼性向上が重要となっている。このような状況を踏まえ，内部監査室長は，工場在庫管理システムを対象に工場での運用状況の有効性についてシステム監査を実施することにした。

令和 5 年度春期 問 11 の冒頭部分

　実際にこれと似た経験をしていれば，問題文の読解が容易なので得点しやすくなります。しかし経験がなくても，午後試験の過去問を大量にこなすことで対策が可能です。過去問題を解くことで，どのような出題があり，どのような答えが期待され，どのようなところにヒントがあるのかが理解できるようになってきます。

## 記述式と選択式
　午後試験というと記述式のイメージがありますが，かなり選択式も出題されます。また一見すると記述式に見えますが，実際のところ選択式に近い問題も多数あります。
　また，以下は選択式ではありませんが，実質的には選択式に近い問題です。

（1）本文中の　g　，　h　に入れる適切な字句を，表 2 中の Web API 名の中から答えよ。

令和 5 年度春期 問 4 設問 3（1）

　「表 2」は以下です。この表の「Web API 名」から答えるのですから，実質 3 択問題です。

| 表 2 AP で提供する Web API | |
|---|---|
| Web API 名 | 概要 |
| ITNewslist | 表示させたい IT ニュース一覧画面のページ番号を受け取り，そのページに含まれる記事の記事番号，関連する画像の URL，見出し，投稿日時のリストを返す。データは，キャッシュサーバから取得する。 |
| ITNewsDetail | IT ニュース記事画面に必要な見出し，投稿日時，本文，本文内に表示する画像の URL，関連する記事の記事番号のリストを返す。1 件の記事に対して関連する記事は 6 件である。データは，キャッシュサーバに格納されている場合はそのデータを，格納されていない場合は，RDB から取得してキャッシュサーバに格納して利用する。キャッシュするデータは① LFU 方式で管理する。 |
| ITNewsHead line | IT ニュース記事画面に表示する，関連する記事 1 件分の記事に関する画像の URL と見出しを返す。データは，キャッシュサーバから取得する |

令和 5 年度春期 問 4 表 2

しかも空欄の「g」「h」はこのような文章です。

Web API " [ g ] " 内から，Web API " [ h ] " を呼び出すように処理を改修する必要がある。

令和 5 年度春期 問 4 本文の空欄 g と h

つまり（g）と（h）は違うものが入るはずです。仮に空欄（g）の答えに自信があるのであれば（h）は残りの 2 択問題となります。

このように学習は必ず戦略的に行なってください。戦略的な学習経験は，必ず仕事でも役に立ちます。

# 3 解答の戦略

## 午前試験の解答戦略

午前試験は 150 分で 80 問を解答します。単純計算で 1 問あたり 2 分弱です。簡単な問題は 1 問 1 分以下とし，他の難しい問題のための時間を確保しましょう。

### 問1は後回しにする

問 1 は毎回，数学の問題が出題されます。多くの受験者は難しいと感じるはずです。過去問からの流用で，容易に答えることができる場合でなければ，後回しにしましょう。解けなくてもわずかに 1 問です。ここで疲弊して他の 79 問に悪影響があるよりは，最後に回すべきです。

### 3周に分けて解いていく

問 1 はスキップしたとして，問 2 から順に問題文をながめていきます。**1 周目**では，簡単だと感じる問題を次々と解答していきましょう。難易度が「中」や「高」の問題には○や△などのマークをつけるだけに留めます。

**2 周目**では難易度が「中」の問題を中心に解いていきます。ここで時間と体力を消耗しすぎると，3 周目で対応するべき「高」の解答に影響が出ます。これ以上考えてもしょうがない場合には，ある程度で見切りをつけましょう。また「中」だと思っていたけれどそうではなかった問題の場合には，マークを変えることになります。

そして，**3 周目**で「高」を解きます。難易度「高」はじっくり時間をかけることになります。ただし，いくら考えてもわからない問題はとりあえず解答し，次に進みます。時間切れで何もマークしないよりは，正答率は上がります。4 択問題という特性を活かして，とにかく何かをマークしましょう。

### 回答で同じ選択肢が連続しても気にしない

例えば「ア」が 5 つ連続で続いたとすると心配になるはずです。しかしあまり気にする必要はありません。例えば令和 4 年度秋期試験の問 17 から問 21 は 5 つ連続で「ウ」でした。問 22 は「エ」でしたが，問 23 はまた「ウ」でした。あまり「ア」が多すぎるから，考え直す」などはしなくてよいでしょう。

### 名付け親ならどう考えるか？

知識問題の場合には，わからなければいくら考えても回答できません。例えば，「KPT」の「T」が何を指すか問うような問題が出題されたことがあります（令和

４年度秋期 問 50）が，これは KPT を知らなければ自信を持って答えられません。このように，知らない用語の場合には仕方がないので，用語の名付け親になったつもりで考えてみましょう。私の場合は，「T」がつく用語として「ツリー」と「トライ」が思いつき，問題文から「ツリー（木）」は関係なさそうだと判断し，「トライ」を選び，無事正答できました。

## 午後試験の解答戦略

　問 1 は情報セキュリティです。唯一の必須問題ですから，すぐにとりかかります。次に，残りの 10 問から 4 問を選びます。学習は 4 問だけに絞っていたはずですから，迷わず選択できるはずです。ただし，システム監査などの読解問題は試験回によっては簡単な場合もあるため，念のため目を通してもよいでしょう。

　午後試験は 150 分で 5 問を解答します。目安としては 1 問当たり 30 分です。

### ステップ1：冒頭の問題を読む

　必ず冒頭には，その問題における背景が記述されています。ただし多くの場合，このあたりは出題に関係がありません。ただし稀に関係がある場合がありますし，本文を理解するためにも目を通す必要があります。この作業は最初に行ってください。

---

　R 社は，全国に支店・営業所をもつ，従業員約 150 名の旅行代理店である。国内の宿泊と交通手段を旅行パッケージとして，法人と個人の双方に販売している。R 社は，旅行パッケージ利用者の個人惰報を扱うので，個人情報保護法で定める個人情報取扱事業者である。

---

令和 5 年度春期 問 1 の冒頭部分

### ステップ2：設問を読む

　この時点で答えられる問題もあるため，答えてしまいます。例えば以下の「a」には表の項番が入るのですが，何でしょうか？　箇条書きは自社で発生した事象です。

- PC-S から，国内で流行しているランサムウェアが発見された。
- ランサムウェアが，取引先を装った電子メールの添付ファイルに含まれていて，S さんが当該ファイルを開いた結果，PC-S にインストールされた。
- PC-S 内の文書ファイルが暗号化されていて，復号できなかった。
- PC-S から，インターネットに向けて不審な通信が行われた痕跡はなかった。
- PC-S から，R 社 LAN 上の IP アドレスをスキャンした痕跡はなかった。
- ランサムウェアによる今回のインシデントは，表 1 に示すサイバーキルチェーンの攻撃の段階では　　a　　まで完了したと考えられる。

| 項番 | 攻撃の段階 | 代表的な攻撃の事例 |
|---|---|---|
| 1 | 偵察 | インターネットなどから攻撃対象組織に関する情報を取得する。 |
| 2 | 武器化 | マルウェアなどを作成する。 |
| 3 | デリバリ | マルウェアを添付したなりすましメールを送付する。 |
| 4 | エクスプロイト | ユーザーにマルウェアを実行させる。 |
| 5 | インストール | 攻撃対象組織の PC をマルウェアに感染させる。 |
| 6 | C&C | マルウェアと C&C サーバを通信させて攻撃対象組織の PC を遠隔操作する。 |
| 7 | 目的の実行 | 攻撃対象組織の PC で収集した組織の内部情報をもち出す。 |

令和 5 年度春期 問 1 設問 1 （1）

　本文だけで 4 ページあり，設問も含めると 5 ページです。しかし「a」はわずかこれだけの情報でも十分答えることができます。答えは「5」です。上の箇条書きをみると，感染はしたけれど具体的な攻撃はまだ発生していないためです。

## ステップ3：1ページ10秒程度で速読する
　次に，ざっと目を通して雰囲気だけを掴みます。実は本文全体を通しての理解は，それほど重要ではありません。次のステップで行うように，設問をベースにして本文を読む方が効率的です。ただし 1 ページ 10 秒程度であれば全体でも 1 分弱です。念のために目を通すくらいはしておいた方がよいでしょう。

## ステップ4：設問をベースに本文を読み解答する
　全体を速読した後には，全体をゆっくり読みたくなります。しかしここで待ってください。そうではなく設問を起点に問題を読むべきです。

当然ですが各設問は全て問題文に関連しています。そのため，ある設問に関する対応箇所を本文から探して，その周辺を読むことが効果的です。

　本文は〔○○○○○○○〕によって，いくつかの区分に分かれています。以下は「ランサムウェアによるインシデント発生」に関する区分の冒頭を抜粋したものです。

---

〔ランサムウェアによるインシデント発生〕

　ある日，R社従業員のSさんが新しい旅行パッケージの検討のために，R社からSさんに支給されているPC（以下，PC-Sという）を用いて業務を行っていたところ，PC-Sに身の代金を要求するメッセージが表示された。Sさんは連絡すべき窓口が分か

---

令和5年度春期 問1 の区分1

　長文に見えても，〔○○○○○○○〕で区分が示されています。そして多くの場合，設問はそれぞれの区分に対応しています。

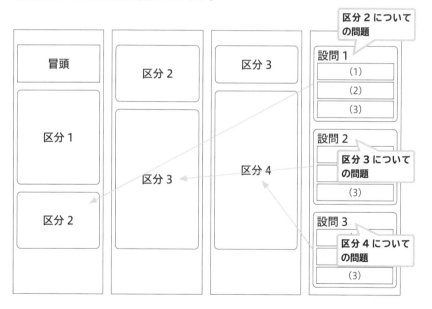

　どの区分に対応しているかは，以下のように明確にされています。

設問 1〔ランサムウェアによるインシデント発生〕について答えよ。

(1) 本文中の下線①について，PC-Sに対して直ちに実施すべき対策を解答群
の中から選び，記号で答えよ。

令和 5 年度春期 問 1 設問 1 （1）

　また多くの場合，その区分の中だけにヒントがあります。ですから設問に答える
には，その対応した区分だけを読めばよいことになります。ただし例外もあります。
設問 3 は区分 4 に対応しているにもかかわらず，ヒントが区分 1 や冒頭にあるなど
です。ただし事例としてはあまり多くはありません。まずは，**設問と区分は原則と
して 1 対 1 で対応しており，設問には対応する区分の文章だけにヒントがある**いう
前提で解答してみてください。

　このように設問をベースに，対応する区分を読むことで全ての問題文を読み終え
ていることになります。もちろん上のイラストのように「区分 1」はどの設問にも
対応していないので，その場合には区分 1 を別途読むことになります。

## 無駄な文章は無い

　本文には無駄な文章はありません。そのため読んでいて気になった箇所について
は，ほとんどの場合設問に関連しています。例えば以下は令和 3 年の秋の問 10 か
らの抜粋ですが，下線の箇所の言い回しが少し気になります。

(1) RFCの依頼者は，決められた書式の文書を電子メールに添付してシステム
部の変更管理担当に提出する。RFCの依頼者は，依頼部署の上司を写し受
信者として，電子メールで提出すればよいので，依頼者の個人的な見解に
基づくRFCもある。

令和 3 年度秋期 問 10 の本文にある気になる言い回し

　「何か気になる」という感覚は，多くの場合正しいです。上の例も問 1 の（1）の
答えに関連しています。解答例では「依頼者の個人的な見解に基づく RFC の撲滅」
であり，上記の下線部分をヒントにして 20 文字以内でまとめただけです。なお「撲
滅」という表現はあまりに独特であり，このように記述した受験者は皆無だったと
推測します。「依頼者の個人的な見解に基づく RFC を無くす」が多かったのではな
いでしょうか。もちろん，これでも正解です。

## 文字数制限はいったん無視する

　**解答する能力と，短くまとめる能力は別のもの**です。その別の能力を一度に発揮しようとするとかなり苦戦します。例えば以下のような設問があったとします。

---

　（3）本文中の下線⑤について，8月下旬のサービス開始前に公表する情報とは何か。35字以内で述べよ。

---

令和4年度春期 問9設問3（3）

　⑤を見てみます。

---

　　三つ目に，スマートフォン向けの特定のWebブラウザ（以下，ブラウザという）では正しく表示されるが，他のブラウザでは文字ずれなどの問題が生じるリスクを挙げた。E課長は，利用が想定される全てのブラウザで動作確認することで問題発生のリスクを軽減することにした。しかし，利用が想定されるブラウザは5種類以上あるが，開発スケジュール内では最大2種類のブラウザの動作確認しかできないことが分かった。現状のスマートフォン向けのブラウザの国内利用シェアを調べると，上位2種類のブラウザで約95%を占めることが分かった。E課長は，営業部門と8月下旬のサービス開始前に⑤ある情報を公表することを前提に，上位2種類のブラウザに絞って動作確認することで合意した。

---

該当する下線を確認する

　95%を占めるブラウザだけで動作確認をするようです。残りの5%のブラウザに関しては動作確認をしないことに決まりました。その決定において，何かを公表する条件があるようです。「公表」ということですから，システム内のどこか目につくところに明記するのでしょう。

「"何か"をシステム内の，よく目につくところに明記する」ことを条件に「5%のブラウザでは動作確認しない」わけです。「このブラウザは○○と○○で動作確認しています」などとログイン画面に明記すれば，他のブラウザでの動作確認はとりあえず省略できそうですから，それを答えることになります。

　これを35文字以内で答えるのはなかなか大変です。「正答」「文字数制限」という2つのことを同時に考えながら解答するのは効率的ではないため，まずは文字数制限を無視して答えてみます。このとき，**誰か身近な人に質問をされて話し言葉で**

**答えてみるところから始めると，制限が少なく答えやすいかもしれません。**

「約 95％を占める上位 2 種類のブラウザだけで動作確認しているため，それ以外のブラウザでは問題が発生するかもしれないこと」

そして，ここから余計な文字を削ります。「約 95％を占める」は無駄です。これを削った上で，最後に要約してみます。以下のようになりました。

「上位 2 種類のブラウザ以外では問題が発生するかもしれないこと」

これが正解です。

なおこの問題は比較的難しい方です。出題の意味が少々理解しにくいかと思います。たまにこのような問題もありますが，あまり多くはありません。

このように，実際の回答でも戦略性が非常に重要です。慣れるまで，公開されている過去問を活用して実践してみましょう。

**IPA が公開している過去問題：**

https://kdq.jp/76tfj

| | |
|---|---|
| 校閲 | 佐藤公泰（モダンケアテクノロジー株式会社 技術責任者） |
| 編集協力 | 澤田竹洋（浦辺制作所） |
| DTP | 関口忠 |
| 本文デザイン | 次葉 |
| 本文イラスト | オオノマサフミ |

本書は，原則として 2024 年 1 月時点での情報を基に原稿の執筆・編集を行っています。
試験に関する最新情報は，試験実施機関のウェブサイト等でご確認ください。

# 1章

## 情報システム開発

まずは情報システム，いわゆる「システム」を開発する
ための手法について学習します。システムとはソフトウェ
アに加えて，ネットワークやサーバ構築なども含んだも
のをいいます。大規模なシステムをトラブルなく開発す
るための方法を身につけましょう。

# 1.1

重要度 ★

# 共通フレーム

この章では，情報システム開発で成功を収めるためのノウハウを学びます。これらの知識は実際の開発現場でも役立つ内容でもあります。まずは，日本発の「共通フレーム 2013」から始めましょう。ただし，このフレームワークは普及の途上段階にあるため，実際の開発現場で耳にするまでにはまだ時間がかかりそうです。

　コンピュータが登場した時代，プロジェクトに参画するプログラマは，それぞれが思うままにプログラミングをしていました。いわゆる職人芸として開発していたのですが，規模が大きくなるにつれて工程を分けて効率的に開発するようになりました。

　そこで，たくさんの成功と失敗を経験することになります。インターネットの登場によりそれらが世界中で共有され，ノウハウとして蓄積されるようになりました。「こうすれば上手くいく」と整理されていくわけです。こうして「最初に○○をし，次に○○をするとよいでしょう。ただしその場合には○○に気をつけましょう」といったような成功ノウハウ集である「開発モデル」が作られました。

　開発モデルにはいくつかの種類がありますが，応用情報技術者試験で近年出題されるのはウォータフォールモデルとアジャイル開発くらいですので，次の節からはこの 2 つを中心に学習していきます。その前にこの節では日本発の枠組み「**共通フレーム**」を見ていきます。

## 共通フレーム　AM

`1-1-1`『共通フレーム 2013』(IPA 刊) のカバー

　日本で策定されたシステム開発の枠組みです。1994 年の初版策定以来何度か版を重ねており，『共通フレーム 2013』が最新版として 2013 年に発行されています。試験では，この共通フレーム 2013 から出題されます。『共通フレーム 2013』は情報処理技術者試験を主催している独立行政法人情報処理推進機構（以降「IPA」）が出版しており，以前は書店などで通常の書籍と同じように購入することができましたが，現在では電子版のみ入手できます。

ただし現状あまり普及していないこともあり，出題はそれほど多くはありません。『共通フレーム 2013』では似ている用語や複雑な用語が多いため学習が大変ですが，概略をつかむ程度で試験対策としては十分です。

## V字型モデル

共通フレームは以下の V 字型モデルをベースにしています。

**1-1-2** 共通フレームの V 字モデル

> これらを**しっかりとおぼえる必要はありません**が，本章のテーマである情報システム開発の流れが理解しやすくなるため，簡単に解説します。

では上流工程の最初から順に下っていきます。

- **システム要件定義**：「システム」とは「ソフトウェア，ハードウェア，その他設備（ネットワークなど）」を合わせたものです。これらを使って**何をしたいのか**を決めます。

- **システム方式設計**：やりたいことが決まったら，**どうやって実現するか**を決めます。そして「やりたいこと」を「ソフトウェア」「ハードウェア」「その他設備」に分けます。このうち「ハードウェア」「その他設備」についてはこの後の工程では扱いません。つまり別に進めていくことになり，今後はソフトウェアだけに絞られます。

- **ソフトウェア要件定義**：**ソフトウェアによって何を実現したいか，どんな機能が必要か**などを明確にします。例えば YouTube のような動画共有サイトを作るのであれば「動画をアップロードできる」「簡単に共有できる」などが該当します。

- **ソフトウェア方式設計**：**明確になったソフトウェア要件を，具体的にどのように実現するか**を決めます。具体的にするため，「ここに動画再生のエリアを配置して，右には関連動画を並べる」といったような画面レイアウトも作ります。業務システムであれば帳票レイアウトもここで作成します。

・ソフトウェア詳細設計：**どうやってプログラミングをするか**を具体的に設計します。「アルゴリズム」の章で学習する流れ図などを使います。ここまでを上流工程といいます。

・ソフトウェア構築とテスト：**いわゆるプログラミング**です。また小さなプログラムであるモジュールのテストも行います。ここから先が下流工程です。

　**この後は，それぞれの上流工程に対応したテスト**を行います。「システム」がついた上流工程であれば，それに対応したテストの名前にも「システム」がつきます。「ソフトウェア」がついた上流工程であれば，テスト名にも「ソフトウェア」がつきます。また要件定義に対応するテスト名には「適格性確認テスト」がつき，方式設計に対応するテスト名には「結合テスト」がつきます。

　ただしこれら工程名を覚える必要はありません。例えば午後試験において工程名が問題文に記述されていますが，どの工程かがわからなくても解答することができます。

---

〔モバイル端末経由のシステム方式設計〕

　三つのシステム方式の中で，評価点の高いモバイル端末経由方式を採用するために，安定性に関する対策を検討する。

　モバイル端末において，通信のタイムアウトやバッテリー切れによってアプリの処理が中断されてしまった場合でも，測定データが消失せずに保存できるように，次の機能をアプリとして実装する。

・活動量計内に保存されている測定データを，モバイル端末内のストレージに保存する機能
・モバイル端末内に保存されている測定データを，インターネット接続時にクラウド上のストレージに保存する機能

---

`1-1-3` AP-R2 秋 PM 問 4 より抜粋

　問題文に「モバイル端末経由のシステム方式設計」とあります。システム方式設計はソフトウェア以外にも，ハードウェア，その他設備についても実現方法を検討します。そのため「モバイル端末経由」「バッテリー切れ」「端末内のストレージ」などについても書かれています。しかし「システム方式設計」という言葉自体の意味がわからなくても，解答に困ることはありません。

# 超上流工程 AM

　共通フレームでは**上流工程より上にはさらに超上流工程**があるとしています。超上流工程はシステム開発には含まれません。これから続くシステム開発のプロジェクトをマラソンにたとえると，超上流工程は準備体操にあたります。超上流工程には「システム化の方向性・システム化計画」と「要件定義」が含まれます。

　上流工程と超上流工程の両方に「要件定義」という言葉が登場するので，混乱を招きがちなのですが，共通フレームでは**「要件定義」と「システム要件定義」は別のもの**です。

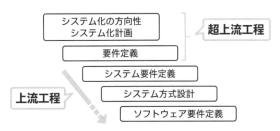

`1-1-4` 「要件定義」と「システム要件定義」は連続した別の工程

## 関係者と非機能要件の洗い出し

　**要件定義（システム要件定義ではない）**では，**関係者の洗い出し**や**非機能要件の洗い出し**などを行います。洗い出しとはすぐには目に見えないものを抽出する作業です。そのうち「関係者の洗い出し」とは「システムを使う会社」や「開発に携わるプログラマ」などをリスト化して管理することです。

　また「非機能要件」とは，機能以外で必要となる隠れた要件です。例えば以下のようなシステムを構築したいと考えたとします。

---

〔食券購入時の操作の流れ〕

・利用者は，券売機の画面上に表示されるボタンを押すことで食券を購入する。

・食券の購入は1名ずつ行う。

・利用者は，購入したい全ての商品を指定後，合計金額を投入し，発券ボタンを押す。

〔メニューの構成〕

・商品はメイン商品, サイドメニュー1, サイドメニュー2, オプションに分類される。商品には, サイズやドレッシングの種類など, オプションの指定が必須なものがある。

・メイン商品は必ず1品注文する必要がある。サイドメニューの注文は任意である。

---

`1-1-5` AP-H31 春 PM 問 3 より抜粋

「ボタンを押すことで食券を購入する」のような，機能に関しての要件を**機能要件**といいます。一方で，機能以外の要件を非機能要件といいます。

**非機能要件**には「**その機能を実現したいのなら，これらが必要である**」という制約条件と，「**使いものになるようにしなければならない**」という品質要求があります。「家庭で使っているような，あまり速くはないインターネット回線でもいいのか」「サーバはどこまでの性能が必要か」「プログラミング言語はどれを使うのか」などが制約条件です。「ボタンを押してから 3 秒以内に食券が出てくるべき」「万が一の場合のシステム停止は，長くても 3 時間に抑えてほしい」などが品質要求に分類されます。**非機能要件は依頼者があまり意識していないことが多いため，プロの目でしっかりと洗い出す**必要があります。

IPA では，非機能要件の要件定義書のサンプルを公開しています。「原則，土・日・祝日を含め，365 日稼働する」などの機能に関わらない要件であり，またかなり大雑把に書かれていることがわかるでしょう。

| 運用要件一覧表 | | 作成日付 | 更新 |
|---|---|---|---|
| | ID:1-3s00800 | | |
| 運用に関する基本方針 | | | |

事業者や委託会社へのサービス時間を出来る限り長く提供する必要があること
うに方針を定める。
・原則，土・日・祝日を含め，365 日稼働する
・通常想定される業務時間（XX:00 ～ XX:00）を含め，可能な限りオンラ
・緊急の事故発生はそれほど考慮する必要はないため，バックアップ，セッ

上記の方針を受け，運用スケジュールは，以下のとおりとする。
○設置スペース写真業務　　　　　　　　　　　　　○貸出管理業務
・オンラインサービス　　　XX:00 ～翌日 XX:00　　・オンラインサ

・設置スペース写真，貸出管理データはバックアップセンタへ随時バックフ

**1-1-6** 非機能要件の例（IPA 公開）

このような大雑把な記述だけでは具体的な開発に入ることはできませんので，上流工程内の他の工程でもう少し具体化していきます。

**過去問にチャレンジ！** [AP-H24秋AM 問64]

　非機能要件に該当するものはどれか。
**ア**　新しい業務の在り方をまとめた上で，業務上実現すべき要件
**イ**　業務の手順や入出力情報，ルールや制約などの要件
**ウ**　業務要件を実現するために必要なシステムの機能に関する要件
**エ**　ソフトウェアの信頼性，効率性など品質に関する要件

[解説]

　非機能要件は目に見える機能ではない裏の要件ともいえるもので，**制約条件と品質要求に分けられます。**

　「ア」は機能についてではなく，もう少し大雑把な「何をしたいか」について述べています。これを業務要件といいます。「業務要件」という用語を覚える必要はなく，言葉通りに解釈すればよいでしょう。つまりシステム化したい仕事の流れを明確にしたものです。「イ」も「業務」とありますので同様です。

　「ウ」は，アとイで明確化された業務要件を実現するための要件であり，これが機能要件です。

　「エ」は機能について触れられていません。その裏にある制約条件（ネットワークやサーバの性能はどのくらいか）や品質要求（何秒以内に処理が終わる）についての要件なので非機能要件となります。

答え：**エ**

　共通フレームは実際のシステム開発でも役立つ内容です。学習することでシステム開発をスムーズに進めることができるようになるでしょう。
　特に非機能要件については注意してください。後から「ところであの件はできていますか？」と聞かれるとかなり焦ります……。

---

**Q 午後の解答力UP!**　　　　　　　　　　　　　　　　　　　　　解説は次ページ ▶▶

非機能要件を洗い出すことで防げるトラブルには何があるでしょうか？

# 1.2

# ウォータフォールモデル

ウォータフォールモデルは，伝統的な開発手法の1つで，その名前は「滝」に由来しています。落ち葉が滝を昇らないように，後戻りをしないことを前提としている開発手法で，一つひとつの工程を慎重に確定させながら進めていきます。この節では，ウォータフォールモデルの上流工程について学習します。

　　ウォータフォールは，共通フレームが生まれるよりもはるか昔から伝統的に使われてきた開発手法です。共通フレームは開発手法を問わないため，ウォータフォールモデルにも適用できるのですが，開発現場に浸透しているとはいえないのが実情です。実際の開発では，共通フレームを適用しない，普通のウォータフォールモデルで進めることが一般的となっています。

`1-2-1` ウォータフォールモデル

## ウォータフォールモデルの上流工程 AM PM

### 要件定義

　　ウォータフォールモデルの要件定義の工程では，これから開発していこうとするシステムで何を実現するのかを定義します。顧客や自社の関係部署から伝えられた「こうしたい」を明確化します。なお今後も「明確化」などの言葉が出てきますが，これは文章や図で書いたりして残すことをいいます。
　　では具体的な「こうしたい」を過去問題から見ていきます。例えば券売機のシステムを開発するとなると，このような要件が想定されるでしょう。

**A** 午後の解答力UP! 解説 --------------------------------

作業範囲に関して顧客との認識の差がなくなります。

〔食券購入時の操作の流れ〕
・利用者は，券売機の画面上に表示されるボタンを押すことで食券を購入する。
・食券の購入は 1 名ずつ行う。
・利用者は，購入したい全ての商品を指定後，合計金額を投入し，発券ボタンを押す。

〔メニューの構成〕
・商品はメイン商品，サイドメニュー 1，サイドメニュー 2，オプションに分類される。商品には，サイズやドレッシングの種類など，オプションの指定が必須なものがある。
・メイン商品は必ず 1 品注文する必要がある。サイドメニューの注文は任意である。

**1-2-2** AP-H31 春 PM 問 3 より抜粋

　これは要件定義ではありません。文章化してずらっと並べただけでは単なる議事録のようなものです。要件定義では以下のようなさまざまな図表を使って，依頼者との間で認識の差異が発生しないようにします。

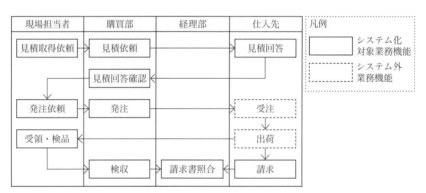

**1-2-3** 図表を使って要件定義をする例

これらの図表は後で解説いたしますが，ここで作成されるドキュメントを**要件定義書**といいます。

## 外部設計

　要件定義によって漏れなく要件を明確化できたら，それを基に外部設計を行います。この前の工程で作成された要件定義書を基に**外部設計書**が作成されます。このように**ウォータフォールモデルは前の工程の成果物から，現工程の成果物を作成**します。
　外部設計は外部向けの設計書であり，ここでの「外部」とは依頼者です。要件定義書には「やりたいこと」が書かれていますが，外部設計では具体的な画面や帳票のレイアウトを設計します。またネットワークが関わる場合にはその構成も明確化していきます。

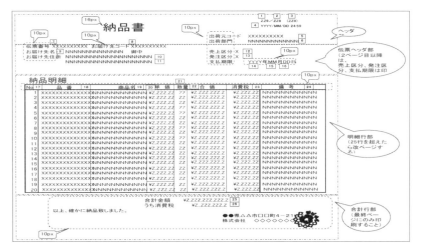

**1-2-4** 帳票レイアウトの例（IPA 公開）

このようなドキュメントを依頼者に渡し「これでよいでしょうか」と合意を得ると，次のフェーズに進みます。

## 内部設計

ウォータフォールモデルはすべて前工程の成果物を基に現工程の成果物を作ります。内部設計の場合は，外部設計書を基に**内部設計書**を作成します。「内部」とある通り，ここではプロジェクトの内部メンバー向けの設計を行います。

例えば，外部設計で作成した帳票では「日付」となっている箇所を，内部設計では「DATE」などの英語表記に変更するといったことを行います。プログラムやデータベースの項目名に，日本語名を使うことはあまりありません。そのため内部設計書では，そのまま項目名として使えるように英語表記にすることがほとんどです。また，項目の桁数やデータ型などもここで決定していきます。

| 仕入先 | | | 得意先 | | |
|---|---|---|---|---|---|
| 項目名 | 型 | 桁数 | 項目名 | 型 | 桁数 |
| 仕入先番号 | CHAR | 8 | 得意先番号 | CHAR | 8 |
| 仕入先名 | CHAR | 30 | 得意先名 | CHAR | 30 |
| 仕入先略称 | CHAR | 16 | 得意先略称 | CHAR | 16 |
| 郵便番号 | CHAR | 8 | 郵便番号 | CHAR | 8 |
| 住所1 | CHAR | 40 | 住所1 | CHAR | 40 |
| 住所2 | CHAR | 40 | 住所2 | CHAR | 40 |
| 電話番号 | CHAR | 16 | 電話番号 | CHAR | 16 |

**1-2-5** 項目を定義した例（IPA 公開資料から抜粋）

**過去問にチャレンジ！** [FE-H29春AM 問46]

システムの外部設計を完了させるとき，顧客から承認を受けるものはどれか。

ア　画面レイアウト
イ　システム開発計画
ウ　物理データベース仕様
エ　プログラム流れ図

[解説]

外部設計のみならず内部設計についても答えてみてください。違いは「外向け」「内向け」です。

「ア」の画面レイアウトは依頼者に向けたドキュメントであり，これが正解です。その前の要件定義で決めたことを基に，どのような画面にしていくかを決めていきます。

「イ」は計画とありますから，要件定義のさらに前になります。まだ具体的に何を作るかの話し合いに入っていません。

「ウ」では具体的なデータベースの項目を決定しているので内部設計です。内部設計はシステムエンジニアやプログラマ向けの設計書を作る工程です。なお，システム開発においては**人間向けを論理，コンピュータ向けを物理と表現する**ことが多くあります。

「エ」はプログラマ向けなので内部設計に入ります。ただし**内部向けの設計をさらに細かく「内部設計」「詳細設計」に分ける**場合もあり，その場合には**詳細設計**に該当します。

答え：ア

## 上流工程のその後

要件定義，外部設計，内部設計を見てきました。またそのあとにさらに細かい，プログラマ向けの設計書である詳細設計を行う場合があることについても触れました。「開発」工程では主にプログラミングをしていくため，応用情報技術者試験では「アルゴリズム」などで学習していきます。また基本情報技術者試験の科目Bは，擬似言語によるプログラミング問題が出題されます。

その後にテスト工程が続きますが，それはこの後で学習していきます。

**Q 午後の解答力UP！**
解説は次ページ ▶▶
ウォータフォールモデルの工程で，依頼者との認識違いが発覚したときに一番ダメージが大きいのはどれでしょう？

# 1.3

# アジャイル開発

伝統的な開発手法であるウォータフォールモデルには欠点があります。名前が表しているように後戻りが非常に大変なのです。そこで迅速，柔軟な開発手法としてアジャイル開発を導入するプロジェクトが増えてきています。近年は午前試験のみならず，午後試験での出題も増えていますのでしっかりと学習していきましょう。

アジャイル開発は比較的新しい開発手法です。とあるスキー場に世界的に有名なプログラマ 17 人が集まって考案されました。

これまで学んできたように，ウォータフォールモデルでは一つひとつの工程を確定しながら進んでいきます。そのため例えば内部設計は，その前の外部設計の結果を基に行われます。前の工程の成果物が正しいという前提で進むため，もしミスや変更があった場合のリスクが非常に大きくなります。

こうした問題を解決するために考案されたのが，アジャイル開発です。「アジャイル」とは，「俊敏」や「機敏」を意味する言葉です。つまりアジャイル開発とは，変更に対して"機敏"に対応できる開発方法であることを表しています。こうした思想を実現するために，どのようなプロセスや具体的な手法がとられているのか，1 つずつ見ていきましょう。

## XP（エクストリームプログラミング） AM PM

アジャイル開発における実践的な手法をまとめたものを **XP（エクストリームプログラミング）** といいます。

XP ではウォータフォールモデルで学習したような「設計→プログラミング→テスト」などの工程を**小さく分けて繰り返します**。工程が小さくなることで，後戻りの手間も小さくなります。

例えばプログラミングをしている最中に，2 つ前の工程である外部設計書に修正が入ったとします。ウォータフォールモデルでは，内部設計書の一部は作り直しになりますし，プログラミングのやり直しも発生するでしょう。アジャイル開発でも多少の作り直しは発生するのですが，1 つの工程が小さいためその影響も小さくなります。

XP では小さな「設計→プログラミング→テスト」の流れを**イテレーション**といいます。XP ではイテレーションを繰り返すことで開発を進めていきます。

**A 午後の解答力UP! 解説**

後にいくほど影響が大きいため，総合テストです。

1-3-1 イテレーション

XPでは19の手法が定義されていますが，ここではよく出題されるものを解説します。

## ペアプログラミング

2人で1台のパソコンを共用して使うのが**ペアプログラミング**です。一見すると時間が無駄ですが，お互いにプログラムを指摘し合うことができるので品質が上がるというメリットがあります。また1人がプログラミングをしている際に，もう1人は問合せ対応をすることで集中力が途切れるのを防ぎます。

> プログラミングをしている人をドライバといい，もう1人の補佐役をナビゲータといいます。この役割は途中で入れ替わることがあります。

## テスト駆動開発 ▶1-3-1

**テスト駆動開発**とはテストとプログラミングを並行して行う手法です。前提としてテストを自動的に行うためのプログラム（テストプログラム）が必要です。このテストプログラムを実行すると，期待通りの結果になったのであれば「成功」と表示されます。テスト駆動開発ではこのようなテストプログラムを使って，以下の手順で進めていきます。

1. 「正しいパスワードを入力するとログインできる」というテストプログラムを作成します。

2. ログインのプログラムはまだありませんので，テストプログラムを実行すると当然ですがエラーになります。

3. とりあえずエラーにならないように最小のプログラムを書きます。この時点では，単にテスト結果が成功になることを目的としたダミーのプログラムです。当然，テストプログラムは成功します。

4. 今後はこの成功の状態を維持しながら，ログインのプログラムを作っていきます。

このように，**最初にテストを無理やり成功させ，成功になっている状態を維持し
ながら目的とするプログラムを作っていきます。**

## リファクタリング

　画面などの見た目の動きを変えずにプログラムだけを修正する手法を**リファクタ
リング**といいます。せっかく動いているプログラムですが，綺麗にすることで今後
の機能修正がしやすくなることを目的としています。

　しかし，動いているプログラムを修正するのはリスクがあります。ちょっとした
修正でもミスがあり，動かなくなってしまう可能性があるからです。そこで，修正
したことで想定外の影響が出ていないかを検証する**回帰テスト（リグレッションテ
スト）**を行います。

## 継続的インテグレーション

　「インテグレーション」は「統合」という意味です。少しの修正でも**すぐに全体の
システムに組み込んでテスト**を行います。例えば販売管理システムにおいて，ログ
イン画面のパスワード欄が 8 桁までしか入力できないとします。桁数を拡張した
いという要望があり，これを 12 桁に変更するとします。従来は他のいくつかの修
正を行い，溜まった修正プログラムをまとめてシステムに適用していました。

　継続的インテグレーションでは，ちょっとした修正でもすぐにシステムに組み込
み，全体のテストを行います。パスワード欄の文字数拡張くらいでは他に悪影響が
あるとは考えられないため，今まではすぐに組み込まない場面が多かったはずです。
しかし「他に影響するとは考えられない」という思い込みは危険であり，継続的イ
ンテグレーションではこれを許しません。

　なお，継続的インテグレーションに加え，開発現場では**継続的デリバリー**もよく
使われます。継続的インテグレーションでは自動的に統合テストまで行いますが，
本番環境へ適用するためのリリース準備を自動化するのが継続的デリバリーです。

　継続的インテグレーションと継続的デリバリーをあわせて CI/CD といます。

 全体のテストにおいてはテストプログラムが必須です。昔のように目視でテストし
ていては，全体のテストを行うだけで何週間，何ヵ月もかかってしまうでしょう。
テストプログラムでテストを自動化することで，継続的インテグレーションが可能
になります。

**過去問にチャレンジ！**［AP-H30秋PM 問8 改］

　C社は，会員間で物品の売買ができるサービス（以下，フリマサービスという）を提供する会社である。出品したい商品の写真をスマートフォンやタブレットで撮影して簡単に出品できることが人気を呼び，C社のフリマサービスには，約1,000万人の会員が登録している。

　競合のW社が新機能を次々にリリースして会員数を増加させていることを受け，C社でも新機能を早くリリースすることを目的に，開発プロセスの改善を行うことになった。開発プロセスの改善は，開発部のD君が担当することになった。

　D君は，既存機能に対するテストを含めたテストの効率向上及び段階的な機能追加を実現するために，フリマサービスの開発プロジェクトに継続的インテグレーション（以下，CIという）を導入することにした。CIとは，開発者がソースコードの変更を頻繁にリポジトリに登録（以下，チェックインという）して，ビルドとテストを定期的に実行する手法であり，（　a　）に採用されている。CIの主な目的は（　b　），（　c　）及びリリースまでの時間の短縮である。

設問：本文中のa～cに入れる適切な字句を解答群の中から選び，記号で答えよ。
　　ア　ウォータフォールモデル
　　イ　エクストリームプログラミング
　　ウ　設計の曖昧性の排除
　　エ　ソフトウェア品質の向上
　　オ　バグの早期発見
　　カ　プロトタイピングモデル
　　キ　網羅的なテストケースの作成
　　ク　要件定義と設計の期間短縮

**［解説］**

　午後試験は記述式ではありますが，解答群から選択させる問題もかなり出題されます。継続的インテグレーションが採用されている開発モデルは，今見てきたようにXPですから（　a　）は「イ」の「エクストリームプログラミング」です。

　空欄（　b　）（　c　）は継続的インテグレーションの目的です。「ア」「カ」は開発モデルの話ですから，解答群から消しておきましょう。そ

の他の選択肢を確認してみます。

「ウ」は「設計の曖昧性の排除」となっており，これは設計工程の話です。継続的インテグレーションでは，プログラムを修正したらすぐに全体のシステムに組み込んでテストをしますので，設計の話ではありません。

「エ」はソフトウェア品質の向上ですが，これが正解です。ある修正をしたことで「まさか他に影響はないだろう」と思い込んでいても，思わぬところで影響が発生することもあります。継続的インテグレーションによってすぐに全体のシステムに組み込むことで，このような悪影響を早期に発見できますので品質が向上します。このように「バグの早期発見」である「オ」も正解です。

「キ」はテストケース（どのようなテストをするのかのリスト）の作成方法の話ですので誤りです。「ク」は要件定義と設計の工程の話ですので，同じく誤りです。

答え　a: イ　b: エ（順不同）　c: オ（順不同）

## スクラム　AM **PM**

アジャイル開発における管理手法の1つに**スクラム**があります。語源はラグビーのスクラムであり，**チーム全体がコミュニケーションをきちんととりながらプロジェクトを進めていきます。** XP ではイテレーションと呼んでいた反復の単位ですが，スクラムでは**スプリント**といいます。これもラグビーが語源です。

### スクラムにおける役割

スクラムにおける責任者を**プロダクトオーナー**といいます。プロダクトオーナーは，作業内容に優先順位付けをしたものである**プロダクトバックログ**を作成し，それを管理します。

 ログの語源は丸太です。家を建てるにあたって，後ろに高く積みあがったたくさんの丸太のイメージです。

**スクラムマスタ**は全体の進捗状況の管理と，メンバー間でコミュニケーションがスムーズにとれるような管理を行います。ウォータフォールモデルにおけるプロジェクトマネージャーが該当しますが，スクラムマスタは作業内容に直接関与しません。メンバーそれぞれが自分で考えて行動するよう支援します。

**開発者**は，実際に開発を行うメンバーです。開発者が開発したプログラムなどの

成果物を**インクリメント**といいます。インクリメントはのちにプロダクトオーナーによって，承認または非承認の判断がされることになります。

　なおスクラムにおける「開発者」を，以前の試験では「開発チーム」とよんでいました。そのため過去問題では「開発チーム」となっています。

## スプリントにおけるイベント

　1つのスプリントは1〜4週間ほどの期間であり，プロジェクトが終わるまでこれを繰り返していきます。1つのスプリントには4つのイベントがあります。

1. **スプリントプランニング**では，このスプリントで対応するプロダクトバックログを選びます。これを**スプリントバックログ**といいます。なおプロダクトバックログは誰が作成し管理するのでしょうか？　スクラムマスタではなく，プロダクトオーナーの責任でした。よく出題されるので覚えておきましょう。

2. **デイリースクラム**は，「デイリー」とある通り毎日行うミーティングです。朝に行うことが多いため朝会（あさかい）ともいわれます。

3. **スプリントレビュー**は，スプリントの最後に行われる成果物のデモです。この成果物をなんというか覚えていますか？　インクリメントです。インクリメントのデモをプロダクトオーナーが確認して，問題がなければ完了となります。

4. **スプリントレトロスペクティブ**では，スプリントの振り返りを行います。昔を懐かしむことを「レトロ」といいますが，元々の語源はレトロスペクティブであり「振り返り」という意味です。

スプリント
1〜4週間

| 1日目 | 2日目 | 3日目 | 4日目 | 5日目 | 6日目 | 7日目 |
|---|---|---|---|---|---|---|
| スプリントプランニング<br>デイリースクラム | デイリースクラム | デイリースクラム | デイリースクラム | デイリースクラム | デイリースクラム | デイリースクラム<br>スプリントレビュー<br>レトロスペクティブ |

**1-3-2** 1つのスプリントで行われるイベント

　H社は，電車や飛行機などの移動手段と宿泊施設をセットにしたパッケージツアーをインターネットで販売している。このサービスを提供している現行システムに，移動途中や宿泊先近辺の商業施設と提携して，観光地の情報提供やクーポン配布を行うサービスを追加することになった。その開発手法として，アジャイルソフトウェア開発（以下，アジャイル開発という）手法の一つであるスクラムを採用する。

〔開発体制の検討〕

　本開発を通してH社でアジャイル開発経験者を育成するために，プロジェクトメンバに求められる役割と割り当てるメンバ（M1～M7）について検討した。その開発体制を表1に示す。

表1　開発体制

| 役割 | 役割の説明 | メンバ | メンバの経験 |
|---|---|---|---|
| a | 提携する商業施設との調整を行い，追加するサービスに必要な機能を定義し，その機能を順位付けする。 | M1 | アジャイル開発経験はなく，知識もほとんどない。 |
| スクラムマスタ | メンバ全員が b に協働できるように支援，マネジメントする。 | M2 | アジャイル開発経験はあるがスクラムマスタの経験はない。 |
| アジャイルコーチ | 週に2日，社外から招へいされ，メンバに対してアジャイル開発手法の導入や改善を支援する。 | M3 | スクラムマスタの経験が豊富である。 |
| 開発チーム | 実際に開発を行う。 | M4，M5 | アジャイル開発経験はないが，現行システムをウォータフォールで開発した経験はある。 |
| | | M6，M7 | アジャイル開発経験はあるが，現行システムを開発した経験はない。 |

〔開発プロセスの検討〕

　アジャイル開発経験者からアジャイル開発経験のないメンバに経験を伝えるために，プランニングポーカやペアプログラミングなどのプラクティスを幾つか導入することにした。検討した開発プロセスを表2に示す。

表2　開発プロセス

| 大分類 | 小分類 | 実施項目 |
|---|---|---|
| プロジェクト立上げ | (1) プロジェクト方針の検討 | 追加するサービスの目標，あるべき姿，基本的価値観の共有を図る。 |
| プロダクトバックログの決定 | (2) システムの目的の合意 | システムの目的やゴールの共有を行う。 |
| | (3) リリース計画 | プロダクトバックログのグルーピングを行い，プロダクトバックログアイテムを決定する。 |
| スプリント | (4) スプリント計画（イテレーション計画） | プランニングポーカを用いて，チーム全員の知識や経験を共有しながらストーリポイントを用いた見積りを行う。実施するタスクをスプリントバックログに追加する。 |
| | (5) スプリント | タスクを実施する。プロダクトコードを開発する際は，①ペアプログラミングを行う。デイリースクラム（日次ミーティング）でチームの状況を共有する。 |
| | (6) スプリントレビュー（デモ） | スプリントの成果物を　a　にデモする。その結果を，次のスプリント計画のインプットにする。 |
| | (7) レトロスペクティブ（振り返り） | スプリント中の改善事項を検討し，次回以降のスプリントで取り組むべき課題にする。 |

　週に2日，社外から招へいするアジャイルコーチが効果的にプロジェクトに参画できるようにするため，招へいするタイミングを（　c　）及び（　d　）のファシリテータを依頼するタイミングに合わせてもらうことにした。

設問1：表1及び表2中の（　a　）に入れる適切な字句を答えよ。また，表1中の（　b　）に入れる最も適切な字句を解答群の中から選び，記号で答えよ。
　ア　具体的　イ　自律的　ウ　組織的　エ　段階的

設問2：表2中の下線①を行う際のメンバの割当て例として最も適切なものを解答群の中から選び，記号で答えよ。
　ア　M4がドライバ，M5がナビゲータを担う。
　イ　M4がドライバ，M6がナビゲータを担う。
　ウ　M4がナビゲータ，M6がドライバを担う。
　エ　M4とM5がドライバとナビゲータを交代で担う。
　オ　M4とM6がドライバとナビゲータを交代で担う。

設問3：本文中の（　c　），（　d　）には，表2中の小分類のいずれかが入る。(1) ～ (7) から選び，その番号で答えよ。

[解説]

（　a　）には役割が入ります。スクラムの役割といえば3つを学習しましたが，今回はアジャイルコーチも登場しています。出題されることはほとんどないとは思いますが，役割の説明があるので迷うことはないかと思います。この表に登場していないプロダクトオーナーが空欄の（　a　）に入ります。

（　b　）は解答群から選びます。スクラムマスタはプロジェクトが円滑に進むようにする役割であり，開発者が自分で考えて行動するように支援します。解答群の中だと「自律的」が当てはまります。

下線①はXPの手法の1つであるペアプログラミングについてです。ドライバがプログラミングをし，ナビゲータが補佐します。実際にプログラミングを行うメンバは開発チーム（開発者）です。慣れている人がナビゲータをした方がよいのですが，「M4，M5」と「M6，M7」のどちらが慣れているでしょうか？　それぞれが「現行システムに慣れている」「アジャイル開発に慣れている」ようなので，ドライバとナビゲータを交代するとよいでしょう。ただしM4とM5が交代しても意味がありません。両者ともにアジャイル開発には不慣れなため，不慣れ同士が交代しても効果が薄いと思われます。「M4，M6」でペアを組むのがもっとも効果的です。

（　c　）と（　d　）では，アジャイルコーチに来てもらうタイミングが問われています。アジャイルコーチに来てもらうのは「週に2日」です（表1）。つまり毎日のイベントではなく，それ以外のイベントです。ここで毎日ではないイベントは（4）と（7）だけです。なお（1）から（3）は「方針」「目的」「計画」の決定であり，スプリント前に1度だけ行われます。

答え　設問1　a：プロダクトオーナ　b：イ
　　　設問2　オ　設問3　c：(4)　d：(7)　※順不同

スプリント中に依頼主からの機能追加の依頼をされました。どうしても対応しなければならない場合，発生した作業はどこに追加するべきでしょうか？

# 分析・設計

開発の上流工程では分析と設計を行います。「依頼者が言っているのはこういうことだろう」「こういう問題点があるので解決しなければならない」などが分析で,「こういう感じで作ろう」と考えるのが設計です。これらで認識違いがあると大変なことになるので, 標準化されているイラストを正しく使うことが重要になります。

　主に要件定義では, 必要となる機能とその機能を支えるための要件などを洗い出しました。これを分析と表現します。分析した内容を文章で列挙しただけでは, 認識にずれが生じる可能性が高くなります。そこで図などを使うことで認識違いがないかを確認します。

　また設計書を作成する際には, 次の工程に正しく伝わるように記述する必要があります。ここでも図を使うことで認識にずれが生じにくくなります。

1-4-1 主に分析と設計の工程で図が使われる

　なおウォータフォールモデルを例にとりましたが, アジャイル開発でも分析や設計は必要となるため開発モデルにかかわらず必要な知識です。この節では分析と設計で使われる図について学習していきます。

## UML AM PM

　UML「Unified Modeling Language（統一モデリング言語）」は分析と設計の両方で用いられる記述方法です。最後の「L」は言語を意味しますが, 実際には図を使うことがほとんどです。UML は 14 種類ありますが, 出題されるものは限られています。本書ではよく出題されるものをピックアップして学習します。

午前試験では, UML の特徴を文章で問われることが多いため暗記が必要です。それぞれの名前にはすべて意味がありますので, 丸暗記ではなく意味と関連付けて覚えましょう。**午後試験は特徴がわからなくても答えることができる**ので暗記は不要です。

**A 午後の解答力UP! 解説**

次のスプリントのプロダクトバックログとして追加を検討することになります。　　　　47

## ユースケース図

ユースケース図では，**利用者の目線で何ができるかを，棒人間を使った図**で表現します。

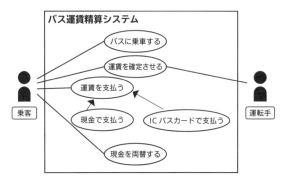

`1-4-2` 実際に出題されたユースケース図

このとき出題されたバス運賃清算システムでは，乗客が「バスに乗車する」「運賃を支払う」「現金を両替する」機能を使用します。運転手は「運賃を確定させる」機能を使用します。要件定義でこの図を作成して依頼者に見せることで，「その通りです」「これは違います」と認識合わせができます。なお，棒人間で記述した乗客や運転手などのシステム利用者を**アクター**といいます。

## シーケンス図

「シーケンス」とは順番という意味です。UML にはそれぞれ用途がありますが，**シーケンス図は順番を時系列で表現**するために用いられます。出題される UML の中で時系列を表現するのはシーケンス図くらいです。「時系列＝シーケンス図」と丸暗記してもよいでしょう。

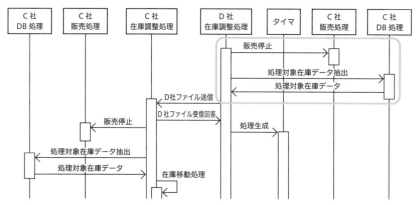

**1-4-3** 実際に出題されたシーケンス図

枠で囲んだ箇所は

1.「D 社在庫調整処理」から「C 社販売処理」にメッセージを送る
2.「D 社在庫調整処理」から「C 社 DB 処理」にメッセージを送る
3.「C 社 DB 処理」からデータが返ってくる

という順番を表現しています。

## アクティビティ図

「アクティビティ」は活動という意味であり，アクティビティ図では**処理の流れ**を表現します。

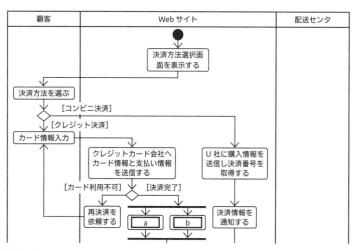

**1-4-4** 実際に出題されたアクティビティ図

49

アルゴリズムの章で学習する**流れ図の発展版がアクティビティ図**です。

1. Web サイトで「決済方法選択画面」を表示する。
2. 顧客はその画面から決済方法を選ぶ。
3. コンビニ決済であれば Web サイトはU社に購入情報を送信し，決済番号を取得する。クレジット決済であれば引き続き顧客はカード情報を入力する。

このように分岐していくのが特徴です。

## クラス図

クラスについては後の節で扱いますが，Excel における一つひとつのシートだとイメージすると，理解しやすいでしょう。Excel では「顧客」シート，「注文」シート，「商品」シートなどのようにシートごとにデータを入力していく場面が多いと思います。そのシート1つに対応するのがクラスです。

 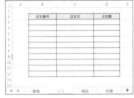 

1-4-5 データの種類ごとにシートを使う

クラスは複数の項目で構成されています。具体的な値がなく，枠だけが存在することに注目してください。クラス図では**クラスの構成と，他のクラスとの関係**を表現します。出題頻度が非常に多いため，しっかりと理解しておきましょう。

以下のクラス図は，1人の顧客に対して複数の注文が発生することを示しています。

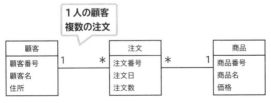

＊は複数を意味する

1-4-6 顧客，注文，商品の関係をクラス図で表現

また，上記の図では以下の関係も表しています。

・注文１つに対して，顧客は１人です。
・注文１つに対して，商品は１つです。
・商品１つに対して，注文は複数です。

　クラス図を読むときに注意したいのが，**必ず「〇〇が１つに対して」から始まる**ことです。「〇〇が２つに対して」などとは表現できません。そして**相手のクラスに書かれている数値や＊を見て対応する数を判断**します。

### オブジェクト図
　クラスは枠だけでしたが，**オブジェクトはその枠に実際に値を入れた状態**です。

1-4-7 商店，注文，商品の関係をオブジェクト図で表現

　詳しくは後の節で解説しますが，クラスは設計図で，オブジェクトはそれを実体化したものです。オブジェクトはクラスと違い具体的な値を持つことができます。オブジェクト図は**ある時点での値**を表現します。

　データモデルを解釈してオブジェクト図を作成した。解釈の誤りを適切に指摘した記述はどれか。ここで，モデルの表記には UML を用い，オブジェクト図の一部の属性の表示は省略した。

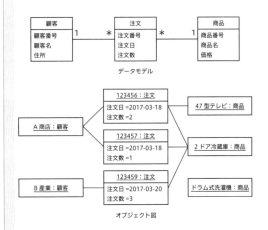

データモデル

オブジェクト図

**ア**　"123456：注文"が複数の商品にリンクしているのは，誤りである。
**イ**　"2ドア冷蔵庫：商品"が複数の注文にリンクしているのは，誤りである。
**ウ**　"A商店：顧客"が複数の注文にリンクしているのは，誤りである。
**エ**　"ドラム式洗濯機：商品"がどの注文にもリンクしていないのは，誤りである。

**[解説]**

　クラス図（データモデルと書かれている図）で表現されている関係と解答群を比較していきます。

　「ア」の「123456: 注文」のオブジェクトですが，「47型テレビ」「2ドア冷蔵庫」の2つに線が引かれています。1回の注文で2つの商品を依頼することはよくあると思いますが，出題のオブジェクト図ではこれを表現しています。しかし，クラス図を見ると「1つの注文には1つの商品だけ」となっています。このように文章で表現するよりも，クラス図などの UML を使った方が明確であり認識違いが減ることがわかります。「ア」はクラス図の通りになっていないため，指摘されている通りです。

　おそらくこのオブジェクト図を要件定義工程で依頼者に見せると，「間違っています」と指摘を受けることになるでしょう。

**答え：ア**

## 過去問にチャレンジ！[AP-H28春PM 問8 改]

　T社ではインターネットを用いた通信販売を行っている。通信販売用Webサイトで利用できる決済方法は，クレジットカードを利用して決済するクレジット決済だけであったが，顧客の利便性向上を目的に，新たにU社が運営するコンビニエンスストアでの支払の導入を検討することになった。

　顧客は，購入する商品を選択し，顧客IDを入力して商品の配送先を指定した後，決済方法選択画面から希望する決済方法を選択することが可能となる。

| 処理名称 | 処理内容 |
|---|---|
| 決済方法選択 | 顧客は，Webサイトが表示する決済方法選択画面で，決済方法としてクレジット決済を選択する。 |
| カード情報入力 | 顧客は，購入代金の決済に使用するクレジットカードのカード情報（カード番号，有効期限，カード名義，セキュリティコード）を入力する。 |
| カード情報送信 | Webサイトは，クレジットカード会社へカード情報と支払情報を送信し，決済処理を依頼する。その後，Webサイトは，クレジットカード会社から，決済完了かカード利用不可かの回答を取得する。 |
| 商品発送 | Webサイトは，クレジットカード会社の回答が決済完了の場合，配送センタに商品の発送を指示し，同時にWebサイトの画面で顧客に商品の発送を通知する。 |
| 再決済依頼 | Webサイトは，クレジットカード会社の回答がカード利用不可の場合，再度カード情報入力の画面を表示する。 |

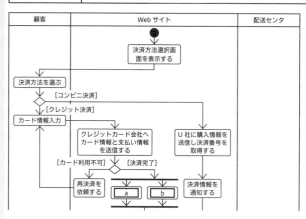

設問：図の（　a　），（　b　）に入れる適切な処理内容を20字以内で答えよ。

### [解説]

　アクティビティ図では処理の流れを表現します。

　Webサイトに決済方法選択画面が表示されているところから流れが開始して

います。次に顧客が決済方法を選びます。「クレジット決済」を選択してカード
情報を入力すると,「クレジットカード会社へカード情報と支払い情報を送信す
る」とあります。その後,正しく決済ができた後の処理を答えることになります。

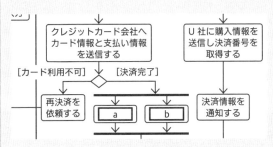

クレジット会社の情報送信後の流れに注目

　表の「商品発送」の項目を見ると,「Web サイトは,クレジットカード会
社の解答が決済完了の場合」とあります。これが上記のひし形の右にある「決
済完了」のことだと推測できます。続いて表には「配送センタに商品の発送
を指示」「Web サイトの画面で顧客に商品の配送を通知」とありますので,こ
れが答えです。

| 商品発送 | Web サイトは,クレジットカード会社の回答が決済完了の場合,配送セ<br>ンタに商品の発送を指示し,同時に Web サイトの画面で顧客に商品の<br>発送を通知する。 |
| --- | --- |

決済完了後の流れを表から読み取る

　ただし,2 つ目は 15 文字を超えるので前半部分は省略することになります。
**なお「同時」はアクティビティ図では太い2本の線で表現**します。

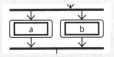

アクティビティ図による並行処理の表現

答え：　　a：配送センタへ商品の発送を指示する
　　　　　b：顧客に商品の発送を通知する
　　　　　（順不同）

# E-R図 AM PM

UML以外の分析手法と設計手法について見ていきましょう。E-R図はエンティティ（要素，E）とリレーションシップ（関係，R）で構成された図です。

UMLを含めこの節で学習していく図はそれぞれ特徴がありますが，E-R図は**要素と要素の関係**を表現します。UMLでは関係を表現するクラス図がありましたが，これと非常に似ています。

E-R図は要件定義で使うと依頼者が求めていることを図示できる分析ツールですが，データベースを設計するための設計ツールで使われることがあります。午後試験の問6はデータベース分野ですが，冒頭にはE-R図が登場し空欄を埋めていく問題が出題されます。近年は毎回同じパターンであるため対策がしやすい問題です。

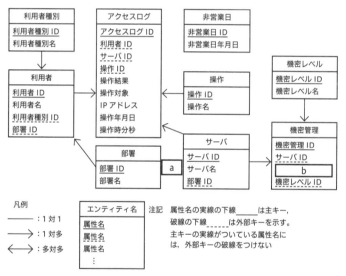

**1-4-8** 実際に出題されたE-R図（AP-H27春PM問6より抜粋）

この問題はクラス図と同じ知識で解くことができます。

まず空欄の（ a ）は，矢印を凡例の通りに書きます。部署とサーバの関係ですので，例えば「経理部にはサーバが何台あるのか」「営業部にはサーバが何台あるのか」を示すことになります。

もし1つのサーバを複数の部署で共用するのであれば，このような矢印になります。

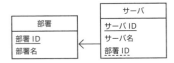

1-4-9 「1台のサーバを複数の部署で共用」の表現

実は問題文に「部署はファイルサーバを1台以上保有している」とありました。こういった話を要件定義の工程で依頼者から聞き，E-R図に反映します。つまり正解はこのようになります。

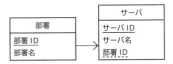

1-4-10 「1台の部署で複数のサーバを使う」の表現

これを依頼者は確認し「その通りです。1つの部署で複数サーバです」と，お互いの認識が正しいことを確認します。

このように **E-R図は要件定義で使われますが，データベースのテーブルの設計にもそのまま使えます**。そのため午後試験のデータベースでは決まって以下のような但し書きがあります。

「E-R図のエンティティ名をテーブル名に，属性名を列名にして，適切なデータ型で表定義した関係データベースによってデータを管理する。」

この正確な意味を理解する必要はありません。**E-R図をデータベースの設計でも使う**と言っているだけです。

> リレーションシップの書き方にはいくつかのパターンがあります。問題文に書かれているため，その記法に従ってください。

## DFD AM **PM**

DFDは「データ・フロー・ダイアグラム」の略であり，**データの流れを図で表現**します。E-R図は要素間の関係を表現していましたが，DFDはデータの流れの表現であり用途が明確に異なります。

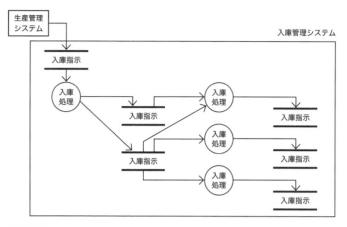

**1-4-11** 実際に出題された DFD

凡例にある通り 3 つの図で表現します。

| | | |
|---|---|---|
| ▭ | **源泉，吸収** | 入庫管理システムにデータが到着したきっかけを源泉といいます。今回は生産管理システムからデータを受け取るようです。 |
| ━━━ | **データストア** | データの蓄積を表現します。主にファイルやデータベースへの保存になりますが，媒体は考慮しません。印刷をして紙で保存したとしてもデータストアに該当します。 |
| ◯ | **処理** | DFD を見る限り，まず生産管理システムからデータが送られてきて，入庫指示ファイルやデータベースなどに保存され，そのファイルを使って入庫処理を行うようです。 |

**1-4-12** 源泉・吸収，データストア，処理の凡例

## 状態遷移図 AM PM

「遷移」とありますので DFD と同じく流れを表現します。DFD がデータの流れを表現するのに対して，**状態遷移図は状態の流れを表現**します。状態遷移図には決まった表記法があまりなく，問題文に書かれている表記法に従って考えることになります。

凡例
- n 発券不可の状態
- n 発券可の状態
- 商品の分類名 （イベントコード）

凡例
- 状態名 / 信号の表示
- 処理手順 （遷移条件）

凡例
- ● ：起動
- □ ：状態
- イベント （処理） ：遷移

**1-4-13** 問題文に書かれているさまざまな凡例

---

## 過去問にチャレンジ！ [AP-H27秋AM 問46]

DFD におけるデータストアの性質として，適切なものはどれか。

**ア** 最終的には，開発されたシステムの物理ファイルとなる。

**イ** データストア自体が，データを作成したり変更したりすることがある。

**ウ** データストアに入ったデータが出て行くときは，データフロー以外のものを通ることがある。

**エ** 他のデータストアと直接にデータフローで結ばれることはなく，処理が介在する。

[解説]

データストアはファイルに限りません。データの蓄積であるため**紙の場合もデータストアで表現**します。そのため「ア」は間違いです。

またデータストアは処理を行いません。蓄積だけの表現であるため「イ」は間違いです。

データストアから出ることは「流れ」と表現します。そのため矢印で表現しますので「ウ」は間違いです。

データストアから出る場合には，必ず出すための処理を行います。入力も同様です。データストア自身にその機能はないため，必ず処理が介在することになりますので「エ」は正解です。

答え：エ

---

Q 午後の解答力UP! ―――――――――――――――――――――――――――― 解説は次ページ ▶▶

社員とその上司を E-R 図で表現しようと思います。しかし上司もまた社員ですので，エンティティとしては「社員」だけを使うことになります。その場合，E-R 図はどうなるでしょうか？

# オブジェクト指向

ここでは，プログラミング経験がないとピンとこないオブジェクト指向について，できるだけやさしく解説します。オブジェクト指向の登場前は，大きなプログラムを作ろうとするとグチャグチャになり解読不能になっていました。オブジェクト指向を活用することで，大きなプログラムでも比較的シンプルに扱えるようになります。

内部設計や詳細設計は開発者向けの設計書を作成します。そこで重要になる，クラスやオブジェクト指向といった概念を学習しましょう。

`1-5-1` オブジェクト指向での設計を行う

## クラス AM PM

UML のクラス図で触れた，クラスとオブジェクトについてもう少し詳しく見ていきます。

クラスとは家を建てるときの設計図にたとえられます。情報システム開発では家ではなく情報を扱いますから，クラスにはデータ項目の一覧が含まれます。

Excel でデータを管理する場合には，例えば顧客シート，注文シート，商品シートなどと扱うデータの種類ごとにシートを分けると思います。情報システム開発ではこういったデータの種類ごとにクラスを作成するのが一般的です。

**1-5-2** Excel では種類ごとにシートで管理

　これらを1つのシートにまとめると，とても扱いづらくなります。
　ただ実際にオブジェクト指向でプログラミングをしたことがないと，こうしたクラスの分け方にどのようなメリットがあるのかはわかりづらいと思います。とりあえず試験対策としては，データの種類ごとに小分けすることで扱いやすくなることがわかっていれば，それほど困らないはずです。

### 属性とメソッド

　クラスにおけるデータの項目のことを**属性**といいます。上記の例ですと「顧客クラスには顧客番号や顧客名などの属性がある」と表現します。
　クラスに定義できるのは属性だけではありません。もう一度 Excel を見てみましょう。

**1-5-3** Excel にはボタンを設置できる

　Excel にはボタンを設置し，クリックすることで特定の処理を行わせることができます。処理はプログラムで記述します。試しに私が作った「採番」ボタンをクリックしてみます。顧客番号が１から順番に振られました。

`1-5-4` 自作のボタンで顧客番号を自動採番させてみた

　さらに「顧客検索」ボタンをクリックしてみましょう。「顧客番号」を聞かれるので何か入力します。

`1-5-5` 顧客番号を入力

　入力した「顧客番号」を基に顧客シートを検索し，該当する顧客の名前を表示します。

`1-5-6` データから検索をして顧客名を取得

　このように Excel には，シートにあるデータを使ってさまざまな処理を記述することができます。クラスでも同様に処理を記述することができ，これを**メソッド**といいます。

このように**クラスには属性とメソッドを定義**し，必要に応じてそれらを扱うことができます。

　以下は午後試験からの抜粋です。「乗車券」クラスには「運賃表」「乗車日」などの属性があります。また「作成」「削除」「運賃問合せ」などのメソッドがあります。

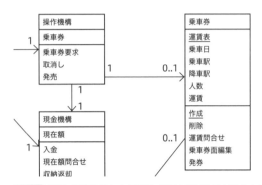

**1-5-7** 実際に出題されたクラス図（AP-H22 春 PM 問 8 より抜粋）

　クラスはプログラミングによって記述していくことになりますが，考えてみると無駄な場面もあります。例えば，複雑な計算をするクラスやメール送受信をするクラスなどは，おそらく世界中の人が必要としているでしょう。こうした処理をいちいち自分で記述するのは非効率的です。

　このように使い回しができるクラスをたくさん集めたものを**クラスライブラリ**といい，多くのクラスライブラリがインターネット上に公開されています。プログラマは，それらのクラスライブラリを組み合わせて使用することができます。

## オブジェクト AM PM

　このようにして定義したクラスは，あくまで設計図のようなものです。ですから今見てきたように実際のデータを入れたり，処理を動かしたりすることはできません。実際に使うには**クラスを基にして実体化させる必要**があります。この実体を**オブジェクト**といいます。クラスが設計図だとすると，オブジェクトは家です。設計図に住むことはできないので，家を建てて住むことになるのと同じです。

> オブジェクトは**インスタンス**とも呼ばれます（厳密には少し異なりますが，解答する際に影響はありません）。このようにして内部設計や詳細設計では，クラスやオブジェクトを使ってやりたいことを記述します。

　先ほどの Excel と同じことをプログラミングで実現する場合には，顧客クラスに属性として「顧客番号」「顧客名」「住所」を定義します。また顧客番号を自動で

1から順番に設定するための「採番メソッド」も定義します。

このような定義を行った後は，次のプログラミング工程でプログラミングしていきます。

```
プロジェクト ~        ⓒ 共通.java    ⓒ 顧客.java ×
 ∨ 🗀 Customer C:\U    1    @SuppressWarnings("ALL")
    > 🗀 .idea         2    public class 顧客 {
    ∨ 🗀 src           3        int 顧客番号;
        ⓒ Main        4
        ⓒ 共通         5        String 顧客名;
        ⓒ 顧客         6
        ⊘ .gitignore  7        String 住所;
        🗋 Customer.in 8
 > 🏛 外部ライブラリ   9        public void 採番(){
   ✏ スクラッチとコ   10           // 採番メソッドを記述する
                      11        }
                      12    }
```

**1-5-8** クラスを Java でプログラミングする

## カプセル化 ▶1-5-1

私がクラスとオブジェクトの説明をしているときに大変なことが起きました。Excel の顧客シートのデータがおかしな状態になっています。いったい誰がこんなことをしたのでしょうか。

| 顧客番号 | 顧客名 | |
|---|---|---|
| 1 | あいうえお | |
| 2 | かきくけこ | |
| 3 | さしすせそ | |
| 4 | たちつてと | |
| 5 | なにぬねの | |

**1-5-9** データがおかしなものに書き換わってしまった

Excel ではこのようなことがないようにセルを保護することができます。クラスでも同様で，自由にデータにアクセスできないように制限することが可能です。ただし，クラスでは**すべてのデータに直接アクセスできないように制限**するのが原則です。つまり「顧客番号」「顧客名」「住所」を取得したり変更したりすることを禁止するべきです。

そうなると顧客データを見ることも更新することもできず，意味がないように思えます。そこで**メソッドを使って取得**することになります。

もう一度 Excel に戻ります。私は「顧客検索」ボタンを作成しました。これをクリックすると「顧客番号は？」と聞かれます。顧客番号を入力すると，顧客シートから対応する顧客名を検索して表示します。これで，仮に顧客データが Excel の画面上で見えなくても問題ありません。知りたければボタンをクリックすればよいのです。

このようにデータにアクセスするには，必ずメソッドに依頼するべきであるというルールを**カプセル化**といいます。データをカプセルに閉じ込めてしまうイメージです。

カプセル化をすることで，**データへ直接アクセスするルートを制限**することができます。先ほどの Excel のように異常値になったとしても，メソッドを通っているため問題箇所の特定がたった1ヵ所だけで済みます。しかしカプセル化をしていないと，どこの誰が変えたのかの追跡がしにくくなり，バグを多く含んだシステムになってしまう可能性があります。

# インヘリタンス（継承）▶1-5-2 AM

Excel の話に戻ります。顧客番号を自動採番する機能や，顧客番号を指定して顧客名を取得するボタンは非常に便利であるため，商品シートにも配置しようと考えました。

しかし，よく考えてみるとほとんどが同じ機能ですので，1から処理を作るのは無駄な気がします。そこで共通する処理をまとめて，顧客シートや商品シートから独立して別の場所に置くことにしました。

| 顧客 | 注文 | 商品 | 共通 |
|---|---|---|---|

1-5-10 「共通」シートに共通する処理を配置した

ただし共通化できない部分もあります。例えば「顧客番号は？」「商品番号は？」などの聞き方はシートごとの処理になります。ここまで共通化してしまうと「番号は？」と聞くしかなく，かなりわかりにくくなります。このように処理は，共通化できる部分とできない部分があります。

共通化できる部分をまとめたクラスを上位のクラスとみなし，**スーパクラス**や**基底クラス**といいます。共通化できなかった個別の処理はそれぞれのクラスに記述しますが，これを下位のクラスとみなし**サブクラス**や**派生クラス**といいます。

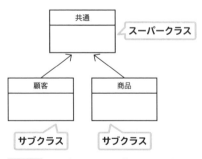

1-5-11 スーパクラスとサブクラスの関係

また，スーパクラスの処理などをサブクラスで受け継ぐことを**インヘリタンス**または**継承**といいます。せっかく共通化した処理ですが，サブクラスでそれらを利用できるように継承しなければ使えるようにはなりません。

多くのプログラミング言語ではクラスの継承が可能です。以下は，その処理をJava で記述した例です。Java の場合には「extends」と記述することで，スーパクラス（以下の例だと「共通」）をサブクラス（以下の例だと「顧客」）に継承することができます。

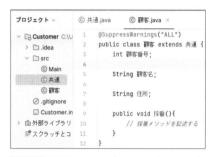

```java
@SuppressWarnings("ALL")
public class 顧客 extends 共通 {
    int 顧客番号;

    String 顧客名;

    String 住所;

    public void 採番(){
        // 採番メソッドを記述する
    }
}
```

`1-5-12` 共通クラスを顧客クラスで継承したプログラム（Java）

---

**過去問にチャレンジ！** [AP-H28秋AM 問47 改]

オブジェクト指向言語のクラスに関する記述のうち，適切なものはどれか。

**ア** インスタンス変数には共有データが保存されているので，クラス全体で使用できる。

**イ** オブジェクトに共通する性質を定義したものがクラスであり，クラスを集めたものがクラスライブラリである。

**ウ** オブジェクトはクラスによって定義され，クラスにはメソッドと呼ばれる共有データが保存されている。

**エ** スーパクラスはサブクラスから独立して定義し，サブクラスの性質を継承する。

**[解説]**

クラスは属性（データ）とメソッド（処理）で構成されています。クラスからインスタンスを生成しますが，そのときに属性は**インスタンス変数**などと呼ばれるようになります。オブジェクト指向のカプセル化では属性を隠ぺいしますので，インスタンス変数も隠ぺいされることになります。隠ぺいは共有とは逆の意味です。他のクラスからは直接アクセスすることができないため「ア」は誤りです。

「イ」は正解です。クラスはオブジェクトの設計図であり，クラスを集めたものをクラスライブラリといいます。

「ウ」は「メソッドと呼ばれる共有データ」とありますが，メソッドはデータではなく処理です。

「エ」は説明が逆です。サブクラスはスーパークラスの性質（属性やメソッド）を継承します。

答え：イ

## ポリモーフィズム（多相性，多様性） AM

難しそうな名前がついていますが簡単です。

先ほどの Excel の話に戻ります。私は顧客検索と商品検索を作成しました。そして，共通部分をまとめてスーパクラスとし別の場所に配置しました。この状態で顧客検索をすると，当然ですが顧客名を取得できます。商品検索をすると商品名を取得できます。検索機能はスーパークラスに置いているのですが，呼び出し元が「顧客」「商品」で異なる動作をしています。このように，同じメソッドでも呼び出し元によって異なる動作や処理を行うことを**ポリモーフィズム**といいます。

そういえば売上シートもありました。ここにも検索ボタンを配置して，売上検索をしたいと思います。スーパークラスには検索機能があるので，今回も「売上」からこの検索機能を使おうと思います。呼び出し元によって異なる動作になるように作ってあるので，簡単に売上検索機能を作ることができそうです。

プログラムの経験がないとなかなかイメージがつきにくいかもしれませんが，動画も参考にして理解を深めましょう。

Q 午後の解答力UP! ──────────────────────── 解説は次ページ ▶▶

「乗車券」クラスと「急行券」サブクラスがあります。「乗車券」クラスの「乗車券面印刷」メソッドと，「急行券」クラスの「急行券面印刷」メソッドは，処理内容がほとんど同じであるためスーパークラスにメソッドを作りました。どんなメソッド名がいいでしょうか？

# モジュール分割

これまでも説明してきたように，昔は職人芸として少人数で作ってきたプログラム
も，規模が大きくなると分業が必要となり，ウォータフォールモデルなどの工程分
けがなされました。同じ理由でプログラムも小さく部品化するようになりました。
ここでは部品化するための基準や適切であるかの判断基準を学習します。

　大規模なプログラムやシステムを開発する際は，多くの処理を1つのプログラム
に集中させるのではなく，目的ごとに分割して小さな部品である**モジュール**の集ま
りに分けることが推奨されます。この節ではなぜ1つの大きなプログラムではいけ
ないのか，どのような基準で分割すべきなのか，適正に分割されているかの判定基
準などを学習します。モジュール分割は内部設計や詳細設計などで検討されます。

`1-6-1` モジュールを適切に分割して設計する

## 1つのプログラムの弊害 AM

　私が住んでいる北海道では，季節の変わり目にタイヤを交換します。テレビで初
雪の予報を知ると冬タイヤに替え，雪が解けると夏タイヤに交換します。車からタ
イヤを取り外せることは大きなメリットです。もし車本体とタイヤが一体化してい
たら，冬用と夏用とで車を年に2回も乗り換える必要があります。プログラムも部
品化することで，同じようなメリットを得ることができます。

　販売管理システムをAさん，Bさん，Cさんの3人で開発することを考えてみ
ます。Aさんは「ログイン」「ログアウト」「パスワード変更」を作ります。Bさん
は「売上入力」「売上集計」を作ります。Cさんは「帳票印刷」を作ります。

　さてCさんが若干早く終わったようです。そこで「ログアウト」をAさんから
引き継ぐことにしました。これは「ログアウト」を部品化しているからこそ可能に
なったのです。

**A 午後の解答力UP! 解説**

共通の名前として「券面印刷」などがよいと思われます。

また，テストがしやすくなるというメリットもあります。部品化されていなければ，ある程度プログラム全体が完成しないとテストができません。部品化されていることで，一つひとつの部品だけをテストすることが可能です。

　さらにコミュニケーションがとりにくい場合にも，積極的な部品化が求められます。このあたりの話は午後問題でも出題されました。

> 　T主任は，このプロジェクトマネジメントの方針を上司に説明した。その際，上司から，"複数拠点での開発であることを考慮し，拠点間でコミュニケーションエラーが発生するリスクへの対応を追加すること。"との指示を受けた。T主任は，上司の指示を受けて，次の開発方針及びプロジェクトマネージメントルールを作成して，本プロジェクトを開始した。
> ・②各機能モジュール間のインターフェイスが疎結合となる設計とする。
> ・両開発チーム間の質問や回答は，文書や電子メールで行い，認識相違を避ける。
> ・③東京チーム内の取組を，プロジェクト全体に適用する。

`1-6-2` 実際の出題例（AP-R1 春 PM 問9より抜粋）

　もしAさんとBさんが隣の席に座っているのであれば，2つの部品のつながりについてあまり気にする必要がないかもしれません。「こんな感じで部品を作るので，こんな感じで使って」「わかった」という会話があるからです。しかしコミュニケーションがとりにくい場合には特に，下線②にある通り疎結合（部品が独立している）にする方針が効果的です。

## モジュール分割の基準  AM

　では，どのような基準で分割して部品にすると便利なのでしょうか。**データの流れに着目する方法と，データの構造に着目する方法**とがあります。

### STS分割

　データの流れに着目した分割方法です。例えば販売管理システムでは，何がどのくらい売れたかを管理します。「鉛筆が12本売れた」などを入力することを「源泉」と表現します。また日別，商品別の売上額を知りたいため売上集計表を印刷するとします。このような，いろいろなデータを取得して計算することを「変換」と表現します。そして印刷を「吸収」と表現します。このように源泉（S），変換（T），吸収（S）ごとに分割する手法を **STS 分割**といいます。なお源泉は「入力」，吸収は「出力」と表現されることもあります。

### TR（トランザクション）分割

　STSと同じく，データの流れに着目して分割する方法です。トランザクション

とは一連の処理のことです。人事システムにおいて，Aさんが部長に昇進した場合「役職の変更」と「給与アップ」はおそらく1つのトランザクションになるでしょう。このように，切り離すことができない一連の処理で分割する手法を **TR（トランザクション）分割** といいます。

### データ構造に基づいて分割

入力データの構造を基に分割するのが **ワーニエ法** です。入出力データの構造を基に分割するのが **ジャクソン法** です。ワーニエ，ジャクソンは両方とも人名です。深い知識はまったく不要であり **「入力＝ワーニエ法」「入出力＝ジャクソン法」** という丸暗記で大丈夫です。本当にそうなのかを過去問で確認してみましょう。

**過去問にチャレンジ！** ［AP-H28秋PM 問8 改］

E社は，英会話教室や料理教室などのカルチャースクール向けにSaaSを提供する会社である。E社のサービスは，画面デザインやシステム機能を顧客向けにカスタマイズできる点が人気を集めており，約100社の顧客が利用している。

E社のサービスを提供するシステムには，顧客向けのカスタマイズを容易にするために，システム機能の部品化による高い再利用性が求められている。

F君は，新システムのモジュール設計を行うに当たり，モジュール分割手法の調査を行った。モジュール分割手法には，データを処理するトランザクションに着目して一連の処理をトランザクション単位にまとめてモジュールに分割する（ a ），データの流れに着目してデータの入力・変換・出力の観点からモジュールに分割する（ b ），データ構造に着目して入力データ構造と出力データ構造の対応関係からモジュールに分割する（ c ）などがあることが分かった。

設問：本文中の（ a ）～（ c ）に入れる適切な字句を解答群の中から選び，記号で答えよ。
　ア　STS分割　　イ　TR分割　　ウ　オブジェクト指向
　エ　共通機能分割　　オ　ジャクソン法　　カ　ワーニエ法

[解説]

（ a ）はトランザクション単位とありますから，トランザクション分割です。（ b ）は入力・変換・出力とありますからSTS分割です。（ c ）は入力データ構造と出力データ構造とありますからジャクソン法です。なお

「**共通機能分割**」とはその名の通り，いろいろな機能から共通して使われる機能をまとめて分割します。

答え　a: **イ**　b: **ア**　c: **オ**

## モジュール分割の評価 AM

　次にモジュールが適切に分割されているかの判断基準を学習します。**適切に分割されているモジュールを独立性が高いと表現**します。独立したモジュールは**強度**が強く，**結合度**が弱くなります。これからその強度と結合度を解説しますが，丸暗記するのは困難です。できるだけ丸暗記とはならないように解説しますが，もし丸暗記する場合には「暗合的強度」「関連を無視」などの太字の組み合わせで覚えてください。

### 7つのモジュール強度

　7つのモジュール強度を，弱い順に解説します。あくまで原則ですが，モジュール強度は「強いほどよい」です。

・**暗合的強度**は**関連を無視**してとにかく機能を1つに詰め込みます。表現からわかる通り，もっともよくない分割です。このようなプログラムを作ると，レビューで間違いなく指摘されます。

・**論理的強度**は少し進化しています。関連は無視せずに一応は関連機能をまとめます。その上で**どの機能を使うかを引数で指定**します。例えば，他のモジュールから「1」を渡されたら「A」機能を実行し，「2」を渡されたら「B」機能を実行します。○○されたら△△という表現と「論理的」を結びつけてください。しかし，他のモジュールからあれこれ指示されているため，強度はまだまだ弱いといえます。独立までの道のりはまだまだ遠いでしょう。

・**時間的強度**は**実行タイミングを基に**まとめます。それほど関連はなく，単に使われるタイミングが同じというだけで集められているため，まだまだ強度は弱いといえます。

・**手順的強度**は**順番に実行される機能**をまとめます。必ずA→B→Cの順番で実行される機能であれば，それらを1つのモジュールにすることは，比較的納得できるまとめ方かと思います。

・**連絡的強度**は手順的強度に加え，さらにある**同じデータを使う機能**をまとめます。手順的強度は，単に順番に実行されるだけという関連でした。連絡的強度はさらに「社員データを扱うものだけ」のような制限が追加されます。

- **情報的強度**は，例えば「社員データを扱うものだけ」などでまとめます。その点では連絡的強度と似ていますが，さらにその**データを外部から隠ぺい**します。

- **機能的強度**は**1モジュールで1機能**です。非常にシンプルであり，もっとも強度が高いといえます。

　機能的強度はもっとも独立性が高い強度です。しかし，実際にはすべてのモジュールを機能的強度にするとモジュール数が膨大になり，逆に扱いづらくなる場合もあります。そうならない程度に強度を高めるという作り方をすることが多くなります。それでは過去問題で確認してみましょう。

---

**過去問にチャレンジ！** ［AP-H23特別AM 問47］

　モジュール設計に関する記述のうち，モジュール強度（結束性）が最も高いものはどれか。

　**ア**　ある木構造データを扱う機能をデータとともに一つにまとめ，木構造データをモジュールの外から見えないようにした。

　**イ**　複数の機能のそれぞれに必要な初期設定の操作が，ある時点で一括して実行できるので，一つのモジュールにまとめた。

　**ウ**　二つの機能 A, B のコードは重複する部分が多いので，A, B を一つのモジュールとし，A, B の機能を使い分けるための引数を設けた。

　**エ**　二つの機能 A, B は必ず A, B の順番に実行され，しかも A で計算した結果を B で使うことがあるので，一つのモジュールにまとめた。

**［解説］**

　解答群を一見するだけだと，まったくわからないと感じると思います。しかし，ヒントになりそうなキーワードがあるので見つけていきましょう。

　「ア」には「外から見えないように」とありますので情報的強度です。

　「イ」には「ある時点」とあるので時間的強度です。

　「ウ」には「引数」とあるので論理的強度です。

　「エ」には「順番」とあるので手順的強度か連絡的強度です。さらに「Aの計算結果をBでも使う」ということから，同じデータを扱っていると解釈できます。そのためこれは連絡的強度です。

　例えば論理的強度や時間的強度は，なんとなく「解説の前半に出てきた」という記憶だけあれば選択肢を2つほど削ることができます。

**答え：ア**

## 6つのモジュール結合度

　結合度とは，他のモジュールとのつながりの度合いです。結合度が強い場合には他人からコントロールされているといえるため，独立性が低いと考えます。あくまで原則ですが，モジュール結合度は「弱いほどよい」です。

　まず「データ」と「データ構造」の違いを説明します。データは1つのデータであり，例えば「名前」のことです。データ構造は「社員番号，名前，年齢」のような関連があるいくつかのデータの集まりです。

- **内部結合**は他のモジュールから，データまたはデータ構造に**直接アクセスされる**状態です。

- **共通結合**はモジュールとは別の，**共通的な場所にあるデータ構造を共有**して結合しています。

- **外部結合**は共通結合に似ていますが，**データ構造ではなくデータを共有**します。共有している情報が少しだけ減っており，その分つながりが弱くなっています。

- **制御結合**は**引数によって実行順序をコントロール**します。論理的強度でも引数が使われましたので，制御結合は論理的強度であるといえます。

- **スタンプ結合**は必要となる引数を渡します。制御結合では「あっち」「こっち」と命令するための引数でしたが，スタンプ結合では実際に使用する**データ構造を引数**にします。

- **データ結合**はスタンプ結合と似ていますが，**渡すのはデータ**です。例えば「名前」だけを渡します。

　このようにデータ構造よりもデータだけを共有したり渡したりする方が，結合が弱く（独立性が高く）なります。

> これらは午後試験で出題されることはあまりないと思いますので，意識しなくてもよいでしょう。一方で午前試験では比較的よく出題されます。とはいえ4択問題なので，4つの選択肢を比較することで答えを導きやすくなります。

**Q 午後の解答力UP！** ──────── 解説は次ページ ▶▶

「会員」オブジェクトには身長と体重の属性があるとします。メソッドにこのオブジェクト自体を渡す場合，なんという結合になるでしょうか？

# テスト

テストの工程では，分析，設計通りにプログラムが完成したかを確認します。ですが，それぞれが思い思いに確認することをテストとはいいません。下流工程であるテストにも長年の失敗や成功から得られたノウハウがあります。ここではテストの種類と，適切なテストの方法について学習します。

　要件定義や設計により何をどう作るかを決めました。その過程でオブジェクト指向に沿い，モジュール分割をしてプログラミングをしやすい設計にもしてきました。「開発」工程は「アルゴリズム」の章で学習しますので，ここからは残りのテスト工程について学習します。

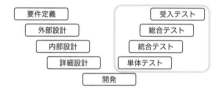

**1-7-1** テスト工程

## 単体テストと統合テスト AM PM

　内部設計・詳細設計でモジュールを適切に分割し，開発工程でプログラミングをしました。そのモジュール単位にテストを行うことを**単体テスト**，もしくは**ユニットテスト**といいます。単体テストにはブラックボックステストとホワイトボックステストがあります。それぞれの詳細は次項で解説します。

　適切にモジュールを分割すると，一つひとつのプログラムが十分に小さくなっているため，単体テストがしやすくなり，またバグがあっても修正がしやすくなります。

　また複数のモジュールをつなげて行うテストを**統合テスト**といいます。適切に分割したモジュールは他のモジュールから呼び出されて動作しますが，それらのつながりもテストします。なお統合テストは，以前は「結合テスト」といっていました。最新のシラバスでは「統合」ですが，過去問題では「結合」となっています。なお『共通フレーム 2013』では「結合」です。

**A 午後の解答力UP! 解説**

データ構造自体を渡すことになるため，スタンプ結合になります。

# ブラックボックステスト AM

プロジェクトで，どのような単体テストを採用するかを決めることになります。**ブラックボックステスト**は，モジュールの内部をまったく無視し結果だけを確認します。

ログイン機能であれば「パスワードが正しければログインできるか」「パスワードが間違っていたらログインできないか」などがテスト内容です。プログラムを一切見ないため，**無駄なプログラムがあっても気がつきません**。テストの精度を上げるためには，どのような値でテストを行うのかが非常に重要です。

## 同値分析（同値分割）

テストする値をいくつかのグループである**同値クラス**に分け，その代表値を使います。

例えば年齢項目，正常値と異常値は以下のようになるでしょう。なお**正常値の同値クラスを有効同値クラス，異常値の同値クラスを無効同値クラス**といいます。

| 正常（有効同値クラス） | 0 から 150 |
|---|---|
| 異常（無効同値クラス） | マイナス，151 以上，小数，数値以外 |

`1-7-2` 年齢に関する同値分析の例

例えば，0 を入力した場合には正常に処理されるはずです。そして 1 も正常に処理されるはずです。そして 2 も，3 も，4 も……とどこまでいけばいいのでしょうか。おそらく正常に処理されるかのテストとしては，0 から 150 の範囲からいくつかをピックアップするだけでよいでしょう。もちろん完全ではないのですが時間の制限がある以上，いくつかピックアップするしかありません。

同値分析では各グループから代表値をピックアップします。例えば正常に処理されるかテストするための代表値は，真ん中を採用し 75 などになります。マイナスが正しく異常として判断してくれるかどうかのテストは -10 などになります。-10 でテストをして期待通りになっていれば，すべてのマイナス値についてテストが完了したとみなします。

## 限界値分析

限界値分析では，それぞれの**グループの境目の値**を使います。正常に処理されるかテストする場合には，0 と 150 を使います。マイナスが正しく異常として判断してくれるかどうかのテストは -1 を使います。また 150 を超えた値を異常として判断してくれるかどうかのテストには 151 を使います。

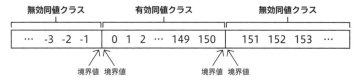

**1-7-3** 限界値分析における境界値

# ホワイトボックステスト AM ▶1-7-1

　ホワイトボックステストでは，プログラムの内容も検証します。ブラックボックステストよりも大きな作業量となりますが，**無駄なコードや潜在的なバグに対処できる可能性**が高まります。

　プログラムは上から下まで一直線ではありません。値によっていろいろな分岐をしていきます。例えば，私が住んでいる札幌からスカイツリーに行くには無数の分岐があります。

　プログラムによっては，そのようなすべてのルートをテストするのは現実的ではない場合もあります。そこで，どのようなルートを通るのかいくつかのパターンがあり，プロジェクトで何を採用するかを決めることになります。

### 命令網羅

　プログラムには命令と分岐の2種類があります。命令網羅では分岐についてはまったく考慮せず，とにかくすべての命令を実行するようなテストケース（テストするパターンのリスト）を作成します。目の前に2つの道がある場合，命令がある道だけを通ります。命令がない道を選ぶ必要はありません。

### 分岐網羅

　分岐の両方を通るようなテストです。目の前に2つの道がある場合，両方の道を通ります。その先に命令があるかどうかは考慮しませんが，すべての分岐を通るので結果的にすべての命令がある道を通ることになります。なお分岐網羅は**判定条件網羅**ともいいます。

> 過去問では「分岐網羅（判定条件網羅）」と書かれている場合もありますが，どちらか一方だけが書かれている場合もあります。念のため，両方覚えましょう。目の前の分かれ道（分岐）をどちらに進むかは，看板に書かれている「判定条件」によって決まるため「分岐＝判定条件」と結びつけてください。

## 条件網羅

条件網羅では目の前の分かれ道ではなく，看板に書かれている条件をすべて満たすようにテストケースを作成します。

`1-7-4` 分岐網羅（判定条件網羅）と条件網羅のイメージ

以下は「Aが0を超える」と「Bが0」の条件が書かれています。条件網羅のテストケースの作成においては「かつ」は無視をします。

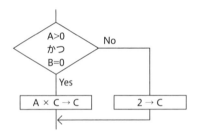

`1-7-5` 条件網羅ではそれぞれの条件だけに着目する

まず1つ目の条件（A > 0）について「満たす」「満たさない」の2パターンをテストします。この場合，2つ目の条件（B = 0）は見ません。
例えば以下のようなテストケースになります。

1. Aを1にする
2. Aを-1にする

次に2つ目の条件（B = 0）について「満たす」「満たさない」の2パターンをテストします。1つ目の条件（A > 0）は見ません。

3. Bを0にする
4. Bを1にする

このような4パターンをテストします。

### 複数条件網羅

条件網羅と同じく条件に着目しますが，すべての組み合わせをテストします。

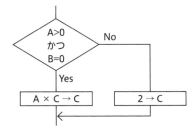

1-7-6 複数条件網羅では条件の組み合わせをテストする

1. A を 1 で B を 0 にする
2. A を 1 で B を 1 にする
3. A を -1 で B を 0 にする
4. A を -1 で B を 1 にする

このように選択するテストによって，通るルートに違いが生まれます。全体のルートのうち，どれだけのルートを通ることができたかという割合を**カバレージ（網羅率）**といいます。

---

### 過去問にチャレンジ！ [AP-R4春AM 問47]

次の流れ図において，判定条件網羅（分岐網羅）を満たす最少のテストケースの組みはどれか。

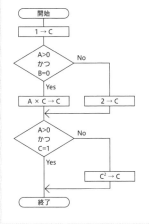

---

**ア**　(1) A = 0，B = 0　(2) A = 1，B = 1
**イ**　(1) A = 1，B = 0　(2) A = 1，B = 1
**ウ**　(1) A = 0，B = 0　(2) A = 1，B = 1　(3) A = 1，B = 0
**エ**　(1) A = 0，B = 0　(2) A = 0，B = 1　(3) A = 1，B = 0

[解説]

「判定条件網羅」と「分岐網羅」は同じですが，おそらく「分岐網羅」の方がイメージしやすいと思います。とにかくすべての分岐を通るようなテストをします。

　まず1つ目のひし形の分岐を見てみましょう。まっすぐ進むには「A>0」かつ「B=0」にする必要があります。「ア」だと，このルートを通ることはできません。

　次の「イ」のテストデータでテストしてみます。(1)の「A = 1，B = 0」によって，最初のひし形はまっすぐに進むことになります。(2)の「A = 1，B = 1」の場合には右に進むため，最初のひし形の条件は網羅できています。

　次に2つ目のひし形をテストしますが，その前にCの値が変わるため注意が必要です。

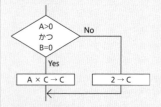

**1-7-7** Cの値の変化に注意する

　(1)の「A = 1，B = 0」の場合には，Cが1となります（A × C=1 × 1）。つまり2つ目のひし形に到着した時点で「A=1, B=0, C=1」になるためまっすぐ進みます。

　(2)の「A = 1，B = 1」の場合には最初のひし形を右に進むため，Cは2となります。値は「A=1, B=0, C=2」になるため，2つ目のひし形は右に進みます。これですべてのひし形において，すべての分岐を通っており分岐網羅となります。

　なお「ウ」「エ」も分岐網羅となりますが，問題文には「最少のテストケース」とあるので「イ」が正解です。

**答え：イ**

## 統合テスト AM

**統合テスト**ではモジュール分割で小さくなったモジュールを，複数つなげてテストします。

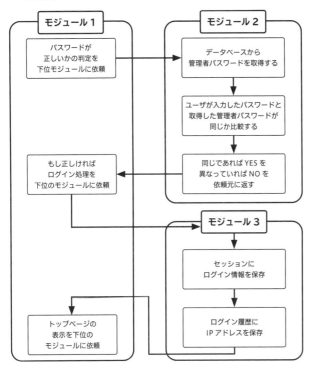

**1-7-8** モジュール間のつながりをテスト

　しかし通常はうまくいきません。なぜでしょう。

　上の図において，モジュール1はいきなり始まっています。実際にはログイン画面で入力したパスワードを受け取るはずです。しかし，まだログイン画面ができていないので，いきなり始まっているのです。では，どうやってこのプログラムを動かすのでしょうか。

　そこで，あたかもログイン画面でパスワードを入力したかのような，ダミーの機能が必要になります。それを**ドライバ**といいます。ドライバは，呼び出し元のモジュールである上位モジュール（例えば「ログイン画面」など）が未完成の場合に必要になります。

　今回は，呼び出されるモジュールである下位モジュール（ログイン関連の処理）から先に作成したためドライバが必要になりました。このように，下位モジュール

から先に統合テストを行う方法を**ボトムアップテスト**といいます。

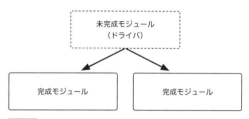

1-7-9 ドライバの使用イメージ

また最後にトップページを表示していますが，ここから呼び出すモジュールは未完成だとします。

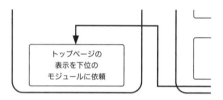

1-7-10 「下位のモジュール」にトップページの表示を依頼している

これではエラーになってしまいますので，ここでもダミーが必要になります。このダミーはドライバとは違い，統合テストをしているモジュールの下位にあたるものです。これを**スタブ**といいます。

スタブは上位モジュールから先に完成し，順に下位モジュールを統合する**トップダウンテスト**で必要になります。

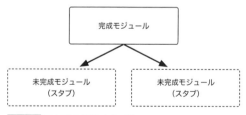

1-7-11 スタブの使用イメージ

なお，先ほどの図1-7-8のモジュール構造ですと，ドライバとスタブの両方が必要になります。つまりトップダウンテストとボトムアップテストが組み合わされている状態ですが，これを**サンドイッチテスト**といいます。

## その後の流れ

統合テストの次は，システム全体のテストである**システムテスト（総合テスト）**を行います。その後，依頼者に引き渡し，依頼者は**受入テスト**を行い，依頼通りになっているかを確認します。

## Column やる気を出すには

人間の感情は脳内物質で作られます。

アドレナリンが出れば攻撃的になり，ドーパミンが出れば幸せに感じます。セレトニンで癒され，メラトニンで眠くなります。

中でも注目したいのはアセチルコリンです。これは「やる気」に影響する脳内物質です。このアセチルコリンを適度に分泌させることで，勉強する気を呼び起こすことが可能になるわけです。ではどうすればアセチルコリンを分泌させることができるのでしょうか。

アセチルコリンは，脳の真ん中にある側坐核の神経細胞（ニューロン）を刺激することで分泌されます。そして側坐核を刺激する方法は，なんと「勉強すること」なのです。

つまり勉強をすることでアセチルコリンが分泌され，そのアセチルコリンによりやる気がアップするというわけです。また勉強が思いのほか進むとドーパミンが分泌されて達成感が得られ，さらにやる気がアップするという善循環が得られます。

やる気がなくてもとりあえず参考書を開くなりして，勉強をしてみてください。「1時間やろう」となると気が重くなるかもしれませんので「5分やろう」で結構です。ただしその5分はストップウォッチで計測し，完全に集中します。うまくいけばここでアセチルコリンが分泌されます。

もし5分間勉強してもやる気が起きないのであれば，思い切って勉強を休むのも手です。睡眠不足や体調不良の可能性があります。やる気がない1時間よりも，やる気がある1分の方が記憶に残ります。無駄な勉強をするくらいならゆっくりと休養をとるべきです。

Q 午後の解答力UP! ────────── 解説は次ページ ▶▶
テストをした結果，エラーがゼロでした。これは決して喜ばしいこととは言い切れません。なぜでしょうか？

# 1.8

重要度 ★

# レビュー

自分が作ったものはどうしても甘く判断しがちです。これは人間である以上避けることができないため，他人の目で厳しく評価する必要があります。システムを納品してホッとした瞬間に「ところでお願いしていたネットワークの構築はいつ完成しますか?」と聞かれないために，思い込みを排除した分析などがとても大事です。

プロジェクトの各工程では，要件定義書，設計書（外部，内部，詳細），それからプログラムやテスト仕様書，テスト結果など多くの成果物が作られます。これらを1人のシステムエンジニアやプログラマが作りそれで終わりかというと，当然そうはなりません。正しいかどうかを何人かで検証する必要があります。これを**レビュー**といいます。

## レビューに関する用語 AM **PM**

### ウォークスルー

ウォークスルーは全員が対等な立場で行われるフランクな検証です。舞台稽古が語源であり，プログラムを実際に一つひとつ追跡しシミュレーションしていきます。エラーを発見するところまでを行い**解決作業は行いません**。こうすることで，短時間で効率的に進めることができます。

### インスペクション

インスペクションは「調査」という意味です。ウォークスルーとは異なりエラーを発見した場合には**解決策も話し合います**。また参加者は対等ではなく役割があります。会議を進行する役割を**モデレータ**といい，その他にも明確に役割が決まっています。

### ラウンドロビン

参加者が**持ち回りで責任者**を受け持ちます。それにより参加者の意識が高まる効果があります。

### パスアラウンド

レビュー対象の**成果物をメール**などで**関係者に配布**して意見をもらいます。他のレビューのように実際に集まることはありません。

**A 午後の解答力UP! 解説** ---------------------------------

テストの精度が低く，バグを探しきれなかった可能性があります。

**過去問にチャレンジ！** ［AP-R4秋PM 問8 改］

　A社は，中堅のSI企業である。A社は，先頃，取引先のH社の情報共有システムの刷新を請け負うことになった。A社は，H社の情報共有システムの刷新プロジェクトを立ち上げ，B氏がプロジェクトマネージャとしてシステム開発を取り仕切ることになった。H社の情報共有システムは，開発予定規模が同程度の四つのサブシステムから成る。

　A社では，プロジェクトの開発メンバーをグループに分けて管理することにしている。B氏は，それにのっとり，開発メンバーを，サブシステムごとにCグループ，Dグループ，Eグループ，Fグループに振り分け，グループごとに十分な経験があるメンバーをリーダーに選定した。

　設計上の欠陥がテスト工程で見つかった場合，修正工数が膨大になるので，A社では，設計上の欠陥を早期に検出できる設計レビューを重視している。また，レビューで見つかった欠陥の修正において，新たな欠陥である二次欠陥が生じないように確認することを徹底している。

　A社の設計工程でのレビュー形態を表1に示す。

表1 設計工程でのレビュー形態

| 実施時期 | レビュー実施方法 |
|---|---|
| 設計途中（グループのリーダーが進捗状況を考慮して決定） | グループのメンバーがレビュアとなる。①設計者が設計書（作成途中の物も含む）を複数のレビュアに配布又は回覧して，レビュアが欠陥を指摘する。誤字，脱字，表記ルール違反は，この段階でできるだけ排除する。誤字，脱字，表記ルール違反のチェックには，修正箇所の候補を抽出するツールを利用する。 |
| 外部設計，内部設計が完了した時点 | グループ単位でレビュー会議を実施する。必要に応じて別グループのリーダーの参加を求める。レビュー会議の目的は，設計上の欠陥（矛盾，不足，重複など）を検出することである。検出した欠陥の対策は，欠陥の検出とは別のタイミングで議論する。設計途中のレビューで対応が漏れた誤字，脱字，表記ルール違反もレビュー会議で検出する。②レビュー会議の主催者（以下，モデレーターという）が全体のコーディネートを行う。参加者が明確な役割を受けもち，チェックリストなどに基づいた指摘を行い，正式な記録を残す。レビュー会議の結果は，次の工程に進む判断基準の一つになっている。 |

　外部設計や内部設計が完了した時点で行うレビュー会議の手順を表2に示す。

表2 レビュー会議の手順

| 項番 | 項目 | 内容 |
|---|---|---|
| 1 | 必要な文書の準備 | 設計者が設計書を作成してモデレーターに送付する。<br>モデレーターがチェックリストなどを準備する。 |
| 2 | キックオフミーティング | モデレーターは，設計書，チェックリストを配布し，参加者がレビューの目的を達成できるように，設計内容の背景，前提，重要機能などを説明する。<br>モデレーターは，集合ミーティングにおける設計書の評価について，次の基準に基づいて定性的に判断することを説明する。<br>"合格"…………… 軽微な修正が必要かもしれないが，フォローアップミーティングは不要である。<br>"条件付合格"…… 小規模な修正が必要で，フォローアップミーティングで修正を検討する。<br>"やり直し"……… 大規模な修正が必要，又は，欠陥や課題の検出が十分でないのでレビュー会議をやり直す。<br>評価を導く意思決定のルール（モデレーターによる決定，多数決，全員一致）についても参加者全員の合意を得る。<br>モデレーターは，集合ミーティングにおける読み手，記録係，レビュアを指名する。 |
| 3 | 参加者の事前レビュー | 集合ミーティングまでに，レビュアが各自でチェックリストに従って設計書のレビューを行い，欠陥を洗い出す。 |
| 4 | 集合ミーティング | 読み手がレビュー対象の設計書を参加者に説明して，レビュアから指摘された欠陥を記録係が記録する。<br>　　a　　は，集合ミーティングの終了時に，意思決定のルールに従い"合格"，"条件付き合格"，"やり直し"の評価を導く。 |
| 5 | 発見された欠陥の解消 | 集合ミーティングで発見された欠陥を設計者が解決する。 |
| 6 | フォローアップミーティング | 評価が"条件付き合格"の場合に，モデレーターと設計者を含めたメンバーとで実施する。<br>欠陥が全て解消されたことを確認する。<br>設計書の修正が　　b　　を生じさせることなく正しく行われたことを確認する。 |

設問1 表1中の下線①及び下線②で採用されているレビュー技法の種類をそれぞれ解答群の中から選び，記号で答えよ。

　ア　インスペクション　　イ　ウォークスルー
　ウ　パスアラウンド　　エ　ラウンドロビン

設問2 表2中の（　a　）に入れる適切な役割と，（　b　）に入れる適切な字句を本文中の字句を用いて答えよ。

[解説]

　①は設計書をレビュア（レビューする人）に配布するとあります。事前に配布して指摘をもらいますが，特に集まることはないレビューをパスアラウンドといいます。

　②はモデレーターが主催するとありますので，インスペクションの説明です。

　次に設問2についてです。表2は，外部設計や内部設計が完了した時点で行うレビューと書いてあります。設問1の②で見た通り，外部設計や内部設計が完了した時点で行うレビューはインスペクションです。したがって，表2はインスペクションの手順です。

　（　a　）はインスペクションにおける役割です。全体の取り仕切りを行う役目をモデレーターといいます。

　（　b　）は，設計書の修正によって引き起こされる何かについてです。明らかに今までとは違い，知識ではなく読解力が必要な問題です。このような設問の場合には，問題文の中に答えがあることがほとんどです。問題文から探してみると，冒頭に「レビューで見つかった欠陥の修正において，新たな欠陥である二次欠陥が生じないように確認する」とあり，（　b　）の前後の話と一致します。

答え　設問1　下線①：ウ　下線②：ア

設問2　a：モデレーター　　b：二次欠陥

午後試験の学習では，実際のシステム開発でも役立つ知識を得ることができます。システム開発プロジェクトでリーダーシップを取りたい人はぜひ問8の「情報システム開発」を選択してください。

Q 午後の解答力UP!　　　　　　　　　　　　　　　　　　　　　解説は次ページ ▶▶
レビューにプロジェクトマネージャーなどの偉い人は参加しない方がよいと言われています。その理由はなんでしょうか？

# 確認問題

**問題1** ［AP-H30春AM 問61］

共通フレーム 2013 によれば，システム化構想の立案で作成されるものはどれか。

**ア** 企業で将来的に必要となる最上位の業務機能と業務組織を表した業務の全体像
**イ** 業務手順やコンピュータ入出力情報など実現すべき要件
**ウ** 日次や月次で行う利用者業務やコンピュータ入出力作業の業務手順
**エ** 必要なハードウェアやソフトウェアを記述した最上位レベルのシステム方式

**問題2** ［AP-H23秋AM 問44］

内部設計書のデザインレビューを実施する目的として，最も適切なものはどれか。

**ア** 外部設計書との一貫性の検証と要件定義の内容を満たしていることの確認
**イ** 設計記述規約の遵守性の評価と設計記述に関する標準化の見直し
**ウ** 要件定義の内容に関する妥当性の評価と外部設計指針の見直し
**エ** 論理データ設計で洗い出されたデータ項目の確認と物理データ構造の決定

**問題3** ［AP-R5春AM 問48］

スクラムでは，一定の期間で区切ったスプリントを繰り返して開発を進める。各スプリントで実施するスクラムイベントの順序のうち，適切なものはどれか。

〔スクラムイベント〕
1．スプリントプランニング
2．スプリントレトロスペクティブ
3．スプリントレビュー
4．デイリースクラム

**ア** 1→4→2→3　　**イ** 1→4→3→2
**ウ** 4→1→2→3　　**エ** 4→1→3→2

**問題4** ［AP-H28春AM 問66］

表は，ビジネスプロセスを UML で記述する際に使用される図法とその用途を示している。表中のbに相当する図法はどれか。ここで，ア～エは，a～dのいずれかに該当する。

| 図法 | 記述用途 |
|---|---|
| a | モデル要素の型，内部構造，他のモデル要素との関連を記述する。 |
| b | システムが提供する機能単位と利用者との関連を記述する。 |
| c | イベントの反応としてオブジェクトの状態遷移を記述する。 |
| d | オブジェクト間のメッセージの交信と相互作用を記述する。 |

**ア** クラス図      **イ** コラボレーション図
**ウ** ステートチャート図      **エ** ユースケース図

**問題5** ［AP-R4秋AM 問48］

流れ図で示したモジュールを表の二つのテストケースを用いてテストしたとき，テストカバレージ指標である $C_0$（命令網羅）と $C_1$（分岐網羅）とによる網羅率の適切な組みはどれか。ここで，変数 V ～変数 Z の値は，途中の命令で変更されない。

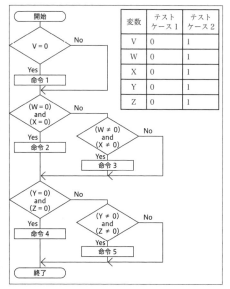

| 変数 | テストケース1 | テストケース2 |
|---|---|---|
| V | 0 | 1 |
| W | 0 | 1 |
| X | 0 | 1 |
| Y | 0 | 1 |
| Z | 0 | 1 |

| | $C_0$ による網羅率 | $C_1$ による網羅率 |
|---|---|---|
| ア | 100% | 100% |
| イ | 100% | 80% |
| ウ | 80% | 100% |
| エ | 80% | 80% |

汎化の適切な例はどれか。

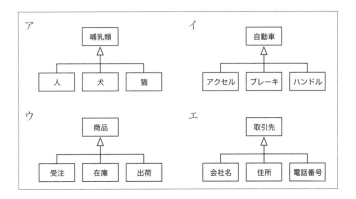

### 解説1 ア

共通フレームでは，システム開発には上流工程と下流工程があるとされています。そしてシステム開発がマラソンだとすると，その前の準備体操として「超上流工程」があるという話をしました。超上流工程はシステム開発に入る前です。出題にあるのは「システム化構想」ですから，システム開発に入る前であると考えられます。選択肢で「システム開発に入る前」に該当しそうなものを選んでいきます。

「ア」は「業務の全体像」であり，システム開発の前に該当するような気がします。△をつけておきましょう。「イ」「ウ」はコンピュータ入出力情報とありますので，システム開発に関係がありそうです。「エ」にもハードウェアやソフトウェアというようなコンピュータ関連の用語があるので，これもシステム開発に関係がありそうです。△をつけた「ア」が正解です。

### 解説2 ア

内部設計という工程についてですから，ウォータフォールモデルに関する問題のようです。我々が「デザイン」と聞くとイラストなどを想像しますが，実際には「設計」も意味します。デザインレビューとは設計書が正しいかを検証することです。内部設計書が正しいかどうかの確認は具体的に何をすればいいのでしょうか？　まさか誤字・脱字の確認だけではないはずです。ウォータフォールモデルでは1つ前の工程の成果物を基に，現在の工程の成果物を作成します。内部設計の1つ前は外部設計ですから，外部設計書を基に内部設計書を作成します。つまり内部設計のデザイ

ンレビューとは，内部設計書が外部設計書を基に正しく作られているかを，第三者の目線も含めて確認することをいいます。そのため答えは「ア」です。「ア」の説明の後半には「要件定義の内容を満たしていることの確認」とあります。ウォータフォールモデルでは原則として１つ前の工程の成果物を基にしますが，さらに前の成果物を基にすることもあります。

### 解説3　イ

スクラムはスプリントという単位を繰り返しながらシステムを開発していきます。１つのスプリントには４つのイベントがあり，その順番が問われています。

スプリントの最初に，計画である「スプリントプランニング」が行われます。次に毎日のミーティングである「デイリースクラム」が行われます。スプリントの終わりにはスプリントレビューが行われ，その後に振り返りであるレトロスペクティブが行われます。

その順番になっているのは「イ」です。

### 解説4　エ

選択肢に，学習していない図が２つありますので解説していきます。出題頻度は少ないのですが，可能であればここで学習しておいてください。

・**コラボレーション図**：**オブジェクトの相互作用**を表現します。あるオブジェクトＡがオブジェクトＢに対して「こんにちは」という文字を渡すなどの表現ができます。よく「コラボする」などといいますが，これは「コラボレーション」の略です。ある時点でのオブジェクトの状態はオブジェクト図で表現しますが，それらの相互作用はコラボレーション図で記述します。

・**ステートチャート図**：**状態遷移図を進化**させたものです。なお「ステート」とは状態のことです。

「a」は「モデル」とありますが「クラス」に読み替えてください。クラスとクラスの関係を表現するのはクラス図です。

「b」には「利用者」とあります。利用者がどんな機能を使うのかを表現するのは「ユースケース図」です。

「c」には「状態遷移」とありますので「ステートチャート図」です。

「d」にはオブジェクト間の相互作用とあるので「コラボレーション図」です。

### 解説5　イ

「カバレージ」とは，どこまでカバーしているかを示す指標であり「カバー率」とも表現されます。この問題は「命令網羅のカバー率」と「分岐網羅のカバー率」に

関する出題です。

今，手元に2つのテストケースがあります。1つ目はすべての値が0です。2つ目はすべての値が1です。これら2つとも流すと，どれくらいカバーできるかを答えることになります。

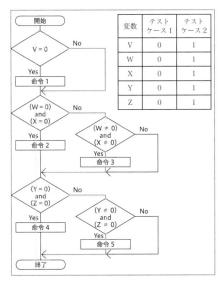

| 変数 | テストケース1 | テストケース2 |
|---|---|---|
| V | 0 | 1 |
| W | 0 | 1 |
| X | 0 | 1 |
| Y | 0 | 1 |
| Z | 0 | 1 |

2つのテストケースでのルート

2つのテストケースについて，それぞれではなく2つとも流した場合のカバレージを計算します。命令は全部で5個あり，そのうち5個すべてを通っていますからカバレージは100%です。また分岐は10個あり，そのうち8個を通っていますのでカバレージは80%です。

## 解説6　ア

「汎化」の「汎」は「凡人」「平凡」などでも使われ，一般的という意味です。一般的ではないことを特殊などといいます。汎化の逆は「特化」といいます。つまり汎化とは「特殊なものを一般的なものにする」ことをいいます。このような関係を「**汎化 – 特化**」関係といいますが，そうなっているのは「ア」です。「哺乳類」は一般的であり，詳しく言うと（特化）「人」「犬」「猫」となります。

「イ」は「自動車」とその構成部品です。これを「**集約 – 分解**」の関係といいます。「ウ」は「商品」クラスとそのメソッドです。「エ」は「取引先」クラスとその属性です。

# 2章

## プロジェクトマネジメント

長期にわたる情報システム開発を，複数の人でスムーズに進めていくための管理をプロジェクトマネジメントといいます。特にPMBOK（ピンボック）というアメリカ発のノウハウ集からの出題が多く，幅広い知識が求められます。

# PMBOK
ピンボック

この章では，前章と同じく成功のノウハウを学習します。「情報システム開発」が
現場での開発に役立つノウハウなら，「プロジェクトマネジメント」はプロジェクト
全体における管理ノウハウです。過去にさまざまなプロジェクトが生まれては消え，
成功と失敗があったことでしょう。そこから抽出されたノウハウを学びましょう。

　　情報処理技術者試験では主に **PMBOK** というプロジェクト管理の成功ノウハウ
集から出題されます。「Project Management Body of Knowledge」の略で「プロ
ジェクト管理の知識体系」と訳されます。

## 10の知識エリアと5つのプロセス AM

　　PMBOK ではたくさんの成功ノウハウを，**10の知識エリアに分類し，またそれ
ぞれを5つのプロセスに分類**しています。

プロセス →

| 知識エリア | | 立ち上げ | 計画 | 実行 | 監視・コントロール | 終結 |
|---|---|---|---|---|---|---|
| | 統合 | プロジェクト憲章の作成 | 計画書の作成 | 全体のマネジメント | 作業の監視，変更の管理 | フィードバック |
| | ステークホルダー | ステークホルダー登録簿の作成 | ステークホルダーエンゲージメント計画書の作成 | ステークホルダーエンゲージメントの管理 | ステークホルダーエンゲージメントの監視 | |
| | コミュニケーション | | コミュニケーションマネジメントの計画 | コミュニケーションのマネジメント | コミュニケーションの監視 | |
| | スコープ | | スコープの定義，WBS の作成 | | スコープのコントロール | |
| | 資源 | | 資源マネジメントの計画 | チームの育成，管理 | 資源のコントロール | |
| | 調達 | | 調達マネジメントの計画 | 調査の実行 | 調達のコントロール | |
| | コスト | | 見積もり，予算の設定 | | コストのコントロール | |
| | スケジュール | | スケジュールの作成 | | スケジュールのコントロール | |
| | リスク | | リスクの特定，分析，評価 | リスク対応 | リスクの監視 | |
| | 品質 | | 品質マネジメントの計画 | 品質のマネジメント | 品質のコントロール | |

2-1-1 10の知識エリアと5つのプロセス群

この表を覚える必要はありませんが，10の知識エリアにそれぞれ5つのプロセスが
あるという雰囲気をつかんでください。次節から知識エリアを解説します。

## PMO

「Project Management Office」の略で，企業内において**プロジェクトマネージャーを支援する部署**のことです。**PMOがプロジェクトに関わるレベルとして，低い方から「支援型」「コントロール型」「指揮型」**があります。支援型はトレーニングやアドバイスのみを行い，指揮型では直接管理を行います。

## フェーズ

　プロジェクト全体における作業工程を**フェーズ**といいます。プロジェクトによってフェーズの分け方は異なりますが，例えば「要件定義フェーズ」「外部設計フェーズ」「内部設計フェーズ」「プログラミングフェーズ」などに分ける場合があります。

　各フェーズの終わりには**フェーズゲート**が設定されます。ゲートとは扉の意味であり，異常が発生していないかを確認するポイントです。異常が発生している場合には，プロジェクトを中止する場合もあります。

2章｜プロジェクトマネジメント

---

### 過去問にチャレンジ！ [AP-R3秋AM 問51 改]

　PMBOK ガイドによれば，プロジェクトの各フェーズが終了した時点で実施する"フェーズ・ゲート"の目的として，適切なものはどれか。

ア　現在のプロジェクトのパフォーマンスを測定し，ベースラインと比較してプロジェクトの状況を把握する。

イ　第三者がプロジェクトの成果物をレビューすることによって，設計の不具合の有無を確認する。

ウ　プロジェクトの全体リスク及び特定された個別リスクについて，リスク対応策の有効性を評価する。

エ　プロジェクトのパフォーマンスや進捗状況を評価して，プロジェクトの継続や中止を判断する。

[解説]

　フェーズゲートでは現在のフェーズで異常が発生していないかを確認します。現在のフェーズに留まるか，次のフェーズに進むか，場合によってはプロジェクト中止の判断をすることもあります。

**答え：エ**

---

Q 午後の解答力UP！ ──────── 解説は次ページ ▶▶
フェーズゲートによってプロジェクト撤退の決定がなされるのはどんな場合が考えられますか？　　93

重要度 ★

# 統合マネジメント

PMBOKの理解を深めるために、学校祭を例に考えてみましょう。ある高校では数回の運営委員会を経て、学校祭の詳細が決定しました。その概要にはいつ開催するのか、運営委員は誰か、目的は何かなどが書かれています。これが統合マネジメントにおけるプロジェクト憲章の作成にあたります。

| | 立ち上げ | 計画 | 実行 | 監視・コントロール | 終結 |
|---|---|---|---|---|---|
| 統合 | プロジェクト憲章の作成 | 計画書の作成 | 全体のマネジメント | 作業の監視，変更の管理 | フィードバック |

2-2-1 「統合マネジメント」知識エリアと5つのプロセス群

統合マネジメントは他の9つの知識エリアを調整する中心的な役割を担っています。

## プロジェクト全体の調整をする統合マネジメント AM

### プロジェクト憲章の作成

統合マネジメントの立ち上げプロセスでは、**プロジェクト憲章**の作成を行います。プロジェクト憲章とは、これから始まるプロジェクトについての概要やスケジュール、コストなどを記した文章です。この**プロジェクト憲章が承認されないとプロジェクトは開始できない**とされています。

例えば、学校祭のプロジェクトを開始するにあたってもプロジェクト憲章は必要です。そして、校長先生などに提出して承認されることでプロジェクトを開始することができます。学校祭の例における校長先生のように、プロジェクトを承認する人を**プロジェクトスポンサ**といいます。

### プロジェクト全体の統合と終結

統合マネジメントではプロジェクト全体の統合を行います。スケジュール管理はこの後に学習するスケジュールマネジメントで行いますが、遅延している場合の**スケジュール変更は統合マネジメントの役割**です。このように、要求に応じて変更を管理することを**統合変更管理**といいます。

また、プロジェクトが終わるときには終結プロセスによって、次のプロジェクトに活かすためのフィードバックを行います。

**A 午後の解答力UP! 解説**

予算をオーバーするなど、プロジェクトの継続が困難になる可能性がある場合です。

## 過去問にチャレンジ！ [AP-R5春AM 問51]

プロジェクトマネジメントにおける "プロジェクト憲章" の説明はどれか。

**ア** プロジェクトの実行，監視，管理の方法を規定するために，スケジュール，リスクなどに関するマネジメントの役割や責任などを記した文書

**イ** プロジェクトのスコープを定義するために，プロジェクトの目標，成果物，要求事項及び境界を記した文書

**ウ** プロジェクトの目標を達成し，必要な成果物を作成するために，プロジェクトで実行する作業を階層構造で記した文書

**エ** プロジェクトを正式に認可するために，ビジネスニーズ，目標，成果物，プロジェクトマネージャ，及びプロジェクトマネージャの責任・権限を記した文書

**[解説]**

　統合マネジメントは各作業を統合するための活動です。しかし，すべての選択肢がそれらしく見えるため，絞り込みが難しいかもしれません。プロジェクト憲章は立ち上げで作成されるもので，これがプロジェクトスポンサに承認されないとプロジェクトを開始できません。そのように説明されているのは「エ」となります。

**答え：エ**

2章 プロジェクトマネジメント

**Q 午後の解答力UP!** ──────────────── 解説は次ページ ▶▶

ある機能の作成が見送りとなり，プロジェクトの成果物に変更が発生しました。統合マネジメントの統合変更管理プロセスによって承認または非承認されますが，これは5つのプロセス群のどれに該当しますか？

# 2.3

重要度 ★★

# ステークホルダーマネジメント

学校祭を成功させるために何度か委員会が開かれ，アイデアを出し合っています。生徒自身が楽しむだけでなく，生徒の家族にも楽しんでもらいたいという意見が出ました。また近隣住民に迷惑がかからないように配慮するべきであるという意見も出ました。委員会ではこれら，学校祭に関わる人を一覧にまとめることにしました。

| | 立ち上げ | 計画 | 実行 | 監視・コントロール | 終結 |
|---|---|---|---|---|---|
| ステークホルダー | ステークホルダー登録簿の作成 | ステークホルダーエンゲージメント計画書の作成 | ステークホルダーエンゲージメントの管理 | ステークホルダーエンゲージメントの監視 | |

2-3-1 「ステークホルダーマネジメント」知識エリアと 5 つのプロセス群

## 利害関係者の調整をするステークホルダーマネジメント AM PM

### 利害関係者の識別

　ステークホルダーマネジメントの立ち上げプロセスでは関係者の識別を行います。関係者の識別とは正しくは**利害関係者の識別**です。関係者とは利益か損害を被るのが普通ですから，利害関係者とは単に関係者のことであると考えてください。

　ステークホルダーは共通フレームにおける要件定義（超上流工程）でも登場しました。とにかくプロジェクトに関係する個人や法人，組織などを整理して，それらの人たちが納得する形でプロジェクトを進め，完了させる必要があります。

### ステークホルダー登録簿

　ステークホルダーにはまず顧客が該当します。プロジェクトが成功すればおそらく利益があるでしょうし，失敗すれば損害を被るかもしれません。またプロジェクトの開発メンバーやサーバ納入業者などもステークホルダーです。PMO が関わる場合には PMO もステークホルダーです。こういったステークホルダーを洗い出して一覧表にしたものを**ステークホルダー登録簿**といいます。

| 氏名 | 電話番号 | 所属 | 役職 | 特徴 | 関与度 |
|---|---|---|---|---|---|
| 北海 太郎 | 080-0012-3456 | 営業部 | 部長 | | 支持 |
| 東京 次郎 | 03-3000-1234 | システム部 | 部長 | | 指導 |
| 大阪 三郎 | 090-0098-7654 | ベンダー | | 金額交渉がしやすい | 中立 |
| 福岡 四郎 | 080-0024-6802 | ベンダー | | 連絡が滞ることが多い | 抵抗 |

2-3-2 ステークホルダー登録簿の例

**A 午後の解答力UP! 解説**

　統合マネジメントの「監視・コントロール」に該当します。

　プロジェクトは，これらステークホルダーのニーズを満たすために存在しているともいえるでしょう。ただし，ステークホルダーとの関係が近すぎると，そのステークホルダーの主張を反映しなければならなくなるかもしれません。関係が遠すぎるとニーズをつかみ損ね，後で「こんなはずではなかった」と損害を与えることになるかもしれません。こうした問題を避けるためにも，ステークホルダーをきちんと把握して管理していく必要があります。

## ステアリングコミッティ

　ステアリングは，車だとハンドルにあたります。コミッティとは委員会です。つまり**方向性を最終的に決める委員会**のことを指します。また**ステークホルダー間の調整**も行います。ステークホルダーはそれぞれニーズが異なっているため，調整をして最終決定する役割が必要になるのです。過去問で確認してみましょう。

---

### 過去問にチャレンジ！　[AP-H23特別PM 問10 改]

　中堅製造業のX社は，これまで国内中心に事業を拡大してきたが，今回の中期計画では，グローバルなビジネス展開と経営のスピードアップによる売上・利益の拡大を経営目標に掲げた。

　社長からは，直ちに全社業務改革を進め，販売・生産・会計の業務プロセスのグローバル対応とともに，現在は独立している各システムの統合を2年間で実現するよう，関係役員に検討指示が出された。

　この指示を受け，実現案が経営会議で審議され，業務改革委員会（以下，改革委員会という）とシステム導入プロジェクト（以下，導入PJという）が設置された。また，短期間でのシステム統合の実現策として，ERPパッケージ（以下，ERPという）を導入するという方針が決定された。

　現行の基幹システムは，販売システム・生産システム・会計システムから構成され，会計システムは，販売システム及び生産システムとの間でデータ連携を行っている。

〔全社業務改革の推進体制〕
　経営会議の方針を受けて，図1の改革委員会と導入PJが組織され，全社推進体制確立のために，社長を責任者とするステアリングコミッティが設置された。①ステアリングコミッティは，全社業務改革の最終判断などの役割・責任を担う。

---

全社業務改革の推進体制

設問：本文中の下線①について，ステアリングコミッティは，全社業務改革の最終判断のほかに，どのような役割・責任を担うのか。図の全社業務改革の推進体制を参考に，30字以内で述べよ。

## [解説]

　この問題は比較的難しい方です。30文字と比較的長いことに加え，本文中から抜き出すわけでもありません。ステアリングコミッティの役割を説明するという知識問題でもあります。

　図を見るとステアリングコミッティは2つの組織の上位に位置しています。そのため「偉い」ように見えます。その通りであり，答えの1つは記述されているように「全社業務改革の最終判断」です。設問では「それ以外で」となっているので，もう1つの役割を探します。

　確かにステアリングコミッティは最終決定権を持つ組織なのですが，「これ」と決めるだけではありません。利害関係者の調整を行う組織でもあります。答えは「利害関係者の調整を行う」などですが，文字数が少なすぎます。さらに「図を参考に」とあるので，具体的に利害関係者を書きましょう。「利害関係者」を「改革委員会と導入PJ」に置き換えてみると「改革委員会と導入PJ間の調整を行う」になりました。おそらくこれでも得点できるはずですが，一応模範解答を確認してください。

**答え：改革委員会と導入PJにまたがる問題を調整する。**

ステークホルダー登録簿はプロジェクト全体を通して常に変化しますが，そのタイミングを2つ挙げてみてください。

重要度 ★

# コミュニケーションマネジメント

前節で洗い出した学校祭の利害関係者と円滑なコミュニケーションをとるために，委員会メンバーと先生を含んだチャットのグループを作成し，認識の違いが生まれないようにしました。また重要事項については一般生徒も見られるようなWebページを用意し，定期的に見てもらうような仕組みを作りました。

| | 立ち上げ | 計画 | 実行 | 監視・コントロール | 終結 |
|---|---|---|---|---|---|
| コミュニケーション | | コミュニケーションマネジメントの計画 | コミュニケーションのマネジメント | コミュニケーションの監視 | |

2-4-1 「コミュニケーションマネジメント」知識エリアと5つのプロセス群

## ステークホルダーとの関係を調整するコミュニケーションマネジメント AM

　コミュニケーションマネジメントでは，洗い出したステークホルダーとの円滑なコミュニケーションをとるための方法を管理します。口頭では認識違いによるミスが発生する可能性があるため，**メールやチャットツールを使ったコミュニケーション**が効果的です。ただし，ここでのコミュニケーションとは，こういった**情報のやり取りだけ**を含みます。例えば，メンバー間のコミュニケーションを円滑に行うとモチベーションの向上が期待できますが，これは育成が目的であるため資源マネジメントに含まれます。

A 午後の解答力UP! 解説

開発メンバーの増減，顧客の担当者の変更などが考えられます。

　顧客に提出した進捗状況の報告書に対して，顧客から成果物ごとの進捗状況についての問合せが繰り返しあった。今後このような事態が発生しないようにするためには，プロジェクトのコミュニケーションマネジメント計画書のどの内容を是正する必要があるか。

　　**ア**　情報伝達の手段
　　**イ**　情報を受け取る人又はグループ
　　**ウ**　情報を配布するスケジュール
　　**エ**　伝達すべき情報の内容，表現形式及び詳細度

**[解説]**

　顧客はプロジェクトにおける代表的なステークホルダーです。都度その顧客には進捗を報告しているようですが，内容についてたびたび問合せがあったようです。つまり報告した内容に問題があるようなので，そのためには内容の改善が必要です。

**答え：エ**

　1人で進めるプロジェクトではまったく不要ですが，複数人が関わる場合にはコミュニケーションは非常に重要です。私たちの日常でも，ちょっとした文章の違いで印象が大きく変わることを体験していると思います。ときには絵文字も使って他のメンバーと仲良く仕事をしましょう。

# スコープマネジメント

学校祭では，近隣住民に割引チケットを配布することになりました。配布は委員会のメンバーで行うことにしましたが，特に近い住民に対しては直接尋ね，協力の依頼をするべきという話になりました。これは先生たちにお願いすることになりました。また，以前から要望があった Wi-Fi の設置を今回から行うこととしました。

| | 立ち上げ | 計画 | 実行 | 監視・コントロール | 終結 |
|---|---|---|---|---|---|
| スコープ | | スコープの定義，WBS の作成 | | スコープのコントロール | |

2-5-1 「スコープマネジメント」知識エリアと 5 つのプロセス群

## 範囲を決めるスコープマネジメント AM

　スコープとは範囲のことです。例えば，販売管理システムを受託したとしてどこまで作りますか？　顧客の話だと，使う人は経理担当とのことなので 1 人だけがログインできれば，それでよさそうです。その場合，ログイン画面にはパスワード欄だけがあればよいことになります。しかし本当にそうでしょうか。依頼者は当然，ユーザ管理機能もあると思っているかもしれません。

　そういった認識違いがないように，UML や E-R 図などで要件定義をすることについてはすでに学習しました。このように，何を作るかについて範囲を定義するのがこのスコープマネジメントです。洗い出した成果物の範囲は**スコープ記述書（スコープ規定書）**に記述します。ただし対応する項目だけではなく，**除外する項目も記述**します。

### WBS

　スコープ記述書を基に具体的な作業を決めた図のことを **WBS** といいます。「Work Breakdown Structure」の略であり，**成果物を得るための実際の作業内容を階層構造で表現**します。階層構造は木構造ともいわれます。

　「Breakdown」とある通り上位から下位へ分解していきます。そうして生まれた最下層は**ワークパッケージ**といいます。例えば次ページの図では，「画面設計」を「画面一覧」「画面遷移図」「画面レイアウト」「画面項目一覧」に分解しました。これらがワークパッケージです。

**A 午後の解答力UP! 解説**

ステークホルダーの数が多くなるとコミュニケーションの重要性も増してきます。

```
画面設計                帳票設計

    画面一覧              帳票一覧

    画面遷移図            帳票レイアウト

    画面レイアウト        帳票項目一覧

    画面項目一覧
```

**2-5-2** WBS の例

そこからさらに具体的な「作成」「レビュー」などの作業に分解したものをアクティビティといいますが，これは WBS には含まれません。**WBS における最下層はワークパッケージ**であり，**アクティビティはスケジュールを作成するための期間算出などのため**に作られますので，「スケジュールマネジメント」に該当します。

WBS が完成すると具体的な作業が決まりますので，そこから必要となるコストが算出できます。そのコストに利益を乗せることで，顧客に対して見積もりを提示することができます。

---

**過去問にチャレンジ！** [AP-H26秋AM 問51]

WBS（Work Breakdown Structure）を利用する効果として，適切なものはどれか。

　ア　作業の内容や範囲が体系的に整理でき，作業の全体が把握しやすくなる。

　イ　ソフトウェア，ハードウェアなど，システムの構成要素を効率よく管理できる。

　ウ　プロジェクト体制を階層的に表すことによって，指揮命令系統が明確になる。

　エ　要員ごとに作業が適正に配分されているかどうかが把握できる。

**[解説]**

WBS の「W」はワーク（作業）です。作業をトップダウン的に階層化し整理していくことで，作業内容に漏れがないようにします。整理することを体系化ともいいますので「ア」が正解です。

答え：ア

---

WBSで見積もりを作成することができますが，スケジュールの作成には適しません。その理由はワークパッケージ同士のどんな関係がわかりにくいためでしょうか？

# 2.6 資源マネジメント

重要度 ★★★

学校祭で Wi-Fi を設置するにあたり，知識のあるメンバーが足りないことが判明しました。そこで生徒の中からネットワークに詳しい人をメンバーに加えることにしました。また必要な資材は来週までに揃える必要があり，市内のホームセンターを回らなければなりません。果たしてこのメンバーだけで足りるのでしょうか。

| | 立ち上げ | 計画 | 実行 | 監視・コントロール | 終結 |
|---|---|---|---|---|---|
| 資源 | | 資源マネジメントの計画 | チームの育成，管理 | 資源のコントロール | |

2-6-1 「資源マネジメント」知識エリアと 5 つのプロセス群

## 使えるヒト・モノを獲得する資源マネジメント AM PM

プロジェクトにおける資源マネジメントでは**物（物的資源）の獲得と人（人的資源）の獲得**を行います。なお**外部からの人的資源の獲得は「調達マネジメント」を通じて**行われます。

人的資源の獲得は，不足している要員の補充だけではなく**育成も含みます**。つまり戦力となっていなかった人を育成することで，戦力として組み込む活動です。

試験では計算問題がよく出題されますので「人月」についてしっかり理解しておきましょう。

### 人月

作業に必要となるボリュームは**人月**を単位とします。例えば 100 人月は，1 人でやると 100 ヵ月かかり，100 人でやると 1 ヵ月で終わる作業ボリュームです。この人月の計算は，慣れないと意外と混乱します。**「人月」という字面から，期間のことであると勘違いしやすいのですが正しくはボリュームの単位**です。なおボリュームは「工数」とも表現されます。

例えば私の住む北海道では，自宅前の雪を定期的に空き地に運ばなければなりません。これが重労働で，1 人でやると 2 時間かかることもあります。しかし高校生の息子と 2 人で作業すると 1 時間で終わります。この場合，この雪の量は 2 人時と表現します。このように「人月」は，やらなければならない作業のボリュームを表しています。それでは具体的に過去問題を見ながら慣れていきましょう。

A 午後の解答力UP! 解説

WBS ではワークパッケージ同士の依存関係が把握できません。

あるシステムの開発工数を見積もると120人月であった。このシステムの開発を12か月で終えるように表に示す計画を立てる。プログラム作成工程には，何名の要員を確保しておく必要があるか。ここで，工程内での要員の増減はないものとする。

| 工程 | 工数比率（%） | 期間比率（%） |
|------|------------|------------|
| 仕様設計 | 35 | 50 |
| プログラム作成 | 45 | 25 |
| テスト | 20 | 25 |

**ア**：7　**イ**：8　**ウ**：10　**エ**：18

[解説]

この表には作業ボリュームがありませんので，まずはそれを知る必要があります。工数はボリュームのことであり，全体で120人月とあります。この問題ではプログラム作成工程だけを聞かれています。プログラム作成は120 × 0.45 = 54人月のボリュームです。これをどのくらいの期間で終わらせないとならないのでしょうか？

全体だと12ヵ月で終わらせないとならないのですが，プログラム作成工程は25%の3ヵ月です。つまり54人月のボリュームを3ヵ月で終わらせないといけません。1人だと54ヵ月かかります。2人だと27ヵ月かかります。3人だと18ヵ月かかります。これは「54人月÷人数 = 3ヵ月」の式に人数を入れることで求められます。この式を変形して「人数 = 54 ÷ 3」とすることで人数を求めることができます。

**答え：エ**

人的資源の獲得において，外部からの獲得ではなく内部要員を育成する場合の長期的なメリットにはどのようなものが考えられますか？

重要度 ★

# 調達マネジメント

学校祭の屋台の制作には骨組みや布などの材料や，食べ物の屋台であれば食材が必要です。それらは業者やお店で手に入れる必要があります。大量購入であれば安価に調達することができそうですし，場合によってはレンタルで済むかもしれません。適切に情報を伝えて，希望する条件で調達する必要があります。

| | 立ち上げ | 計画 | 実行 | 監視・コントロール | 終結 |
|---|---|---|---|---|---|
| 調達 | | 調達マネジメントの計画 | 調査の実行 | 調達のコントロール | |

2-7-1 「調達マネジメント」知識エリアと5つのプロセス群

## 外から資源を得る調達マネジメント AM

調達マネジメントは，必要な資源やサービスを外部から取得する活動です。自社だけでは人や技術が不足している場合に他社から借りることがあります。すでに学習した資源マネジメントでは調達が必要なことを把握し，調達をする決定を行います。この決定を受けて，**調達マネジメントでは契約締結**までを行います。

### RFI

RFI は「Request For Information（情報）」の略語で，日本語にすると**情報提供依頼書**となります。調達先の企業に対してその企業の情報，その企業が保有している技術情報などの必要な情報提供を依頼します。あるプロジェクトへの人員を調達する場合「その企業が信頼できるか」「要求している技術力があるのか」など得たい情報は多いのではないかと思います。

**情報提供ではなく，情報提供を依頼するのが RFI ですので注意してください。**

### RFP

RFP は「Request For Proposal（提案）」の略語で，**提案依頼書**です。RFI によって必要な情報をもらうことで，具体的な提案を依頼できるようになります。プロジェクトの目的やスケジュールを記載し，それに沿った提案をもらいます。

**A 午後の解答力UP! 解説**

育成された要員は，今後のプロジェクトにおいて本格的な人的資源となる可能性があります。　　　105

　P社は，OAサプライ用品，PC周辺機器，文房具，生活用品など，幅広い分野の商品を，法人から個人まで様々な顧客に販売している。昨年度策定した中期経営計画に基づき，受発注システムを再構築することを決定した。

〔RFP作成の背景〕P社は，現行システムの構築当時からQ社にシステムの開発・保守を委託していた。Q社はP社の業務内容やシステムの仕様について熟知していたが，開発スケジュールや見積りに関してQ社主導で決められていたことがあり，P社には若干の不満があった。今回，P社として初めてRFPを作成し，複数の会社から提案を受けた上で，新受発注システムの発注先を決定することにした。

設問：P社がRFPを作成することで得られるメリットを，解答群の中から二つ選び，記号で答えよ。
- **ア** P社と取引実績のない会社を，あらかじめ提案依頼先候補から除外できる。
- **イ** P社の要求に対する合意事項や受注会社側の責任が明確になり，認識の相違による開発手戻りリスクが減る。
- **ウ** 発注先の決定における恣意的な要素が排除されるので，適正な価格でシステムを導入できる。
- **エ** 複数会社に対し，異なる条件で提案を依頼できる。

**[解説]**

　RFPとは提案依頼書です。システム開発などを依頼する会社に提案書を作成してもらうための依頼書です。単に「販売管理システムを作ってほしいので，提案してください」だけでは提案してもらうことはできません。提案してほしい内容を詳しく伝えた文章がRFPです。「認識の相違による開発手戻りリスクが減る」の「イ」が正解です。また，発注先の選定基準が明確になるため「ウ」も正解です。

**答え：イ，ウ**

# コストマネジメント

学校祭に芸能人を呼びたいという意見が出ました。そこで，いくつかの出し物について予算を計算し直したところ，少しであれば予算の確保が可能になることがわかりました。ただし，他の出し物については予算が超過することがわかり，全体で予算を削ることは困難であるという結論になりました。

| | 立ち上げ | 計画 | 実行 | 監視・コントロール | 終結 |
|---|---|---|---|---|---|
| コスト | | 見積もり，予算の設定 | | コストのコントロール | |

2-8-1 「コストマネジメント」知識エリアと 5 つのプロセス群

## 予算を管理するコストマネジメント AM PM

プロジェクトで決めた予算内で完了するよう管理します。そのためには無理をした少なめの予算ではなく，適正な予算にする必要があります。そしてその予算内でプロジェクトを完了できるよう管理を行います。

## 見積もり手法 AM PM

適正な予算にするには，精度の高い見積もりを行う必要があります。しかしその会社のプロジェクト経験やプロジェクト規模によって，可能な見積もり手法が限られることがあります。

### 類推法

**過去の似たプロジェクトを基**に見積もります。具体的な見積方法があるわけではなく，担当者の勘や経験に頼ることも多いため，シンプルですが客観性が低い傾向にあります。顧客から根拠を求められたときに答えられないことも多いでしょう。

### 三点見積法

もっとも順調に進んだ場合（楽観値），悪条件が重なって遅延した場合（悲観値），実際の予想（最頻値）の**3つの値を基**に計算して見積もります。

### プログラムステップ法

記述する**プログラムの行数を基**に見積もります。**LOC 法**ともいいます。見積もりというのは通常，まだプログラムを記述していない段階で行います。事前に記述する行数を推測しなければならず，実際には非常に困難です。

**A 午後の解答力UP! 解説**

過去に RFI によって情報を十分得ていた場合には不要になります。

## ファンクションポイント法

　ファンクションとは機能のことです。これから作ろうとするシステムの機能を洗い出し，それらの**機能の複雑さと数を基**に見積もります。過去問題から表を抜粋します。

表1　データファンクションの一覧表

| データ<br>ファンクション | ファンクションタイプ | レコード<br>種類数 | データ<br>項目数 | 複雑さの<br>評価 |
|---|---|---|---|---|
| D1 | EIF：外部インターフェースファイル | 1 | 4 | 低 |
| D2 | ILF：内部論理ファイル | 1 | 3 | 低 |
| D3 | EIF：外部インターフェースファイル | 1 | 5 | 中 |
| D4 | ILF：内部論理ファイル | 1 | 4 | 低 |
| D5 | ILF：内部論理ファイル | 1 | 5 | 中 |

表2　トランザクションの一覧表

| トランザクション<br>ファンクション | ファンクションタイプ | 関連<br>ファイル数 | データ<br>項目数 | 複雑さの<br>評価 |
|---|---|---|---|---|
| T1 | EQ：外部照会 | 1 | 5 | 低 |
| T2 | EI ：外部入力 | 2 | 7 | 中 |
| T3 | EO：外部出力 | 1 | 6 | 低 |
| T4 | EI ：外部入力 | 2 | 8 | 中 |
| T5 | EQ：外部照会 | 1 | 5 | 低 |
| T6 | EQ：外部照会 | 3 | 10 | 高 |

表3　FP の算出表

| ファンクション<br>タイプ | 複雑さの評価 | | | | | | 合計 |
|---|---|---|---|---|---|---|---|
| | 低 | | 中 | | 高 | | |
| | 個数 | 重み | 個数 | 重み | 個数 | 重み | |
| EIF | 1 | ×3 | 1 | ×4 | 0 | ×6 | 7 |
| ILF | ___ | ×4 | ___ | ×5 | ___ | ×7 | |
| EI | ___ | ×3 | ___ | ×4 | ___ | ×6 | |
| EO | ___ | ×7 | ___ | ×10 | ___ | ×15 | |
| EQ | 2 | ×5 | 0 | ×7 | 1 | ×10 | 20 |
| 総合計（FP） | | | | | | | e |

注記　表中の＿の部分は，一部を除いて省略されている。

2-8-2 AP-R3 春 PM 問 9 より抜粋

　データファンクションとはデータを保管するための機能で，トランザクションファンクションは処理です。ただしよくわからなくても解答できます。
　表3の「ファンクションタイプ」欄と同じ英字を表1，表2から探します。EIFは表1の1行目と3行目にありました。それぞれの複雑さの評価は低と中ですので，該当する表3にそれぞれ個数が1として記入されています。重みを掛け算して合計値を計算し「合計」欄に記入されています。
　同じく2行目以降も計算していき，総合計を出します。

## COCOMO

COCOMO（ココモ）は予想されるプログラムの行数に，開発メンバーの能力や求められる信頼性などの**係数を掛けて見積もります**。

## EVM（アーンドバリューマネジメント） ▶ 2-8-1

アーンドは「稼いだ」という意味で，プロジェクトの進み具合などを**お金に換算して管理**します。PV，EV，AC の 3 つの指標を使います。

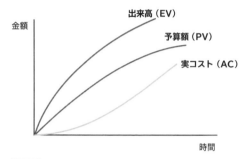

金額

出来高（EV）

予算額（PV）

実コスト（AC）

時間

2-8-3 EVM の例

| PV（Planned Value） | 計画上の出来高<br>100万円の予算で，現在70%の期間が経過している場合には，PVが70万円となります |
|---|---|
| EV（Earned Value） | 実際の出来高<br>100万円の予算で，完了した作業が60%の場合には，EVが60万円となります |
| AC（Actual Cost） | 実際に発生したコスト |

2-8-4 EVM で使われる指標

このように指標はすべて金額に換算して表現されていますが，慣れないとなかなか意味がわかりづらいと思います。そこで，箱に砂をいっぱいに詰めるプロジェクトを例にゆっくりと学習していきましょう。

ここに「作業 A」と書かれた箱があります。今は空っぽですが見積もり手法を使って，この箱に砂を詰めるのに必要なお金を考えました。おそらく 10 万円であろうと予想し，10 万円のラベルを貼ります。同じようにこのプロジェクトにおけるすべての作業にラベルを貼りました。

2
章

プロジェクトマネジメント

**2-8-5** 段ボールに砂を詰めるだけの作業の予算

作業 A から作業 F のダンボールのラベルに書かれた金額を合計すると，100 万円の予算が必要であることがわかりました。これを **BAC**（完成時総予算）といいます。

プロジェクトが開始し，全体の日程の 20％が経過しました。100％の経過だと 100 万円のお金を使う計画なので，20％の日程だと 20 万円となります。これを PV といいます。このように PV を出すために必要なのは予算と日付だけであり，箱に貼ってあるラベルは関係ありません。

この時点で，どの箱に砂が詰まっているのか確認してみると作業 A と作業 B だったようです。箱に貼られているラベルを見ると，この 2 つの作業を完了するためには 15 万円かかる計画でした。これを EV といいます。

では実際にかかったお金を計算してみましょう。これは実績なので箱に貼ってあるラベルは関係ありません。計算してみると 20 万円でした。これが AC です。

---

**過去問にチャレンジ！** [AP-H25春PM 問10 改]

システムインテグレータの P 社は，機械製造業 Q 社から，Q 社工場の生産管理システム開発プロジェクト（以下，本プロジェクトという）を受注した。本プロジェクトのプロジェクトマネージャに P 社の R 氏が任命された。

図 1 は，基本設計フェーズ開始後 4 週間の各チームの EVM グラフである。4 月 26 日時点の図 1 の状況について各チームのチームリーダにヒアリングした結果は次のとおりであった。

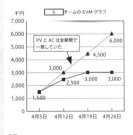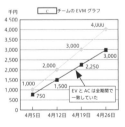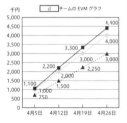

図1　開始後 4 週間の各チームの EVM グラフ

■業務ロジックチーム：Webシステム開発要員の確保が不十分なので，計画よりも少ない要員で設計を進めており，スケジュールは遅れている。生産性は（ e ）。

■データベースチーム：データベースの設計を順調に進めている。スキルの高い要員が割り当てられていることと，既存の設計書をかなり活用できているので，スケジュールは進んでいる。生産性は当初の想定よりも高い。

■ユーザインタフェースチーム：設計を終え，利用者にレビューを依頼しているが，多忙な上，設計書を用いた紙面の説明だけでは見た目や操作性の十分な理解が進まず，いまだに利用者の合意が得られていない。設計の承認が得られないので，予定どおりに配置している要員が待ち状態となっており，スケジュールは遅れている。

設問1：図1中のb～dに入れる適切なチーム名を解答群の中から選び，記号で答えよ。
　ア　業務ロジック　　　イ　データベース　　　ウ　ユーザインタフェース

設問2：本文中のeに入れる適切な字句を解答群の中から選び，記号で答えよ。
　ア　当初の想定どおりである　　　イ　当初の想定よりも高い
　ウ　当初の想定よりも低い

設問3：設問2のように考えた理由を，適切な指標を用いて15字以内で述べよ。

[解説]
　この問題が解ければ，EVMについてはかなり理解できると思ってよいでしょう。
　このプロジェクトでは3つのチームが動いているようです。それぞれのチームの状況が文章化されており，その内容から該当するEVMグラフを答える問題です。
　まずは1つ目のEVMグラフを見てみましょう。特徴はPVとACの一致です。
　PVは計画値ですので「4月26日時点で終えている予定の作業」を金額換算したものです。あくまでも計画です。
　ACは実際にかかったコストです。プロジェクトにおいてコストとは，主に人件費です。これらのコストについて触れられているのはユーザインタフェースチームです。

「予定通りに配置している要員が待ち状態となっており，スケジュールは遅れている」ということは，人件費はそのまま計画通りですが，作業は遅れていることになります。これは，AC は予定通り増えているが EV は遅延していることを意味しますから，1つ目の EVM グラフ（b）になります。なお PV は計画ですので計画変更などがない限り，途中で変わることはありません。

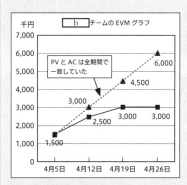

AC は予定通り増え EV は遅延している

　残るは「業務ロジックチーム」「データベースチーム」ですが，スケジュールに関しては対極です。業務ロジックチームは遅れていますが，データベースチームは進んでいます。PV に対して進んでいるのは「d」のグラフですから，「d」がデータベースチーム（イ）のものとなります。

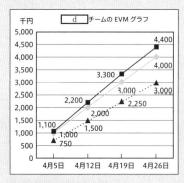

PV に対して進んでいる

　PV に対して遅れているのは「c」のグラフですから，「c」が業務ロジックチーム（ア）のものです。

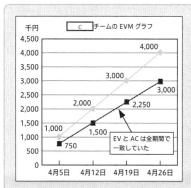

PV に対して遅れている

　続いて設問 2 と 3 についてです。業務ロジックチーム（c）の「生産性」について問われています。生産性とは作業の進み具合です。計画より遅れていますが，それは人の少なさによるものです。

　例えば当初は 10 人で進めようと思っていたのですが，5 人しか確保できなかったとします。この確保できた 5 人分だけコストがかかりますが，これが AC（実際に発生したコスト）です。この 5 人で作業を進めており，例えば「作業 A」「作業 B」というように作業が完了し，その分 EV（実際の出来高）が積みあがります。

　EV は「終わった作業があったとして，その作業を終わらせるのにかかると"思っていた"お金」です。もし「EV と AC が等しい」のであれば「作業の進み具合に関して，思った通りのお金がかかった」ことになります。それが「（生産性が）当初の想定どおりである」（ア）ということです。

　設問 3 には，さきほどの EV と AC の指標を用いて，「EV と AC が等しい」からである旨を，15 文字以内で解答します。

　　　　　　　　　　　　　　　設問1　b: ウ　c: ア　d: イ

　　　　　　　　　　　　　　　設問2　e: ア

　　　　　　　　　　　　　　　設問3　EV と AC が等しいから

コストマネジメントで決める予算は，プロジェクト開始時に設定された財源を基にしています。その財源はどこに記述されて，誰が承認しましたか？

# 2.9

# スケジュールマネジメント

学校祭まであと1ヵ月ですが間に合うのでしょうか。やることはまだまだたくさんあります。間に合う気もするし，間に合わない気もします。そこで委員会では何をいつまでにするかを作業ごとに整理しました。その際，ポスター作成は資材の購入後でなければならず，作業の前後関係も考慮しました。

|  | 立ち上げ | 計画 | 実行 | 監視・コントロール | 終結 |
|---|---|---|---|---|---|
| スケジュール |  | スケジュールの作成 |  | スケジュールのコントロール |  |

2-9-1 「スケジュールマネジメント」知識エリアと5つのプロセス群

## 計画を立てて進行を管理するスケジュールマネジメント AM PM

スケジュールマネジメントでは，スケジュールの作成と，スケジュールが遅延しないように管理を行います。

スケジュール作成においては **WBSのワークパッケージを基にアクティビティの定義**を行い，アクティビティを完了させるための期間を検討した上でスケジュールを作成します。

ここではスケジュール管理を行うためのツールについて学習していきます。

## アローダイアグラム AM PM

**アローダイアグラム**は **PERT（パート）図**ともいいます。よく出題されるので，慣れておきましょう。

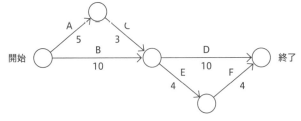

2-9-2 令和4年 IT パスポート試験 春 問43 を改変

　問題に凡例が書かれていますが，原則として上が作業名，下が日数です。合流地点を**結合点**といいます。

凡例

2-9-3 アローダイアグラムのよくある凡例

　開始から矢印に向かって進み，**結合点では両方が到着しないと次に進めません。**

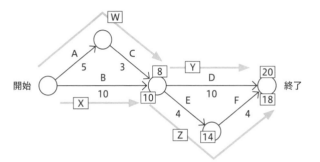

2-9-4 開始から終了に向けての複数のルート

　ルートWは8日です（5日＋3日）。しかしルートXが10日かかっているので次に進めません。合流した10日後にようやくスタートできます。次にルートYとルートZが同時にスタートします。ルートYは10日かかり，ルートZは8日かかります。この場合，一番遅いルートであるルートXとルートYを合わせたルートを**クリティカルパス**といいます。クリティカルパスではないルートWとルートZが仮にそれぞれ1日遅れたとしても，プロジェクト全体に影響はありません。しかし，**クリティカルパスが遅れると全体に影響**が出ます。

PERT図で表されるプロジェクトにおいて,プロジェクト全体の所要日数を1日短縮できる施策はどれか。

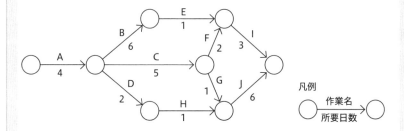

**ア** 作業BとFを1日ずつ短縮する。 **イ** 作業Bを1日短縮する。
**ウ** 作業Iを1日短縮する。 **エ** 作業Jを1日短縮する。

[解説]

アローダイアグラムの問題において,まずクリティカルパスを見つけるのが最初のステップです。一つひとつルートを確認していきましょう。

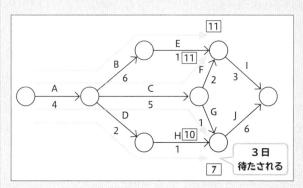

前半のルート

GとHの結合点について,Hからのルートはわずか7日で到着しています。しかし,その時点ではGからのルートは到着しておらず待つことになります。

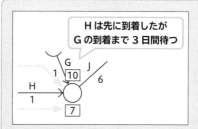

結合点では待ちが発生する

　これは2つの設計書の作成が完了しないと，プログラミングに入れないようなイメージです。

　同じようにゴール地点でも上のルートは14日で到着ですが，下のルートは16日です。

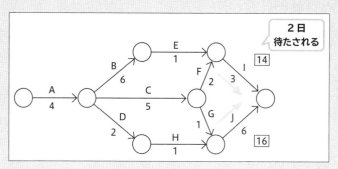

後半のルート

　両方揃わないとゴールとはならないので，このプロジェクトの完了は16日です。

　プロジェクトの完了を1日短くしたいわけですので，クリティカルパスに含まれている作業を短縮することになります。他のルートを短縮しても全体の短縮にはならないためです。クリティカルパスはA→D→H→Jですので，このどれかの作業を1日短縮する必要があります。選択肢にあるのはJだけですので，答えは「エ」です。

　なおAが4日かかるということは，Bは5日目から始まります。これを問題によっては「4日後から」と表現していることもあります。**4日後と5日目は同じ意味**です。解答するにあたってあまり影響がないとは思いますが，一応覚えておいてください。

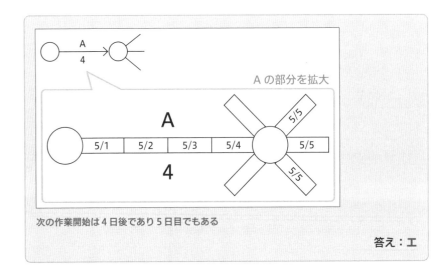

次の作業開始は 4 日後であり 5 日目でもある

答え：エ

## 最早開始日と最遅開始日

クリティカルパスは，プロジェクトにおいてもっとも時間がかかるルートのことでした。ある結合点において，いつスタートできるかを**最早開始日**といいます。Aの終了にある結合点の最早開始日は 4 日です。開始から 4 日後（5 日目と同じ意味）にならないと B，C，D の作業は開始できないことを意味しています。

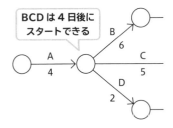

**2-9-5** 最早開始日の考え方

また，例えば「このプロジェクトは 14 日までに完了させなければならない」という規定があったとします。それを達成するために「遅くともいつまでに開始しなければならないのか」を**最遅開始日**といいます。先ほどの過去問題の PERT 図で考えてみます。駅伝をイメージしてみましょう。この結合点であなたが待っているとします。

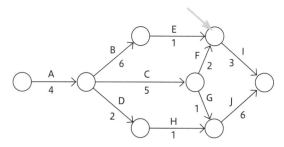

2-9-6 AP-H27 春期 AM 問 51 より抜粋

　A さんが 4 日かかり，B さんが 6 日かかり，E さんは 1 日かかり，ようやくあなたにバトンタッチしました。あなたはすぐに走り出すでしょう。ここまでの日数は 11 日なので最早開始日は 11 日となります。そして，その 3 日後にゴールし合計 14 日です。

　しかし，実はすぐに走り出す必要はありません。なぜならクリティカルパスは 16 日なので，早く到着したところで 2 日余るのです。そのため仮に矢印の結合点で 2 日待機していたとしても全体に影響はありません。ですから，最遅開始日はこの 2 を足した 13 日となります。

## プレシデンスダイアグラム ▶2-9-1 AM PM

　「プレシデンス」とは先行という意味です。**プレシデンスダイアグラム**を使うと，アローダイアグラムよりも複雑な作業の依存関係を表現できます。ここでの「依存関係」とは前の作業がどのようになっていれば，現在の作業を開始（または終了）することができるかのルールです。依存関係には以下の 4 つがあります。

| 先行作業の状態 | 現行作業の条件 | |
|---|---|---|
| 終了 | 開始 | 前の作業が終わらないと，現在の作業が開始できません。アローダイアグラムではこの終了 – 開始しかルールとして設定できませんでした。 |
| 終了 | 終了 | 前の作業が終わらないと，現在の作業を終了できません。ただし現在の作業は進めることができるので，並行作業することになります。 |
| 開始 | 開始 | 前の作業が始まらないと，現在の作業を開始できません。前の作業が始まるとこちらも始めることができるので，並行作業することになります。 |
| 開始 | 終了 | 前の作業が始まらないと，現在の作業を終了できません。 |

2-9-7 プレシデンスダイアグラムのルール

　図は，実施する三つのアクティビティについて，プレシデンスダイアグラム法を用いて，依存関係及び必要な作業日数を示したものである。全ての作業を完了するための所要日数は最少で何日か。

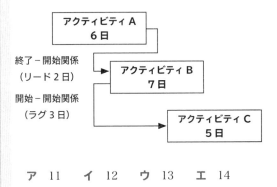

**ア** 11　**イ** 12　**ウ** 13　**エ** 14

[解説]

　**リード**とは現在のアクティビティ（作業）を，ルールよりも進めて開始できることをいいます。**ラグ**とは現在のアクティビティを，ルールよりも遅く開始しなければならないことをいいます。駅伝をイメージするとわかりやすくなります。リードは前の選手が到着するよりも前にスタートし，ラグは前の選手が到着してもしばらくはスタートしません。

　まずはA→Bの流れを見てみます。Aは6日かかりました。Bは，Aが終了する2日前に開始しています。

リードの考え方

　同じくB→Cの流れも見てみましょう。今回は開始‐開始で，3日のラグがあります。ラグがなければBとCは同時に開始できますが，3日のラグを考慮するとこのようになります。

ラグの考え方

これをつなげると 12 日になります。

答え：イ

 **Column 睡眠はやはり大切**

　大谷翔平選手の睡眠時間は 12 時間だそうです。夜は 10 時間寝て，昼寝を 2 時間しているということです。さすがに毎日ではないとは思いますが，それでもかなりの時間を睡眠に使っているようです。

　総務省の統計ですと，日本人の睡眠時間は 7 時間余りです。これは世界的に見ても短いほうです。しかし昼間の活動時間で大きな成果を出すには，しっかりとした睡眠が必要なのです。

　ある研究によると，トップ 10％にいた成績優秀な学生の睡眠時間をあるときから 7 時間以下にしたところ，なんと成績が下位 10％にまで落ち込んだというのです。また，6 時間睡眠を 10 日間続けると，酔っぱらった状態と同じくらいの認知能力になるというデータもあります。

　しっかりとした睡眠をとることは勉強のみならず，充実した生活を送るためにも必要なことなのです。

　しっかりとした睡眠をとるためにできることは？　まずは，寝る前のスマホからやめてみましょう。スマホの画面から出るブルーライトは，日光にも含まれています。脳がブルーライトを認識すると昼間だと勘違いし，眠気を遠ざけてしまうのです。寝る前の 1 時間は少し暗めのライトで参考書を眺めるなどして，ゆっくりと過ごしましょう。

Q 午後の解答力UP！ ────────────解説は次ページ ▶▶
このままだと間に合わないため，リードできる作業を探しましたが見つかりませんでした。他にどのような対策が考えられますか？

# 2.10

重要度 ★★

# リスクマネジメント

開催が近づいたある日，屋台で使うガスコンロの手配が一部でできなくなる可能性が出てきました。メンバーの手違いで，業者に依頼する数に間違いがあったのです。そこで，他の業者に連絡をしていくつか手配しなければなりません。急な連絡であるため返答は2日後とのことです。念のため別の業者にも連絡することにしました。

| | 立ち上げ | 計画 | 実行 | 監視・コントロール | 終結 |
|---|---|---|---|---|---|
| リスク | | リスクの特定，分析，評価 | リスク対応 | リスクの監視 | |

2-10-1 「リスクマネジメント」知識エリアと5つのプロセス群

## リスクとチャンスをコントロールするリスクマネジメント

PMBOKにおける「リスク」には，我々が通常考える「危険が生じる可能性」という意味のリスクだけではなく**チャンス（好機）も含まれます**。リスクマネジメントとは，プロジェクトにおけるリスクやチャンスをコントロールする活動です。

この章では主にPMBOKをベースに解説をしていますが，リスクマネジメントについては日本発の「JIS Q 31000」についてもあわせて学習します。なお「JIS Q 31000」という名前を覚える必要はありません。

## JIS Q 31000

リスクをコントロールする指針を示した規格がJIS Q 31000です。この規格では**リスクアセスメント**について「リスク特定，リスク分析，リスク評価」であるとしています。

**リスク特定**とはリスクの認識です。例えばオフィスに無断で出入りできる状況があれば，そこにリスクがあることを知る必要があります。このようなリスクを認識するにはRBSなどのツールやデルファイ法などが有効です。これらの詳細は後で解説します。

次にそのリスクに対して分析を行います。これを**リスク分析**といいます。「どのくらい危険なのか」「どのくらい発生しやすいか」を分析します。オフィスに部外者が自由に入ることができたとして，「それが本当に発生しやすいのか」「発生したとしてどんな影響があるのか」を分析します。

最後の**リスク評価**では，リスク分析の結果によりどのような対応をするかを検討

**A** 午後の解答力UP! 解説

並行作業が可能であれば，それらを同時並行的に行うファストトラッキングが考えられます。

します。それほど大きなリスクはないので何もしないか，もしくは最優先で対応するのかなどの決定を行います。リスクアセスメントはここまでであり，実際のリスク対応はこの後になります。

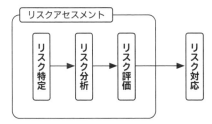
2-10-2 リスクアセスメントとリスク対応の流れ

## RBS

リスク特定で使われる **RBS**（リスク・ブレイクダウン・ストラクチャ）とは，WBS と同じやり方で作業内容を分解していき，リスクを抽出する手法です。

2-10-3 RBS の例

「技術的にリスクはあるか」だけでは大雑把すぎるため，考慮すべきリスクが漏れてしまうかもしれません。さらに「その技術の複雑さはどうか」などのように深掘りしていくことで，漏れを減らすことができます。

## デルファイ法

デルファイ法では，まず多数の専門家に参加してもらい意見交換をします。複数の意見が出るはずなので，それらを参加者に見てもらい，さらに意見交換をします。これを何度か繰り返すうちに，意見がまとまってくる（収束する）ことを期待する手法です。リスクマネジメントでは，デルファイ法を使うことで「こういうリスクもある」「これはリスクではない」などのリスク特定が可能になります。

## リスク対応 <small>AM</small>

　リスクアセスメントの次にリスク対応を行います。PMBOK では以下のようにリスク対応の指針が定められています。

### マイナスのリスク

　4 つの方法があります。

| 回避 | リスクの**発生確率を0%**にすることを目指します。 |
|---|---|
| 転嫁 | リスクが発生した場合，その**悪影響を第三者に移転**します。<br>転嫁の代表例が保険をかけることです。毎月一定額を支払うことで，万が一リスクが発生したとしても，その悪影響を肩代わりしてくれます。 |
| 軽減 | リスクの**発生確率を下げる**ようにします。確率を0にすることを目指すのは回避ですが，軽減は下げるだけです。またリスクが発生したとしても，その悪影響をできるだけ減らすような対策も行います。 |
| 受容 | リスクについて**対応を行いません**。それほど悪影響がなければ，リスクを受けてもやむを得ないとして受け入れます。 |

<small>2-10-4</small> リスクへの対応戦略

### プラスのリスク

　プラスのリスクとはチャンスのことです。

| 活用 | チャンスの**発生確率を100%**にすることを目指します。 |
| --- | --- |
| 共有 | **第三者と組んで**チャンスを獲得できるようにします。 |
| 強化 | チャンスの**発生確率を上げる**ようにします。確率を100%にすることを目指すのは活用ですが，強化は上げるだけです。またチャンスが発生したとして，その影響をできるだけ増やすような対策も行います。 |
| 受容 | チャンスについて**対応を行いません**。 |

`2-10-5` チャンスへの対応戦略

用語は重要なものをいくつか覚えるだけでよいでしょう。強化，転嫁，受容が比較的出題される傾向にあります。

### 過去問にチャレンジ！ [AP-R3春AM 問54 改]

PMBOK によれば，リスクにはマイナスの影響を及ぼすリスク（脅威）とプラスの影響を及ぼすリスク（好機）がある。プラスの影響を及ぼすリスクに対する "強化" の戦略はどれか。

**ア**　いかなる積極的行動も取らないが，好機が実現したときにそのベネフィットを享受する。

**イ**　好機が確実に起こり，発生確率が100% にまで高まると保証することによって，特別の好機に関連するベネフィットを捉えようとする。

**ウ**　好機のオーナーシップを第三者に移転して，好機が発生した場合にそれがベネフィットの一部を共有できるようにする。

**エ**　好機の発生確率や影響度，又はその両者を増大させる。

[解説]

脅威と好機それぞれに，4つのリスク対応の指針がありました。好機が訪れる確率や，訪れた際のメリットをできるだけ大きく享受することを強化といいますので，答えは「エ」です。

「ア」には「行動も取らない」とありますので「受容」です。「イ」は発生確率を100% にするということですから「活用」です。「ウ」は第三者というキーワードがありますので「共有」です。

答え：エ

**Q 午後の解答力UP!** ───────────────── 解説は次ページ ▶▶

リスクの転嫁を検討していましたが，リスクの受容とする方針に決まりました。リスクの転嫁において，どのような計算結果となったためだと考えられますか？

# 2.11

重要度 ★★

# 品質マネジメント

学校祭が近づいてきましたが，食べ物の屋台で品質にばらつきが出る可能性が話題に上がりました。作る人によっておいしさに差があると，クレームが発生しかねないと考えました。そこでなぜ品質に差が生まれるのか，どうすれば均一の品質になるのかについて意見を出し合うことにしました。

| | 立ち上げ | 計画 | 実行 | 監視・コントロール | 終結 |
|---|---|---|---|---|---|
| 品質 | | 品質マネジメントの計画 | 品質のマネジメント | 品質のコントロール | |

2-11-1 「品質マネジメント」知識エリアと5つのプロセス群

## ハイクオリティを保証する品質マネジメント AM

　プロジェクトの成果物の品質を高いレベルに保証する活動です。PMBOKでは品質を高めるためのツールとして **QC7つ道具** を挙げています。また後で**新QC7つ道具**も追加されました。数値化できるものを分析することを**定量分析**といい，QC7つ道具は主に定量分析に用いられます。また数値化できないものを分析することを**定性分析**といい，新QC7つ道具は主に定性分析に用いられます。

## QC7つ道具 AM PM

### パレート図

　パレート図は，**棒グラフと折れ線グラフから構成**されます。例えばシステムの不具合件数を棒グラフにし，その累計比率を折れ線グラフで表現した複合グラフです。棒グラフは値の降順に並べるので，件数が多い項目がひと目でわかります。また折れ線グラフを見ることで，それらの項目ごとの割合もひと目でわかります。

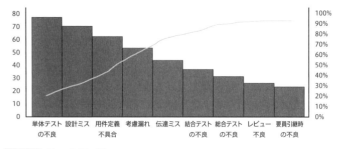

2-11-2 パレート図の例

**A 午後の解答力UP! 解説**

受容によって発生するコストが，転嫁によって発生するコストを下回った場合です。

品質管理以外に，売れ筋商品を知るための **ABC分析**にもよく使われます。

## 散布図

　散布図は，**縦軸と横軸にそれぞれ別の項目を対応**させてプロットし，分布を表現するグラフです。2 つの項目にどのような関係性があるかを知ることができます。関係性の度合いは**相関係数**という指標で示されます。

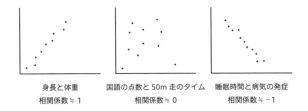

| 身長と体重 | 国語の点数と 50m 走のタイム | 睡眠時間と病気の発症 |
|---|---|---|
| 相関係数 ≒ 1 | 相関係数 ≒ 0 | 相関係数 ≒ −1 |

2-11-3 散布図の例

## 特性要因図

　特性要因図は，原因と結果の関連を**魚の骨のような形状**で表現した図あり，**フィッシュボーンチャート**とも呼ばれます。

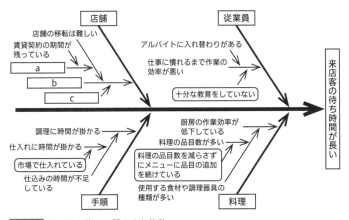

2-11-4 AP-H30 秋 PM 問 2 より抜粋

　過去問では現状が箇条書きにされています。現状を理解し，何が原因で結果的に「来店客の待ち時間が長い」という問題が発生しているかを埋めていきます。

料理，手順に分けて行った。挙げられた要因は，次のとおりである。
(1) 従業員
- アルバイトには入れ替わりがあるが，新規のアルバイトを雇った場合，十分な教育をしていないので，仕事に慣れるまで作業の効率が悪い。
(2) 店舗
- 貸しビルの店舗の増改築は難しく，客席の数を増やせない。
- 賃貸契約の期間が残っており，多額の解約手数料が掛かるので，店舗の移転は難しい。
(3) 料理
- 料理の品目数を減らさずにメニューに品目の追加を続けているので，料理の品目

**2-11-5** 特性要因図を埋めるための前提知識

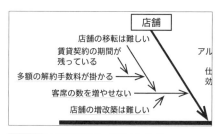

**2-11-6** 前提知識を基に空欄を埋める

## 管理図

　管理図では，平均値を中心線としてそこから上限（**上方管理限界線**）と下限（**下方管理限界線**）を設定し，これらの間を許容される範囲とします。**範囲を超えた値を異常**とみなします。以下の管理図は横軸をユニット（モジュール），縦軸をそのユニットの欠陥密度としプロットしています。

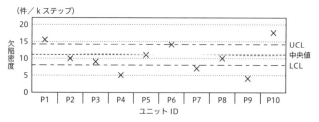

図1　見積もり管理の単体テストで検出された欠陥密度の管理図

**2-11-7** AP-H26 秋 PM 問 8 より抜粋

　UCL は上方管理限界線を意味しており，P1 と P10 が UCL を超えているので異常値とみなされます。また LCL は下方管理限界線であり，P4 と P7 と P9 が異常値です。

欠陥が少ないことはよいこととは限りません。**少なすぎる場合には，テストのやり方に問題がある場合もあります。**

## 層別

層別は，データを属性ごとに分類することで特徴を把握しやすくする考え方です。他と異なりツールではありません。

## ヒストグラム

ヒストグラムは，データをいくつかの**区間に分けた棒グラフ**で表した図です。データの分布が把握しやすくなります。

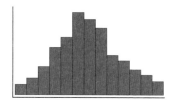

2-11-8 ヒストグラムの例

## チェックシート

やらなければならないことを**チェックマーク**で管理します。

# 新QC7つ道具 AM

主に定性分析で用いられるのが新 QC 7 つ道具です。

| 親和図法（KJ 法） | データを**親和性**によってグループ化し，問題を整理します。 |
|---|---|
| 連関図法 | 原因と結果，目的と手段などの**関係を矢印で結んだ線**で表現します。 |
| 系統図法 | 問題の解決手段を**系統立て**て表します。 |
| PDPC 法 | **トラブルをあらかじめ計画**に入れた流れ図です。<br>プロセス決定計画図と訳します。 |
| マトリックス図法 | **2 つの要素を行列**に並べ対応関係を明らかにします。 |
| マトリックスデータ解析法 | **マトリックス図法で整理したデータ**を散布図にします。 |
| アローダイアグラム | プロジェクト全体の流れを，作業を表す矢印と結合点で表現します。PERT 図ともいわれます。 |

2-11-9 新 QC 7 つ道具

Q 午後の解答力UP! ────────────────────── 解説は次ページ ▶▶

顧客が満足するような品質を確保することは重要ですが，品質に意識を向けすぎることで生じるリスクにはどのようなものが考えられますか？

2
章

**問題1** [AP-R4秋AM 問51]

プロジェクトマネジメントにおけるスコープの管理の活動はどれか。

ア 開発ツールの新機能の教育が不十分と分かったので，開発ツールの教育期間を2日間延長した。

イ 要件定義が完了した時点で再見積りをしたところ，当初見積もった開発コストを超過することが判明したので，追加予算を確保した。

ウ 連携する計画であった外部システムのリリースが延期になったので，この外部システムとの連携に関わる作業は別プロジェクトで実施することにした。

エ 割り当てたテスト担当者が期待した成果を出せなかったので，経験豊富なテスト担当者と交代した。

**問題2** [AP-H26春AM 問54]

ある会社におけるウォータフォールモデルによるシステム開発の標準では，開発工程ごとの工数比率を表1のとおりに配分することになっている。全体工数が40人月と見積もられるシステム開発に対し，表2に示す開発要員数を割り当てることになった。このシステム開発に要する期間は何か月になるか。

表1

| 開発工程 | 工数比率 |
|---|---|
| 基本設計 | 10% |
| 詳細設計 | 20% |
| コーディング・単体テスト | 30% |
| 結合テスト | 30% |
| 総合テスト | 10% |

表2

| 開発工程 | 開発要員数 |
|---|---|
| 基本設計 | 2 |
| 詳細設計 | 4 |
| コーディング・単体テスト | 6 |
| 結合テスト | 2 |
| 総合テスト | 2 |

ア 2.5　　イ 6.7　　ウ 12　　エ 14

**A 午後の解答力UP! 解説**

スケジュールの遅延やコストの超過などが考えられます。

**問題3**　[AP-H28秋AM 問52]

あるプロジェクトの作業が図に従って計画されているとき，最短日数で終了するためには，作業Hはプロジェクトの開始から遅くとも何日後に開始しなければならないか。

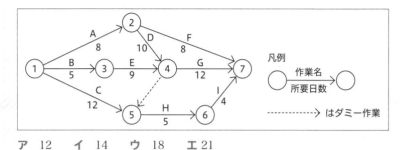

**ア** 12　**イ** 14　**ウ** 18　**エ** 21

**問題4**　[AP-H25秋AM 問53]

予算が4千万円，予定期間が1年の開発プロジェクトをEVMで管理している。半年が経過した時点でEVが1千万円，PVが2千万円，ACが3千万円であった。このプロジェクトが今後も同じコスト効率で実行される場合，EACは何千万円になるか。

**ア** 6　**イ** 8　**ウ** 9　**エ** 12

## 解答・解説

**解説1　ウ**

　スコープは成果物と，それを得るための作業の範囲を定義します。「ア」はスケジュールを変更しているので異なります。

「イ」は確かに想定を超える作業だったようですが，予算の確保を行っています。これはコストマネジメントです。

「ウ」は作業を別のプロジェクトに移動しています。現プロジェクトで見ると除外していることになりますので，スコープマネジメントに該当します。

「エ」は人の確保についてですので資源マネジメントです。

## 解説2 エ

工程ごとに考えていけば整理しやすくなります。基本設計は40人月の10%なので4人月となります。そのような計算で工程ごとの工数を出します。なお、基本設計とは外部設計のことです。

行程別の工数

| 開発工程 | 工数（人月） | 開発要員数 |
|---|---|---|
| 基本設計 | 4 | 2 |
| 詳細設計 | 8 | 4 |
| コーディング・単体テスト | 12 | 6 |
| 結合テスト | 12 | 2 |
| 総合テスト | 4 | 2 |

基本設計では2人で4人月の対応をします。1人で4ヵ月ですから、2ヵ月で終わります。以下同じように計算します。

・詳細設計：2ヵ月
・コーディング・単体テスト：2ヵ月
・結合テスト：6ヵ月
・総合テスト：2ヵ月

合計すると14ヵ月です。

## 解説3 エ

破線の矢印が書かれています。これは結合点5を出発するには、結合点4につながるすべての作業が完了しなければならないことを意味しています。

つまり結合点4にすべてのランナーが到着することで、やっと結合点5からランナーが出発できるということです。

結合点4と結合点5は離れていますから、このように破線の矢印で依存関係を表現しています。この矢印をダミー矢印といいます。

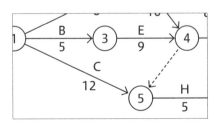

破線矢印はダミー作業

**ダミーは作業が割り振られているわけではないため0日として扱います。**

　さて「最短日数で終了するためには」とありますから，まずは最短日数を求めます。今回のアローダイアグラムでは6本のルートがあります。まずは合流がない単純なA→Fのルートは16日かかります。

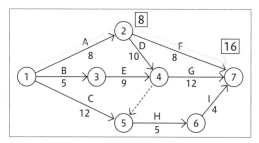

作業Aと作業Fのルートは16日かかる

　2つ目のルートです。B→Eは14日ですが，A→Dの方が遅いのでGの開始は18日後となります。

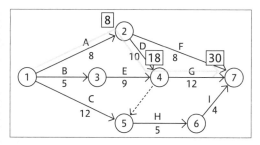

作業Aと作業Dと作業Gのルートは30日かかる

　3つ目は今触れたB→E→Gのルートですが，A→Dの方が遅いので同じく30日となります。

　残りはダミー作業が関わるルートで，3本あります。結合点5には「A→D→（ダミー）」「B→E→（ダミー）」「C」の3ルートありますが，もっとも遅いのは「A→D→（ダミー）」の18日です。そのためHが開始できるのは18日後となります。

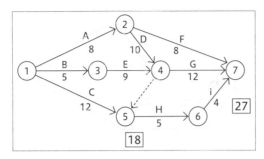

ダミーが関わる3つのルート

　今まで見た中でもっとも遅いのは A → D → G のルートで30日です。もっとも遅いという表現ですが，これが最短日数でクリティカルパスです。クリティカルパスのどこかで遅延が発生すると，プロジェクト全体に影響が出ます。

　作業 H はクリティカルパスに入っていません。そのため少しは遅れることが許されます。では何日許されるのでしょうか。その後の作業 I は4日かかるので，作業 I は 30 − 4 = 26 日後に開始していなければ 30 日後に終わりません。作業 I を26 日後に開始するためには，作業 H は 26 − 5 = 21 日後に開始していなければならず，これが答えです。

### 解説4　エ

　EAC は学習していないと思います。こういった未学習の指標について問われることはよくありますが，焦らずに予想していきましょう。

　4千万円使ってよいプロジェクトがあります。このプロジェクト期間は1年です。半年後に EVM を使って計算をしてみると，EV が1千万円，PV が2千万円，AC が3千万円とのことです。そして「今後も続いたら EAC はいくらか？」と聞かれています。もし「3ヵ月後の EAC はいくらか」などと聞かれるのであれば迷いますが，そうではありません。期間の指定がない以上「最後まで」と推測できます。つまり「このまま完了したらどうなるか」と聞かれていると予想できます。「どうなるか」と聞かれても答えられるのは金額くらいしかありませんから，その推測に基づいて計算してみましょう。

　EV が1千万円ということは，現在完了した作業は1千万円かかる計画だったわけです。しかし実際には3千万円かかっています。つまり計画値の3倍のコストがかかっています。問題文には「今後も同じコスト効率で実行される場合」とありますので，ずっと「計画値の3倍」のままだと最後にはどうなるかを答えます。

　最後の計画値とは予算のことであり，4千万円です。実際にはその3倍かかるのですから 12 千万円かかりそうであると予想できます。これが答えです。なお EAC とは完了時の総コストをいいます。学習した通り BAC は計画時の総予算です。BAC は計画値であり，EAC は実績値です。

# 3章

# サービスマネジメント

サービスとは「役務の提供」のことです。試験では情報システムをトラブルなく提供するための手法が出題されます。特に情報システムを顧客に提供する場合には，サービス品質の低下により深刻なクレームに発展する場合がありますので，非常に重要となる知識です。

# SLA

「情報システム開発」の章では現場レベルでの成功ノウハウを,「プロジェクトマネジメント」ではプロジェクト管理の成功ノウハウを学習しました。こうしてシステムは完成しましたが, これで終わりではなく次に運用があります。この章ではシステム運用を成功させるためのノウハウを学習していきます。

あなたは一般企業向けの会計システムを提供する会社を経営しています。顧客のユーザ企業は, 売上が上がると, 例えば「5/1, ABC 商事, 鉛筆, 1,000 円」といったデータをこの会計システムに入力します。仕入れの際や従業員への給与支払い時も同様にデータを記録します。これにより, 会社の成績を示すさまざまな資料が作成されます。

あなたの会社では, この会計システムを Web アプリケーションとして提供していますが, もしサーバがダウンしたらどうなるでしょうか。大きなクレームになることが予想できます。

今まで見てきたノウハウによってようやく完成したシステムですから, 安定的に運用し, 顧客に満足してもらい, 長い間使ってもらうことで収益を上げる必要があります。

このように**顧客に満足してもらえるよう安定的に運用するための管理をサービスマネジメント**といいます。

## ITIL AM

試験では, 国際的なガイドラインである **ITIL** が主要な出題対象となります。ITIL の「IT」は我々が日常でよく耳にする「IT」であり情報技術のことです。「IL」は「インフラストラクチャ（社会基盤）」「ライブラリ（図書館）」です。「インフラ」という言葉はよく耳にするかと思います。ITIL では 11 のプロセス（または機能）が定義されており, この章ではこれら一つひとつを見ていきます。

試験では日本特有のサービスマネジメントの評価基準 JIS Q 20000 に関する問題も出題されますが, その名称を具体的に覚える必要はありません。出題時に「これは以前に目にしたことがある」と感じるレベルで学習しておけば大丈夫です。

## SLA

会計システムを安定的に運用するとはいっても，100％いつでも使える状態というのは現実的には困難です。例えば定期的なメンテナンスとして，1年間で1時間だけサーバを停止するかもしれません。また不測の事態の発生を想定し，1ヵ月のうち30分程度であれば顧客に許してもらうような契約が必要です。

このような合意を **SLA** といいます。SLA は「サービス・レベル・アグリーメント」の略語であり，提供するサービスの水準（レベル）についての合意（アグリーメント）を顧客との間でとることをいいます。

### Google Workspace for ISPs (有料) の Gmail サービス レベル契約

Gmail サービス レベル契約。Google は，相応の業務努力により，各月の 99.9 ％にわたって，Gmail ウェブ インターフェースが機能し，お客様が利用できることを保証します。Google によるサービスの不履行により，下記に定義されたサービス性能に関する問題が発生した場合，お客様は下記 (以下「Gmail サービス レベル契約」) に記載のサービス クレジットを受けることができます。

定義。Gmail サービス レベル契約では次の定義を使用します。

「ダウンタイム」とは，ドメインでユーザー エラー率が 5 ％を上回る状態のことです。ダウンタイムは，サーバー側のエラー率に基づいて計測します。

「ダウンタイム期間」とは，ドメインでダウンタイムが 10 分以上続く状態のことです。10 分未満の断続的なダウンタイムは，ダウンタイム時間として計測しません。

3-1-1 Google Workspace の SLA

契約時に合意したサービスレベルを維持するための管理を **SLM**（サービスレベルマネジメント）といいます。合意した SLA を満たすことができなかった場合，契約にもよりますが返金などが必要になるかもしれません。そうならないよう SLM でしっかりと管理します。

### 過去問にチャレンジ！［AP-H31春PM 問10 改］

A 社は，生活雑貨を製造・販売する中堅企業で，首都圏に本社があり，全国に支社と工場がある。A 社では，10 年前に販売管理業務及び在庫管理業務を支援する基幹システムを構築した。現在，基幹システムは毎日 8:00 ～ 22:00 に A 社販売部門向けの基幹サービスとしてオンライン処理を行っている。基幹システムで使用するアプリケーションソフトウェア（以下，業務アプリという）は A 社 IT 部門が開発・運用・保守し，IT 部門が管理するサーバで稼働している。〔基幹サービスの概要〕A 社 IT 部門と A 社販売部門との間で合意している基幹サービスの SLA（以下，社内 SLA という）の抜粋を，表 1 に示す。

3章 — サービスマネジメント

表1　社内 SLA（抜粋）

| 種別 | サービスレベル項目 | 目標値 | 備考 |
|------|------------------|--------|------|
| a | サービス提供時間帯 | 毎日 8:00 ～ 22:00 | 保守のための計画停止時間 1) を除く。 |
| | サービス稼働率 | 99.9% 以上 | |
| 信頼性 | 重大インシデント 2) 件数 | 年 4 件以下 | – |
| | 重大インシデントの　 b | 2 時間以内 | インシデントを受け付けてから最終的なインシデントの解決を A 社販売部門に連絡するまでの経過時間（サービス提供時間帯以外は，経過時間に含まれない） |
| 性能 | オンライン応答時間 | 3 秒以内 | – |

設問：表1中の（　a　），（　b　）に入れる適切な字句を解答群の中から選び，記号で答えよ。

　ア　安全性　　　イ　解決時間　　　ウ　可用性　　　エ　機密性
　オ　平均故障間動作時間　　カ　平均修復時間　　　キ　保守性

[解説]

「a」には種別が入ります。他は「信頼性」「性能」となっていますから，それに倣うと「ア　安全性」「ウ　可用性」「エ　機密性」「キ　保守性」のいずれかになります。つまり（a）に関しては4択問題です。

　空欄（a）の「サービスレベル項目」を見ると，「提供時間帯」「稼働率」とありますから「動いていることの保証」であることが推測できますので，「a」には「可用性」が入ります。**可用性**とは安定的に稼働している能力のことで「用いることが可能」と覚えてください。また「かよう」という読み方は「稼働（かどう）」とも似ているため覚えやすいかと思います。

「b」はサービスレベル項目の欄であり，他を見てみると「率」「時間」などとなっていますので「解決時間」「平均故障間動作時間」「平均修復時間」のいずれかになります。したがって（b）に関しては3択問題です。

　インシデントについては次に学習しますが，トラブルであると覚えてください。実際にはトラブル発生につながるような出来事も含みますが，インシデント＝トラブルとして認識しても解答に影響はありません。

　備考欄を見ると「インシデントを受け付けてから，インシデント解決を連絡するまでの時間」とあるので，「b」には「解決時間」が入ります。

答え：a **ウ**　b **イ**

---

**Q 午後の解答力UP！**　　　　　　　　　　　　　　　　　　　解説は次ページ ▶▶

会計システムの SLA を「年間 95％ の稼働率」から「年間 99％ の稼働率」に変更することでどんなデメリットがありますか？

# インシデント管理と問題管理

システム運用にトラブルはつきものです。トラブルが発生したことをできるだけ早く知り，早く解決し，同じような問題が発生しないように管理することが重要です。そうこうしているうちに，サービスデスクに一本の電話がかかってきたようです。トラブル発生でしょうか。

## インシデント管理　AM　PM

　**インシデント**とは，サービスを提供できなくなるかもしれない出来事を指します。例えば，会計システムの顧客から「ログインボタンをクリックしたが，応答がない」という電話を受けたとします。このような問題発生時の受付窓口を**サービスデスク**といいます。我々の日常ではヘルプデスクと呼ばれる場合が多いと思いますが，出題されるのはサービスデスクです。たくさんの受付窓口があっては管理しづらいため，１ヵ所に統一することを **SPOC**（単一窓口）といいます。

### エスカレーション

　サービスデスクで受けた問合せはインシデントとして記録されます。その場で解決できる場合は，その場で対応して終了します。解決が難しい場合は，他の人や部署に引き継ぎます。これを**エスカレーション**といいます。サービスデスクは受付窓口であるため，あまり時間を取られるわけにはいきません。時間がかかりそうな場合には他に引き継ぎます。

　エスカレーションには２種類あり，専門的知識を持った人や部署に引き継ぐことを**機能的エスカレーション**といいます。また上司などの偉い人に引き継ぐことを**階層的エスカレーション**といいます。インシデント発生からのこのような一連の手順は**インシデント管理**で行われます。

## 問題管理　AM　PM

　インシデント管理ではとりあえずの迅速な解決を目指します。自社で運営している会計システムの応答がない場合には，サーバを再起動することで解決するかもしれません。しかし，仮に解決したとしても根本的な解決ではありません。なぜ応答が返ってこなくなったのかなどの原因を探り，根本的な解決をする必要があります。これを**問題管理**といいます。

**A 午後の解答力UP! 解説**

高稼働率を維持するためのコストが発生する可能性があります。

**問題管理はインシデント管理と紐付けて管理**されます。例えば，インシデント管理において「5/1 10:23 にインシデント発生」と記録されたとします。これに番号を付与し，問題管理の記録と対応させ，後から追跡できるような工夫が必要です。

　また**問題解決に至ったとしても記録を削除することはせず，解決した事実を追記**します。

**過去問にチャレンジ！** [AP-R3秋AM 問54]

　サービスマネジメントシステムにおける問題管理の活動のうち，適切なものはどれか。

　　**ア** 同じインシデントが発生しないように，問題は根本原因を特定して必ず恒久的に解決する。

　　**イ** 同じ問題が重複して管理されないように，既知の誤りは記録しない。

　　**ウ** 問題管理の負荷を低減するために，解決した問題は直ちに問題管理の対象から除外する。

　　**エ** 問題を特定するために，インシデントのデータ及び傾向を分析する。

[解説]

　インシデント管理では障害を迅速に解決することが重要です。根本原因の解決はその後にじっくりと行いますが，これを問題管理といいます。ただし，必ず解決が可能な問題ばかりではありません。例えばデーターベース製品のバグやネットワーク機器の一時的なトラブルかもしれません。こういった場合には，自社でできる範囲での解決を目指すことになります。そのため「ア」にあるように，**必ずしも恒久的に解決できる場合ばかりではありません。**またインシデント管理，問題管理ともに記録を行いますが，どんな場合でも記録をしますし，またその記録を削除することはありません。そのため，「イ」「ウ」は誤りです。

答え：**エ**

Ｑ 午後の解答力UP！ ──────────────────────── 解説は次ページ ▶▶

エスカレーションを行わずサービスデスクだけで解決できるようにするためには，インシデント管理でどんな記録を残すとよいでしょうか？

# 3.3

# 変更管理と構成管理, 展開管理

システムを安定的に運用するよりも,変更を加える方がずっと大変です。変更が発生するきっかけはサポートデスクに届いたクレームや,従業員がたまたま目にしたニュースかもしれません。機能追加や脆弱性対応,バグ修正などは避けることはできませんので,より慎重な管理が必要です。

## 変更管理　AM　PM

　問題管理によって自社運営の会計システムにバグがあることが判明しました。このバグについてどのように修正するのかを検討し,必要であれば対応することは**変更管理**で行います。またバージョンアップや脆弱性の対応など,あらゆる変更についても検討と実施を行います。

　変更管理では「変更したい」という要求を受けることから始まりますが,この要求を **RFC** といいます。「RF ○」はプロジェクトマネジメントの調達マネジメントにおいて「RFI」「RFP」が出てきました。RFC も同じく「リクエスト・フォー」から始まります。「C」は「Change」であり変更要求を意味します。

## 構成管理　AM　PM

　営業部員の1人がメーリングリストによって,ある有名なネットワーク機器に脆弱性があることを知りました。このネットワーク機器は会計システムで使用しているのでしょうか？　それを知るためには,システムで使っている機器やソフトウェアなどを管理しておく必要があります。これを**構成管理**といいます。構成管理における機器やソフトウェアなどの管理対象品目を **CI**（構成品目）といいます。

　個人で使っているパソコンであれば CI はそれほど多くはありません。しかし,大規模なシステムとなると CI の管理が非常に大変です。そのため **CMDB**（構成管理データベース）というデータベースで管理する必要があります。

　先ほどの営業部員が気になったネットワーク機器は,やはり会計システムで使用していました。そこで関連部署が RFC を行い,変更管理を経てネットワーク機器への脆弱性対応を早期に行うことができました。ネットワーク機器のバージョンが上がったため CMDB にその旨を記録しました。これで他の従業員が同じ脆弱性を知ったとしても,**CMDB を参照することで対応済みであることが把握**できそうです。

---

**A 午後の解答力UP! 解説**

解決策を記録することで,同じインシデントに対してサービスデスクだけで解決できるようになります。

# 展開管理 AM PM

　先ほどのネットワーク機器に対する脆弱性対応は**展開管理（リリース管理）**で行います。展開管理では，変更管理で行った変更内容を本番環境に正しく反映します。展開管理においては，**事前に展開の手順を作成**することが求められています。また展開においてトラブルが発生した場合には，展開を途中で止める場合もあります。その場合，途中まで行った展開の処理をすべてキャンセルしなければなりません。このキャンセルの作業を**切戻し**といいます。

---

### 過去問にチャレンジ！ [SC-H23特別AM2 問24]

　(1) 〜 (4) はある障害の発生から本格的な対応までの一連の活動である。(1) 〜 (4) の各活動とそれに対する ITIL の管理プロセスの組合せのうち，適切なものはどれか。

(1) 利用者からサービスデスクに " 特定の入力操作が拒否される " という連絡があったので，別の入力操作による回避方法を利用者に伝えた。
(2) 原因を開発チームで追究した結果，アプリケーションプログラムに不具合があることが分かった。
(3) 障害の原因となったアプリケーションプログラムの不具合を改修する必要があるのかどうか，改修した場合に不具合箇所以外に影響が出る心配はないかどうかについて，関係者を集めて確認し，改修することを決定した。
(4) 改修したアプリケーションプログラムの稼働環境への適用については，利用者への周知，適用手順及び失敗時の切戻し手順の確認など，十分に事前準備を行った。

|  | (1) | (2) | (3) | (4) |
|---|---|---|---|---|
| ア | インシデント管理 | 問題管理 | 変更管理 | リリース管埋及び展開管理 |
| イ | インシデント管理 | 問題管理 | リリース管理及び展開管理 | 変更管理 |
| ウ | 問題管理 | インシデント管理 | 変更管理 | リリース管理及び展開管理 |
| エ | 問題管理 | インシデント管理 | リリース管理及び展開管理 | 変更管理 |

[解説]

　サービスデスク宛に問合せがありました。迅速な解決を行うための管理プロセスをインシデント管理といいます。その根本原因の調査は問題管理で行います。問題管理によって原因が判明したとします。対応のためにプログラムの修正が必要であるかを検討し，必要であれば修正を行う作業は変更管理で行います。変更内容を本番環境に適用するのはリリース管理及び展開管理です。

答え：ア

## Column 高度試験にも挑戦しよう

　応用情報技術者試験は，情報処理技術者試験におけるレベル3に位置します。これに合格したあとは，ぜひレベル4である高度試験にチャレンジしてみてください。

「応用情報でも大変なのに，さらに難しい試験にチャレンジするなんて」と思われることでしょう。しかし応用情報の勉強が大変な理由は，もしかしたら学習範囲の広さにあるかもしれません。

　2進数を理解できたと思ったら今度は損益分岐点についても学び，法律についての勉強が終わったと思ったら今度はネットワーク……。コンピュータの動作原理から経営手法まで幅が広すぎるのが応用情報です。実はレベル1に位置しているITパスポート試験についても同じことがいえます。そのため実は私はITパスポート試験が苦手です。

　その点，高度試験はある1つの専門分野だけに絞った試験です。午前Ⅰ試験は応用情報と同じ問題が30問出題されますが，応用情報に合格してから2年間は免除されます。その制度を利用すると，たとえばネットワークスペシャリストであればほとんどネットワークだけを，ITストラテジストであればほとんどITを使った経営戦略だけを学習すればよいということになります。

　興味がある分野の学習は非常にはかどりますので，ぜひ高度試験にもチャレンジしましょう。

**Q 午後の解答力UP！**　　　　　　　　　　　　　　　　　　　解説は次ページ ▶▶
展開管理の最中にトラブルが発生した場合，スムーズに切戻しを行う必要があります。そのために事前に準備しておくべきことは何でしょうか？

# 3.4 重要度 ★

# サービスデリバリ

ITILには，日々の運用とは別に長期的な運用についても「サービスデリバリ」として記述されています。これは，システムの負荷を監視し，できるだけ停止させず，災害時でも早く復旧するためのノウハウです。また，資金の枯渇による運用停止も避けなければなりません。

　　**サービスデリバリ**とは長期的にサービスを提供し続けるために必要となる活動です。5つのプロセスから構成されています。

## サービスデリバリの5つのプロセス AM

### ①SLA

　提供するサービス水準についてあらかじめ行った合意のことです。

### ②サービス可用性管理

　サービスマネジメントにおける可用性管理（**サービス可用性管理**）とは，SLAで合意された稼働率でシステムを提供するための管理です。例えば99.8％とSLAで合意したのであれば，その稼働率を維持する必要があります。ただし，サービス可用性管理は**通常時の稼働率維持の活動**です。契約内容にもよりますが，災害時にはこの後に解説するサービス継続性管理が適用されます。

### ③キャパシティ管理

　SLAで合意した稼働率を維持してサービス可用性管理を行うには，サーバやネットワークの負荷を適切に管理する必要があります。会計システムでは年度末に多くのアクセスが予想されますので，一時的にサーバ増強などの対策が必要になるかもしれません。これを**キャパシティ管理**といいます。常にサーバ増強されている状態ですと高コストとなるので，適切な管理が必要です。なお，負荷の監視はキャパシティ管理の活動ですが，その結果を受けてのサーバ増強の検討と対応は変更管理です。また，サーバ増強の本番適用は展開管理（リリース管理）で行います。

### ④サービス継続性管理

　災害が起きたときでもできるだけ早く復旧し，サービスを使えるように管理することを**サービス継続性管理**といいます。具体的には災害時対応マニュアルを作成し

**A 午後の解答力UP! 解説**

切戻しを行うためのマニュアルを事前に整備しておくことで，スムーズに作業が進みます。

たり，本社が使えなくなった場合には支社で本社機能を代行したりなどを事前に決めます。このような継続計画を **BCP**（事業継続計画）といいます。また，復旧にかける時間の目標値を **RTO** といいます。ただし災害時ですから，いつも100％元通りに復旧できるとは限りません。どのレベルまで復旧するかの指標を **RLO**（目標復旧レベル）といいます。関連して，どの時点まで戻すかを **RPO** といいます。「RTO を 2 時間，RPO を 24 時間，RLO を 70％」とした場合には，2 時間以内に24 時間前のデータを，復旧前の 70％ のレベルに復旧することを意味します。

### ⑤サービス財務管理

　多くの顧客に利用されているシステムがあったとしても，予算が枯渇するとサービスの提供ができなくなります。そのため適切に予算を管理しなければなりません。また，予算を確保するには売上を上げる必要もありますが，顧客への適切でスムーズな課金方法についても検討する必要があります。これらの活動を**サービス財務管理**といいます。提供中の会計システムが赤字にならないよう，毎月の課金額を場合によっては上げる必要があるかもしれません。

---

**過去問にチャレンジ！** [AP-H28春PM 問10 改]

　X 社は，娯楽チケット販売業を営む会社であり，チケット販売システムを使ってチケット販売を行っている。中期事業計画において 2 年後には売上を1.6 倍にするという目標を立てた。2 年後に実績値を比較すると，チケット売上はほぼ計画通りであったが，データ処理件数は見積もりを大きく上回る約 2.1 倍になっていた。

　そのまま運用を続けていたところ，アプリケーションサーバの CPU 使用率がしきい値を超え，警告メッセージが出るようになった。そこで，追加構築を完了させることで，警告メッセージは出なくなった。システム担当者は，アプリケーションサーバの警告メッセージが出た後で追加構築する判断をしたことを反省し，キャパシティに起因したインシデントの発生を抑制するために，①キャパシティ管理のプロセスを評価するための KPI を設定した。

設問：本文中の下線①について，KPI としてふさわしいものを解答群の中から全て選び，記号で答えよ。
　　**ア**　インターネットの応答時間が遅いことに起因する SLA 違反の回数
　　**イ**　設定した資源利用量のしきい値を超えた回数
　　**ウ**　ソフトウェアの品質が低いことに起因するインシデントの発生回数
　　**エ**　不十分な資源割当てに起因するインシデントの発生回数

[解説]

　KPIとは「Key Performance indicator」の略です。これは**重要業績評価指標**を訳したもので，目標を達成するための具体的な指標のことです。応用情報技術者試験の学習を例にとると，「試験1ヵ月前の午後試験の過去問題で，平均で60点を取る」などの具体的な指標がKPIにあたります。

　今回発生している問題は，アプリケーションサーバのCPU使用率が高くなったことです。今後はCPU使用率が高すぎる状態が長期にわたり続くことがないように監視しなければなりません。そのため「イ」の「設定した資源利用量のしきい値を超えた回数」の監視が必要になります。なお，ここでの「資源利用量」とはCPU使用率のことです。

　また，CPU使用率の増加によって発生した問題の回数についても気になるところです。例えば，あるログファイルの保存が定期的に失敗（インシデント）したとしたら，その回数を監視することでCPU負荷が高くなっていることが早期発見できるかもしれません。この話を説明しているのは「エ」です。

「ア」は「ネットワークの応答時間が遅い」ので，CPU負荷以外の原因も考えられます。「ウ」はソフトウェア品質なので，バグが多いことを説明しています。バグによりチケット販売システムが使えないことはありそうですが，CPU負荷とは無関係です。

答え：**イ，エ**

災害時でもシステムが停止しないようにするためには，データセンターをどのように運用するべきでしょうか？

# 確認問題

**問題1** [AP-R4秋AM 問55]

サービスマネジメントにおける問題管理の目的はどれか。

**ア** インシデントの解決を，合意したサービスレベル目標の時間枠内に達成することを確実にする。

**イ** インシデントの未知の根本原因を特定し，インシデントの発生又は再発を防ぐ。

**ウ** 合意した目標の中で，合意したサービス継続のコミットメントを果たすことを確実にする。

**エ** 変更の影響を評価し，リスクを最小とするように実施し，レビューすることを確実にする。

**問題2** [AP-H30春AM 問56]

JIS Q 20000-2:2013(サービスマネジメントシステムの適用の手引)によれば，構成管理プロセスの活動として，適切なものはどれか。

**ア** 構成品目の総所有費用及び総減価償却費用の計算

**イ** 構成品目の特定，管理，記録，追跡，報告及び検証，並びにCMDBでのCI情報の管理

**ウ** 正しい場所及び時間での構成品目の配付

**エ** 変更管理方針で定義された構成品目に対する変更要求の管理

**A 午後の解答力UP! 解説** ----------

災害は広範囲であることが多いため，地理的に離れた場所に予備のデータセンターを用意します。　　147

サービスマネジメントにおけるインシデント管理と問題管理に関する次の記述を読んで，設問1~3に答えよ。

> **前提の話は関係ありません。**
> **概要だけつかみましょう**

団体Xは，職員約200名から成る公益法人で，県内の企業に対して，新規事業の創出や販路開拓の支援を行っている。団体Xの情報システム部は，団体Xの業務部部員の業務遂行に必要な業務日報機能や情報共用機能をもつ業務システム（以下，Wシステムという）を開発・保守・運用し，業務部部員（以下，利用者という）に対して，Wサービスとして提供している。

団体Xの情報システム部には，H部長の下，システムの開発・保守及び技術サポートを担当する技術課と，システムの運用を担当する運用課がある。運用課は，管理者のJ課長，運用業務のとりまとめを行うK主任及び数名のシステムの運用担当者で構成され，Wシステムの運用を行っている。また，運用課は，監視システムを使ってWシステムの稼働状況を監視している。監視システムは，Wサービスの提供に影響を与える変化を検知し，監視メッセージとして運用担当者に通知する。

情報システム部は，インシデント管理，問題管理，変更管理などのサービスマネジメント活動を行い，サービスマネジメントのそれぞれの活動に，対応手順を定めている。運用課は，インシデント管理を担当している。また，技術課は，主に，問題管理及び変更管理を担当している。

> **【エリア1】**
> **インシデント管理**

〔インシデント管理の概要〕

運用担当者は，監視メッセージの通知や利用者からの問合せ内容から，インシデントの発生を認識し，K主任に報告する。K主任は，運用担当者の中から解決担当者を割り当てる。解決担当者は，情報システム部で定めたインシデントの対応手順に従って，インシデントを解決し，サービスを回復する。インシデントの対応手順を表1に示す。

表1　インシデントの対応手順

| 手順 | 概要 |
|---|---|
| 記録・分類 | (1) インシデントの内容をインシデント管理ファイルに記録する。<br>(2) インシデントを，あらかじめ決められたカテゴリ（ストレージの障害など）に分類する。 |
| 優先度の割当て | (1) インシデントの及ぼす影響と緊急度を考慮して，インシデントに優先度を割り当てる。優先度は，情報システム部で規定する基準に基づいて "高"，"中"，"低" のいずれかが付けられる。<br>(2) 優先度には，優先度に対応した解決目標時間が定められている。<br>　（優先度 "高":30分，優先度 "中":2時間，優先度 "低":6時間） |
| エスカレーション | (1) 優先度が "高" 又は "中" の場合は，技術課に機能的エスカレーションを行う。優先度が "低" の場合は，解決担当者だけでインシデントの解決を試み，解決できなければ技術課に機能的エスカレーションを行う。<br>(2) 解決担当者は，優先度にかかわらず解決目標時間内にインシデントを解決できない可能性があると判断した場合は，運用課課長に階層的エスカレーションを行う。 |
| 解決 | (1) 技術課に機能的エスカレーションを行った場合は，技術課から提示される回避策を適用しインシデントを解決する。<br>(2) 技術課に機能的エスカレーションを行わなかった場合は，解決担当者が既知の誤り[1]を調査して回避策を探し，見つけることができたときは回避策を適用してインシデントを解決する。回避策を見つけることができなかったときは，技術課に機能的エスカレーションを行う。 |
| 終了 | (1) 利用者に影響のあったインシデントの場合は，インシデントが解決したことを利用者に連絡し，サービスが問題なく利用できることを確認する。<br>(2) インシデント管理ファイルの記録を更新し終了する。 |

注記　インシデントの記録は，対応した処置とともに随時更新する。
注[1]　既知の誤りとは，"根本原因が特定されているか，又は回避策によってサービスへの影響を低減若しくは除去する方法がある問題" のことで，問題管理ファイルに記録されている。既知の誤りは，問題管理の活動として，技術課によって記録される。

表1で，機能的エスカレーションを受け付けた技術課は，インシデントの内容を確認し，インシデントを解決するための回避策が問題管理ファイルにある場合は，その回避策を運用課に提示する。まだ回避策がない場合は，新たな回避策を策定し，運用課に提示する。また，表1で，段階的エスカレーションを受け付けた運用課課長は，必要な要員を割り当てるなど，インシデントの解決に向けた対策をとる。

【エリア2】
**問題管理**

〔問題管理の概要〕

インシデントの原因となる問題については，問題管理の手順を実施する。問題管理を担当する技術課は，問題をインシデントとひも付けて問題管理ファイルに記録する。

問題管理の対応手順は，記録から終了までの手順で構成されている。これらの手順のうち，手順 "解決" の活動内容を表2に示す。

表2　問題管理の手順"解決"の活動内容

| 活動 | 内容 |
|---|---|
| 調査と診断 | (1) 問題を調査し，診断する。<br>(2) 問題にひも付けられたインシデントの回避策が必要な場合は，回避策を策定する。<br>(3) 根本原因を特定し，問題の解決策の特定に取り組む。 |
| 既知の誤りの記録 | (1) "根本原因が特定されているか，又は回避策によってサービスへの影響を低減若しくは除去する方法がある問題"を既知の誤りとして問題管理ファイルに記録する。 |
| 問題の解決 | (1) 特定された解決策を適用する。ここで，解決策が構成品目の変更を必要とする場合は，　　a　　を提出し，変更管理[1]の対応手順を使って，解決する。 |

注記　問題管理の活動では，対応した内容に基づいて，随時，問題管理ファイルを更新する。
注[1]　変更管理では，変更の内容に応じた変更の開発やテストが必要であり，変更の実施に時間が掛かる場合がある。

【エリア3】
ある日の出来事

〔Wサービスにおけるインシデントの発生とインシデントの対応手順の改善〕

ある日，WシステムのＷシステムの業務日報機能の日締処理が，異常停止した。日締処理は業務部の勤務時間外に行われるが，このとき業務部ではまだWサービスを利用していたので，利用者に影響のあるインシデントとなった。解決担当者に割り当てられたL君は，次の対応を行った。

(1) インシデントの内容をインシデント管理ファイルに記録し，インシデントをあらかじめ決められたカテゴリに分類した。

(2) 規定の基準に基づき優先度を"中"と判定し，解決目標時間は2時間となった。

(3) 機能的エスカレーションを行い，技術課のM君が対応することになった。

(4) インシデント発生から1時間経過してもM君からL君への回答がないので，L君は，M君に対応状況を確認した。M君はエスカレーションされた当該インシデントの内容を調査している途中に，他の技術課員から要請のあった技術課内の緊急性の高い業務の対応を行っていて，当該インシデントの対応にしばらく時間が掛かるとのことであった。その後，M君は，インシデントの内容を確認し，今回のインシデントは過去の同じ問題で発生した再発インシデントであることを突き止め，その回避策をL君に回答した。L君が回答を受領した時点で，インシデント発生から1時間40分が経過していた。

(5) L君は，技術課から提示された回避策の適用には少なくとも30分掛かり，解決目標時間を超過してしまうと考えたが，早くインシデントを解決することが重要と判断し，直ちに回避策を適用してインシデントを解決した。結局，インシデント発生から解決までに2時間30分掛かり，解決目標時間を超過した。

(6) L君は，インシデントの対応手順の手順"終了"を行い，その後，状況をJ課長に報告した。

インシデント対応について報告を受けたJ課長は，①L君の対応に，インシデントの対応手順に即していない問題点があることを指摘した。また，J課長は，インシデントの対応手順を修正することで，今回のインシデントは解決目標時間内に解決できた可能性があると考えた。そこでJ課長は，②表1の手順"エスカレーション"に，優先度が"高"又は"中"の場合，技術課に機能的エスカレーションを行う前に運用課で実施する手順を追加する対策案を検討することとした。

また，J課長は，以前から，優先度"低"の場合において，運用課だけで解決できたインシデントが少なく，早期解決を難しくしているという課題を認識していた。そこで，運用課では，この課題を解決するために，"運用課だけで解決できるインシデントを増やしたいので対策をとってほしい"という技術課への要望をまとめ，H部長に提示するとともに技術課と協議を行うこととした。

今回のインシデント対応において，M君が技術課内の業務を優先させた点について，運用課と技術課で対策を検討した。その結果，機能的エスカレーションを行う場合は，運用課は解決目標時間を技術課に通知し，技術課は解決目標時間を念頭に，適宜運用課と情報を共有し，連携してインシデント対応を行うとの結論が得られ，運用課と技術課で　　b　　を取り交わした。

【エリア4】
**課題と解決策**

〔問題管理の課題と改善策〕

技術課は，今回のインシデント対応の不備と運用課との協議を踏まえ，改善活動に取り組むこととした。

まず，技術課は，問題管理ファイルの内容を調査して，問題管理の活動実態を分析することにした。その結果，回避策が策定されていたにもかかわらず，問題管理ファイルに回避策が記録されるまでタイムラグが発生しているという問題点が存在することが明らかとなった。技術課は，回避策が策定されている問題については，早急に問題管理ファイルに記録していくこととした。

次に，今回のインシデントが再発インシデントであったことを踏まえ，再発インシデントの発生状況を調査した。調査した結果，表2の活動"問題の解決"を行っていれば防ぐことのできた再発インシデントが過半数を占めていることが分かった。そこで，技術課は，再発インシデントが多数発生している状況を解消するために，③問題管理ファイルから早期に解決できる問題を抽出し，解決に必要なリソー

スを見積もった。

技術課は，情報システム部のH部長から，運用課からの要望に応えるため，技術課として改善目標を設定するように指示を受けて，改善目標を設定することとした。そして，現在の機能的エスカレーションの数や運用課が解決に要している時間などを分析して，改善目標を"回避策を策定した日に問題管理ファイルに漏れなく記録する"，"現在未解決の問題の数を1年後30%削減する"と設定した。技術課は，H部長から，"これらの改善目標を達成することによって，　　c　　割合を増やすことができ，技術課の負担も軽減することができる"とのアドバイスを受け，改善目標を実現するための取組に着手した。さらに，技術課は，問題管理として今まで実施していなかった④プロアクティブな活動を継続的に行っていくべきだと考え，改善活動を進めていくことにした。

設問1　表2中の　　a　　及び本文中の　　b　　に入れる最も適切な字句を解答群の中から選び，記号で答えよ。

解答群

ア　RFC　　イ　RFI　　ウ　傾向分析
エ　契約書　　オ　合意文書　　カ　予防処置

設問2　〔Wサービスにおけるインシデントの発生とインシデントの対応手順の改善〕について，(1), (2)に答えよ。

(1) 本文中の下線①の"インシデントの対応手順に即していない問題点"について，30字以内で述べよ。

(2) 本文中の下線②について，表1の手順"エスカレーション"に追加する手順の内容を，25字以内で述べよ。

設問3　〔問題管理の課題と改善策〕について，(1)〜(3)に答えよ。

(1) 本文中の下線③について，問題管理ファイルから抽出すべき問題の抽出条件を，表2中の字句を使って，30字以内で答えよ。

(2) 本文中の　　c　　に入れる適切な字句を，25字以内で述べよ。

(3) 本文中の下線④の活動として正しいものを解答群の中から選び，記号で答えよ。

解答群

**ア** 発生したインシデントの解決を図るために，機能的エスカレーションされたインシデントの回避策を策定する。

**イ** 発生したインシデントの傾向を分析して，将来のインシデントを予防する方策を立案する。

**ウ** 問題解決策の有効性を評価するために，解決策を実施した後にレビューを行う。

**エ** 優先度"低"のインシデントが発生した場合においても，直ちに運用課から技術課に連絡する。

## 解答・解説

### 解説1　イ

　インシデント管理では，とにかく迅速に当面のトラブルを解決します。その後にしっかりと根本原因を解決するための活動が問題管理です。

　「ア」は，合意した指標（SLA）を守るための活動なので SLM（サービスレベル管理）です。「イ」は根本原因という字句があるため問題管理です。「ウ」にあるコミットメントとは「責任」です。サービスをとにかく継続する責任を果たすことをサービス継続性管理といいます。「エ」は，変更要求をきっかけとして「本当に変更が必要か」「変更したとしたら何をしなければならないか」「変更の影響は」を調査した上で変更を行う「変更管理」の説明です。

### 解説2　イ

　提供しているサービスで使っているソフトウェアや機器などのアイテム（構成品目：CI）を管理しておくことを構成管理といいます。脆弱性があることがわかった場合に「自社では対応が必要なのか」の判断ができませんので，データベース（CMDB）を構築して CI を管理します。

　「ア」は CI のコスト管理についてですが，構成管理では CI のバージョンなどを管理します。「イ」は正解です。「ウ」には CI の配布とあります。ある脆弱性対応を行った機器があったとして，それを本番環境などに配布することなので展開管理（リリース管理）です。「エ」の変更要求の管理（変更するのか，しないのかの判断や対応など）は変更管理です。

## 解説3

　サービスマネジメントは知識が問われる問題もありますが，多くは読解力が必要な問題です。今回の問題のようにあるルールがあり，そのルール通りにサービスマネジメントが運用されているかを確認するような問題が多く出題されます。

【設問1】　a: ア　b: オ

　設問1は知識問題です。ただし説明文がありそれに合致する用語を解答群から選ぶだけなので，知っていれば午前問題よりもかなり簡単です。

　「a」は表2にある空欄です。

| 問題の解決 | (1) 特定された解決策を適用する。ここで，解決策が構成品目の変更を必要とする場合は，　　a　　を提出し，変更管理 1) の対応手順を使って，解決する。 |

表2 「問題管理の手続き」の「問題の解決」

　変更管理のきっかけとなる何かを答えることになりますが，答えは RFC（変更要求）です。

　「b」の後には「取り交わした」とあります。**取り交わすのは文章ですから「契約書」か「合意文書」の2択**です。しかし，同じ会社の組織間で普通は契約書を取り交わすことはしません。残った「合意文書」が答えになります。

【設問2 (1)】　（1）L君が階層的エスカレーションを行わなかった。

　この問題では冒頭に，インシデント管理の概要（エリア1）と問題管理の概要（エリア2）がそれぞれ記されています。その次に「ある日」から始まる物語が展開されます（エリア3）。

> ある日，W システムの業務日報機能の日締処理が，異常停止した。日締処理は業務部の勤務時間外に行われるが，このとき業務部ではまだ W サービスを利用していたので，利用者に影響のあるインシデントとなった。解決担当者に割り当てられた L 君は，次の対応を行った。

ある日から始まる物語

　W システムのある処理が異常停止しました。インシデントの発生です。解決担当者の L 君が行った対応はその後に箇条書きされていますが，ここにミスがあったようです。

　（1）～（3）についてはミスとなるような箇所はありません。すべて規定通りの行動が記してあるだけであり，逸脱しようがありません。（4）と（5）だけは文

章量が一気に増えていますが，その理由は L 君の行動にあります。もし規定通りの行動であれば，それほど文章量は変わらなかったはずです。

（4）は M 君からの連絡を待つところから話が始まります。M 君とは（3）にある通り技術課の所属です。M 君からの連絡が遅いと思った L 君が，どうなっているかを確認したところ「別のことをしていた」という返答がありました。この時点で M 君のミスのような気がしますが，出題は L 君のミスについてなので先に進めます。L 君は（5）にある通り「目標時間をオーバーする」と思いました。このような場合のルールがエリア1にありました。

| エスカレーション | (1) 優先度が "高" 又は "中" の場合は，技術課に機能的エスカレーションを行う。優先度が "低" の場合は，解決担当者だけでインシデントの解決を試み，解決できなければ技術課に機能的エスカレーションを行う。 |
| | (2) 解決担当者は，優先度にかかわらず解決目標時間内にインシデントを解決できない可能性があると判断した場合は，運用課課長に階層的エスカレーションを行う。 |

エスカレーションするルール

**目標時間をオーバーすると思った場合には，運用課の課長という人にエスカレーションを行う必要**がありました。しかし L 君はそうしなかったようです。ここにミスがありましたので，これを答えます。

設問では「問題点は何か？」と聞かれているので，L 君によるミスを答えます。**ミスを答えるには「本来は○○すべきだったが，誤って○○をしてしまった」という答え方**になると思います。この答え方に沿うと「本来は "運用課課長に階層的エスカレーションを行う" べきだったが，誤って "自身で回避策を適用してインシデントを解決" してしまった」となりますが，文字数がオーバーしているので整理します。「運用課課長に階層的エスカレーションを行わず自身で解決してしまった」でも 2 文字オーバーですので，後半を削った「運用課課長に階層的エスカレーションを行わなかった」でよさそうです。IPA の模範解答では「L 君が」と主語があります。しかし L 君のミスを答える問題なので主語がなくてもよいかと思います。また，階層的エスカレーションを行った先についても言及した方がよいのではないでしょうか。一応模範解答で確認してください。

【設問2（2）】 （2）既知の誤りを調査し，回避策を見つける。
　　　　　　　　解決担当者だけでインシデントの解決を試みる。

　今後も同じようなミスが発生しないように，エスカレーションの前に何かをすることにしました。今回は M 君がすぐに調査をしなかったことも気になりますので，M 君にエスカレーションをする際に「すぐに調査してもらうよう伝える」ことも必要です。しかし，この後のストーリでこの件が語られていますので，それ以外の

解決策を探してみます。

　この問題は，「既知の誤り」についての意味を理解できるかどうかで正答率が変わってきます。既知の誤りとは，表1の注釈に説明があります。

> 注 1)　既知の誤りとは，"根本原因が特定されているか，又は回避策によってサービスへの影響を低減若しくは除去する方法がある問題"のことで，問題管理ファイルに記録されている。既知の誤りは，問題管理の活動として，技術課によって記録される。

既知の誤りとは何か

「既知の誤り」とはすでに知っている誤りのことですから，言い換えると「過去に発生した問題」です。その上でM君の対応を見てみましょう。

> るとのことであった。その後，M君は，インシデントの内容を確認し，今回のインシデントは過去の同じ問題で発生した再発インシデントであることを突き止め，その回避策をL君に回答した。L君が回答を受領した時点で，インシデント発生から1時間40分が経過していた。

「過去の問題」と「既知の誤り」の関連性

「過去」とあります。これは既知の誤りと同じことを言っているようですので，「今回のインシデントは既知の誤りであることを突き止め，その回避策をL君に回答した」と文章を書き換えることができます。つまりL君は，既知の誤りをわざわざM君にエスカレーションしていたのです。では，L君は既知の誤りを探る権限がないので，しかたなくM君に依頼したのでしょうか？　そんなことはありません。優先度が"低"であればL君自身が既知の誤りを調査するのです。**L君が調査するのか，M君が調査するのかの違いは，優先度の違いでしかない**のです。

| 解決 | (1) 技術課に機能的エスカレーションを行った場合は，技術課から提示される回避策を適用しインシデントを解決する。 |
|------|------|
| | (2) 技術課に機能的エスカレーションを行わなかった場合は，解決担当者が既知の誤り 1) を調査して回避策を探し，見つけることができたときは回避策を適用してインシデントを解決する。回避策を見つけることができなかったときは，技術課に機能的エスカレーションを行う。 |

優先度が低ければL君は自分で既知の誤りを調査できる

　優先度が低い場合の行動は下線の部分です。優先度が低くなくてもこの行動を取るべきであるというのが答えです。どんなに優先度が高くても，既知の誤りであればエスカレーションせずとも解決できるはずですので，これを答えることになりま

す。

　模範解答は 2 つあり，どちらでもよいとなっています。これら 2 つとも問題文から文章をほとんど抜き出しただけです。

　1 つ目は「回避策を見つける」となっていますが，本文では「回避策を探し……」となっています。「探す」は調査であり「見つける」は結果です。細かいニュアンスは異なりますが「探す」でも正解になったと思います。

### 【設問 3 (1)】 （1）根本原因と解決策が特定されている未解決な問題

　（1）は本問題で最難問ですので，できなくてもやむを得ないでしょう。公開されている講評には「正答率が低かった」とあります。本試験中にこういった問題に出合っても冷静に，部分点狙いでいきましょう。

> で，技術課は，再発インシデントが多数発生している状況を解消するために，③問題管理ファイルから早期に解決できる問題を抽出し，解決に必要なリソースを見積もった。

問題管理ファイルからある条件に一致した問題だけを抽出

　どうやら「問題管理ファイル」というファイルがあるようです。そのファイルから「問題を抽出し」とあるので，問題がずらっと並んだファイルのようです。問題がずらっと並んだものからいくつかを抽出するわけですが，③に書かれている抽出条件は「早期に解決できるもの」とあります。設問では「抽出条件は何か？」とありますので「早期に解決できるもの」がその答えですが，さすがに下線③に書かれている字句をそのまま答えることはないでしょう。つまり設問では「抽出条件は"早期に解決できるもの"であるが，それは具体的に何か？」と聞いているのです。

　問題管理ファイルにリストアップされている問題には 2 種類あります。1 つ目は「根本原因が特定されている」です。2 つ目は「回避策がある」です。

| | 1つ目　　　　　　　　　　　　　　2つ目 |
|---|---|
| 既知の誤りの記録 | (1) "根本原因が特定されているか，又は回避策によってサービスへの影響を低減若しくは除去する方法がある問題"を既知の誤りとして問題管理ファイルに記録する。 |

問題管理ファイルには 2 種類の対応策がある

　この 2 つのうち，どちらを抽出する必要があるでしょうか？ 「回避」では問題解決とはならないため「根本原因が特定されている」が抽出条件の 1 つです。また，問題管理ファイルのリストにはすでに解決した問題も含まれています。問題が解決したからといってリストから削除することはありません。削除してしまうと，同様

の問題が起きた場合に参照できなくなります。つまり，発生した問題が「既知の誤り」かどうかの判断がつきません。そこで「まだ解決していない問題」も抽出条件に加えます。そうしなければ，すでに解決してしまった問題も抽出されてしまいます。

　これをまとめると「根本原因が特定されており，まだ解決していない問題」となりますが，これでもまだ不足しています。根本原因がわかっていたとしても早急な解決にはなりません。問題管理ファイルには解決策がまだわかっていないものも記録されているため，さらに「解決策がわかっている」という条件を加えます。「根本原因が特定されており，かつ解決策も特定されており，かつまだ解決していない問題」のようになります。ただ「特定の」が2回出てきていますし，文字数もオーバーしています。整理すると「根本原因と解決策が特定されており，まだ解決していない問題」となりました。表2中の字句を使っているかどうかを確認し解答とします。なお模範解答にある「未解決」という字句が表2にはありません。これについてはおそらく模範解答のミスかと思います。

### 【設問3 (2)】 **(2) 運用課だけでインシデントを解決する**
「c」の割合を増やすことができれば，技術課の負担を減らすことができます。本文から読み取ることができる技術課の負担は，運用課からの問合せ対応だけです。もちろん他にもいろいろ仕事があり忙しくしているのでしょうが，**問題文に書かれていないことは無関係**です。

「技術課の負担が多い→機能的エスカレーションが多いため→機能エスカレーションを減らせばよい→運用課が自分で解決できるようにすればよい」と考えます。そのため「c」には「運用課が自分で解決できるようにする」などが入ります。ただし運用課が自己解決できるのは「問題」ではなく「インシデント」です。そのため「運用課が自分でインシデントを解決できるようにする」の方がよいでしょう。ただし「自分で」ですと，ある個人のことになります。「自分たちで」や「運用課自身で」とするか，もしくは模範解答のように「運用課だけで」がよいかもしれません。ただし，ここの言葉の選択で不正解になることはないと思います。

### 【設問3 (3)】 **イ**
(3)はプロアクティブの意味を知らないと答えにくいかと思います。**プロアクティブ**とは「先回りした」という意味です。これとは逆に，何かのイベントが発生してから対応することを**リアクティブ**といいます。解答群のイに「将来の」「予防する」とありますから，これが先回りした対策です。

# 4章

## システム監査

システムの運用に関して問題点を事前に見つけて予防したり，効率的に運用したりするために評価を行うのがシステム監査です。学習範囲は狭いのですが午前試験では必ず出題されます。午後試験では問題文を読み，トラブルとなりそうな箇所を指摘する問題が出題されます。

# システム監査の流れ

システム監査では，自社のシステムが正しく運用されているかを厳しい目で評価します。あなたがもし重要な情報を，自分のパソコンにある Excel だけで管理していたとしたら……。またログインのパスワードを 1234 などにしていたら……。おそらくシステム監査人に厳しく指摘されることでしょう。

システム監査について学習しなければならない範囲は非常に狭く，あまり覚えることはありません。そのため午前試験では確実に得点しておきたいところです。一方，午後試験ではシステム監査は 1 つの分野として存在しています。**覚えることはあまりないにもかかわらず午後試験の選択問題の 1 つにあるということは，知識問題ではなく読解力が必要となる分野である**といえます。

例えば問題文の前半では，あることが禁止されている記述があります。しかし，別の箇所の記述ではその禁止行為をしてしまっており，それを監査で指摘するなどの問題が出題されます。

読解できるかどうかは，具体的にイメージできるかどうかで大きく変わってきます。実際に似たような場面を経験しているか，もしくは過去問題を多く解くことで攻略することができます。

## システム監査の流れ AM

システム監査は，予告なくいきなり押しかけて調べることはしません。事前にいつ監査をするかを伝え，準備をしてから監査を行います。その後は指摘事項について改善を求めることはせず，助言やフォローだけを行います。

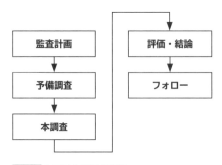

4-1-1 システム監査の手順

## 監査計画

　いつ，何を，どこまで監査するかの計画を立てます。相手があることなので非効率な監査は迷惑をかけます。効率的な監査となるよう事前にきちんとした計画を立てる必要があります。

## 予備調査

　本調査に先立って行われる実態調査です。監査対象部門や監査対象システムに関する情報を事前に入手しておくことで，効率的な監査が可能になります。パンフレットやアンケート，ヒヤリングなどによって情報を入手します。

## 本調査

　本調査では予備調査の結果を基に**監査手続**を実施します。推測ではなく**監査証拠**に基づいた監査を行う必要があります。結果とそれを裏付ける資料を**監査調書**として作成します。

## 評価・結論

　監査調書を基に**監査報告書**を作成し，依頼者に提出します。監査報告書には監査の概要や助言などを記載します。また問題点は**指摘事項**として記載し，その改善のための**改善勧告**も記載します。

## フォロー

　監査人は監査対象が改善できるようフォローのみを行います。**改善を命令することはできません。**

# システム監査基準 AM

　システム監査人は経済産業省が定めた**システム監査基準**の通りに行動することが求められます。

## システム監査人の要件

　システム監査人には監査対象に関する**専門的な知識が必要**です。また，システム監査人の要件としてもっとも重要なのは独立性です。例えばこれから経理部を監査する場合には，経理部に所属していてはいけません。これを**外観上の独立性**といいます。また外観上だけではなく，客観的な監査ができるよう**精神上の独立性**も求められます。

## システム管理基準

　経済産業省は，平成 16 年にシステム監査基準にあった一部分を抜き出して**システム管理基準**という新しいガイドラインにまとめました。システム管理基準には，「ネットワーク監視ログを定期的に分析すること」など，システム管理者が守るべき注意点などがまとめられています。またシステム監査人は，この注意点も監査の判断基準にするべきであることが記載されております。システム管理者はこれを実施し，システム監査人はきちんと実施されているかを監査の判断基準とします。

---

### 過去問にチャレンジ！ [AP-R4春AM 問59]

　監査調書に関する記述のうち，適切なものはどれか。
**ア**　監査調書には，監査対象部門以外においても役立つ情報があるので，全て企業内で公開すべきである。
**イ**　監査調書の役割として，監査実施内容の客観性を確保し，監査の結論を支える合理的な根拠とすることなどが挙げられる。
**ウ**　監査調書は，通常，電子媒体で保管されるが，機密保持を徹底するためバックアップは作成すべきではない。
**エ**　監査調書は監査の過程で入手した客観的な事実の記録なので，監査担当者の所見は記述しない。

#### [解説]
　監査調書だけではなく，システム監査において入手した情報は機密情報が多いため非公開が原則です。そのため「ア」は間違いです。監査調書には，監査の結果を裏付ける根拠を記載しますので「イ」は正解です。このように監査調書は非常に重要であり，バックアップを作成することが推奨されますので「ウ」は間違いです。また監査調書には根拠だけではなく，システム監査人の所見（意見）も記載しますので「エ」は間違いです。

答え：イ

---

Q 午後の解答力UP！　　　　　　　　　　　　　　　　　　　　　　　解説は次ページ ▶▶
経理部に所属していた者がシステム監査部に異動になりました。この者が経理部の監査をするためにはどうすればよいでしょうか？

# 確認問題

**問題1** [AP-R4秋AM 問60]

システム監査基準の意義はどれか。

**ア** システム監査業務の品質を確保し，有効かつ効率的な監査を実現するためのシステム監査人の行為規範となるもの

**イ** システム監査の信頼性を保つために，システム監査人が保持すべき情報システム及びシステム監査に関する専門的知識・技能の水準を定めたもの

**ウ** 情報システムのガバナンス，マネジメント，コントロールを点検・評価・検証する際の判断の尺度となるもの

**エ** どのような組織体においても情報システムの管理において共通して留意すべき基本事項を体系化・一般化したもの

**問題2** [AP-H29春PM 問11]

問11 新会計システム導入に関する監査について，次の記述を読んで，設問1～5に答えよ。

> **例によって前提の話はあまり関係ありません。**
> **概要だけを掴みましょう。**

L社は，中堅の総合商社であり，子会社が6社ある。L社及び子会社6社は，長い間，同じ会計システム（以下，旧会計システムという）を利用してきたが，ソフトウェアパッケージをベースにした新会計システムに，2年掛かりで移行させる予定である。ただし，子会社のM社だけは，既に新会計システムを導入して3か月が経過している。

L社の監査室は，L社，及びM社を除く子会社5社が新会計システムの導入に着手する前に，M社の新会計システムに関する運用状況のシステム監査を実施し，検討すべき課題を洗い出すことにした。

〔予備調査の概要〕

新会計システムについて，M社に対する予備調査で入手した情報は，次のとおりである。

**A 午後の解答力UP! 解説** ------------------------------

経理部から異動になってから，長期間経過する必要があります。 163

> エリアに区切ることで，理解しやすくなります。
> 今回は4つのエリアのようです。

【エリア1】
伝票入力業務について

1. 伝票入力業務の特徴及び現状

旧会計システムでは，経理部員が手作業で起票し，経理課長の承認印を受けた後，起票者が伝票入力して，仕訳データを生成していた。このため，手作業が多く，紙の帳票も大量に作成されていた。

新会計システムでの伝票入力業務の特徴及び現状は，次のとおりである。

(1) 新会計システムでは，経費の請求などは各部署で直接伝票を入力することにした。そのために，経理部は各部署に操作手順書を配布し，伝票入力業務説明会を実施した。また，各部署で入力された伝票データ（以下，仮伝票データという）に対して各部署の上司が承認入力を行うことで仕訳データを生成し，請求書などの証ひょう以外に紙は一切使用しないようにした。①新会計システムに承認入力を追加することによって，旧会計システムにおいて不正防止のために経理部が伝票入力後に実施していたコントロールは，不要となった。

(2) 新会計システムでは，各利用者に対し，権限マスタで，伝票の種類（経費請求伝票，支払依頼伝票，振替伝票など）ごとに入力権限と承認権限が付与される。

(3) 経理部によると，"各部署で入力された仕訳データの消費税区分，交際費勘定科目などに誤りが散見される"ということであった。

【エリア2】
伝票入力の手順

2. 伝票入力業務の手続

新会計システムにおける伝票入力業務の手続は，次のとおりである。

(1) 担当者が入力すると伝票番号が自動採番され，仮伝票データとして登録される。このとき，担当者は証ひょうに伝票番号を記入する。

(2) 承認者が仮伝票データの内容を画面で確認し，適切であれば承認入力を行う。

(3) 承認入力が済むと，仮伝票データから仕訳データが生成され，仮伝票データは削除される。仕訳データには，仮伝票データの入力日と承認日が記録される。

(4) 承認された伝票の証ひょうは，経理部に送られる。

(5) 経理部は，各部署から送られてきた証ひょうを保管する。

3. 仕入販売システムとのインタフェース

M社は，大量の仕入・販売取引を仕入販売システムで処理している。旧会計システムでは，仕入販売システムから出力した月次集計リストに基づいて，経理部が手作業で伝票入力をしていた。これに対し，新会計システム導入後は，夜間バッチ処理で仕入販売システムから会計連携データを生成した後に，経理部員が新会計システムへの"取込処理"を実行するように改良した。

(1) 会計連携データは，システム部が日次の夜間バッチ処理で生成している。会計連携データには，必須項目の他に，各子会社が必要に応じて設定した任意項目が含まれている。これらの項目は仕訳データに引き継がれ，新会計システムの情報として利用される。

(2) 夜間バッチ処理の翌朝，経理部員が取込処理を実行することで，会計連携データが新会計システムに取り込まれる。

(3) 経理部によると，"新会計システム導入当初には，取込処理の漏れ，及びエラー発生などによる未完了が発生していた。また，夜間バッチ処理のトラブルで会計連携データが生成されず，前日と同じ会計連携データを取り込んでしまったこともある"ということであった。この対策として，経理部では，当月から取込処理の実施前と実施後に追加の手続を実施することにした。

4. 管理資料

新会計システムでは，各部署の利用者が自ら分析ツールを利用して仕訳データの抽出・集計が可能であることから，効果的な管理資料が作成でき，各部署での会計情報の利用増加が期待されていた。しかし，一部の利用者からは，"新会計システムでは仕入・販売取引に関する情報が不足しており，必要な分析ができない"という意見があった。

〔本調査の計画〕

L社の監査室では，予備調査の情報に基づいて監査項目を検討し，本調査の監査手続を表1にまとめた。

表1 本調査の監査手続（抜粋）

| 項番 | 監査項目 | 監査手続 |
|---|---|---|
| 1 | 伝票入力業務が正確・適時に行われているか。 | ①各部署の承認者が伝票の正確性をどのように確認しているか，複数の承認者に質問する。<br>②各部署で直接伝票を入力することから，各部署の承認者が伝票の正確性についてチェックできるように，適切な内容の ☐ a ☐ が実施されたかどうかを確かめる。<br>③仕訳データの仮伝票データの入力日と承認日の比較，及び ☐ b ☐ の ☐ c ☐ と監査実施日の比較を行って，承認入力の適時性について分析する。 |
| 2 | 伝票入力業務の不正が防止されているか。 | ①職務分離の観点から，承認者に ☐ d ☐ が設定されていないことを確かめる。 |
| 3 | 取込処理が適切に実行されているか。 | ①処理前に ☐ e ☐ の結果をチェックしているかどうかを確かめる。<br>②処理後に ☐ f ☐ をチェックしているかどうかを確かめる。 |
| 4 | 効果的な管理資料が作成されているか。 | ①設計時に ☐ g ☐ について適切に検討していたかどうかを確かめる。 |

設問1 表1中の ☐ a ☐ ～ ☐ c ☐ に入れる適切な字句を，それぞれ10字以内で答えよ。

設問2 表1中の ☐ d ☐ に入れる適切な字句を，5字以内で答えよ。

設問3 〔予備調査の概要〕の下線①で想定されていた旧会計システムでの不正を，20字以内で述べよ。

設問4 表1中の ☐ e ☐ ， ☐ f ☐ に入れる適切な字句を，それぞれ10字以内で答えよ。

設問5 表1中の ☐ g ☐ に入れる適切な字句を，15字以内で答えよ

### 解説1　ア

**システム監査基準とは，システム監査人の行動規範**のことですので「ア」が正解です。「イ」には「システム監査人が保持すべき……」とあるため，システム監査基準に思えます。ただし，システム監査基準では具体的な水準を定めていないため「イ」は誤りです。「ウ」にある「ガバナンス」「マネジメント」「コントロール」はどれも似たような意味です。細かい意味は異なるのですが，一言で「管理」とまとめてしまっても解答に影響はありません。「ウ」を「情報システムの管理を点検・評価・検証する際の判断の尺度となるもの」と読み替えることができますが，これは**システム管理基準**についての説明です。システム管理基準とは，システム監査を行う上での判断基準をまとめたものです。「エ」は，情報システムを管理するためのノウハウ集という説明であり，これもシステム管理基準です。

「システム監査基準」と「システム管理基準」は音が似ており混同しがちです。システム監査基準はシステム監査人に求められる「このように行動しましょう」という規範であり，システム管理基準はシステム監査を行う上での「このように判断しましょう」という基準です。

### 解説2

システム監査の午後問題は，解答群から選ばせる問題が極端に少ない傾向にあります。だからといって難易度が上がっているわけではありません。つまり**知識問題ではなく，本文中から抜き出したり，本文に明確なヒントがあるような問題が多い**ということです。ページ数が他に比べて少ない傾向にあり，コツさえつかめば他の分野よりも答えやすいといえるでしょう。

システム監査をした経験は多くの人はないはずです。しかし，解答において必要となるのは**システム監査の知識ではなく，業務や事務手続などの経験**です。今回の問題では会計システムが取り上げられていますが，経費精算などを印刷物で行った経験があれば，かなりイメージしやすかったのではないかと思います。

問題文で旧会計システムと新会計システムが登場しています。ここで「会計システム」という言葉ではなく「会計システム」そのものを想像してください。例えば20年前の会計システムと，去年発売されたばかりの会計システムです。旧会計システムを使っている場合には，承認を受けた伝票を手入力しています。入力する人は伝票を書いた人です。この流れに違和感があるかどうかです。本文にある**「経理部員が手作業で起票し，経理課長の承認印を受けた後，起票者が伝票入力」の流れがイメージできれば違和感が生まれるはず**です。事務の流れがイメージできればシステム監査は比較的解きやすい問題といえます。

【前提】

　主人公は L 社であり，子会社が 6 社あります。そのうちの 1 つが M 社ですが，解答するにあたりこれらの前提知識はほぼ不要です。とにかく，旧会計システムと新会計システムの切り替え期間における問題点について答えることになります。

**【設問1】　a: 伝票入力業務説明会　　b: 仮伝票データ　　c: 入力日**

| 項番 | 監査項目 | 監査手続 |
|---|---|---|
| 1 | 伝票入力業務が正確・適時に行われているか。 | ①各部署の承認者が伝票の正確性をどのように確認しているか，複数の承認者に質問する。<br>②各部署で直接伝票を入力することから，各部署の承認者が伝票の正確性についてチェックできるように，適切な内容の　a　が実施されたかどうかを確かめる。<br>③仕訳データの仮伝票データの入力日と承認日の比較，及び　b　の　c　と監査実施日の比較を行って，承認入力の適時性について分析する。 |

監査手続きの項番 1

　項番 1 は「伝票入力業務が正確・適時に行われているか。」とあります。これに対応する説明を本文から探します。本文ではエリアが 4 つありますが，**「伝票入力」についてはエリア 1 とエリア 2 のどちらかだけ**です。ここだけにヒントがあります。

　「a」については「が実施」と続きますので，エリア 1 とエリア 2 で「実施」または，それに近い言葉（実行や開催など）を探します。すると「伝票入力業務説明会を実施」とあります。他に実施されるものがないため，これが候補に上がります。「a」に入れた際に辻褄が合うかどうかを確認し，解答とします。

　「b」と「c」は項番 1 の③についてです。

　③では以下の 2 つの比較を行うとあります。

| | | ③仕訳データの仮伝票データの入力日と承認日の比較，及び　b　の　c　と監査実施日の比較を行って，承認入力の適時性について分析する。 |
|---|---|---|

監査手続きの項番 1 の③

　まず 1 つ目は「入力日」と「承認日」の比較です。この比較をしたとして，どのような場合に適時（タイミングが正しい）といえるのでしょうか？　入力した後に承認になっている場合が正しい状態です。入力する前に承認されていてはおかしいため，この監査を行っていると思われます。

そして，2つ目は「（　b　）の（　c　）」と「監査実施日」との比較です。監査実施日はいきなり出てきたような気がしますが，本問はシステム監査をしている最中の出来事です。つまり本日のことです。

　（c）に入る答えは2択です。なぜならエリア1とエリア2において，**日付は「入力日」「承認日」の2つしか出てこない**からです。

> （3）承認入力が済むと，仮伝票データから仕訳データが生成され，仮伝票データは削除される。仕訳データには，仮伝票データの入力日と承認日が記録される。

日付は2つしか出てこない

　このような考え方で候補を絞り込むことは非常に有用です。しかしこの設問自体は比較的難しく，自信を持って解答できなくてもやむを得ないと思います。

　まず③の冒頭には「仕訳データの仮伝票データの……」とあります。一方で（b）の制限文字数は10文字なので，この「仕訳データの仮伝票データ」は入りません。では何の「入力日」または「承認日」なのでしょうか？　ここで伝票データについて整理してみます。

　伝票入力をした時点で以下のような仮伝票データが作られます。「承認日」がありません。なぜでしょうか？

| 入力日 | 入力者 | 用途 |
|---|---|---|
| 5/1 | 北海 太郎 | 交通費 |

伝票入力時点で作られる仮伝票データ

　**上の仮伝票データが承認されると，そのデータは消えて仕訳データが作られる**からです。

| 承認日 | 承認者 | 入力日 | 入力者 | 用途 |
|---|---|---|---|---|
| 5/3 | 東京 一郎 | 5/1 | 北海 太郎 | 交通費 |

承認されたら作られる仕訳データ

　このように仕訳データには，仮伝票データの値がそっくりそのまま残ります（右の3つ）。③の冒頭にある「仕訳データの仮伝票データ」とは，このことを指しています。

| 入力日 | 入力者 | 用途 |
|--------|--------|------|
| 5/1 | 北海 太郎 | 交通費 |

| 承認日 | 承認者 | 入力日 | 入力者 | 用途 |
|--------|--------|--------|--------|------|
| 5/3 | 東京 一郎 | 5/1 | 北海 太郎 | 交通費 |

仕訳データの仮伝票データ

　では（b）に戻ります。ここには文字数の制限上「仕訳データの仮伝票データ」が入らないため，「仕訳データ」か「仮伝票データ」のどちらかが入ることになります。「仕訳データ」は1つ目で確認しているため，**もう1つの「仮伝票データ」の確認を行う**と推測できます。ここで仮伝票データを確認しなければ，確認せずに放置することになります。データが決まったらあとは項目ですが，**「仮伝票データ」には入力日しかない**ため，これが答えになります。

【設問2】　**d: 入力権限**

| 2 | 伝票入力業務の不正が防止されているか。 | ①職務分離の観点から，承認者に　　d　　が設定されていないことを確かめる。 |
|---|---|---|

監査手続きの項番2

　項番2の監査項目は「不正防止」についてです。また，監査手続の欄には「承認者に（d）が設定されていないこと」とあります。本文を読むと，なんらかの「権限」であることがわかります。普通，不正防止のためには権限を付与すると思います。しかしここでは，権限を付与しては駄目だとなっています。余計な権限が設定されていないことを確認するようですが，**権限には「入力権限」「承認権限」の2つしかありません**。

（2）新会計システムでは，各利用者に対し，権限マスタで，伝票の種類（経費請求伝票，支払依頼伝票，振替伝票など）ごとに入力権限と承認権限が付与される。

権限には入力権限と承認権限の2つしか登場しない

　つまりここでも2択となります。承認者に承認権限が付与されるのは当たり前です。そのためもう1つの「入力権限」が答えになります。

【設問3】 **経理部員が承認を受けずに伝票を入力する**

今までは，ある不正の可能性がありました。

> に対して各部署の上司が承認入力を行うことで仕訳データを生成し，請求書な
> どの証ひょう以外に紙は一切使用しないようにした。①新会計システムに承認
> 入力を追加することによって，旧会計システムにおいて不正防止のために経理
> 部が伝票入力後に実施していたコントロールは，不要となった。

下線①で想定されていた不正

　しかし，**承認機能によってその不正の可能性がなくなった**ことが読み取れます。
つまり，今までは承認せずにデータを追加できていたことになります。これを20
文字以内で答えましょう。**不正を答えなければならないため「承認されなくても○
○ができてしまっていた」**などが答えになりそうです。○○には何が入るとよいで
しょうか。問題文ではこのようにあります。

> 1．伝票入力業務の特徴及び現状
>
> 旧会計システムでは，経理部員が手作業で起票し，経理課長の承認印を受けた後，
> 起票者が伝票入力して，仕訳データを生成していた。このため，手作業が多く，紙

承認後に伝票入力をする

　旧会計システムでは承認印を受けた後に伝票入力とあるので，「伝票入力」とい
う用語を使うのがよさそうです。「承認されなくても伝票入力ができてしまってい
た」で22文字です。オーバーしているので「承認されなくても伝票入力ができて
いた」ではどうでしょうか。これで18文字です。模範解答では「経理部員が」が入っ
ていますが，おそらく入っていなくても正解になったと思います。念のため，模範
解答を確認してみましょう。

【設問4】 **e: 夜間バッチ処理　　f: 処理の正常終了**

　設問1～3はエリア1とエリア2についての問題でした。このように**情報処理技
術者試験では，エリアを限定して出題されることが非常に多く**あります。それがわ
かっているとヒントを探す範囲が限定されますので，ぜひ効果的なテクニックとし
て活用してください。設問4は項番3についてです。監査項目の欄に「取込処理」
とあるので，エリア3だけにヒントがあると推測できます。

| | | |
|---|---|---|
| 3 | 取込処理が適切に実行されているか。 | ①処理前に ___e___ の結果をチェックしているかどうかを確かめる。<br>②処理後に ___f___ をチェックしているかどうかを確かめる。 |

監査手続きの項番3

監査手続きの①に書かれていることを解明してみましょう。

先頭に「処理前に」とありますが，項番3は取込処理の監査です。そのため，ここは「取込処理前に」と読み替えることができそうです。

| | | |
|---|---|---|
| 3 | 取込処理が適切に実行されているか。 | ①処理前に ___e___ の結果をチェックしているかどうかを確かめる。<br>②処理後に ___f___ をチェックしているかどうかを確かめる。 |

「処理前」を「取込処理前」に読み替える

続いて「(e) の結果」とあります。結果とは普通，なんらかの処理をした後の状態のことですから，**(e) には処理の名前が入る**ような気がします。

ではエリア3を読んで，存在する処理を洗い出してみます。まずは「夜間バッチ処理」があるようです。また「取込処理」もあります。そして「夜間バッチ処理→取込処理」の順であることもわかります。

---

3.仕入販売システムとのインタフェース

M社は，大量の仕入・販売取引を仕入販売システムで処理している。旧会計システムでは，仕入販売システムから出力した月次集計リストに基づいて，経理部が手作業で伝票入力をしていた。これに対し，新会計システム導入後は，夜間バッチ処理で仕入販売システムから会計連携データを生成した後に，経理部員が新会計システムへの"取込処理"を実行するように改良した。

---

エリア3に登場する2つの処理

①の先頭は「取込処理前に」と読み替えましたから (e) には残りの「夜間バッチ処理」が入ります。辻褄が合うことを確認し，解答とします。

続いて②です。先頭の「処理後に」は①で見たように「取込処理後に」と読み替えます。取込処理が完了した後にチェックしなければならないのは何でしょうか？ヒントをエリア3から探してみましょう。

取込後の話は（3）だけですから，さらにヒントの範囲が絞られます。わずか4行強しかありません。ここに必ずヒントがあります。

この4行には2つのミスが書かれています。そして，これらのミスが発生しないように何かをしているわけです。それが最後の「取込処理の（中略）実施後に追加の手続きを実施」からわかります。一体何をすると，2つのミスの対策になるのでしょうか。しかし，どこを見ても具体的な対策は書かれていません。そういった場合には**やむを得ないので抽象的に書くしかありません。**

模範解答では「処理の正常終了」となっています。（f）にこの答えを入れてみると「②処理後に処理の正常終了をチェックしているかどうかを確かめる。」となりました。「処理後に処理の正常終了を」という言い回しが少しばかり気になります。「②処理後に正常終了をチェックしているかどうかを確かめる。」の方がよいかもしれません。その場合（f）には「正常終了」だけが入ります。

「10文字以内で」をどれくらい気にするかですが，10文字を超えているわけではありませんし，ここは「正常終了」だけでも正解になったと思います。

### 【設問5】　g: 会計連携データの任意項目

| 4 | 効果的な管理資料が作成されているか。 | ①設計時に　　g　　について適切に検討していたかどうかを確かめる。 |
|---|---|---|

監査手続きの項番4

管理資料についての監査ですから，ヒントはエリア4のわずか4行だけにありそうです。しかし**今回は珍しく例外**です。なぜ例外が生まれたかというと，監査手続欄にある「設計時に」が問題です。設計時ということはシステムを開発する前のことです。つまりずっと遡った時点のことを言っているのです。

エリア4には最初の2行で利用者の期待が書かれており，次の2行で利用者の不満が書かれています。要約すると「管理資料を作成できると思ったが，できなかった」ことになります。なぜできないかというと「情報が不足しており」とあります。そこで設計時に遡ったわけです。

では，不満の原因である不足している「情報」とは，どんな情報でしょうか。情報というキーワードは実は1つしかありません。それがエリア3の（1）です。

> （1）会計連携データは，システム部が日次の夜間バッチ処理で生成している。会
>     計連携データには，必須項目の他に，各子会社が必要に応じて設定した任意
>     項目が含まれている。これらの項目は仕訳データに引き継がれ，新会計シス
>     テムの情報として利用される。

「情報」が登場するのは1ヵ所のみ

　正確にはその前にもあるのですが，「予備調査で入手した情報は，次のとおり」
という箇所なので，明らかに無関係です。
　エリア3の（1）にはこのようにあります。「各子会社が必要に応じて設定した
任意項目が含まれている。これらの項目は（中略）新会計システムの情報として利
用される」。要約すると「任意項目は情報として利用」です。つまり**「情報が不足」
している原因は「任意項目の不足」**だったわけです。
　（g）に「任意項目」が入ると「設計時に任意項目について適切に検討していたか
どうかを確かめる」となり，辻褄が合います。しかし，文字数は15字以内となっ
ているため「任意項目」だけを答えにするのには少々勇気が必要です。そこで，任
意項目についてもう少し詳しく説明した方がよい気がします。
　エリア3の（1）には「会計連携データには，必須項目の他に（中略）任意項目
が含まれている」とありますので，どうやら任意項目は会計連携データに含まれて
いるようです。そこで「会計連携データの」を追加したものが模範解答になってい
ます。

# 5章

## ストラテジ

情報システムを開発する理由は様々ですが，試験で出題される情報システムは経営を効率化したり支援したりするために開発します。システムを開発したり運用したりするためには，財務や法律に関する知識が欠かせません。ストラテジ分野では主に経営に関する知識が問われます。

# 5.1

重要度 ★★★

# システム戦略

システムを開発するノウハウや運用するノウハウなどを学習してきました。この節ではそもそもなぜシステムを開発するのか，また，頑張って開発したシステムをどうやって活用するのかという「システム戦略」を学びます。システム開発はシステムエンジニアやプログラマが行いますが，システム戦略を構築するのは別の役割の人です。

　システムを戦略的に経営に活用する方法について学習していきます。経営における最高責任者を CEO といいますが，社内の効率的な IT 活用を推進する責任者を **CIO**（最高情報責任者）といいます。また IT を直接的に売上アップに活用する責任者を **CDO**（最高デジタル責任者）といいます。

　両者は似ていますが，CIO が守りの IT 化責任者であるのに対し，CDO は攻めの IT 化責任者であるといえます。

## 経営管理システム AM

### サプライチェーンマネジメント（SCM）

「サプライチェーンマネジメント」のような長い用語は，1 つの単語に区切って一つひとつしっかりと理解しましょう。「サプライ」とは供給することです。ある文房具店が鉛筆の在庫が切れたために仕入れを行いたいとします。問屋や工場などから仕入れることになると思いますが，仕入れの依頼に対して供給することをサプライといいます。「チェーン」は鎖のことですが，SCM におけるチェーンとは「一連の流れ」のことです。

　**サプライチェーンマネジメント**では，供給の流れをスムーズにするための管理を行います。

`5-1-1` サプライチェーンマネジメントのイメージ

　ある文具店が問屋に対して「鉛筆の在庫が不足してきたので，供給してほしい」と依頼したとします。SCM を行っていない場合には電話やメールなどで依頼する

ことになるでしょう。SCM を行っている場合には，鉛筆が不足したことを問屋が自動で把握し自動で供給します。

　そのうち問屋の在庫も不足してくるので，工場に「鉛筆の在庫が不足してきたので，供給してほしい」と依頼することになるでしょう。ここでも SCM が機能していれば自動化されます。工場でも鉛筆を作るための材料が必要ですから，その仕入れも自動化されます。自動化は IT の得意分野ですから，SCM システムを使って効率的な供給を行います。なお，**SCM で管理の対象となるのは自社だけでなく，外部の問屋や他社の工場なども含まれる場合があります。**

## CRM とSFA

　**CRM** とは**顧客ロイヤリティ**（自社に対して親しみを感じてもらう）を高めることを目的としたシステムです。略語を暗記するのは困難ですので，できるだけ意味で覚えるようにしましょう。「C」はカスタマーであり顧客という意味です。「R」はリレーションシップで関係という意味です。従来からあった顧客管理システムは，単に顧客のデータを保存して検索できる程度のシステムですが，それをさらに進化させたのが CRM です。例えば，顧客が生涯に生み出す売上（**LTV：Life Time Value**）の自動計算や，顧客ランクを自動判定して表示するなどの機能が備わっています。CRM で検索してみるとたくさんの製品が見つかるので，いくつか見てみてください。

　CRM のうちで，営業に関する機能が SFA です。**SFA** は「Sales Force Automation（セールス・フォース・オートメーション）」の略です。「セールス・フォース」は営業部隊であり，SFA は営業活動を自動化するシステムです。例えば，あらかじめ登録したメールを顧客になった日から 3 日目，7 日目，12 日目に送るなどが自動化にあたります。しかし完全に自動化することが難しい場合もあり，その場合には営業活動を効率化する機能も含まれることになります。

## BPR

　BPR は，「Business Process Re-engineering（ビジネス・プロセス・リエンジニアリング）」の略で，全社的に抜本的な業務改革を行います。今までと同じ業務のやり方で「本当に効率的なのか」「無駄な業務はないのか」などを検討して，効率的な業務のやり方に作りかえます。

## BPM

　「Business Process Management（ビジネス・プロセス・マネジメント）」の略で，既存の業務に **PDCA**（計画，実行，評価，改善）サイクルを適用して継続的に改善していく手法です。**BPR は全社で業務を改革していきますが，BPM は全社とは限らず部分的な業務だけを対象**にする場合もあります。あくまでも BPM は改善手法ですから BPR のような改革計画とは規模がまったく異なります。

## BPO

「Business Process Outsourcing（ビジネス・プロセス・アウトソーシング）」の略で，既存の業務の一部をアウトソーシング（外部委託）することです。例えば，ヘルプデスクなどを外注することで**本当に重要な業務だけに集中**できるようになります。

## MRP

「Material Requirements Planning（マテリアル・リクワイアメンツ・プランニング）」の略で，生産に必要となる**材料の量を計画し仕入や生産を効率的に行います。**例えばパンを作るために必要な小麦を大量に在庫しておくと，場所をとりますし鮮度も落ちます。また最小限の量だけを確保しておくと，万が一のときにパンを作ることができなくなります。このような材料の管理には MRP システムが有効です。

## HRテック

**人事管理システムを進化**させたもので Human Resources と Technology を組み合わせた造語です。AI やモバイル，SNS などを活用して人材育成，人事評価などを行います。

例えば，自社で SNS を立ち上げ，社員同士で「いいね！」をつけ合ってモチベーションを高めるなどの HR テックシステムが考えられます。

## RPA

「Robotic Process Automation（ロボティック・プロセス・オートメーション）」の略で，事務作業を自動化できる技術です。もらった名刺をまとめて Excel に手で入力する作業を，RPA システムで自動化するなどの活用例があります。「ロボティック」から「ロボット」を連想すると思いますが，実際には**単純な事務作業のみを自動化**します。

## ERPパッケージ

「E」はエンタープライズであり企業という意味です。「R」はリソースの略で資源という意味で，「P」はプランニングの略です。経営に必要な資源を有効活用するためのシステムを **ERP パッケージ**といいます。

資源とは「人，モノ，カネ，情報」であり，これらを全社で効率的に管理するシステムです。例えば北海太郎さんという人がいるとします。この人はシステム開発部に在籍していますが，実は営業に向いているかもしれません。このような状態は，適材適所とはいえません。また予算を部署ごとに割り振っていますが，総務の予算は余っていないでしょうか。営業部に集まっている顧客との交渉履歴は，システム開発部にも有用かもしれません。

このように人，モノ，カネ，情報などの資源がどこかの部署で留まらないよう，主に経営層が効率的に把握できるようにした販売管理，人事管理，売上管理などのさまざまなシステムの集まりが ERP なのです。

ただし，全社的な管理システムとなると導入に時間がかかります。そのため一般的には，**導入しやすい部署から徐々に導入していくのが効率的**です。もし，営業部が ERP パッケージを使った業務日報の入力をすぐにでも開始できるのであれば，まずは営業部から導入するとよいでしょう。

ERP パッケージは，製品によってカスタマイズが可能なものもあります。しかし，それでもできるだけ**カスタマイズを避けるべきです。**ERP パッケージを開発した会社は，経営成功のためのノウハウを ERP パッケージに詰め込んでいます。そのため，導入にあたってはできるだけ ERP パッケージの機能に自社の実態を合わせるべきです。

また，カスタマイズしてしまうと ERP パッケージのバージョンアップの際に，そのカスタマイズした部分が上書きされてしまうことになります。どうしても自社独自の文化を ERP パッケージに反映させたい場合には，機能を追加する形にします。これを**アドオン**といいます。カスタマイズは機能の修正ですがアドオンは機能の追加であり，ERP パッケージのバージョンアップがあったとしても比較的バグが発生する可能性が低くなります。

ただし，カスタマイズやアドオンをできるだけ少なくするために，自社の業務のやり方に近い ERP パッケージを選定するのが理想的です。

**5章 ストラテジ**

---

### 過去問にチャレンジ！ [AP-H21春AM 問64]

ERP パッケージを導入して，基幹業務システムを再構築する場合の留意点はどれか。

**ア** 各業務システムを段階的に導入するのではなく，必要なすべての業務システムを同時に導入し稼働させることが重要である。

**イ** 現場部門のユーザの意見を十分に尊重し，現行業務プロセスと合致するようにパッケージのカスタマイズを行うことが重要である。

**ウ** 最初に会計システムを導入し，その後でほかの業務システムを導入することが重要である。

**エ** パッケージが前提としている業務モデルに配慮して，会社全体の業務プロセスを再設計することが重要である。

[解説]

ERP パッケージは全社の資源を一元管理するシステムです。全社的に導入することで大きな効果を得られるのですが，同時に導入するのは混乱を生じ

ることがあるため，導入しやすい部署から徐々に導入するべきです。そのため「ア」は誤りです。「ウ」のように，会計システムから先に導入するべきということはなく，導入しやすい部署から稼働させるとよいでしょう。また，できるだけカスタマイズをするべきではないため「イ」は誤りです。ERP パッケージを効果的に活用するためには，自社の業務のやり方を ERP パッケージに合わせることが重要です。

答え：エ

## EA

EA は「Enterprise Architecture」の略で「企業の構造」が語源です。「Architecture（アーキテクチャ）」は建築や構造などの意味です。

EA は，全体最適の観点から業務やシステムを改善するためのフレームワーク（枠組み）です。例えば，ある部署に人員が集中していて余っているとします。その事実を把握し，他に人員不足で困っている部署に割り振るなどすることでもっとも適した形（最適）となります。

全体最適を実現するには，現状を正確に把握することが不可欠です。このプロセスで，ERP パッケージのような IT ツールがよく利用されています。こうして認識した現状の業務と情報システムを **AsIs モデル**として整理し，あるべき姿である**ToBe モデル**を策定します。

 EA は**ビジネスアーキテクチャ，データアーキテクチャ，アプリケーションアーキテクチャ，テクノロジアーキテクチャの4つで構成**されています。出題されるときは選択肢の1つにこれらが説明されていることが多いため，丸暗記してしまっても解答できるかと思います。

## eビジネス AM

### 仮想通貨

仮想通貨は**ブロックチェーン**という分散型台帳技術を基に開発されたデジタル通貨であり，**暗号通貨**や**暗号資産**ともいわれます。通常の通貨（法定通貨）と交換できるため財産的価値があります。代表的なものにビットコインがあります。

## EDI

EDI は「Electronic Data Interchange」の略で，企業間で商取引に関するデータを交換しやすくするために標準化されたメッセージ形式のことです。メッセージ

形式とは，例えば「先頭から10文字は企業IDで，次の5文字は送りたいデータの分類ID」のようなフォーマットを指します。

　メッセージ形式が標準化されていないと，「商品を注文したいのであれば，うちの会社で定めているこのような形式でデータを送ってください」というように，企業ごとに決める必要があり不便です。標準化されているなら話は簡単です。発注管理システムで「発注データ作成」ボタンをクリックするだけで，標準化されたフォーマットの発注データを生成し，ネットワークを通じて相手に送信することで，発注が完了となります。これは，双方が標準化された形式を採用しているからこそ実現できるのです。

 すでに学んだSCM（サプライチェーンマネジメント）でも，店舗から問屋への注文依頼を自動化する際などに，EDIを活用することができます。標準化は**情報表現規約**で定められた形式で行います。

## API

　APIは「Application Programming Interface（アプリケーション・プログラミング・インターフェース）」の略で，あるアプリケーションの機能を別のアプリケーションから呼び出す仕組みです。例えば日本政府が提供している法令APIでは，法令データをAPIで提供しています。

`5-1-2` 法令APIで「暗号資産交換業者に関する内閣府令」を取得した結果

　人間には読みにくく扱いにくいのですが，プログラミングする上では非常に扱いやすい形式で提供されます。この結果を自社のアプリケーションを利用して，機能を作成します。政府や企業がAPIを提供することを**オープンAPI**といいます。オープンAPIを活用することで自社サービスの価値が上がり，そのサービスの経済圏を広げていくことを**APIエコノミー**といいます。

### CGM

CGM は「Consumer Generated Media（コンシューマ・ジェネレイテッド・メディア）」の略で，**一般ユーザがコンテンツを作成するメディアのこと**です。掲示板や SNS，ブログなどが CGM の代表例です。事業者や専門家が関わらないため本音が語られやすい一方，正確性に欠ける場合もあります。

### CMS

CMS は「Contents Management System（コンテンツ・マネジメント・システム）」の略で，Web サイトのページを専門的な知識がなくても作成，更新ができるシステムです。**ブログの運営によく利用**されています。

## クラウドコンピューティング AM

ソフトウェアやサーバ，データなどをインターネット上で提供するサービスをクラウドコンピューティングといいます。従来は表計算ソフトを使いたければ Excel などをパソコンにインストールするしかありませんでした。また，全社員が自由にアクセスできる共有ファイルを保存したければ，社内にファイルサーバを配置していました。しかし，インターネット回線が高速化するなどの進化により，このようなサービスをインターネット上に提供する事業者が増えてきました。

表計算ソフトは Google スプレッドシートというクラウドコンピューティングのサービスがあり，ブラウザだけで表計算ソフトが利用できます。また Amazon が提供しているクラウドコンピューティングサービスは 200 を超えています。

クラウドコンピューティングサービスには，どこまで何を提供するかなどの分類によりいくつかの種類があります。

| IaaS | PaaS | SaaS |
|---|---|---|
| アプリケーション | アプリケーション | アプリケーション |
| ミドルウェア | ミドルウェア | ミドルウェア |
| OS | OS | OS |
| サーバ | サーバ | サーバ |
| ネットワーク | ネットワーク | ネットワーク |
| ストレージ | ストレージ | ストレージ |

5-1-3 クラウドコンピューティングの提供形態

## IaaS

IaaS は「インフラストラクチャー as a サービス」の略で、「イアース」や「アイアース」などと読みます。サーバとネットワークと**ストレージ**（記憶領域）だけを提供する業者です。インフラストラクチャーとは土台という意味です。OS（オペレーティングシステム）などは提供されていません。例えばパソコンを家電量販店などで購入すると Windows などの OS がインストールされた状態で手に入れることになりますが，IaaS には OS がインストールされていない状態で提供されます。

サーバに仕事をしてもらうには OS が必須ですから，必要な OS を自分でインストールする必要があります。例えば，Windows や Linux などを用途に応じて自分でインストールします。なおサーバ，ネットワーク，ストレージだけが提供されているということは，これらの管理はクラウドコンピューティングサービスの事業者が行い，利用者が関与することができません。そのため，これらに関する**故障や脆弱性が見つかった場合には，IaaS 事業者**が対応します。

## PaaS

PaaS は「プラットフォーム as a サービス」の略で，「パース」などと読みます。プラットフォームも土台などの意味ですが，IaaS とは違い OS は提供されています。またミドルウェアも提供されます。**ミドルウェア**とは OS とアプリケーションの橋渡し的なソフトウェアであり，データベース管理システム（DBMS）などが該当します。プラットフォームでサーバを立ち上げる際には，同時に OS やミドルウェアを候補から選択して使うことになります。

## SaaS

SaaS は「ソフトウェア as a サービス」の略で，「サース」などと読みます。Google スプレットシートのように，アプリケーションだけを提供します。OS やミドルウェアもアプリケーションで使われていますが，利用者が意識するのはアプリケーションだけです。例えば Google スプレットシートを利用している際に OS やサーバを意識することはありません。

## DaaS

DaaS は「デスクトップ as a サービス」の略で，「ダース」などと読みます。IaaS や PaaS のようにサーバごと提供されており，リモートデスクトップの仕組みを使ってアクセスします。Windows の DaaS の場合には，Windows のデスクトップごと操作することができます。

A社は，自社がオンプレミスで運用している業務システムを，クラウドサービスへ段階的に移行する。段階的移行では，初めにネットワークとサーバを IaaS に移行し，次に全てのミドルウェアを PaaS に移行する。A社が行っているシステム運用作業のうち，この移行によって不要となる作業の組合せはどれか。

〔A社が行っているシステム運用作業〕
①業務システムのバッチ処理のジョブ監視
②物理サーバの起動，停止のオペレーション
③ハードウェアの異常を警告する保守ランプの目視監視
④ミドルウェアへのパッチ適用

|   | IaaS への移行によって不要となるシステム運用作業 | PaaS への移行によって不要となるシステム運用作業 |
|---|---|---|
| ア | ① | ②，④ |
| イ | ①，③ | ② |
| ウ | ②，③ | ④ |
| エ | ③ | ②，④ |

[解説]

クラウドコンピューティングを使わずに，自社でサーバを用意して運用する形態を**オンプレミス**といいます。この問題では「ネットワークとサーバを IaaS に」ということですが，そもそも IaaS がネットワークとサーバを借りる形態なので，IaaS を知っているあなたにとってはこの説明はあまり意味がありません。また PaaS についても同様です。IaaS と PaaS を利用することで，それぞれ自社管理が不要になるのは何かという問題です。

①から見てみましょう。業務システムはサーバにインストールされており，このサーバはクラウドコンピューティングの事業者が管理しています。しかし，業務システムの運用は自社で行っています。例えば，深夜0時になったらデータを集計するというバッチ処理を登録したとすると，正しく処理できたかどうかの結果確認は自社で行うことになるはずです。そのため，クラウドコンピューティングを利用したとしても自社の作業は必要です。

②はサーバの起動と停止ですが，これはまさにサーバ管理における重要な作業です。IaaS 業者に任せることになり，自社で作業せずに済むようになります。他にもサーバやその周辺機器が故障した際の対応なども IaaS 業者の作業であり，これが③です。

④はミドルウェアとあります。PaaS を利用するメリットは，OS やミドルウェアの管理もしてくれることです。例えば MySQL というデータベース管理システムがありますが，これに脆弱性が見つかった場合の対応は PaaS 事業者が行います。

なお，IaaS を利用している際にハードウェアの異常と考えられるトラブルが発生した場合は，電話やメールなどで状況の確認ならびに保守の対応を依頼することになります。PaaS でミドルウェアの動作がおかしい場合には，同じく問合せを行うことになります。原則として，事業者に管理してもらっている資源を自社で管理することはできません。

答え：ウ

## Column 勉強で人生は変えられる

新卒で入社した会社で，今でいう「パワハラ」をうけていました。会社自体は中規模ですが，所属していたシステム部はわずか 3 人だけでした。そのため部署替えの機会がなく，他の上司がどのようなものなのかも知りません。またインターネットも普及前ですし，これがいわゆるパワハラだと気が付くのはずっと後になってからでした。

日付が変わるギリギリまで仕事をさせられ，最終の電車で帰宅する日々が続き，精神的にも追い詰められていました。
「このままではダメだ」と思い，高度試験の「テクニカルエンジニア（データベース）」を受験しました。現在の「データベーススペシャリスト」の前身にあたる試験です。ギリギリの合格でしたが，それでも大きな自信につながりました。これをきっかけに「勉強することでしか道は開けない」と気が付き，さらに勉強を続けてその数年後に独立しました。

独立後は直接，情報処理技術者試験の知識を活用する機会が多かったわけではありません。しかし，「困ったときはとにかく勉強して乗り越える」という考え方が身に付きました。

あなたも応用情報にチャレンジしているのには何か理由があるはずです。どのような理由でも，忙しい中で頑張ってコツコツと勉強を続けた経験は，間違いなくあなたの人生を変えることでしょう。

ぜひ最後まで諦めずにチャレンジを続けてください。

Q 午後の解答力 UP!　　　　　　　　　　　　　　　　　　　　解説は次ページ ▶▶
ERP パッケージにアドオンを追加しました。ERP パッケージが開発ベンダによってバージョンアップされた場合に，テスト環境でやらなければならないことはなんでしょう？

# 5.2

重要度 ★★★

# 経営戦略

システムを開発して戦略的に利用するそもそもの目的は，経営に役立てることです。この経営戦略の項目は，社長になったつもりで学習しましょう。また会社を経営していなくても，誰もが人生の経営者です。自分の人生に役立つノウハウも多いためぜひ活用しましょう。

　すでに学習したシステム戦略は CIO や CDO が必要とする知識ですが，経営戦略は主に CEO が必要とする知識です。

## 経営戦略に関する分析手法や戦略 AM PM

### SWOT分析

　自社が置かれている状況を分析し，経営方針の決定に役立てます。

|  | プラス | マイナス |
|---|---|---|
| 内部環境 | Strength 強み | Weakness 弱み |
| 外部環境 | Opportunity 機会 | Threat 脅威 |

5-2-1 SWOT 分析

　自社の経営努力で克服できる要因は内部環境に分類します。自社の外で起きている要因は外部環境に分類します。また，それぞれプラスの要因とマイナスの要因に分類します。

　例えば，他社に比べて価格を低く提供することができるのは内部環境のプラス要因です。そのため「強み」に分類されます。ある法改正が自社にとっては悪影響なのであれば，外部環境のマイナスに分類されるため「脅威」となります。

---

**A 午後の解答力UP! 解説**

　追加したアドオンが影響していないかどうかの確認テストが必要となります。

## 過去問にチャレンジ！ [AP-H30春PM 問2 改]

　G社は，加工食品・生鮮食品を主体としたスーパーマーケットチェーンを展開している，中規模の企業である。近年，売上高，利益率とも伸び悩んできたことから，インターネット店舗（以下，ネット店舗という）での販売を開始した。そこで，経営企画部のH部長は，I課長に対して，G社の内部環境と外部環境を整理した上で，中期事業戦略案を作成するよう指示した。

〔内部環境と外部環境の整理〕
　I課長は，内部環境と外部環境を調査し，次のとおり整理した。
(1) 内部環境
　(i) 実店舗の状況
　　・営業時間は，8時から19時までである。
　　・価格が安く，価格以外にはこだわりがない顧客向けの食品（以下，低付加価値食品という）の販売が主体であり，店舗の規模を考慮した品ぞろえとなっている。
　　・価格が高くても購入してもらえる，品質にこだわりがある顧客向けの食品（以下，高付加価値食品という）は，少量の販売とはいえ，顧客には好評である。
　　・丁寧な接客と，商品が見つけやすく明るい雰囲気を特徴とする店舗が，スーパーマーケットチェーンのブランドとして定着してきた。
　　・会員制度を運営しており，実店舗で会員登録した顧客には，実店舗用の顧客IDの入ったポイントカードを発行して，商品購入時に所定のポイントを付与している。
　(ii) ネット店舗の状況
　　・販売は，少量にとどまっている。
　　・ネット店舗利用のため，インターネットで会員登録した顧客には，ネット店舗用の顧客IDを割り振り，商品購入時に所定のポイントを付与している。
　(iii) 購入者及びポイント利用の状況
　　・郊外の実店舗では，近隣に居住する主婦への売上が80%を占めている。
　　・駅前の実店舗では，住宅地の主婦への売上が40%，通勤者への売上が40%を占めている。
　　・ネット店舗では，共働き者への売上が60%，単身者への売上が20%を占めている。
　　・実店舗とネット店舗のポイントを相互に利用することはできない。

(iv) 社内の情報システムの状況

- 顧客情報は，実店舗とネット店舗での共用は行わず，個々の顧客管理システムで，それぞれの顧客 ID を用いて管理し，購入額を集計している。

(2) 外部環境

(i) スーパーマーケット市場の状況

- 実店舗のスーパーマーケットの市場規模は，インターネット通販の台頭などの影響で縮小傾向にある。
- スーパーマーケット業界では，価格競争が激化している。

(ii) 顧客の購入状況

- 主婦には，安全性が高い自然食品などの高付加価値食品が人気になっている，
- 通勤者には，価格の高さにもかかわらず，海外から仕入れたブランド物の酒類などの高付加価値食品の人気が高まっている。
- 仕事帰りの遅い時間帯に，高付加価値食品が購入される傾向が強く見られる。
- ブランド物の酒類に合う高級なおつまみ類にこだわる顧客が増えている。
- "高価格だが，それに見合うおいしさ" などといった友人・知人のロコミから判断して食品を購入し，その感想を自分の友人・知人に知らせることによって，人気となる食品が増えている。

〔中期事業戦略の策定〕

Ｉ課長は，中期事業戦略案を策定するために，クロス SWOT 分析による戦略オプションを表1のように策定した。

表1　クロス SWOT 分析による戦略オプション

|  | 機会（O） | 脅威（T） |
|---|---|---|
| 強み<br>(S) | ［積極的な推進戦略］<br>・□ a □の品ぞろえを充実して，売上を増やす。 | ［差別化戦略］<br>・商品購入時の心地良い環境を更に整えることによって，□ b □を強化する。<br>・ロコミを拡大して，新規顧客を開拓する。 |
| 弱み<br>(W) | ［弱点強化戦略］<br>・販売機会を拡大する。<br>・社内の情報システムを改善する。 | ［専守防衛，又は撤退戦略］<br>・□ a □を充実して価格競争を避ける。 |

設問：(a) に入れる適切な字句を 10 字以内で，(b) に入れる適切な字句を 25 字以内でそれぞれ答えよ。

[解説]

　午後問題は，冒頭に現状が書かれていて，それを理解した上で答える問題が多くあります。今回取り上げた問題はその典型例であり，冒頭に現状が列挙されています。それらの箇条書きから強み，弱み，機会，脅威を判断して適切に分類していきます。

　問題文中に**クロス SWOT 分析**とありますが，これは SWOT 分析を行った上で戦略を決定する手法です。

　(a) の内部環境は強みです。また外部環境は機会です。外部環境の追い風によって，自社にとって得意なことを伸ばしていく戦略のようですが，どんな商品を増やすことで実現できるのでしょうか。まず強みを把握するため，問題文の「内部環境」を見てみましょう。以下が強みのように思われます。

・**価格が高くても購入してもらえる，品質にこだわりがある顧客向けの食品（以下，高付加価値食品という）は，少量の販売とはいえ，顧客には好評である。**

・**丁寧な接客と，商品が見つけやすく明るい雰囲気を特徴とする店舗が，スーパーマーケットチェーンのブランドとして定着してきた。**

　それぞれ「好評である」「ブランドとして定着」とあるため，強みであると考えます。

　次に「外部環境」から「機会」をピックアップしてみます。

・**主婦には，安全性が高い自然食品などの高付加価値食品が人気になっている。**

・**通勤者には，価格の高さにもかかわらず，海外から仕入れたブランド物の酒類などの高付加価値食品の人気が高まっている。**

・**ブランド物の酒類に合う高級なおつまみ類にこだわる顧客が増えている。**

・**"高価格だが，それに見合うおいしさ" などといった友人・知人の口コミから判断して食品を購入し，その感想を自分の友人・知人に知らせることによって，人気となる食品が増えている。**

「人気」「増えている」などから判断しました。本試験ではこれらの部分に鉛筆で印をつけておいてください。

　今ピックアップした箇条書きのうち，共通するキーワードは「高付加価値食品」です。他にも口コミや酒類などの話がありますが，共通しているのは「高付加価値食品」だけです。自社では高付加価値食品が比較的売れており（内部環境），世の中では高付加価値食品が人気（外部環境）であるため (a) には「高付加価値食品」が入ります。

5 章 ┃ ストラテジ

また「脅威＋弱み」の要因が何かあるとし，それを高付加価値食品の充実で克服するという戦略は辻褄が合います。このように**午後問題は長文ではありますが，ヒントとなる文章は意外と狭い範囲にあります。**

　次に外部環境における向かい風を，自社の強みでどう克服するかについてが（b）です。ヒントは「更に整える」です。つまり，現状ですでに整っている強みをさらに強くすることを意味しています。では，何がすでに整っているのかというと「心地よい環境」です。心地よい環境が整っている理由を「内部環境」の箇条書きから探します。すでに出た「高付加価値食品」も考えられますが，高付加価値食品をさらに充実させることで心地よい環境になるかは少々疑問です。箇条書きにある「明るい雰囲気」と「心地よい環境」はリンクしているように思えますので，以下の箇条書きを採用します。

**・丁寧な接客と，商品が見つけやすく明るい雰囲気を特徴とする店舗が，スーパーマーケットチェーンのブランドとして定着してきた。**

　ここから25文字以内でキーワードを拾うとすると「スーパーマーケットチェーンのブランド」くらいしかないかと思います。「ブランド」だけでもよさそうですが，文字数が少なすぎるため「スーパーマーケットチェーンの」も追加する方が安全でしょう。

　　答え　a: 高付加価値食品　　b：スーパーマーケットチェーンのブランド

## ファイブフォース分析

　SWOT分析の脅威（マイナスの外部環境）をさらに5つに分けて詳しく分析します。

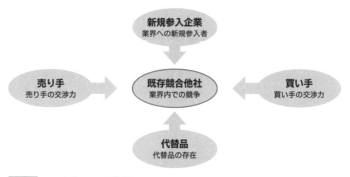

**新規参入企業**
業界への新規参入者

**売り手**
売り手の交渉力

**既存競合他社**
業界内での競争

**買い手**
買い手の交渉力

**代替品**
代替品の存在

5-2-2 ファイブフォース分析

「既存競合他社」は同じ市場内での競争相手です。競合がいれば当然収益率は下がりますので脅威の1つです。競合を分析して，競争に勝つための戦略を練ることになります。

「新規参入」がしやすければ，競合他社が増えることになります。例えば，携帯電話事業への参入はかなり障壁が高いといえるでしょう。

また書籍に対する電子書籍のような「代替品」があれば，顧客はそちらに乗り換える可能性があるので，これも脅威です。

「買い手」とは顧客のことです。顧客の交渉力が高ければ，安売りしなければ買ってもらえず，買い手市場となります。「売り手」とは主に仕入れ先です。仕入れ先との力関係において，自社が強ければ安価で仕入れることができるでしょう。

## 成長マトリクス

成長マトリクスは，市場と製品を基に今後の成長戦略を検討するために用いられるフレームワークです。

**5-2-3** 成長マトリクス

成長マトリクスにおける「**市場浸透**」は，既存の製品を既存の市場でさらに販売することに焦点を当てた戦略です。製品をこれまで通りに販売するのではなく，製品やサービスの品質，マーケティング，顧客サービスなどを強化して，その市場での競争力を高めることを目指します。

今までの市場に対して新製品を売ることを「**新商品開発**」といいます。商品を開発するコストはかかりますが，すでに売ってきた顧客に対して売るため顧客を獲得するコストは低くて済みます。

すでに取り扱っている商品を新しい市場に売ることを「**新市場開拓**」といいます。今まで中高年向けに売っていたオンライン教育商材を，若年層向けに売る戦略などがこれにあたります。

商品も市場もまったく新しいものに挑戦していくことを「**多角化**」といいます。多くのコストがかかりますので，一般的には慎重に検討することになります。

## プロダクトポートフォリオマネジメント

　プロダクトポートフォリオマネジメント（**PPM**）は，製品を中心とした経営戦略の1つです。成長戦略でも製品を軸に検討しましたが，PPMでは特に，既存の製品をどのように展開していくかを検討します。市場成長率と市場シェアを軸に，最適な製品戦略を設計し，人材や資金といった資源を効果的に活用するのがPPMの目的です。

`5-2-4` プロダクトポートフォリオマネジメント

　現在の市場シェアが高く，さらにその市場が伸びている状況を「**花形**」といいます。現在，社会人教育分野で高いシェアを確保し，さらに社会人教育市場が大きくなっているのであれば，その商品は花形といえます。ただし，**市場が伸びているということは競争が激しい**ことを意味しています。現状は市場シェアを確保できていますが，それを維持するためには多額のコストがかかることが多く，利益が出ているとは限りません。

　一方，市場シェアを確保できているものの，その市場はそれほど伸びていない場合には「**金のなる木**」になります。売上は十分得ることができており，かつ競争が激しくないため安定的な利益を得ることができています。この状態がいつまで続くかはわかりませんが，ともかくお金が生み出されているため，ここで得た資金を他の製品に投資するとよいでしょう。

　市場シェアを確保できていない場合には「**問題児**」「**負け犬**」のどちらかに分類されます。ただし「問題児」は，市場自体は伸びているため投資をすることで市場シェアを拡大し，「花形」にすることも可能です。「負け犬」は市場も伸びておらず，多くの場合，撤退という経営判断になります。

## 競争地位戦略

　競争地位戦略では，自社が市場内でどの位置にあるかを分析し，その位置における戦略を決めます。位置は量的経営資源と質的経営資源を基に決定されます。量的経営資源とは資金力や従業員・工場の数などで，質的経営資源とは技術力の高さやブランドイメージなどです。

**5-2-5** 競争地位戦略

　もし，自社が**リーダ**の位置にいるのであれば，多くの面でライバル会社をリードしています。すでに市場シェアを獲得しているはずなので，それを維持するかさらなる拡大を目指します。また，あわせて成長マトリクスで分析することにより，新たな市場を目指すこともできます。コンビニでいうと，セブンイレブンがリーダにあたるでしょう。

　**チャレンジャー**は市場において2番手，3番手に位置する企業になります。コンビニでいうと，ローソンやファミリーマートが該当します。資金や人材は多く抱えていてもリーダほどの質ではない場合には，チャレンジャーとして他社にはないような機能を追加するなど差別化戦略をとることになります。差別化はリーダ企業がもっとも困る戦略ですから，**リーダも同じ機能を追加することで差別化を無効にするような動き**を見せるはずです。

　「ニッチ」という言葉をよく耳にするかと思いますが，**ニッチャー**とはリーダやチャレンジャーとは戦わずニッチな市場を目指します。豊富な資金があるわけではないのですが，優秀な人材が集まっている場合にはニッチャーとしての戦略をとることになります。

> 例えば，地方だけで展開するなどして強者との競争を避けながら高収益化を狙います。私が住む北海道にはセイコーマートというコンビニがあるのですが，これがまさにニッチャーといえるでしょう。

　市場内においては**フォロワー**がほとんどです。例えば，我々が事業を始めた場合にはフォロワーからスタートすることになるはずです。最初は模倣から始めて，徐々に資金や人材を集めてニッチャーとなり，チャレンジャー，リーダと移っていくことを目指します。

## バランススコアカード

　**BSC** とも略されます。会社経営をしていると，売上や利益などの「財務」の視点だけで評価しがちです。BSC では「顧客」「業務プロセス」「学習と成長」を加えた4つの視点から現状を分析し，経営戦略の策定に役立てます。

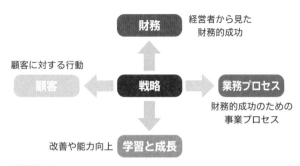

5-2-6 バランススコアカード

これら4つの視点でKPI（重要業績評価指標）を設定します。

従来のような「財務」の視点だけで経営を行うと，「今期は○億円の売上を目指そう」のように売上や利益をKPIに設定しがちです。

バランススコアカードでは，他に「顧客」視点でのKPIとして顧客満足度や，「学習と成長」視点でのKPIとして資格試験の合格者数などを設定することになります。

---

**過去問にチャレンジ！** [AP-H26春AM 問70]

バランススコアカードを説明したものはどれか。

ア　外部環境と内部環境の視点から，自社にとっての事業機会を導き出す手法

イ　計画，行動，評価，修正のサイクルで，戦略実行の管理を行うフレームワーク

ウ　財務，顧客，内部ビジネスプロセス，学習と成長の視点から，経営戦略の立案と実行を支援する手法

エ　ビジネス戦略を実現するために設定した，業務プロセスをモニタリングする指標

[解説]

BSCは4つの視点でKPIを設定し，達成するように経営を行います。**「学習と成長」はBSCでしか登場しない用語**ですので，解答が導き出しやすいと思います。答えは「ウ」です。ここでは「業務プロセス」が「**内部ビジネスプロセス**」となっています。他にも単に「**内部プロセス**」と表現されることもあります。最新のシラバスですと，例として「業務プロセス」と書かれていますので，午後問題で答えるときには一応「業務プロセス」にした方が安全です。

「エ」は KPI の説明であり，重要業績評価指標と訳されます。「ア」は「外部環境」「内部環境」とあるため，すでに学習した SWOT 分析です。

「イ」は，計画→行動→評価→修正を行い，さらに計画→行動→評価→修正と何度も繰り返して戦略を実行していくフレームワークで **PDCA サイクル**といわれます。なお PDCA はそれぞれ Plan（計画），Do（行動），Check（評価），Action（修正）の頭文字をとったものです。

答え：**ウ**

## バリューチェーンマネジメント

チェーンという言葉は，サプライチェーンマネジメント（SCM）でも出てきましたが「一連の」という意味で使われます。バリューチェーンマネジメントは価値の連鎖を管理します。企業経営において価値とは利益です。価値が経営活動のどこで発生しているかを分析し管理します。

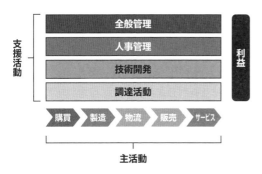

`5-2-7` バリューチェーンマネジメント

バリューチェーンでは事業活動を主活動と支援活動に分けます。主活動とは顧客に商品やサービスを提供するまでの流れです。支援活動とは主活動がスムーズに行われるように支援する活動です。

上の図のように可視化することで，どの活動がどのような価値を生み出しているのかを分析します。

自社の商品は「高い機能性が人気であるため売れている」と考えられているとします。バリューチェーンマネジメントにより，実は「アフターサービスの評価が高いことが理由で顧客満足度が上がり，継続して購入してくれている」ことが判明するかもしれません。

　C社は，中堅の機械部品メーカであり，自動車メーカなど顧客の工場に製品を出荷している。顧客の工場は国内だけでなく，世界の各地域に設置されている。C社の次期経営戦略は，競合他社に対する競争優位性を保つため，利益率を改善するよう策定された。

〔バリューチェーン〕
　C社ではバリューチェーン分析を行うこととし，まず，C社で行っている(a)を作る活動について，調査・分析した。その結果，C社の諸活動は図の一般的なバリューチェーンで表されることを確認した。また，バリューチェーンの諸活動のコストも分析した。なお，作られた総（a）と，（a）を作る活動の総コストの差が，(b) となる。

　設問:〔バリューチェーン〕について，本文中の (a)，本文中及び図１中の (b) に入れる適切な字句を解答群の中から選び，記号で答えよ。

**ア** 売上　　**イ** 価値　　**ウ** キャッシュ　　**エ** 顧客満足
**オ** 差別化　**カ** 製品　　**キ** マージン

[解説]
　バリューチェーンマネジメントのイラストはすでに載せましたが，そこでは (b) にあたる部分に「利益」と記述しました。しかし解答群に「利益」はありません。では似た意味として売上が入るように思えますが，売上と利益は異なります。例えば，主活動の「製造」において経費削減がうまくいっている場合には売上ではなく利益の向上に貢献していますので，やはり (b) に「売上」は入りません。
　利益は英語で Profit（プロフィット）といいますが，Margin（マージン）という場合もあります。そのため (b) には「キ」のマージンが入ります。
　バリューチェーン分析は，自社のどこで価値（バリュー）が生み出されているかを分析しますので，(a) は「イ」の「価値」が入ります。

答え　**a: イ**　　**b: キ**

## PEST分析

　政治（Politics），経済（Economy），社会（Society），技術（Technology）の4つの頭文字をとったものです。4つとも外部環境であり，これらが自社に与える影響を分析します。SWOT分析でも外部環境に着目しましたが，PEST分析では外部環境だけを深く分析します。

「政治」とは主に法改正などで，「経済」は景気や円安・円高などの為替の動きなどになります。「社会」は流行や生活習慣になりますし，「技術」の動向にも注目する必要があります。例えば「技術」に着目して会議を行うと「最近は動画配信のコストが劇的に下がっているため，動画を使ったプロモーションは非常に有効ではないか」などの意見が出るかもしれません。

## 3C分析

　3Cとは，市場（Customer），競合（Competitor），自社（Company）の3つの頭文字をとったものです。

　まず市場を知ることが重要です。市場とは顧客であり，どんな人が顧客なのかを分析します。中高年向けオンライン教育であれば，40歳以上でかつITに抵抗が少ない男性という分析になるかもしれません。これらの分析にあたってはアンケートやPEST分析，ファイブフォース分析などが使われます。

　次に競合他社を分析します。そこで役立つのが先ほど学習した競争地位戦略です。自社と競合の立ち位置を分析して，フォロワーとしての戦略をとったり，ニッチャーとしての戦略をとったりすることを決定します。

　3つ目のCは自社です。SWOT分析などを使って自社の強みと弱みなどを分析し，効率的な戦略を選びます。

## RFM

　RFMは，最終購入日（Recency），購入頻度（Frequency），購入金額（Monetary）の3つの頭文字をとった分析手法です。システム戦略で学習したCRMシステムの中には，RFMの指標で顧客をランク付けする機能を備えた製品もあります。

　例えば購入頻度（F）が高いにもかかわらず，最終購入日（R）がかなり前である顧客がいたとします。前はたくさん購入してくれていた人が，最近はまったく購入していないということは，その顧客は他社に移ってしまった可能性があります。

　私は最近，ある会社からパソコンを購入しました。その会社から購入したのは初めてであり，比較的高いパソコンでした。このような場合，その会社のCRMシステムで私の項目を見ると，「最終購入日は最近で，購入頻度は1，購入金額は○○万円」と表示されていることでしょう。

　L社は，全国各地の店舗で，輸入雑貨と北欧風デザインの輸入家具を，40〜50歳代の個人をターゲット顧客として販売している。家具のデザインは，数年にわたって洗練を重ねてきているものの，近年，雑貨，家具とも売上が徐々に減少してきている。

　まず，売上の60%を占める輸入雑貨について，過去3年間分の売上状況を，商品を購入した直近の年度ごとに分析し，集計した。商品を購入した直近の時期が，1年以内の顧客への売上額が70%，1年超2年以内の顧客への売上額が20%，2年超の顧客への売上額が10%であった。また，1年以内に商品を購入している顧客は，他の顧客と比べ，来店回数と商品の購入額が多い傾向であった。L社では，2年前から，住所・氏名を入手できた全ての顧客へ，通常のカタログを四半期ごとに送付するプロモーションを続けているが，会社の幹部は，プロモーションの費用対効果をもっと改善するよう求めている。

　そこで，売上の増加を図るために，商品企画部のM課長は，RFM分析によって既存顧客をランク分けして，プロモーションの総費用を増やさずに，適切なプロモーション施策を策定するようNさんに指示した。

〔RFM分析に基づいた輸入雑貨のプロモーション施策の策定〕
　Nさんは，過去3年間の輸入雑貨の販売実績データについて，RFM分析を行うことにし，表1のようにR，F，Mをそれぞれ5段階で評価した。

表1　RFMの5段階評価

| R | F | M | 点数 |
|---|---|---|---|
| 6か月以内 | 8回以上 | 20万円以上 | 5 |
| 6か月超12か月以内 | 6〜7回 | 10万円以上20万円未満 | 4 |
| 12か月超18か月以内 | 4〜5回 | 5万円以上10万円未満 | 3 |
| 18か月超24か月以内 | 2〜3回 | 3万円以上5万円未満 | 2 |
| 24か月超 | 1回 | 3万円未満 | 1 |

　そして，R，F，Mの点数のうち，①Rは2倍の重み付けとして，顧客ごとにR，F，Mのそれぞれの点数を合計した総合点を算定した。総合点に基づいて，表2のように②顧客をランク分けし，それぞれの顧客ランクごとのプロモーション施策を実施することにした。

表2 顧客ランクごとのプロモーション施策

| 総合点 | 顧客ランク | プロモーション施策 |
|---|---|---|
| 18～20点 | A | 優良顧客と考えられるので，通常のカタログに加え，特別優待用の豪華なカタログを送る。 |
| 15～17点 | B | 将来，優良顧客になってくれる可能性があるので，通常のカタログに加え，割引券付きの良質なカタログを送る。 |
| 11～14点 | C | 普通の顧客と考えられるので，通常のカタログだけを送る。 |
| 6～10点 | D | あまり良い顧客ではないと考えられるので，プロモーションの　a　するために，カタログの送付をやめ，葉書を送る。 |
| 4～5点 | E | 輸入雑貨を購入するニーズが無いか，顧客が　b　確率が高いので，プロモーションの　a　するために，カタログの送付をやめる。 |

設問1：本文中の下線①について，Rを2倍に重み付けした理由を30字以内で述べよ。

設問2：表2中の (a)，(b) に入れる適切な字句を，それぞれ10字以内で答えよ。

[解説]

　RFM分析は，顧客ごとにプロモーションの方法を検討するために非常に有用です。最近他社に移ってしまった人と，まだ顧客になったばかりの人とでは別々のプロモーション方法にした方が効果的なはずです。

【設問1】

　①ではR（最終購入日）の点数を2倍にして，顧客別の点数を計算しているようです。Rは最近購入した顧客ほど点数が高くなっています。Fは購入した回数が多いほど点数が高く，Mは購入金額が高いほど点数も高いようです。つまり，点数が高いほどお得意様であるということです。

　このお得意様の度合いを計算するにあたり，Rを2倍で計算するようです。この会社ではお得意様判定において，購入回数や購入金額よりも最終購入日を重視していることを意味しています。では，なぜそうするようになったのかが設問です。

　ヒントは冒頭にあります。「1年以内に商品を購入している顧客は，他の顧客と比べ，来店回数と商品の購入額が多い傾向であった」という部分です。

　顧客別売上を見たときに「売上が高い顧客は，最近買ってくれた傾向にある」ことがわかったため，Rを2倍に重みづけしたのです。購入頻度でもなく購入金額でもなく，この会社では購入最終日が特に重要だったようです。これを30文字以内で記述します。

5章 ── ストラテジ

午後問題では，可能であればできるだけ具体的である方が得点しやすくなります。ただし「可能であれば」です。**推測で具体性を入れると逆に得点が難しくなります**ので，問題文で明らかに具体的に書かれているときのみ，具体的に答えましょう。

　今回は「1年以内」とあるので，これも記述に含めるべきです。「1年以内に商品を購入している顧客は，他の顧客と比べ，来店回数と商品の購入額が多い傾向であった。」だと明らかに文字数がオーバーしています。もう少し整理してみると「1年以内に商品を購入している顧客は来店回数と商品の購入額が多い傾向にあるから」でも8文字だけオーバーしています。さらに削り「1年以内に購入した顧客は来店回数と購入額が多い傾向にあるから」で30文字ギリギリですが，これでよさそうです。

　模範解答では来店回数に触れられていません。しかし私は触れるべきだと思います。なぜなら売上は回数×購入額だからです。また模範解答では「傾向」が消えています。これも私は必要だと思います。なぜなら，1年以内に購入したからといって必ずしも来店回数と購入額が多いとは限らないため「傾向」は重要であると考えました。

【設問2】
（a）にはカタログの送付をやめて葉書を送ることのメリットを書くことになります。

| 6～10点 | D | あまり良い顧客ではないと考えられるので，プロモーションの　[　a　]　するために，カタログの送付をやめ，葉書を送る。 |
|---|---|---|

　カタログと葉書の違いはおそらく印刷費と送料でしょう。優良客ではないため無駄なコストを削りたいと考えたようです。5文字以内で記述するとなると「経費を削減」や「費用を削減」などになるでしょう。

（b）には顧客ランクEの顧客は，いったい何が「高い」のかを答えます。

| 4～5点 | E | 輸入雑貨を購入するニーズが無いか，顧客が　[　b　]　確率が高いので，プロモーションの　[　a　]　するために，カタログの送付をやめる。 |
|---|---|---|

　模範解答では「離反した」とありますが，これを答えるのはかなり難しいと思います。ここは「他社に移る」などでも得点できたはずです。このように，とにかく自分は答えを知っていることを採点者にアピールしてください。

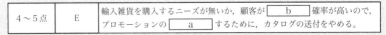

　　　　答え　設問1：1年以内に商品を購入した顧客は，購入額が多いから

　　　　　　　　　設問2　a: 費用を削減　　b: 離反した

## 製品ライフサイクル

　製品が市場に登場してから撤退するまでを人生にたとえた理論です。売上の変遷を**導入期，成長期，成熟期，衰退期**の4つに分類し，それぞれの段階における戦略を決めるために役立ちます。

　パソコンが登場したときは業務用か，ほんの一部の新しいものが好きなユーザだけが使っていました。これが導入期です。この時期に必要なのは，まず存在を知ってもらう戦略です。導入期のように競合が少なく供給者が少ない市場を**ブルーオーシャン**といいます。誰もいない広い海で釣りをしているイメージです。

　製品が市場に認知されるようになると，利益が増え資金が確保できるようになるため，積極的な投資が可能になります。継続的なプロモーションができるようになり，どんどん認知度が上がります。この時期を成長期と呼びます。ただし認知度が上がるということは，競合もそれを知るということですから，競争が激化していきます。成長期の後半からはさらに競争が激化し**レッドオーシャン**となります。

　製品がひととおり市場に浸透し，あまり売れなくなってくる時期を成熟期といいます。ただし，市場には浸透しているため利益は安定的に得られます。

　さらに進むと顧客のニーズが変化するなどして，衰退期に入ります。多くの競合が撤退していく中で自社も撤退を検討することになります。ただし，競合が少なくなるため，採用する戦略によっては衰退期でも利益を確保することができます。

5章　ストラテジ

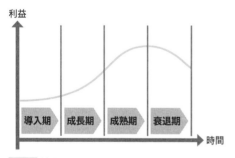

**5-2-8** 製品ライフサイクル

　なおこのライフサイクルは市場拡大とも関連しているため，SWOT分析の外部環境や成長マトリクス，プロダクトポートフォリオマネジメントなどに影響を与えます。

---

Q **午後の解答力UP！**　　　　　　　　　　　　　　　　　　解説は次ページ ▶▶

スマートフォンは製品ライフサイクルの成熟期にあるといえますが，その理由を説明してみてください。

# 財務

子供の頃，お小遣い帳をつけるよう言われた記憶があります。大人になれば家計簿をつけている家庭があるかもしれません。子供のみならず大人も，お金の収支を把握するのは困難ですから，きちんと記録して振り返るべきです。会社になると多くの人が関わりますから，その重要性はさらに高まります。

CIOやCDOなどが立案したシステム戦略を実現するには資金が必要です。この節では，資金を管理するためのノウハウである財務について学習していきます。たくさんの計算式が出てきますので，最後に一覧で整理しておきます。ひととおり学習した後で復習に使ってください。

## 収益と費用 AM

売上とは，原則的には顧客が払ったお金の合計額です。そこから費用を差し引いて利益を計算します。売上を上げるためにかかった費用を売上原価といいます。

あるお店から50円で鉛筆を買い，それを他の人に80円で売ったとします。売上は80円で売上原価は50円です。利益は30円になります。

では，お店を維持するための電気代や水道代はどうでしょうか。従業員の人件費や故障したドアの修理代金はどうでしょうか。これらは一般的に売上原価とはなりません。

「企業会計原則」というルール集には「**売上原価は，売上高に対応する商品等の仕入原価又は製造原価である**」と書かれています。つまり仕入れたお金や作ったときのお金が売上原価になります。電気代や人件費は含まれません。

しかし売上原価以外の費用も記録しなければならず，それらは別の分類に属することになります。売上原価も含め，費用の分類は以下になります。

| 売上原価 | 売上を作るためにかかった，仕入や製造の費用です。 |
|---|---|
| 販売費及び一般管理費 | その他の一般的な費用です。電気代や水道代，従業員の給与などは多くの場合ここに分類されます。 |
| 営業外損失 | 「営業」だとわかりづらいので「本業」と解釈してください。本業以外の損失が含まれます。例えば利息の支払いなどです。 |
| 特別損失 | 例外的な異常事態の損失です。災害で発生した損失などが含まれます。 |

5-3-1 費用の分類

**A 午後の解答力UP! 解説**

市場が飽和しているためです。

本業で得たお金を売上といいます。それも含めた，会社に入ってきたお金を**収益**といいます。収益もまたいくつかに分類されます。

| 売上 | 本業で得た収益です。 |
|---|---|
| 営業外収益 | 本業以外の収益です。例えば利息の受け取りが含まれます。 |
| 特別収益 | 例外的，異常事態の場合の収益です。2021 年と 2022 年には法人に対してコロナ給付金が支給されましたが，これはまさに特別収益に分類されます。 |

`5-3-2` 収益の分類

会計資料では，これらの分類ごとに計算されることになります。

「収益が 100 万円増えた」だけですと売上が上がったためなのか，それともコロナ給付金が支給されたからなのかがわからず，経営判断ができません。

| 売上高 | 3,000 |
|---|---|
| 売上原価 | 2,400 |
| 売上総利益 | 600 |
| 販売費・一般管理費 | 300 |
| 営業利益 | 300 |
| 営業外収益 | 0 |
| 営業外費用 | 50 |
| 経常利益 | 250 |
| 特別利益 | 0 |
| 特別損失 | 0 |
| 税引前純利益 | 250 |
| 法人税等 | 100 |
| 純利益 | 150 |

`5-3-3` 収益と費用に関する会計資料（損益計算書）

下線を引いた項目は計算で求めます。

| 売上総利益 | 売上から売上原価を差し引いた金額です。粗利（あらり）ともいいます。 |
|---|---|
| 営業利益 | 本業の利益です。売上総利益から販売費及び一般管理費を差し引いて算出します。 |
| 経常利益 | 「経常」とは定期的という意味です。営業利益から営業外費用を減算し，営業外収益を加算して計算します。<br>銀行にお金を預けておくと利息が発生します。これは本業ではないのですが，定期的に入ってくるお金であるため「経常」と表現されています。 |
| 税引前純利益 | 経常利益からさらに特別損失を減算して特別利益を加算して計算します。これが企業経営において「利益」として認識される金額です。この利益を基に，納めなければならない税金が計算されます。 |
| 純利益 | 税金を支払った上で残った金額が本当の利益です。 |

**5-3-4** 利益の分類

聞き慣れない言葉ばかりであり，覚えるのが大変だと思います。午前問題では比較的出題されますし，午後問題でも問2を選択するのであればよく出題されます。なお計算をしてマイナスになった場合には，「利益」となっている字句は「損失」となります。例えば「営業利益」は「営業損失」のように変わります。

　ではクイズです。あなたはパン屋を経営しています。パンが売れるたびに「売上」が増えていきます。**パンを作るためにかかったお金はなんというでしょうか**。また，**売上から「パンを作るためにかかったお金」を減算した金額はなんというでしょうか**。

　答えは売上原価と売上総利益（粗利）です。売上原価は仕入や製造にかかったお金ですから，パンを作るためにかかったお金（小麦の仕入など）が売上原価に該当します。

　しかしパン屋を営むにあたり，かかるお金はそれだけではありません。家賃やスタッフへの給与，電気代や水道代なども発生します。これらはパンそのものを作るのにかかったとはみなされません。もちろん電気がなければパンを焼くことができず，スタッフがいなければパンは作れないでしょう。しかし直接的にかかったわけではないため販売費及び一般管理費に含まれます。

　これらの費用も本業の範囲です。ですから，これらの本業に関わる費用を減算した金額を営業利益といいます。

　パン屋を経営するにあたり借り入れを行いました。毎月返済をしていますが，返済は費用とはなりません。しかし利息は費用に該当します。利息は本業の範囲とはみなされず営業外費用に分類されます。

　順調に経営していたある日，台風により窓ガラスが割れてしまう事故がありました。その修理費用は臨時的なので特別損失に分類されます。

　ではもう1つクイズです。パン屋の経営を始めてから1年が経過しました。利益

が計算できたので税金額もわかりました。**この税金を払う前の利益をなんというでしょうか。**

答えは税引前純利益です。税金を払った後に残ったのが本当の利益であり純利益といいます。

---

**過去問にチャレンジ！** ［AP-H22春AM 問78］

期末の決算において，表の損益計算資料が得られた。当期の営業利益は何百万円か。

単位　百万円

| 項目 | 金額 |
|---|---|
| 売上高 | 1,500 |
| 売上原価 | 1,000 |
| 販売費及び一般管理費 | 200 |
| 営業外収益 | 40 |
| 営業外費用 | 30 |

**ア** 270　　**イ** 300　　**ウ** 310　　**エ** 500

［解説］

他の計算もしてみましょう。売上高－売上原価＝500百万円は売上総利益といいます。そこから販売費及び一般管理費を引くと営業利益になります。金額は 500 － 200 ＝ 300 ですので「イ」が答えです。さらに営業外収益を加算して，営業外費用を減算した 310 万円は経常利益です。さらに，そこから特別収益と特別損失を加減算して税引前純利益が計算されます。

答え：**イ**

---

### 減価償却

純利益と税引前純利益は大きく違います。

例えば 1,000 万円の利益が出て，300 万円の税金を納めるとします。税引前純利益は 1,000 万円で，純利益は 700 万円です。この 300 万円という税金を少しでも減らしたいという理由で節税を行うことにしました。どんな方法があるか考えてみましょう。

税額の決定は決算月で行い，その翌日から 2 ヵ月以内に支払います。3 月決算だとすると 3 月 31 日までの取引で税引前純利益が決まるので，同時に税金も決まり

その金額を5月末までに支払います。

このままだと100万円の利益が出てしまうので，半年後に買うはずだった600万円の車を前倒しして3月31日に購入することにしました。1,000万円の利益だったはずが400万円の利益に圧縮され，税金は120万円になりました。

もちろんキャッシュは流出するので無駄遣いは問題ですが，必要なものを前倒しするのであれば効果的な節税対策に思えます。

しかし実はそうはなりません。**高額な支出は全額をすぐ費用にしてはいけない**とするルールがあります。購入するものにもよるのですが，例えば自動車であれば6年間かけて費用にする必要があります。600万円の車であれば，1年目に100万円だけを費用にでき，2年目にまた100万円だけを費用に……と6年間で600万円を費用にしなければなりません。これを**減価償却**といいます。なお，この6年という期間を**耐用年数**といい，購入する商品ごとに定められています。

---

**過去問にチャレンジ！** [AP-H30春AM 問76]

取得原価30万円のPCを2年間使用した後，廃棄処分し，廃棄費用2万円を現金で支払った。このときの固定資産の除却損は廃棄費用も含めて何万円か。ここで，耐用年数は4年，減価償却方法は定額法，定額法の償却率は0.250，残存価額は0円とする。

**ア** 9.5　　**イ** 13.0　　**ウ** 15.0　　**エ** 17.0

[解説]

購入金額を取得原価と表現しています。つまり，あるとき30万円でパソコンを購入したようです。会計上は減価償却をして実際の価値を求めることになります。これを**帳簿価格**といいます。耐用年数が4年ということは，1年で7.5万円を費用にし，その分価値が下がることになります。

購入してから1年後には30 − 7.5 = 22.5万円の価値に下がり，さらに1年後には22.5 − 7.5 = 15万円の価値に下がります。ここで破棄した場合には会計上は15万円のパソコンを破棄したことになります。破棄にあたり2万円がかかっていますが，これは**パソコンリサイクル法**という法律に基づいています。なお **PCリサイクルマーク**がついたパソコンの場合には無料で破棄することができます。

この「破棄したものの価値」と「破棄にかかった費用」を加えた金額を**除去損**といい，この問題では15万円 + 2万円 = 17万円となります。

なお償却率は0.25とありますが，これは1年ごとに25%を費用に加算することを意味しています。耐用年数が4であるため必然的に25%と計算され

たので，この記述は無視できます。**残存価額**とは耐用年数が過ぎた時点で残る金額ですが，０円のみが出題されると思いますので，あまり気にしなくてもよいでしょう。

答え：**エ**

## 固定費と変動費

費用には２種類あります。家賃のように固定的にかかってくる**固定費**と，売るたびに発生する送料などの**変動費**です。費用にはこの２つしかありません。そのため問題文に「費用は 100 万円で固定費は 60 万円だった」とあれば，変動費は 40 万円に決まります。

なお売上に占める変動費の割合を変動費率といいます。

$$変動費率 = \frac{変動費}{売上高}$$

また**限界利益**とは売上から変動費を差し引いた金額です。

$$限界利益 = 売上 - 変動費$$

いったい何が「限界」なのでしょうか。実はここでの限界は「ギリギリ」という意味ではなく「余白」という意味で使われています。つまり限界利益とは，利益のスペースのことをいいます。

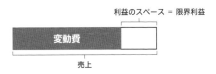

**5-3-5** 限界利益

さらに固定費を引くと利益になります。

さらに限界利益率ですが，これは分母に売上を持ってくるだけです。

$$限界利益率 = \frac{売上高 - 変動費}{売上高}$$

売上高が 7,000 万円のとき，200 万円の損失，売上高が 9,000 万円のとき，600 万円の利益と予想された。売上高が 8,000 万円のときの変動費は何万円か。ここで，売上高が変わっても変動費率は変わらないものとする。

**ア** 3,200　　**イ** 4,000　　**ウ** 4,800　　**ウ** 5,600

**［解説］**

売上が 7,000 万円のときに 200 万円の損失ということは，費用は 7,200 万円だったということです。

売上が 9,000 万円のときに 600 万円の利益ということは，費用は 8,400 万円だったということです。

売上が 2,000 万円増えると費用は 1,200 万円増えています。売上に応じて増えた費用が変動費ですから，変動費率は 60% であることがわかります（1,200 ÷ 2,000 = 0.6）。

売上が 8,000 万円であれば，そのうちの 60% が変動費なので答えは 4,800 万円となります。

答え：**ウ**

## 損益分岐点　▶ 5-3-1　AM

経営をしていると，赤字と黒字の境目が気になってきます。例えば，50 円で買った鉛筆を 90 円で売ったとして，果たして儲かるのでしょうか？　単純に「40 円儲かった」とはいえません。なぜなら 50 円というのは売上原価であり，その他にも販売費及び一般管理費などがかかってくるからです。

では条件を追加し，家賃が 10 万円かかっているとします。鉛筆を 1 本売ったとして，このビジネスは成立するのでしょうか？　「(90 円 − 50 円) × 1 本」という計算で売上総利益が計算できました。ここから家賃である 10 万円を減算すると − 99,960 円となりました。ちなみに家賃は「販売費及び一般管理費」なので，99,960 円の営業損失です。

では鉛筆を何本売れば，このビジネスは成立するのでしょうか。これが損益分岐点の考え方です。損も得もしないポイントが損益分岐点であり，そのときの金額を**損益分岐点売上高**といいます。また，そのときの販売数を**損益分岐点販売量**といいます。

では計算してみましょう。

100,000 円 ÷ 40 円 = 2,500 ですから，鉛筆を 2,500 本売ると利益が 0 となり

損も得もしません。これが損益分岐点販売量です。このときの売上高は 90 円 × 2,500 ＝ 225,000 円で，これが損益分岐点売上高です。

では次にこの資料から，損益分岐点売上高を計算してみましょう。

〔損益計算資料〕　単位 百万円

| | |
|---|---|
| 売上高 | 500 |
| 材料費（変動費） | 200 |
| 外注費（変動費） | 100 |
| 製造固定費 | 100 |
| 総利益 | 100 |
| 販売固定費 | 80 |
| 利益 | 20 |

5-3-6 AP-H26 春 AM 問 77 より抜粋

「材料費」「外注費」などとありますが，このような費用の細目は不要です。まとめて「変動費は 300」と解釈してください。固定費も同様に 180 です。

するとこのような資料に整理できました。

| | |
|---|---|
| 売上高 | 500 |
| 変動費 | 300 |
| 固定費 | 180 |
| 利益 | 20 |

変動費率は 60％ です（300 ÷ 500 ＝ 0.6）。もし売上が 0 なら変動費は発生せず損失が 180 です。

損益分岐点とは損も得もしないポイントですから，この損失 180 万円を 0 円にすることができるような売上高を探ります。

| 売上 | 利益または損失<br>（売上 − 変動費 − 固定費） |
|---|---|
| 0 | -180 |
| 100 | -140 |
| 200 | -100 |
| 300 | -60 |
| 400 | -20 |
| 450 | 0 |
| 500 | +20 |

5-3-7 売上高と利益または損失の関係

　売上が 450 万円のときに損も得もしない（利益が 0）となることがわかりました。これが損益分岐点売上高です。しかし，どうにかして計算で求める方法はないでしょうか。もし可能であれば今すぐ以下の式を暗記してください。

$$損益分岐点売上高 \ = \ \frac{固定費}{1 − 変動費率}$$

　いろいろと式を変形することで得ることができる式ですが，丸暗記でよいと思います。
　先ほどの問題をこの式に当てはめると以下のようになります。

　180 ÷（1 − 0.6）
　＝ 180 ÷ 0.4
　＝ 180 ÷（4 ÷ 10）
　＝ 180 ×（10 ÷ 4）　＝ 450

　損益分岐点売上高を求めるにはとても便利な式ですから，できるだけ覚えてしまいましょう。分子は「費」ですが，分母は「率」なので間違えないようにしましょう。なお**「1 − 変動費率」**は**「限界利益率」**と同じですのでどちらで覚えても結構です。

$$損益分岐点売上高 \ = \ \frac{固定費}{限界利益率}$$

　この式はこんな状態をイメージすると覚えやすくなります。

**5-3-8** 分母に限界利益率，分子に固定費

---

### 過去問にチャレンジ！［AP-R3秋AM 問77］

A社とB社の比較表から分かる，A社の特徴はどれか。

単位　億円

|  | A社 | B社 |
|---|---|---|
| 売上高 | 1,000 | 1,000 |
| 変動費 | 500 | 800 |
| 固定費 | 400 | 100 |
| 営業利益 | 100 | 100 |

**ア** 売上高の増加が大きな利益に結び付きやすい。
**イ** 限界利益率が低い。
**ウ** 損益分岐点が低い。
**エ** 不況時にも，売上高の減少が大きな損失に結び付かず不況抵抗力は強い。

---

**［解説］**

「ア」の「売上高の増加が大きな利益に結び付きやすい」は，言い換えると「ちょっとした売上アップでも利益がアップする」であり，変動費が低いことを意味しています。ではA社とB社の変動費率を計算してみましょう。

A社：500 ÷ 1,000 = 50%
B社：800 ÷ 1,000 = 80%

A社の方が変動費率が低いため「ア」が正解です。

「イ」は限界利益率についてです。先ほど学習した式を思い出して計算してみましょう。

$$限界利益率 = \frac{売上高 - 変動費}{売上高}$$

A 社：$(1,000 - 500) \div 1,000 = 50\%$
B 社：$(1,000 - 800) \div 1,000 = 20\%$

A 社の方が限界利益率が高いため「イ」は間違いです。

「ウ」は損益分岐点の比較ですが，損益分岐点売上高でも損益分岐点販売量のどちらでも結構です。損益分岐点売上高の式を思い出し，比較してみましょう。

$$損益分岐点売上高 = \frac{固定費}{1 - 変動費率}$$

A 社：$400 \div (1 - 0.5) = 800$
B 社：$100 \div (1 - 0.8) = 500$
A 社の方が高いので誤りです。

「エ」は「不況時にも，売上高の減少が大きな損失に結び付かない」です。言い換えると「売上が減っても，利益はあまり減らない」です。そこで A 社，B 社で売上を半分にして比較してみましょう。

A 社：$500 - 250 - 400 = -150$
B 社：$500 - 400 - 100 = 0$

A 社の方が売上減少による利益減少率が高くなっていますので，エは誤りです。

例えば，A 社は豪華な自社ビル（固定費）があるため，不況に弱いなどを意味しています。また不況ではなくても売上が読めないような場合には，固定費にお金をかけない方が安全であることが証明されました。

答え：ア

## 財務諸表 AM PM

　あなたはパン屋を経営することにしました。立ち上げにあたってはお金が必要です。貯金していたお金で足りないため，借金をすることになりました。借金をするとお金は増えますが，これは売上とはまったく違う性質のものです。そのため売上ではなく「負債」という分類になります。負債の返済でお金は減っていきますが，これは何かを買った減り方とは明確に異なりますので費用ではありません。負債の減少として計算されます。

　また負債を抱えるとお金が手に入ります。お金は「資産」に分類されます。また売上が上がると現金が増えますから，これもまた資産の増加です。

　このように会計では，何か1つだけ増えるということはなく**必ず1度で2つの増加や減少**があります。いくつか例を見てみましょう。

5<br>章<br>｜<br>ス<br>ト<br>ラ<br>テ<br>ジ

| パン屋を立ち上げるために借金をした | 資産（現金）↑ | 負債↑ |
|:---:|:---:|:---:|
| パンが売れた | 資産（現金）↑ | 売上↑ |
| 小麦粉を仕入れた | 資産（現金）↓ | 費用↑ |
| 利息を払った | 資産（現金）↓ | 費用↑ |
| 借金を返した | 資産（現金）↓ | 負債↓ |

`5-3-9` 1度の取引で2つの変化

　こうした加減算を行い，記録した資料を**財務諸表**といいます。財務諸表には貸借対照表と損益計算書とキャッシュフロー計算書があります。

### 貸借対照表

　**貸借対照表**という資料には，資産と負債が表示されます。

| | | | |
|---|---:|---|---:|
| 現金 | 2,000 | 買掛金 | 2,000 |
| 預金 | 1,500 | 短期借入金 | 500 |
| 売掛金 | 500 | 長期借入金 | 300 |
| 車両 | 500 | | |
| ソフトウェア | 100 | | |

`5-3-10` 貸借対照表の例（途中まで）

**左に資産を並べ，右には負債を並べます。**

なお売掛金とは，売ったけれどもまだ入金がない状態です。先日私はある雑誌に記事を提供して請求書を送りました。入金はどうやらまだのようなので，**売掛金**の欄に原稿料を記載しておきました。また，買ったけれどもまだ支払っていない場合には**買掛金**となります。

　これは**発生主義**という考え方に基づいています。実際にお金が動いたタイミングではなく仕事を完了したり，売買契約が完了したタイミングで売上が発生したとする考え方です。

　ただ先ほどの貸借対照表はまだ途中です。実際にはこのように分類することになります。

| 流動資産 | | | 4,000 | 流動負債 | | 2,500 |
|---|---|---|---|---|---|---|
| | 現金 | | 2,000 | | 買掛金 | 2,000 |
| | 預金 | | 1,500 | | 短期借入金 | 500 |
| | 売掛金 | | 500 | 固定負債 | | 300 |
| 固定資産 | | | 600 | | 長期借入金 | 300 |
| | 車両 | | 500 | **負債合計** | | 2,800 |
| | ソフトウェア | | 100 | | 資本金 | 1,800 |
| | | | | **純資産合計** | | 1,800 |
| **資産合計** | | | 4,600 | **負債・純資産合計** | | 4,600 |

5-3-11 貸借対照表の例（完成）

　資産と負債には「流動」「固定」とあります。**流動資産**は，現金もしくは1年以内に現金にできる資産です。預金はその典型例です。**固定資産**は1年以内に現金化できないであろうものが入ります。例えば土地や建物です。

　**流動負債**は，1年以内に返済する性質の借金です。それを超えて返済する借金は**固定負債**に入れます。

　先ほどはなかった項目として**資本金**があります。これは**自己資本**ともいわれ，自分が持ち出したお金のようなイメージです。では自分以外が持ち出すお金があるのかというと，それが負債です。そのため負債は**他人資本**ともいわれます。

　自己資本は「本当の資産」でもあります。例えば資産合計は4,600とありますが，これは借金をして手に入れたものも多いはずです。負債合計を見ると1,800とありますから，1,800の借金をして4,600の資産を手に入れたともいえるわけです。そこで引き算をした2,800が「本当に自分で手に入れた資産」のような意味合いで**純資産**ともいわれます。

## 損益計算書

**損益計算書**という資料には，売上と費用を記載します。

| | |
|---|---:|
| 売上高 | 3,000 |
| 売上原価 | 2,400 |
| 　売上総利益 | 600 |
| 販売費・一般管理費 | 300 |
| 　営業利益 | 300 |
| 営業外収益 | 0 |
| 営業外費用 | 50 |
| 　経常利益 | 250 |
| 特別利益 | 0 |
| 特別損失 | 0 |
| 　税引前純利益 | 250 |
| 　法人税等 | 100 |
| 　純利益 | 150 |

**5-3-12** 損益計算書（AP-H29 秋 PM 問 2 より抜粋）

　これはすでに学習した資料です。この貸借対照表と損益計算書は個人事業主，法人ともに作成が義務付けられています。

## キャッシュフロー計算書

　**キャッシュフロー計算書**という資料には，お金の動きが記述されます。「キャッシュ」とはいいますが，現金だけではなく預金も含まれます。

　パン屋がパンを売ったことで得たお金は売上の増加です。同時にキャッシュフロー計算書にも，キャッシュの増加として記載されることになります。

> 私は雑誌に記事を提供した後に請求書を送りました。発生主義をとっているため，この時点で売上が発生し，売掛金も発生しました。しかし，キャッシュは入ってきていないため，キャッシュフロー計算書に記載はされません。

　キャッシュフローには 3 つの区分があります。1 つ目は，パンを売ったときのような本業にまつわるキャッシュフローである**営業活動によるキャッシュフロー**です。

　2 つ目は**投資活動によるキャッシュフロー**です。株を購入した場合には，この区分に該当します。また建物の購入も該当します。「投資」というのは将来の儲けのために現在損をすることです。建物を買うと一時的に損をしますが，それを使ってビジネスをしたり，価値が上がったときに売却する目的であると考えられるため，投資に該当します。ただそうなると，小麦を仕入れて（一時的に損をして）パンを

売る行為も投資のように思えますが，これについては本業であるため「営業活動」に入ります。

3つ目は借金などにまつわる**財務活動によるキャッシュフロー**であり，主にお金の貸し借りがここに該当します。

この貸借対照表，損益計算書，キャッシュフロー計算書の3つを合わせて財務諸表といいます。

---

**過去問にチャレンジ！** [AP-R3春AM 問77]

キャッシュフロー計算書において，営業活動によるキャッシュフローに該当するものはどれか。

**ア** 株式の発行による収入
**イ** 商品の仕入による支出
**ウ** 短期借入金の返済による支出
**エ** 有形固定資産の売却による収入

[解説]

キャッシュフロー計算書は現金や預金の流れを表示する資料です。「営業活動」「投資活動」「財務活動」に区分します。

「ア」は「株式」とあります。そのため投資活動に該当すると勘違いしやすいのですが，正しくは財務活動です。投資活動とは，他社の株式を購入した場合です。しばらくして株価が上がったときに売却して収益を得るために購入したわけであり，それが投資です。「株式の発行」とは自社で株式を発行して，それを買ってもらいお金を得ています。資金を調達するという意味では借金に似た性質であり「財務活動」に該当します。

「イ」は本業によるお金の減少ですから「営業活動」に該当します。

「ウ」は借金の返済ですので「財務活動」に該当します。

「エ」は有形固定資産の売却益です。**有形固定資産**とは固定資産（1年以内に現金化できない資産）のうち目に見えるものが該当し，例えば建物や土地です。なお，ソフトウェアのような固定資産を**無形固定資産**といいます。建物を売る行為は「投資活動」に該当します。

答え：**イ**

# 財務に関する指標 AM PM

　財務では数値を扱うこともあり，多くの指標があります。指標を見ることで経営がうまくいっているのか，この投資判断は正しかったのかなどを知ることができます。

## 流動比率

　流動負債に占める流動資産の割合です。流動負債とは主に1年以内に返済する借金であり，流動資産とは1年以内に現金化できる資産ですので預金や売掛金が該当します。

### 流動比率 ＝ 流動資産 / 流動負債

　流動負債が100万円あり，流動資産が50万円だとします。これはかなり危険な状態です。なぜなら1年以内に100万円を返済しないとならないにもかかわらず，1年以内に現金化できるのが50万円だけだからです。このように，流動比率は**企業の短期的な返済能力**を示しています。

## 固定比率

　流動比率が流動負債に占める流動資産の割合ですから，固定比率は固定負債に占める固定資産の割合と考えてしまうでしょう。しかし違います。固定比率とは「自己資本」に占める固定資産の割合です。分母がややこしいので注意しましょう。固定比率は**企業の長期的な支払い能力**を示しています。

### 固定比率 ＝ 固定資産 / 自己資本

　自己資本とは，その名の通り自分で用意したお金です。固定資産とは建物のように1年以内に現金化できないような資産です。一般的に資産は「お金を生み出していく源泉」と解釈されます。固定資産なのですぐには現金化できず「ゆっくりと時間をかけてお金を生み出していく」資産です。そのような「ゆっくりお金が生み出される」資産が手元にあるわけですが，一方で自分のお金（自己資本）があまりないと危険であると判断できます。

例えば100万円の建物がある一方で，自分のお金が50万円しかないと固定比率は200％となり，かなり危険な状態です。お金に困っても固定資産はすぐにお金を生み出さない（1年を超える）ためです。

## 固定長期適合率

「自己資本＋固定負債」に占める固定資産の割合です。先ほど見た固定比率の分母

5章 ── ストラテジ

に「固定負債」も加わり，同じく**企業の長期的な支払い能力**を示しています。

**固定長期適合率 ＝ 固定資産 ／ （自己資本＋固定負債）**

　これにどんな意味があるのでしょうか。まず「自己資本＋固定負債」が何かというと「すぐに返さなくてもよいお金」です。自己資本は自分のお金なのでそもそも返す必要がありませんが，それに加えて「1年以内に返さなくてよいお金」である固定負債を加算します。

　今，手元に100万円あるとします。内訳は「40万円が自分のお金」「10万円が5年後に返すお金」「50万円が1年以内に返すお金」とします。自己資本は40万円で，固定負債が10万円ですから「自己資本＋固定負債」は50万円となります。まずこれが分母です。

　次に分子は固定資産であり，すぐに現金化することを前提としていない資産なので建物などです。仮に固定資産を100万円としましょう。すると固定長期適合率は100÷50＝200％となります。固定長期適合率は100％を超えると危険とみなされます。

## 総資本回転率

　財務の指標では「回転率」という言葉がいくつかあります。総資本回転率は，総資本が何回転したかの指標です。**総資本とは自己資本＋他人資本**です。自分で用意したかどうかにかかわらず，とにかく用意できたお金です。

　例えば100万円の総資本があったとします。これを経営により活用し売上を上げるわけです。100万円の売上を上げることができたのなら1回転となります。100万円の総資本で500万円の売上を上げることができたのなら5回転です。

　なお他にも**「回転率」に関する指標はありますが，すべて売上が分子**です。例えば固定資産回転率という指標がありますが，これは以下の計算式で算出されます。

**固定資産回転率 ＝ 売上 ÷ 固定資産**

## 安全余裕率

　今までは貸借対照表の数値だけで計算をしていましたが，ここからは損益計算書の数値を使います。安全余裕率は，**経営にどれだけ余裕があるか**を表す指標です。

$$安全余裕率 ＝ \frac{売上高－損益分岐点売上高}{売上高}$$

　どれだけ損益分岐点売上高（損にも得にもならない売上高）を上回っているのか

がわかります。損益分岐点売上高が 100 万円だとします。実際の売上高は 200 万円だとすると，安全余裕率はどうなるかを計算してみます。

**(200 − 100) /200 = 50%**

また，売上が 50％落ちても赤字にはならないことも意味しています。

### 限界利益率
これはすでに学習しました。

$$限界利益率 \ = \ \frac{売上高 − 変動費}{売上高}$$

売上が上がると，それに応じてすぐに利益も上がる方が安定します。100 万円の売上が上がったにもかかわらず，利益は 10 万円しか出ないよりも，50 万円出た方がよいでしょう。そのような判断に使われます。

## ROI / ROA / ROE

$$ROI \ = \ \frac{もたらされた利益}{投下した資本}$$

$$ROA \ = \ \frac{当期純利益}{自己資本}$$

$$ROE \ = \ \frac{当期純利益}{総資本}$$

回収効率を知るための指標は 3 つあります。「RO」は「リターン・オブ」であり，回収を意味します。

まずは **ROI** からです。「I」は「インベストメント」の頭文字であり，投資を意味します。100 万円の投資をして 120 万円を得ることができれば ROI は 120％ です。これは何かの事業に投資した際のリターン度合いを測るものです。

他の 2 つはこういった投資ではなく会社経営に関しての成果です。**ROE** は自己資本を使ってどれだけの利益が生まれたかを知るための指標です。自分で 50 万円用意し 100 万円の利益を生み出したとすれば ROE は 200％ です。

**ROA** は総資本（自己資本＋他人資本）を使ってどれくらいの利益が生まれたかを知るための指標です。ROE と異なり借金も分母に加えます。

　A社は，電子部品を製造する中堅企業である。創業以来急成長しており売上は伸びていたが，当期は外部環境の悪化によって大幅な減益の見込みである。A社のF取締役は，この状況に強い危機感を抱き，利益を確保して成長を目指す中期計画を策定すべく，経営企画部のG課長に経営戦略の立案を指示した。

〔財務分析〕

　G課長はA社の財務状況を把握するために，直近の財務諸表を確認し，分析を行った。A社の貸借対照表，損益計算書，キャッシュフロー計算書及び財務分析は，表1〜4のとおりである。

表1　貸借対照表

単位　百万円

| | 前期 | 当期見込 | | 前期 | 当期見込 |
|---|---|---|---|---|---|
| (資産の部) | | | (負債の部) | 2,020 | 2,050 |
| 流動資産 | 910 | 1,100 | 流動負債 | 620 | 750 |
| 　現金・預金 | 260 | 300 | 　買掛金 | 330 | 400 |
| 　売掛金 | 400 | 500 | 　短期借入金 | 160 | 160 |
| 　棚卸資産 | 250 | 300 | 　その他流動負債 | 130 | 190 |
| 　その他流動資産 | 0 | 0 | 固定負債 | 1,400 | 1,300 |
| 固定資産 | 1,600 | 1,500 | 　長期借入金 | 1,400 | 1,300 |
| 　建物・機械装置 | 1,000 | 900 | (純資産の部) | 490 | 550 |
| 　土地 | 400 | 400 | 株主資本 | 490 | 550 |
| 　投資有価証券 | 200 | 200 | 　資本金 | 200 | 200 |
| | | | 　利益準備金 | 50 | 50 |
| | | | 　繰越利益剰余金 | 240 | 300 |
| 資産合計 | 2,510 | 2,600 | 負債・純資産合計 | 2,510 | 2,600 |

表2　損益計算書

単位　百万円

| | 前期 | 当期見込 |
|---|---|---|
| 売上高 | 3,000 | 3,300 |
| 売上原価 | 2,400 | 2,760 |
| 　売上総利益 | 600 | 540 |
| 販売費・一般管理費 | 300 | 375 |
| 　営業利益 | 300 | 165 |
| 営業外収益 | 0 | 0 |
| 営業外費用 | 50 | 65 |
| 　経常利益 | 250 | 100 |
| 特別利益 | 0 | 0 |
| 特別損失 | 0 | 0 |
| 　税引前純利益 | 250 | 100 |
| 　法人税等 | 100 | 40 |
| 　純利益 | 150 | 60 |

表3　キャッシュフロー計算書

単位　百万円

| | 当期見込 |
|---|---|
| Ⅰ.営業活動によるキャッシュフロー | a |
| Ⅱ.投資活動によるキャッシュフロー | ▲ 45 |
| Ⅲ.財務活動によるキャッシュフロー | ▲ 100 |
| Ⅳ.現金及び現金同等物の増減額 | 40 |
| Ⅴ.現金及び現金同等物の期首残高 | 260 |
| Ⅵ.現金及び現金同等物の期末残高 | 300 |

表4　財務分析

| | 前期 | 当期見込 | | 前期 | 当期見込 |
|---|---|---|---|---|---|
| 収益性分析 | | | 効率性分析 | | |
| 売上高対総利益率 | 20% | 16% | 売上債権回転日数（日） | 48 | 55 |
| 売上高対営業利益率 | 10% | 5% | 棚卸資産回転日数（日） | 38 | 39 |
| 売上高対経常利益率 | 8% | 3% | 仕入債務回転日数（日） | 50 | 52 |
| 固定費（百万円） | 1,500 | 1,650 | 安全性分析 | | |
| 変動費率 | 40% | 45% | 流動比率 | 147% | 147% |
| 損益分岐点（百万円） | 2,500 | 3,000 | 自己資本比率 | 20% | 21% |
| 安全余裕率 | 20% | 10% | 固定長期適合率 | 85% | b　% |

注記　効率性分析では1年を360日として計算している。

設問1：表3中のaに入れる適切な数値を答えよ。

設問2：表4中のbに入れる適切な数値を答えよ。答えは，小数第1位を四捨五入し，整数で求めよ。

[解説]

【設問1】

　営業活動によるキャッシュフローを穴埋めする問題です。キャッシュフローは「営業活動による」「投資活動による」「財務活動による」で構成されています。キャッシュフローは「キャッシュ」とはいえ，現金のみならず現金同等物も含みます。したがって表3にある「現金及び現金同等物」はキャッシュフローにおける「キャッシュ」と同じ意味です。IVの「現金及び現金同等物の増減額」が，この期間におけるキャッシュフローの合計です。したがって（a）－ 45 － 100 ＝ 40 の計算が成り立ちます。この式から（a）は 185 になることがわかります。なお▲はマイナスを意味します。

【設問2】

　bは当期の固定長期適合率です。分子が固定資産の金額で，分母が自己資本＋固定負債で計算できます。

　表1を見ると固定資産は 1,500 で，固定負債は 1,300 です。次に知らなければならないのは「自己資本」です。しかし，今回提示されている貸借対照表は少々細かいものであり，自己資本がどこなのか迷うところです。

| 株主資本 | 490 |
|---|---|
| 資本金 | 200 |
| 利益準備金 | 50 |
| 繰越利益余剰金 | 240 |

**自己資本にはどの数値を使うのか**

そこで「前期」の 85% がどのようにして計算されているかを確認してみましょう。

　自己資本を x とします。

1600 ÷ (1400 + x) = 0.85

　式を変形するとこのようになります。

0.85(1400 + x) = 1600
1190 + 0.85 x = 1600
0.85x = 1600 − 1190
0.85x = 410
x = 482.35

　小数点が出てしまいますが，おそらく「株主資本」と書かれている箇所の 490 が自己資本ではないかという推測が立ちます。

1600 ÷ (1400 + 490) = 0.8465……であり 85% となります。

「資本金」「利益準備金」「繰越利益剰余金」だけではなく，すべてを合計した「株主資本」の数値を使うことがわかりました。このように事前の知識がなくてもヒントを基に解答を得ることは可能です。

　では，当期見込を「株主資本」を使って計算してみましょう。

1500 ÷ (1300 + 550) = 0.810810……で 81.081081……% となります。小数第 1 位を四捨五入すると 81% となり，これが答えです。

答え：(a) 185 　　(b) 81

| 売上総利益 | 売上高 − 売上原価 |
|---|---|
| 営業利益 | 売上総利益 − 販売費及び一般管理費 |
| 経常利益 | 営業利益 + 営業外収益 − 営業外費用 |
| 税引前純利益 | 経常利益 + 特別利益 − 特別損失 |
| 純利益 | 税引前純利益 − 法人税等 |
| 変動費率 | 変動費 ÷ 売上高 |
| 限界利益 | 売上高 − 変動費 |
| 限界利益率 | 限界利益 ÷ 売上高 |
| 損益分岐点売上高 | 固定費 ÷ 限界利益率 |
| 流動比率 | 流動資産 ÷ 流動負債 |
| 固定比率 | 固定資産 ÷ 自己資本 |
| 固定長期適合率 | 固定資産 ÷ ( 自己資本 + 固定負債 ) |
| 総資本回転率 | 売上高 ÷ 総資本 |
| 固定資産回転率 | 売上高 ÷ 固定資産 |
| 安全余裕率 | ( 売上高 − 損益分岐点売上高 ) ÷ 売上高 |
| ROI | 利益 ÷ 投下資本 |
| ROE | 当期純利益 ÷ 自己資本 |
| ROA | 当期純利益 ÷ 総資本 |

5-3-13 試験で問われる主な財務関連の指標

5章 ストラテジ

Q 午後の解答力UP!  ──────────────── 解説は次ページ ▶▶

1年後に総資本が1.5倍になったにもかかわらず，総資本回転率は変わりませんでした。これはよい状態ですが，何が貢献したためでしょうか？

# 5.4 重要度 ★★

# 法務

学生時代からの友達に「こんなシステム作って」とお願いをしたとします。「できたよ」と言われ，受け取り報酬を払いました。友達ですから契約書などはなく，メールで伝えただけです。先進的な機能を詰め込んだ素晴らしいシステムですが，そのシステムの著作権はあなたにはありません。では誰に付与されているのでしょうか？

　試験で問われる法務には「知的財産権」「セキュリティ関連法規」「労働関係法規」があります。どれもシステム戦略において重要です。

## 知的財産権 AM

　知的財産権は「著作権」と「産業財産権」とに分かれます。著作権は「著作者人格権」「著作財産権」があり，産業財産権には「特許権」「実用新案権」「意匠権」「商標権」があります。

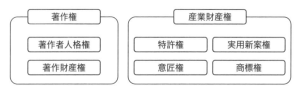

`5-4-1` 知的財産権

### 著作権

「著」とは書きあらわすことです。今まさに私はこの本を著しているわけですが，そういった**創作物に自動的に付与**されるのが**著作権**です。特にどこかに届け出る必要はありません。そのため著作権が侵害されたと知った場合には自分で行動を起こし，著作権が付与されていることを証明する必要があります。

　著作権には著作物に対して自動的に付与される**著作財産権**と，著作した人に自動的に付与される**著作者人格権**とがあります。著作財産権はこの本に付与されており，著作者人格権は私に付与されています。なお著作財産権は譲渡ができるので，私の子供が相続することも可能です。一方，著作者人格権は私に付与されているため譲渡，相続はできません。

　**著作権は著作者の死後 70 年間有効**です。

著作権ができた当初には存在していなかった IT 関連の創造物について，試験ではよく問われますので注意点を列挙します。

・**作成したプログラムには著作権が付与**されます。私が以前作成した顧客管理システムがあるのですが，私の死後 70 年間は著作権で保護されるはずです。実はプログラムに著作権が付与されるかどうかは長い間議論があり，認められるようになったのは比較的最近のことです。

・購入したプログラムにバグがあったり，効果的に動作させたいという理由で**修正することは許可**されています。私が作成したシステムが使いづらい場合には，ぜひ修正して使いやすくしてください。ただし，それを販売することはできません。**あくまで自分自身のためだけに修正**をすることが許可されます。

・**アルゴリズム（解法）には著作権は付与されません**。例えば，数字を大きい順に並べ替えるための効果的なアルゴリズムを新たに開発したとしても，著作権では保護されません。

・**プログラム言語そのものには著作権は付与されません**。Java や Python などのプログラミング言語は有名でよく使われていますが，これらに著作権はなく自由に誰でも使うことができます。もし，私が新たなプログラミング言語を開発したとしても著作権は発生しませんので，どんどん使って広めてください。

## 特許権

ここからは**産業財産権**についてです。産業財産権はすべて特許庁への出願が必要です。高度な発明やアイデアに対して付与される権利を**特許権**といいます。権利者はその発明を一定期間独占することができますが，**特許庁に出願して認められる必要**があります。認められるには新規性（今までになかった）が必要であり，ハードルはかなり高いといえます。

> 特許権は**出願の日から 20 年間有効ですが，延長する制度を利用することで最大で5 年間延長**することができます。特許権で保護された発明やアイデアを他者が使いたい場合には，料金を払って**ライセンス契約を結ぶことで使用できます**。

## 実用新案権

特許権よりもハードルが低い権利が**実用新案権**です。発明やアイデアに対して付与される点は同じですが，**新規性については問われません**。

## 意匠権

**意匠権**は，**量産できる製品のデザイン**に対して付与されます。なお，目に見えない部分についてのデザインに対して付与することはできません。

5章 ストラテジ

## 商標権

**商標権**はネーミングやロゴマークと，それらを使用する商品やサービスとの組み合わせに対して付与されます。

# セキュリティ関連法規 AM

セキュリティに関わる法律をいくつか学習していきます。

## サイバーセキュリティ基本法

2014(平成26)年に成立した新しい法律です。この法律では「国」「地方公共団体」「事業者」「教育機関」の責務を定め，そして「国民の努力」が定められています。つまり，国や都道府県市区町村，企業や学校などがサイバーセキュリティに関しての施策を作り，それを実施する責務があるとしています。一方で**国民に対しては努力することを求めています**。

## 不正アクセス禁止法

他人のログインIDやパスワードを使って不正にログインしたり，無断で他人に教えたりする行為を禁止しています。無断ではなく「教えていい」と言われた場合には，他人に教えても問題ありません。

## 特定電子メールの送信の適正化等に関する法律

2002年に施行された，宣伝目的の電子メールを送る際の規制を定めた法律です。同意していないにもかかわらずメールを送りつけることを禁止したり，メールの本文内に送信者に関する情報の掲載を義務付けるなどが盛り込まれています。なお，受信を許可した人にのみメールを配信できる仕組みを**オプトイン**といいます。「オプト」とは「オプション」の略であり「選択」という意味です。自ら「申し込む」ことを選択するためオプトインといいます。また勝手にメールなどを送りつけて「不要な場合には解除を選択してください」という仕組みにすることを**オプトアウト**といいます。

メールはメールアドレスさえわかれば誰でも送ることができます。以前は不要な人は解除することが前提でしたのでオプトアウト方式でしたが，迷惑メールが社会問題となりました。相手が望まない限り勝手に送ってはいけないこととなり，**現在はオプトイン方式が原則**となっています。

## プロバイダ責任制限法

**プロバイダ責任制限法**とは，例えばネット上の掲示板やブログのコメント欄に誹謗中傷のメッセージが書き込まれた場合，サーバの管理者やプロバイダ，ブログの運営者などに対する損害賠償に制限を定めるものです。つまり「サーバ管理者は悪くない」などということです。一方でプロバイダに対して，利用者の情報開示を請求する権利についても定められています。

## 個人情報保護法

**個人情報保護法**とは，個人の権利を保護するための個人情報の取り扱いに関する法律です。個人を識別できる情報や身体データなどが個人情報です。さらに**要配慮個人情報**については特に配慮が必要とされています。これは他人に公開されることで不当な差別や偏見などの不利益を被らないように特別に配慮すべき情報です。**要配慮個人情報には人種，信条，病歴，犯罪歴，犯罪の被害を被った事実，身体障害・知的障害・精神障害がある事実など**があります。なお「要配慮個人情報」と「個人情報」は区別されます。クレジットカード番号や住所などは「個人情報」です。

## 刑法の中のコンピュータに関わる法律

主に3つありますが漢字ばかりであり，非常に覚えにくいと思います。それぞれ意味と結びつけて理解しましょう。

まずは**不正指令電磁的記録に関する罪**です。「不正指令」とはマルウェアが行う命令のことです。マルウェアがパソコンに侵入すると，マルウェアがそのパソコンに対して「消せ」「通信しろ」などの不正な指令をすることになり，これを「不正指令」と表現しています。また，プログラムのことを電磁的記録と表現しています。つまり，**マルウェアのことを不正指令電磁的記録**と呼んでいます。マルウェアを正当な理由なく作ったり広めたりしてはいけません。**研究用など，正当な理由がある場合には問題ありません。**

次は**電子計算機使用詐欺**です。「電子計算機」とはコンピュータのことです。法令には「人の事務処理に使用する電子計算機に……」とあるため，特に**パソコンを使った詐欺**が該当します。法令では続いて「虚偽の情報若しくは不正な指令を与えて財産権の得喪若しくは変更に……」とありますので，金銭的なダメージを与える行為が該当します。

最後は**電子計算機損壊等業務妨害**です。「損壊等」「業務妨害」ですから，**コンピュータを壊すことで業務に影響を与えた場合**が該当します。

## 過去問にチャレンジ！ [AP-H27秋AM 問80]

　企業の Web サイトに接続して Web ページを改ざんし，システムの使用目的に反する動作をさせて業務を妨害する行為を処罰の対象とする法律はどれか。

　**ア** 刑法　　　　**イ** 特定商取引法
　**ウ** 不正競争防止法　**エ** プロバイダ責任制限法

[解説]

　コンピュータが関わり，かつ改ざんされ，かつ業務を妨害されています。「業務妨害」とつく法律があったはずです。「電子計算機損壊等業務妨害」であり，刑法に該当しますので「ア」が正解です。Web ページなどソフトウェアの改ざんも電子計算機損壊等業務妨害に該当します。

　「イ」の**特定商取引法**の「特定」とは，訪問販売や通信販売などのように**トラブルが発生しやすい取引**のことであり，そのような取引に関しての法律です。「ウ」の**不正競争防止法**は，**きちんと競争してビジネスを発展させるための法律**です。例えば，有名企業と似た名前の会社を設立することはできませんし，有名な商品と間違うようなパッケージも禁止されています。間違えて買ってもらうことを期待するのは，不正な方法で競争に参加しているとみなされるのです。

　「エ」のプロバイダ責任制限法とは誹謗中傷が書き込まれた場合に，そのブログなどのサーバ管理者やプロバイダの責任を制限したり，利用者の情報開示を請求することができるよう定めた法律です。

答え：ア

## 労働基準法

　非常に歴史が長い法律です。国家公務員の一部を除いた，日本国内のすべての労働者に適用される法律です。就業規則や労働時間などを規定し労働者を保護します。法定労働時間は**1日8時間を上限とし，1週間では合計 40 時間**と定められています。なお意外に思われるかもしれませんが，労働基準法では残業と休日労働は原則として認められていません（災害などの特別な場合を除く）。ただし労働者と使用者（経営者）との間で協定を結び，労働基準監督署に届ければ認められるようになることが，労働基準法第 36 条に規定されています。この協定を **36 協定**といい「サブロクキョウテイ」と読みます。

36 協定は 2020 年に改定されたこともあり，出題の頻度が上がることが予想されます。

なお 36 協定を届け出たとしても当然，無制限に残業をさせることはできません。残業をさせることができる時間は 2 段階構成になっています。

・基本：通常業務の範囲では月 45 時間，年 360 時間まで残業が可能です。

・**特別条項**：特別な場合については月 100 時間，年 720 時間までです。特別な場合とは，**予見することができない業務量の大幅な増加があった場合**などです。

### 労働者派遣法

　派遣労働者の権利を保護する法律です。派遣先と派遣元の企業とで派遣契約を結びます。派遣契約では労働者の作業場所，派遣期間などを定めます。システム開発の場合にはプログラマやシステムエンジニアが派遣先の企業を作業場所として毎日そこへ通うことが一般的です。派遣先の企業が作業場所になる以上，そこで命令を受けることになります。

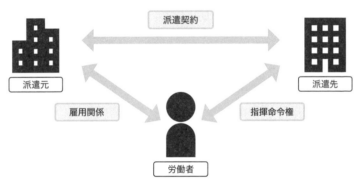

5-4-2 労働者派遣契約のイメージ

　雇用されている会社の目が届きにくいため，派遣労働者は労働環境が悪くなりがちです。そのため**労働者派遣法では特に厳しく労働環境の管理が規定**されています。

## 取引に関する契約形態 AM

### 請負契約

　労働者を他の企業に派遣する派遣契約以外に，よくある契約形態として**請負契約**があります。これは企業 A が企業 B に対して仕事の完成を依頼する契約です。システム開発の場合には，例えば販売管理システムの開発を企業 A に依頼する場合にこの請負契約になります。派遣契約はプログラマやシステムエンジニアが他社に派遣されることになりますが，請負契約の場合には派遣はされません。そのため**指**

**揮命令権は通常の雇用関係と同じく，雇用されている会社**にあります。

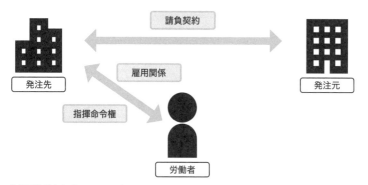

`5-4-3` 請負契約のイメージ

5章｜ストラテジ

　なお請負契約の場合には，著作権について注意が必要です。もし私があなたに販売管理システムの開発を請負契約で依頼したとします。**完成したシステムの著作権はあなたに付与される**ことになります。これはかなり意外ではないかと思います。そこで契約書に「著作権は依頼主に帰属する」旨を明記することが一般的です。

## 準委任契約

　**準委任契約**は請負契約とは異なり，仕事の完成を約束するものではありません。ある作業に従事することを依頼する契約であり，成果物は求められません。その点は派遣契約と似ているのですが，指揮命令権は雇用されている会社にあります。「準」がつかない**委任契約**は，弁護士業務のような法律行為に関する事務を依頼する場合の契約です。そのためシステム開発に関しては準委任契約となります。

　労働基準法で定める36協定において，あらかじめ労働の内容や事情など を明記することによって，臨時的に限度時間の上限を超えて勤務させること が許される特別条項を適用する36協定届の事例として，適切なものはどれ か。

　　ア　商品の売上が予想を超えたことによって，製造，出荷及び顧客サービ
　　　　スの作業量が増大したので，期間を3か月間とし，限度時間を超えて
　　　　勤務する人数や所要時間を定めて特別条項を適用した。
　　イ　新技術を駆使した新商品の研究開発業務がピークとなり，3か月間の
　　　　業務量が増大したので，労働させる必要があるために特別条項を適用
　　　　した。
　　ウ　退職者の増加に伴い従業員一人当たりの業務量が増大したので，新規
　　　　に要員を雇用できるまで，特に期限を定めずに特別条項を適用した。
　　エ　慢性的な人手不足なので，増員を実施し，その効果を想定して1年間
　　　　を期限とし，特別条項を適用した。

**[解説]**

　特別条項は，予見できなかった業務量の増加によってどうしても人手が不 足してしまい，経営に悪影響を及ぼしてしまう場合に限り適用される残業の 上限時間についての規定です。選択肢では「ア」のみが予見できない業務量 の増加についての説明となっていますので，これが正解です。「イ」「ウ」は 予見が可能かと思われますし，「エ」は慢性的ですから特別条項は適用されま せん。

答え：ア

**Q 午後の解答力UP！**　　　　　　　　　　　　　　　　　　　　　　　　解説は次ページ ▶▶

ある商品のテストマーケティングを行いたいのですが，他社によるアイデアやネーミングの模倣が
心配です。そのリスクに対処するための法的な対策は何が考えられますか？

# 確認問題

**問題1** ［AP-R5春AM 問76］

原価計算基準に従い製造原価の経費に参入する費用はどれか。

ア 製品を生産している機械装置の修繕費用
イ 台風で被害を受けた製品倉庫の修繕費用
ウ 賃貸目的で購入した倉庫の管理費用
エ 本社社屋建設のために借り入れた資金の支払利息

**問題2** ［AP-R4秋AM 問78］

A社は顧客管理システムの開発を，情報システム子会社であるB社に委託し，B社は要件定義を行った上で，ソフトウェア設計・プログラミング・ソフトウェアテストまでを，協力会社であるC社に委託した。C社では自社の社員Dにその作業を担当させた。このとき，開発したプログラムの著作権はどこに帰属するか。ここで，関係者の間には，著作権の帰属に関する特段の取決めはないものとする。

ア A社　　イ B社　　ウ C社　　エ 社員D

**問題3** ［AP-H29春PM 問2］

> 【エリア1】
> セルフ型について

A社グループは，セルフサービス方式（以下，セルフ型という）のコーヒー店チェーンを全国展開するA社と，ファミリーレストランチェーンを展開するA社の子会社で構成される大手の外食グループである。セルフ型は，顧客回転率を上げて来客数を増やすために，店舗の立地環境が他の業種に比べて重要である。A社は，長年にわたって出店数を増加させ続けたことによって，駅前やオフィス街を中心に約900の直営コーヒー店舗を展開してきた。主な顧客は会社員や学生である。

喫茶店市場では縮小傾向が続いているが，A社は長年業界トップグループの位置を維持している。しかし，コンビニエンスストアが安価でおいしいコーヒーの販売を開始したので，対抗策として新機軸の戦略を打ち出すことにした。

**A 午後の解答力UP! 解説** --------
特許や商標などを取得することで対策ができます。

〔B社との比較による現状確認〕

現状を確認するために，A社と同じセルフ型コーヒー店チェーンを運営するB社をベンチマークとして比較検討を行った。B社は，海外の最大手コーヒー店チェーン運営会社と日本国内において独占的にフランチャイズ契約を結び，全て直営で約600店舗を展開している。A社と出店地域は似ているが，B社はおしゃれな雰囲気や全席を禁煙とすることで，若者や女性の支持を得ている。コーヒーの単価はA社よりも5割程度高い。前年度末のA社（コーヒー店チェーン事業単体）とB社の貸借対照表，損益計算書，及び諸指標の比較を表1～4に示す。

表1　A社の貸借対照表
（単位：百万円）

| (資産の部) | | (負債の部) | 15,000 |
|---|---|---|---|
| 流動資産 | 31,000 | 流動負債 | 11,000 |
| 　現金及び預金 | 22,000 | 　買掛金 | 4,000 |
| 　売掛金 | 4,000 | 　その他 | 7,000 |
| 　有価証券 | - | 固定負債 | 4,000 |
| 　棚卸資産 | 2,000 | | |
| 　繰延税金資産 | 1,000 | (純資産の部) | 58,000 |
| 　その他 | 2,000 | 株主資本 | 58,000 |
| 固定資産 | 42,000 | 　資本金 | 7,000 |
| 　有形固定資産 | 26,000 | 　資本剰余金 | 17,000 |
| 　無形固定資産 | 1,000 | 　利益剰余金 | 34,000 |
| 　投資その他資産 | 15,000 | | |
| 資産合計 | 73,000 | 負債・純資産合計 | 73,000 |

表2　B社の貸借対照表
（単位：百万円）

| (資産の部) | | (負債の部) | 16,000 |
|---|---|---|---|
| 流動資産 | 20,000 | 流動負債 | 13,000 |
| 　現金及び預金 | 11,000 | 　買掛金 | 2,000 |
| 　売掛金 | 3,000 | 　その他 | 11,000 |
| 　有価証券 | 2,000 | 固定負債 | 3,000 |
| 　棚卸資産 | 2,000 | | |
| 　繰延税金資産 | 1,000 | (純資産の部) | 28,000 |
| 　その他 | 1,000 | 株主資本 | 28,000 |
| 固定資産 | 24,000 | 　資本金 | 5,000 |
| 　有形固定資産 | 10,000 | 　資本剰余金 | 7,000 |
| 　無形固定資産 | 1,000 | 　利益剰余金 | 16,000 |
| 　投資その他資産 | 13,000 | | |
| 資産合計 | 44,000 | 負債・純資産合計 | 44,000 |

表3　A社とB社の損益計算書
（単位：百万円）

| | A社 | B社 |
|---|---|---|
| 売上高 | 72,000 | 79,000 |
| 売上原価 | 32,000 | 23,000 |
| 　売上総利益 | 40,000 | 56,000 |
| 販売費及び一般管理費 | 35,000 | 49,000 |
| 　人件費 | 12,000 | 21,000 |
| 　賃借料及び水道光熱費 | 10,000 | 19,000 |
| 　その他 | 13,000 | 9,000 |
| 　営業利益 | 5,000 | 7,000 |
| 営業外収益 | 400 | 200 |
| 営業外費用 | 100 | 100 |
| 　経常利益 | 5,300 | 7,100 |
| 特別利益 | 300 | 300 |
| 特別損失 | 700 | 800 |
| 　税金等調整前当期純利益 | 4,900 | 6,600 |
| 法人税等の税金　等 | 2,100 | 2,800 |
| 　当期純利益 | 2,800 | 3,800 |

表4　A社とB社の諸指標の比較

| 指標 | A社 | B社 |
|---|---|---|
| 自己資本比率（%） | 79.5 | 63.6 |
| 流動比率（%） | a | (省略) |
| 固定比率（%） | 72.4 | 85.7 |
| 総資本回転率（回） | 0.99 | 1.80 |
| 固定資産回転率（回転） | b | (省略) |
| ROE(%) | 4.8 | 13.6 |
| ROA (%) | c | (省略) |
| 売上高総利益率（%） | 55.6 | 70.9 |
| 売上高営業利益率（%） | 6.9 | 8.9 |
| 売上高経常利益率（%） | 7.4 | 9.0 |
| 売上高当期純利益率（%） | 3.9 | 4.8 |
| 店舗平均売上高（千円／年） | 77,000 | 130,000 |
| 店舗数（店） | 935 | 606 |
| 店舗平均席数（席） | 42 | 76 |
| 店舗平均来店客数（人／日） | 703 | 635 |

安全性の視点から見ると、両社とも自己資本比率、流動比率が高く、固定比率は低い。さらに、固定負債額も小さいので、短期、長期ともに問題がないといえる。

収益性の視点から見ると、両社の売上高総利益率の差が大きい。A社は、世界中の主要生産地からコーヒー豆を買い付け、直火式焙煎を大量に行う仕組みを確立している。コーヒー豆の品質管理を徹底することで、おいしいコーヒーを提供することができ、それが顧客満足の向上につながっている。しかし、このためのコストに対し、コーヒーの単価を低く設定しているので、売上高総利益率が低くなっている。

一方、B社は提携している海外のコーヒー店チェーン運営会社からコーヒー豆を安価で仕入れている。

A社は、安価な商品による売上を、出店数の多さ、人件費の低さ、顧客回転率の高さで補うことで利益を生み出すビジネスモデルであることを再認識した。しかし、A社はこれらに過剰に依存せず、新たな方法で営業利益率を向上させることが必要であると感じていた。

経営の効率性の視点から見ると、ROEで大きな差が出ている。ROEは、自己資本比率、売上高当期純利益率及び　d　に分解できるが、売上高当期純利益率と　d　はA社の方が低い。

**【エリア3】
ロードサイド型について**

〔ロードサイド型店舗の出店検討〕

A社の子会社の事業であるファミリーレストランの市場規模は、低価格競争、大量出店戦略の限界によって縮小傾向にあり、A社の子会社も売上高が減少して苦戦していた。一方、コーヒー店チェーンを運営するC社は、ロードサイド型と呼ばれる幹線道路の沿線での出店を促進し、売上を伸ばしていた。セルフ型に比べて顧客1人当たりの平均売上単価（以下、客単価という）は高く、広い空間でゆっくりとくつろげる独自のサービス形態で、特に家族連れやシルバー層に人気があった。C社は全て直営で約300店舗を展開し、売上高営業利益率は約10%であった。

A社は、C社の事例を参考にし、子会社が運営するファミリーレストランをロードサイド型のコーヒー店に業態変更する検討を始めた。ロードサイド型の出店は、商圏は広いが、潜在顧客数が駅前などのセルフ型店舗よりも少ないので、売上高と営業利益を拡大するためには客単価を上げる必要があった。そこで、一手間加えた軽食メニューを充実させることで他社との差別化を図ろうと、従来のファミリーレストランで採用していたセントラルキッチン方式から、店舗調理方式に切り替えることにした。切替後の運用コストについては、大きく増加しないことを確認済みである。

**【エリア4】**
**バランススコアカード**

〔バランススコアカード戦略マップの作成〕

売上高と営業利益を拡大するために，新たな事業戦略を次のとおり策定した。

・ファミリーレストラン事業を客単価が高いロードサイド型コーヒー店に業態変更する。

・ゆっくりとくつろげる空間を提供する。

・おいしいコーヒーと，店舗調理方式による一手間加えた軽食によって，顧客満足を高める。

過去に事業戦略を策定した際は，その事業戦略が書かれた資料を店舗の責任者に送付しただけだったので，店舗の従業員まで十分に浸透せず，事業戦略に基づいた現場の活動につなげることができなかった。今回は，店舗の従業員まで浸透させることが重要であると考えた。

次に，新たな事業戦略を実現する手段を可視化するために，図1に示す，子会社を含めたA社グループのバランススコアカード（以下，BSCという）戦略マップを作成した。

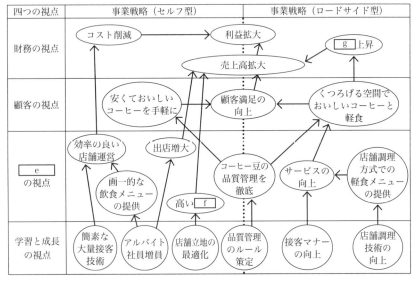

図1　A社グループのBSC戦略マップ

BSC戦略マップを作成することで，①既にレストランの店舗を保有していること，レストラン事業で得たロードサイド型店舗の運営ノウハウがあること，実務経験がある従業員を引き続き雇用できることなど，今回の業態変更にはA社グループならではの強みがあることを確認できた。

次に，BSC戦略マップを基に全社のCSF(重要成功要因)とKPI(重要業績評価指標)を設定した。さらに，これらの②BSC戦略マップ，CSF及びKPIを基に，店舗の従業員を巻き込んだ店舗ごとのアクションプランを策定するように，全てのロードサイド型店舗の責任者に指示した。

設問1 〔B社との比較による現状確認〕について，(1)，(2)に答えよ。

(1) 表4中の ┃ a ┃ ～ ┃ c ┃ に入れる適切な数値を求めよ。答えは小数第2位を四捨五入して，小数第1位まで求めよ。ここで， ┃ c ┃ の算出において，利益は当期純利益を用いること。

(2) 本文中の ┃ d ┃ に入れる適切な字句を答えよ。

設問2 〔バランススコアカード戦略マップの作成〕について，(1)～(4)に答えよ。

(1) 図1中の ┃ e ┃ ～ ┃ g ┃ に入れる適切な字句を答えよ。

(2) A社グループが，ファミリーレストランからロードサイド型コーヒー店に業態変更するときの，本文中の下線①以外のA社ならではの強みを，図1の用語を使って25字以内で述べよ。

(3) A社グループがロードサイド型店舗の運営を成功させるために，学習と成長の視点のKPIとして適切なものを解答群の中から選び，記号で答えよ。

　　解答群
　　　　ア　アルバイト社員比率　　イ　客単価
　　　　ウ　顧客滞在時間　　　　　エ　従業員1人当たりの営業利益
　　　　オ　店舗従業員調理訓練時間

(4) 本文中の下線②について，ロードサイド型店舗ごとのアクションプランを策定させる狙いを30字以内で述べよ。

### 解説1　ア

「**製造原価**」とはその名の通り，製造にかかったお金です。これと似た用語に，すでに学習した「売上原価」がありました。売上原価はその製品が売れた際に加算されていきます。例えばパンを作るのに 50 円かかった場合には，そのパンが 100 個売れると売上原価は 5,000 円です。売れ残ったパンは売上原価に含みません。一方製造原価は，売れたかどうかは無関係です。製造にかかった合計金額をいいます。

原価計算基準というルールがあり，そこにどのように書かれているかです。しかし，原価計算基準を読み込むのは試験対策としては効率が悪いため，過去問題で出題されたものを基にして知識を深めましょう。

製造原価には，その**製造に使った機械の修理費用も含まれます**。そのように原価会計基準に書かれているので，そう覚えるしかありません。「ア」は正解です。

特別損失は本業ではない損失であるため，本業である製造原価には入りません。「イ」は誤りです。

「ウ」の賃貸目的で購入した倉庫は，製品の製造には無関係ですから製造原価に含まれません。

「エ」の利息は本業以外の費用であり，営業外費用に分類されます。

### 解説2　ウ

実際にシステム開発を行った会社に著作権が付与されます。問題文から C 社が行っていることがわかるので，答えは「ウ」です。これは注意が必要です。そのため契約書には「A 社に帰属する」と記述するべきです。

### 解説3

【設問1】（1）　**a:281.8**　　**b:1.7**　　**c:3.8**　　**d: 総資本回転率**

財務の指標を答える問題です。完全に知識問題であり，計算方法がわからないと解けません。a 〜 d の 4 つありますが，d はかなり特殊です。

a は A 社の流動比率の計算です。流動比率とは，流動負債に占める流動資産の割合です。しかしどちらが分子で，どちらが分母か忘れてしまうことがあります。つまり「流動負債 / 流動資産」なのか，「流動資産 / 流動負債」なのかを忘れてしまったとします。しかし今回はヒントがありました。

> 安全性の視点から見ると，両社とも自己資本比率，流動比率が高く，固定比率は低い。さらに，固定負債額も小さいので，短期，長期ともに問題がないといえる。

流動比率の計算式を思い出すためのヒント

「流動比率が高いと問題がない」とあります。つまり流動比率は高い方が良いということです。仮に「流動負債 / 流動資産」だとすると，流動負債（借金）が高いと結果も高くなり，明らかに問題です。したがって，分母と分子が逆である「流動資産 / 流動負債」であることがわかりました。このように**計算式がわからなくても本文にヒントが書かれている場合もある**ので，最後まで諦めずに解答しましょう。

表1によるとA社の流動資産は31,000で，流動負債は11,000ですので，答えは281.8181……%です。小数第2位で四捨五入するため281.8%が答えとなります。

次にbです。固定資産回転率は，分子に売上をとり分母に固定資産をとります。**「回転率」という指標はすべて分子に売上**をとりますので覚えておきましょう。そうなると，分母には「固定資産」が入ることが名前からもわかります。

同じく表1からA社の固定資産を探すと42,000とあります。売上は表3にあり72,000です。したがって，固定資産回転率は 72,000 / 42,000 = 1.71428……となります。単位は「回転」とありますから%のように100倍する必要はありません。小数第2位を四捨五入して回答とします。

cはROAです。ROAの「RO」は「リターン・オブ」です。「A」は「アセット」であり資産という意味です。持っているすべての資産を元手に，どれだけの利益を生んだかの指標になります。なお利益は「当期純利益を使う」とあるため，これを分子とします。分母はすべての資産ですので73,000です。

2,800 / 73,000 = 3.8356……% となりました。同じく小数第2位で四捨五入すると3.8%となります。

さてdはかなり難しい問題です。**午後試験は60点で合格ですから，難しい問題にあまりこだわる必要はありません。**

ROEは3つに分解できます。「自己資本比率」「売上高当期純利益率」「総資本回転率」です。これは**デュポン分析**で説明されていることですが，これを知っている受験者はかなり少ないでしょう。そのため，おそらく答えることはできなかったと思います。

一応説明します。

まず**「分解」というのは掛け算で表すことができること**をいいます。例えば100は20と5に分解できます。500は100と5に分解できます。

ROEはデュポン分析によると以下の式が成り立ちます。

### ROE = 自己資本比率の逆数 × 売上高当期純利益率 × 総資本回転率

自己資本比率だけは逆数となっていますので注意してください。では一つひとつ式にしてみます。

・自己資本比率 = 自己資本 / 総資本
・売上高当期純利益率 = 純利益 / 売上高
・総資本回転率 = 売上高 / 総資本

これをROEの式に当てはめます（自己資本比率は逆数）。

## ROE ＝ 総資本 / 自己資本 × 　純利益 / 売上高 × 売上高 / 総資本

　約分をしていくと「純利益 / 自己資本」だけが残り，ROE の式と一致します。これがデュポン分析での結果なのです。

　しかし，ここで説明したいのは，デュポン分析を知らなくてもそれ以外の方法でヒントを探し，少しでも正答率を上げる方法です。全問正解する必要はありません。**推理小説のように楽しみながら正答率を上げていってください。**

　まず（d）の後には「A 社の方が低い」とあります。何かを見て「低い」と判断したわけですが，どの表でしょうか。おそらく財務の指標である表 4 です。表 4 には 15 の項目しかありません。ここから選ぶことになるので，この時点で 15 択問題です。この 15 択を削っていきます。

　ROE は当然削られます。すでに出ている「自己資本比率」「売上高当期純利益率」も削ります。これで 12 択になりました。

　さて次です。ROE を分解した要素に「ROA」はなさそうな気がします。ROE は「当期純利益 / 総資本」ですが，ROA は「当期純利益 / 自己資本」です。似たような指標ですから，どちらかの構成要素にもう一方が入るというのは違和感があります。確実ではないのですが，ここは思い切って削りましょう。これで 11 択です。

　さらに削ることができる項目を探します。「自己資本を元手にどれだけ利益を上げたか」の指標に，「店舗数」が出てくるのは明らかにおかしいので削ります。また「平均席数」「平均客数」なども同じ理由で削りましょう。これで 8 択です。また A 社全体での ROE を出すのに，店舗ごとの売上である「店舗平均売上高」はおかしいのでこれも削ります。

　また「売上高当期純利益率」は分解後の要素としてすでに出ているため，「売上高総利益率」「売上高営業利益率」「売上高経常利益率」もなさそうです。これも確実ではないのですが，すべて類似した指標のようですから思い切って選択肢から外します。これで 4 択まで削ることができました。

　残ったのは「流動比率」「固定比率」「総資本回転率」「固定資本回転率」です。

　流動比率は違います。なぜなら計算してみると A 社の方が高いからです。A 社は（a）で求めた通り 281.8％ です。B 社は 153.8％ です。

　これで「固定比率」「総資本回転率」「固定資本回転率」の 3 択まで絞ることができました。ここまでくれば 33％ の確率で正解です。知識がなくても選択問題であることに気づき，できるだけ選択肢を減らして正答率を上げるよう工夫してみてください。

## 【設問 2 （1）】　e：業務プロセス　f：顧客回転率　g：客単価

　問 2 の経営戦略は，明確に問題が分類されていることが多い問題です。今回の問題はその典型例です。設問 1 で問われているのは財務の指標ですが，設問 2 ではバランススコアカードの穴埋め問題です。

（e）は知識問題です。バランススコアカードは4つの視点で戦略を練りますが、「財務」「顧客」「学習と成長」以外のもう1つは「業務プロセス」です。これが答えです。なお、業務プロセスは他に「内部ビジネスプロセス」や「内部プロセス」ともいいますが、最新のシラバスでは「業務プロセス」になっているので、一応こちらで覚えてください。

（f）はバランススコアカードの要素の穴埋めです。

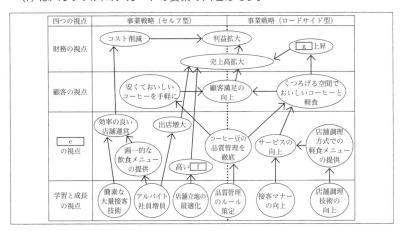

バランススコアカードを穴埋めする

　まず矢印が何を意味しているかを考えてみます。例えば「接客マナーの向上」→「サービス向上」とあります。これはおそらく「接客マナーを向上させることで、サービスが向上する」という影響を表現していると推測できます。他にも「簡素な大量接客技術」→「効率が良い店舗運営」とありますから、推測は正しそうです。空欄の箇所は「店舗立地の最適化→高い（　f　）」となっていますので「店舗立地の最適化をすると、高い（　f　）が達成できる」という表現が本文にないかを探します。探す範囲は非常に狭いはずです。なぜなら（　f　）はセルフ型の要素だからです。セルフ型は冒頭のエリア1に記述がありますから、わずか9行の中に答えがあるはずです。

A社グループは、セルフサービス方式（以下、セルフ型という）のコーヒー店チェーンを全国展開するA社と、ファミリーレストランチェーンを展開するA社の子会社で構成される大手の外食グループである。セルフ型は、顧客回転率を上げて来客数を増やすために、店舗の立地環境が他の業種に比べて重要である。A社は、長年にわたって出店数を増加させ続けたことによって、駅前やオフィス街を中心に約900の直営コーヒー店舗を展開してきた。主な顧客は会社員や学生である。

喫茶店市場では縮小傾向が続いているが、A社は長年業界トップグループの位置を維持している。しかし、コンビニエンスストアが安価でおいしいコーヒーの販売を開始したので、対抗策として新機軸の戦略を打ち出すことにした。

セルフ型に関しての解説

「顧客回転率を上げて来客数を増やすために、店舗の立地環境が他の業種に比べて重要」とあります。言い方を変えると「顧客回転率が上がると来客数が増える。そのためには店舗の立地が重要」となります。どのように影響するか、それぞれの関係を正しく理解しましょう。「店舗の立地条件→顧客回転率を上げる→来客数が増える」です。

　バランススコアカードに戻ります。「店舗立地の最適化→高い（ｆ）」の（ｆ）には「顧客回転率」が入ります。「来客数」だと辻褄が合いません。まず「高い来客数」という言葉は違和感がありますし、そもそも（ｆ）は「業務プロセスの視点」に配置されているため、仕事のやり方やその結果が入るはずです。答えは「顧客回転率」で間違いないでしょう。

　（ｇ）は「ロードサイド型」の「財務の視点」に配置されています。「くつろげる空間でおいしいコーヒーと軽食」が提供できると、何が上昇するのでしょうか？「顧客満足度」が上昇しそうですが、それはすでに記述がありますし「顧客の視点」に該当しそうです。ロードサイド型についての説明はエリア３です。このエリアから「財務の視点」に関連しそうな字句を探します。

---

〔ロードサイド型店舗の出店検討〕

　A社の子会社の事業であるファミリーレストランの市場規模は、低価格競争、大量出店戦略の限界によって縮小傾向にあり、A社の子会社も売上高が減少して苦戦していた。一方、コーヒー店チェーンを運営するC社は、ロードサイド型と呼ばれる幹線道路の沿線での出店を促進し、売上を伸ばしていた。セルフ型に比べて顧客１人当たりの平均売上単価（以下、客単価という）は高く、広い空間でゆっくりとくつろげる独自のサービス形態で、特に家族連れやシルバー層に人気があった。C社は全て直営で約300店舗を展開し、売上高営業利益率は約10%であった。

　A社は、C社の事例を参考にし、子会社が運営するファミリーレストランをロードサイド型のコーヒー店に業態変更する検討を始めた。ロードサイド型の出店は、商圏は広いが、潜在顧客数が駅前などのセルフ型店舗よりも少ないので、売上高と営業利益を拡大するためには客単価を上げる必要があった。そこで、一手間加えた軽食メニューを充実させることで他社との差別化を図ろうと、従来のファミリーレストランで採用していたセントラルキッチン方式から、店舗調理方式に切り替えることにした。切替後の運用コストについては、大きく増加しないことを確認済みである。

---

ロードサイド型に関しての解説

　とにかく片っ端から抽出し、下線を引きました。このうち「売上高拡大」「利益拡大」はすでにバランススコアカードに書かれていますから、それ以外となるでしょう。そして「○○によって○○上昇」に関係がありそうなのは「客単価」しかありませんから、これが答えになります。

【設問2 (2)】 コーヒー豆の品質管理を徹底していること

　A社はすでにファミリーレストランを運営しています。そんなA社がロードサイド型コーヒー店に業態変更すると，どんな強みがあるかという問題です。もし私がロードサイド型コーヒー店を始めるとすると，負債を抱えながらリスクを負った経営をすることになります。しかしA社はすでに店舗が存在しており，ノウハウもあり，従業員もいるわけですから，ここは明らかな強みです。ただし，それ以外の強みを答えるのが問題です。

　ではヒントはどこにあるのでしょうか。これは設問に書かれています。「図1の用語を使って25字以内で述べよ。」です。もし「抜き出せ」「書き出せ」であれば，バランススコアカードに配置されている言葉をそのまま書くことになります。しかし「使って述べよ」ですから，自分の言葉で記述する必要があります。では，どのあたりを使うのかを，まず探しましょう。

　仮に「簡素な大量接客技術」を選んだとします。しかし，これは「セルフ型」に配置されており「ロードサイド型」には無関係なことです。旧業態でのみの強みですから，A社の業態変更における強みとしては外されることになります。そう考えると「セルフ型」「ロードサイド型」の両方に配置されている真ん中の5つが該当します。「利益拡大」や「売上高拡大」や「顧客満足の向上」が業態変更をする際の強みというのは文章としておかしいため排除します。すると残るのは「品質管理のルール策定」「コーヒー豆の品質管理を徹底」の2つです。これを1つにまとめて「コーヒー豆の品質管理のルールが策定されて徹底されていること」ですと，文字数がオーバーしてしまいます。「徹底されている」が記述されていれば「策定されている」は削ってもよさそうですので，「コーヒー豆の品質管理のルールが徹底されていること」でよさそうです。模範解答では「ルール」がありませんが，あっても得点できたと思います。

【設問2 (3)】 オ

　「学習と成長」とは従業員などの能力向上のことです。能力に関することは「店舗従業員調理訓練時間」しかありません。設問1の総資本回転率が難しく，難易度のバランスをとるために，この問題は簡単なのかもしれません。問題を選ぶ際には，たった1つの問題の難易度だけを基準にしない方がよいでしょう。

【設問2 (4)】 新たな事業戦略を店舗の従業員まで浸透させるため

　②には「BSC戦略マップ，CSF及びKPIを基に，店舗の従業員を巻き込んだ店舗ごとのアクションプランを策定する」とありますが，なぜ従業員を巻き込むのかという問題です。アクションプランの策定は何も従業員を巻き込む必要はありません。経営者が作ればよいのです。そこで問題文を見てみると，実は過去に経営者が作っていたことがわかります。

> 過去に事業戦略を策定した際は，その事業戦略が書かれた資料を店舗の責任者に送付しただけだったので，店舗の従業員まで十分に浸透せず，事業戦略に基づいた現場の活動につなげることができなかった。今回は，店舗の従業員まで浸透させることが重要であると考えた。

**以前の事業戦略は経営者が作成していた**

　そして，策定した資料を店舗の責任者に送付しただけのようです。これが成功していたのなら，今回もそうしたことでしょう。しかし失敗したとあります。そこで経営者が一方的に作って送りつけるのではなく，従業員も巻き込むことにしたのです。

　失敗をしないようにそうしたのですから，失敗である「店舗の従業員まで十分に浸透せず，事業戦略に基づいた現場の活動に繋げることができなかった」あたりを教訓として答えることになるでしょう。「店舗の従業員まで十分に浸透させるため」だけだと，何を浸透させたいのかが書かれておりません。文脈からいって浸透させたかったのは「事業戦略」ですから，「事業戦略を店舗の従業員まで十分浸透させるため」でよいでしょう。

　模範解答では「新たな事業戦略」となっていますが，「新たな」はなくても得点できたと思います。

# 6章

## データ構造と アルゴリズム

応用情報技術者試験では基本情報技術者試験のようにプログラミングそのものが出題されるわけではなく，プログラミングを行うための知識が問われます。データ構造ではデータの扱い方を，アルゴリズムではやりたいことを効率的にプログラムで実現するための方法を学習します。

# 6.1

重要度 ★★★

# データ構造

大きさや色がバラバラの積み木が散らばっているとしましょう。これらを大きさや色で分けることで，整理され管理しやすくなります。コンピュータで扱うデータも分類したり関連づけたり並べたりすることで扱いやすくなります。

　この章では共通フレームにおける，ソフトウェア構築のフェーズで必要となる知識について学習します。

`6-1-1` アルゴリズムはソフトウェア構築で必要となる知識

　この節ではまずデータの持ち方を学習します。

## リスト　AM

　順序付いたデータの構造を**リスト**といいます。順序が設定されているということは「この次はこれ」というように，データに前後関係があることを意味しています。
　例えば「太郎」「次郎」「三郎」という3つのデータに前後関係があると，兄弟を生まれた順番に表現することができます。また「北海太郎」「東京一郎」「大阪次郎」に順序の情報が付与されていると，入社順を表現することができます。このようにデータを管理する上で順序というのは非常に役立つ情報です。

### 配列

　配列は複数のデータを連続して並べたシンプルな構造です。

| 添字 | | | | | | |
|---|---|---|---|---|---|---|
| 0 | 1 | 2 | 3 | 4 | 5 | 6 |
| 北海太郎 | 東京次郎 | 大阪三郎 | 福岡四郎 | | | |

6-1-2 配列の例

それぞれのデータには番号を指定してアクセスすることができます。この番号を**添字**や**インデックス**といいます。なお実際のプログラミング言語の多くでは添字は0から開始されますが，問題によっては1から開始される場合もあります。

プログラムで配列を扱う際には下のように記述します。ただし，試験では実際のプログラムについて問われることはないため，ここではイメージだけつかんでください。

```
public static void main(String[ ] args) {
    String[ ] Name = new String[8];
}
```
8個の領域を予約

6-1-3 Java での配列の扱い方

このように Java で**配列を扱うには，あらかじめ数を指定する**必要があります。数を指定することで内部では何が起きているのでしょうか？　内部の動作についてはコンピュータシステムの章でしっかりと学習しますが，少しだけ先取りして主記憶装置について見てみます。

**主記憶装置**は**メインメモリ**または単に**メモリ**とも呼ばれ，文字通りデータやプログラムを記憶するための装置です。パソコンのカバーを開けると簡単に目視することができます。

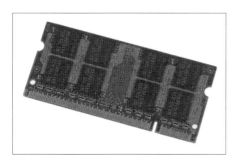

6-1-4 主記憶装置

プログラムで配列を使う旨の宣言をすると，主記憶装置上の記憶領域に指定した分の領域が予約されます。

主記憶装置の記憶領域は1バイト（8ビット）ごとに区切られ，それぞれに住所が割り振られます。これをメモリアドレスや番地と呼びます。

配列の先頭が仮に100番地だとすると，そこから101番地，102番地，103番地というように番地が順番に振られます。なお，バイトやビットについては後の章で詳しく学習しますので，今の段階ではわからなくても結構です。

配列として100番地から8個の領域を予約

| 98 | 99 | 100 | 101 | 102 | 103 | 104 | 105 | 106 | 107 | 108 | 109 |
|---|---|---|---|---|---|---|---|---|---|---|---|
| | | | | | | | | | | | |

6-1-5 主記憶装置上に配列として使用する領域が予約された

このように「次のデータはどこか？」と悩む必要がまったくありません。「100番地の5つ後ろ」は必ず105番地だからです。このように単純な足し算だけでアクセスしたいデータの番地を知ることができます。そのためプログラムでも添字を指定したデータへのアクセスは容易です。

```
public static void main(String[ ] args) {
    String[ ] Name = new String[8];
    Name [0] = " 北海太郎 ";    ← 添字の0番目に「北海太郎」を保存
    Name [1] = " 東京次郎 ";
    Name [2] = " 大阪三郎 ";
    Name [3] = " 福岡四郎 ";
    System.out.println(Name[2]);
}
                    添字の2番目のデータを表示
```

6-1-6 Javaで添字を使って配列の要素にアクセスをした

このように配列のメリットは参照のしやすさです。一方でデメリットは，あらかじめ領域を予約しておかなければならないため無駄が発生する可能性があることです。またデータの挿入や削除も容易ではありません。挿入したい場合には，以下のようにすべてのデータを一つひとつずらしていき，場所を空けてからデータを上書きする必要があります。

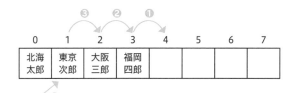

**6-1-7** 添字1にデータを挿入する場合にはそれ以降のデータをずらしていく

　同様にデータを削除した後も一つひとつ隙間を詰める必要があります。この操作は通常，自分でプログラムを記述します。

　なお，この後に学習する「流れ図」などでも，配列を使った問題が出題されています。例えば**「Name配列の添字3の要素」を参照するには，Name[3]と記述**します。

　また配列は表形式で扱うこともできます。

| | 0 | 1 | 2 | 3 | 4 |
|---|---|---|---|---|---|
| 0 | 北海太郎 | 東京次郎 | 大阪三郎 | 福岡四郎 | 横浜五郎 |
| 1 | 北海花子 | 東京春子 | 大阪夏子 | 福岡秋子 | 横浜冬子 |
| 2 | 福岡一郎 | 京都二郎 | 神戸夏子 | 広島花美 | 千葉花代 |

**6-1-8** 配列は表形式で扱うこともできる

　これを**2次元配列**といいます。表形式ですから，ある要素を参照するには縦と横を指定する必要があります。例えば**2次元配列であるName内の「縦の添字が2，横の添字が4」である要素を取得するにはName[2][4]またはName[2, 4]と記述**します。このように2次元配列は「縦，横」の順番で記載します。

> 3次元配列や4次元配列なども可能ですが，出題されるのは多くても2次元配列までだと思います。

2次元配列 A[i, j]（i, j はいずれも 0～99 の値をとる）の i＞j である要素 A[i, j] は全部で幾つか。

ア 4,851　　イ 4,950　　ウ 4,999　　エ 5,050

[解説]

添字の開始は 0 の場合と 1 の場合がありますので，問題文にある指定を見逃さないようにしましょう。今回は 0 から開始するようです。

2次元配列は表形式ですから以下のようになります。

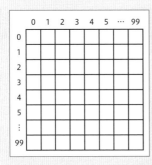

縦 100 ×横 100 の 2 次元配列の例

要素数は全部で 100 × 100 = 1万です。出題では全部ではなく「添字 i が添字 j よりも大きいものだけ」という条件になっています。2次元配列では縦横の順番で添字を指定しますので「縦の添字は横の添字よりも大きい」という条件になります。

まず j（横の添字）が 0 の場合に，条件にあてはまる i（縦の添字）はいくつあるかを考えます。「i は j よりも大きい」という条件ですから，i は 1～99 の範囲であり 99 個です。

同じようにして j が 1 の場合で考えると，i は 2～99 の範囲であり 98 個です。

このように j が増えるごとに i は減っていきます。したがって 99 + 98 + 97 + 96 +……2 + 1 + 0 を計算します。

ただし，時間がかかるため数値を 99+0 + 98+1 + 97+2 +……のように入れ替えて計算をしやすくします。99 が 50 セットあることがわかりますので99 × 50 = 4,950 となり，答えはイです。

答え：イ

## 連結リスト

**配列に比べ挿入や削除がしやすいデータ構造が連結リスト**です。連結リストは配列のようにあらかじめ領域を予約する必要がありません。また，それぞれのデータは，隣のデータの番地を示す**ポインタ**を持ちます。

先頭ポインタ

先頭は 102

| 98 | 99 | 100 | 101 | 102 | 103 | 104 | 105 | 106 | 107 | 108 | 109 |
|----|----|-----|-----|-----|-----|-----|-----|-----|-----|-----|-----|
|    | 大阪<br>三郎 |  | 東京<br>次郎 | 北海<br>太郎 |  |  |  | 福岡<br>四郎 |  |  |  |
|    | 次は106 |  | 次は99 | 次は101 |  |  |  |  |  |  |  |

ポインタ

**6-1-9** 連結リストの例

データは主記憶装置内にバラバラに保存されますが，**ポインタで「隣はどこか」が示されます**。この仕組みにより，適当な場所にデータが保存されていても連続した値を扱うことができるため，あらかじめ領域の予約が不要です。

仮に「福岡四郎」の後ろに「北海花子」を追加したいとします。どこか空いている番地に「北海花子」を保存して「福岡四郎」のポインタに「北海花子」の番地を設定するだけで追加が完了します。

データを追加

先頭ポインタ

先頭は 102

| 98 | 99 | 100 | 101 | 102 | 103 | 104 | 105 | 106 | 107 | 108 | 109 |
|----|----|-----|-----|-----|-----|-----|-----|-----|-----|-----|-----|
| 北海<br>花子 | 大阪<br>三郎 |  | 東京<br>次郎 | 北海<br>太郎 |  |  |  | 福岡<br>四郎 |  |  |  |
| 次は106 | 次は99 |  | 次は101 |  |  |  |  | 次は98 |  |  |  |

ポインタを追加

**6-1-10** リストの最後のデータを追加

最後ではなく**途中に追加する場合にも，ポインタの書き換えだけ**で済みますから効率的です。配列のように，それ以降のデータをすべてずらしていく必要はありません。なお先頭データの番地は，また別に管理している**先頭ポインタ**で示されます。

また**末尾ポインタ**を用意すると，さらに効果的です。連結リストは配列と違いポインタをたどらなければデータにアクセスできません。上の例ですと，最後のデータにアクセスするために「102 → 101 → 99 → 106 → 98」と最初からたどる必要がありますが，末尾ポインタがあると最後の番地にすぐアクセスすることができます。

今説明したように，それぞれのデータに「次の番地」だけをポインタとして持っている連結リストを**単方向リスト**といい，さらに「前の番地」のポインタも持った連結リストを**双方向リスト**といいます。

---

### 過去問にチャレンジ！［AP-R1秋AM 問6］

　先頭ポインタと末尾ポインタをもち，多くのデータがポインタでつながった単方向の線形リストの処理のうち，先頭ポインタ，末尾ポインタ又は各データのポインタをたどる回数が最も多いものはどれか。ここで，単方向のリストは先頭ポインタからつながっているものとし，追加するデータはポインタをたどらなくても参照できるものとする。

　**ア**　先頭にデータを追加する処理
　**イ**　先頭のデータを削除する処理
　**ウ**　末尾にデータを追加する処理
　**エ**　末尾のデータを削除する処理

---

### ［解説］

　単方向リストとは先ほど説明したように，次の番地を指し示すだけの方式です。双方向リストでは「次の番地」に加え「前の番地」も保持します。解説の前に但し書きについて見てみましょう。

#### ・単方向のリストは先頭ポインタからつながっている

　先頭ポインタから開始し，データをポインタでたどっていけることをいっていますから，連結リストの基本的な機能のことです。連結リストの知識がある場合には，特に気にする必要はありません。

#### ・追加するデータはポインタをたどらなくても参照できる

　これから追加しようとするデータもどこか他の番地に存在していますが，その参照はカウントしないことを意味しています。

　下のようなデータ構造になっている前提で，それぞれの選択肢における「たどる回数」をカウントしてみましょう。なお問題文にある「たどる」とは「道に沿って目指す方向に進む（広辞苑）」ことです。

先頭ポインタ　　　末尾ポインタ
先頭は 102　　　　末尾は 98

| 98 | 99 | 100 | 101 | 102 | 103 | 104 | 105 | 106 | 107 | 108 | 109 |
|---|---|---|---|---|---|---|---|---|---|---|---|
| 北海花子 | 大阪三郎 | | 東京次郎 | 北海太郎 | | | | 福岡四郎 | | | 横浜五郎 |
| | 次は106 | | 次は99 | 次は101 | | | | 次は98 | | | |

リスト構造の例

　では一つひとつ選択肢を見ていきたいのですが、「たどる」のカウントは少々わかりづらいと思います。そこで上のイラストを地図だと考え、広辞苑の説明通り目指す方向に何度進むかを数えましょう。

　「ア」は先頭にデータを追加する処理です。現在の先頭は何番地にあるでしょうか？　先頭ポインタを見ると「102」とあります。このように先頭の番地を知った行為は「見た」であり、「たどる」にはカウントしません。

　102 番地のデータである「北海太郎」の前に「横浜五郎」を追加することを考えます。「横浜五郎」は 109 番地にありますが「横浜五郎」のポインタを 102 にし、先頭ポインタを 109 に変更することで「横浜五郎」が先頭になりました。なお「横浜五郎」に移動することは「たどる」には該当しません。なぜなら、但し書きで「追加するデータ（横浜五郎のこと）はポインタをたどらなくても参照できる」とあるためです。また、何かを見て移動したわけではないため、たどる（目指す方向に進む）にはなりません。

| | 先頭ポインタ | | 末尾ポインタ | | | | | | | |
| | 先頭は 102 109 | | 末尾は 98 | | | | | | | |

| 98 | 99 | 100 | 101 | 102 | 103 | 104 | 105 | 106 | 107 | 108 | 109 |
|---|---|---|---|---|---|---|---|---|---|---|---|
| 北海花子 | 大阪三郎 | | 東京次郎 | 北海太郎 | | | | 福岡四郎 | | | 横浜五郎 |
| | 次は106 | | 次は99 | 次は101 | | | | 次は98 | | | 次は102 |

先頭にデータを追加した後

　この流れでたどった回数は 0 です。

　「イ」は先頭のデータ削除です。先頭の削除は先頭ポインタの変更で実現します。現在は 102 になっている先頭ポインタを新しい先頭の番地に変更する必要があります。では新しい先頭の番地はなんでしょうか？　すぐにはわかりません。なぜなら新しい先頭は、現在は 2 位の位置にいるからです。2 位を知るにはたどる必要があります。「先頭ポインタ→ 102 番地」とたどり、これでやっと 102 番地にアクセスできましたので、ポインタを見ることができます。どうやら「次は 101」とあるので、2 位は 101 番地のようです。先頭ポインタを 101 に書き換えることで先頭の削除が実現できました。たどった回数は 1 回です。

　「ウ」は末尾への追加です。現在の末尾の番地は末尾ポインタに書かれています。末尾ポインタの値を見るだけでは「たどる」とは言いませんので、カウントせずに「98」を知ることができました。次にこの 98 番地のデータのポインタに「新しい末尾」の番地をセットする必要があります。では 98 番地に進みましょう。これは「たどる」としてカウントします。98 番地のポインタに「次は 109」を設定してから、末尾ポインタに 109 を設定して完了です。たどった回数は 1 です。

| | | | | | | | | | | | |
|---|---|---|---|---|---|---|---|---|---|---|---|
| 98 | 99 | 100 | 101 | 102 | 103 | 104 | 105 | 106 | 107 | 108 | 109 |
| 北海花子 | 大阪三郎 | | 東京次郎 | 北海太郎 | | | | 福岡四郎 | | | 横浜五郎 |
| 次は109 | 次は106 | | 次は99 | 次は101 | | | | 次は98 | | | |

**先頭は 102**　　　　**末尾は 98**

末尾にデータを追加した後

「エ」は末尾の削除です。これはたくさんたどる必要があります。なぜなら削除するデータの直前のデータを知る必要があるからです。これは先頭から順にたどっていくしかありません。上の例ですと,「先頭ポインタ→ 102 番地→ 101 番地→ 99 番地→ 106 番地」です。106 番地のポインタは「98」となっており末尾ポインタと一致しました。そのためさらに「106 番地→ 98 番地」とたどる必要はありませんので,たどった回数は 4 であり「エ」が正解です。

ただし,このように正しくカウントしなくても「たくさんたどる必要がありそう」という感覚だけでも解答できるでしょう。

このように末尾ポインタがあることで,末尾へ追加する際のたどる回数が 1 回で済んでいます。しかし,末尾を削除する際の効率化まではできていません。

**答え：エ**

## キューとスタック AM

### キュー

**キュー**は**待ち行列**とも表現されます。以下はキューにデータを「北海太郎」「東京次郎」「大阪三郎」「福岡四郎」の順番に入れた例です。

```
Queue<String> queue = new ArrayDeque<>();
queue.add("北海太郎");
queue.add("東京次郎");
queue.add("大坂三郎");
queue.add("福岡四郎");
```

**6-1-11** Java でキューを扱った例

配列では添字を指定してデータを取り出しました。リストはたどって目的のデータを取り出しました。キューは**入れた順に取り出すことしかできません**。そのため「何番目を取り出す」という指定はできません。

```
System.out.println(queue.poll( ));    北海太郎が表示される
System.out.println(queue.poll( ));    東京次郎が表示される
```

6-1-12 Java でキューから取り出した例

　最初の取り出し操作では先頭のデータが取り出されます。取り出した後は削除され，2番目のデータが先頭になります。このように入れた順番でしか取り出すことができないのがキューの特徴です。

一見すると不便ですが「先頭からしか取り出せない」という制限が必要な場面では非常に便利です。例えば，プリンタから印刷するときには先頭から印刷が開始されるはずです。このように割込みを認めず，必ず先頭から処理を行いたい場合に便利です。

　なお，キューは **FIFO**（First-In-First-Out）方式と説明されます。FIFO は最初に入ったデータが最初に取り出されることを意味しています。

## スタック

　**スタック**は **LIFO** と説明されます。これは「Last-In-First-Out」の略であり，最後に入ったデータが最初に取り出されます。以下はスタックにデータを「北海太郎」「東京次郎」「大阪三郎」「福岡四郎」の順番に入れて，そのあと2回取り出した例です。

```
public static void main(String[ ] args) {
    Queue<String> queue = new ArrayDeque<>( );

    queue.add(" 北海太郎 ");
    queue.add(" 東京次郎 ");
    queue.add(" 大阪三郎 ");
    queue.add(" 福岡四郎 ");

    System.out.println(queue.poll(stack));    福岡四郎が表示される
    System.out.println(queue.poll(stack));    大阪三郎が表示される
}
```

6-1-13 Java でスタックを扱った例

　キューとは逆に後に入れたデータから先に取り出されます。スタックはブラウザの戻るボタンの操作でも使用されます。ページ A →ページ B →ページ C →ページ D の順にページを見たとして，「戻る」ボタンをクリックすると最後に入った「ページ C」が取り出されます。

　なお**スタックにデータを入れる操作をプッシュといい，取り出す操作をポップ**といいます。

A，B，C の順序で入力されるデータがある。各データについてスタックへの挿入と取出しを1回ずつ行うことができる場合，データの出力順序は何通りあるか。

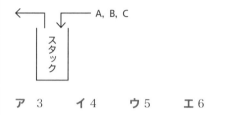

**ア** 3 **イ** 4 **ウ** 5 **エ** 6

[解説]

キューは入った順番に取り出すことしかできませんから，取り出しのパターンは1つだけです。例えば A → B → C の順で入れた場合には A → B → C の順に取り出されます。

しかしスタックの場合には複数の取り出しパターンがあります。A → B → C の順に入れた場合には C → B → A という取り出し方法しかありません。しかし以下のように A → B まで入れた時点で B を取り出し，C を入れてから2回取り出すと B → C → A の順で取り出すことになります。

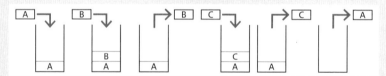

「A → B →出す→ C →出す→出す」の例

このようにいつ取り出すかのタイミングによって，さまざまな取り出しパターンがあります。

　パターン1：A → B → C →出す (C) →出す (B) →出す (A)
　パターン2：A → B →出す (B) → C →出す (C) →出す (A)
　パターン3：A → B →出す (B) →出す (A) → C →出す (C)
　パターン4：A →出す (A) → B →出す (B) → C →出す (C)
　パターン5：A →出す (A) → B → C →出す (C) →出す (B)

この5パターンです。

**答え：ウ**

## ハッシュ値 AM

　中学校の数学の授業で関数の基本を学んだことを覚えていますか？　関数はある値を入力として受け取り、それを別の値に変換して出力します。比例関数はその簡単な例で、「2倍する関数」なら100を入れると200が出力されます。

　IT分野ではよく出てくる**ハッシュ関数**も基本的には同じ仕組みです。何かを入れると、別の値に変換された何かが出てきます。ハッシュ関数にはいくつかの種類がありますが、あるハッシュ関数に「こんにちは。」を入れると「74fc9bb87652db6b8d0386248b832600」が出てきます。「おはようございます。」を入れると「73f4e3a3570ac99a5eaa0a9150806db5」が出てきます。このようにハッシュ関数によって変換された半角英数字のことを**ハッシュ値**といいます。

　ハッシュ関数には以下の特徴があります。

### 特徴1：どんな値でも、必ず同じ文字数のハッシュ値となる

　試しに、原稿のこのページの文字を全部入れると「f5e46b6eff82a6ed237e6c5bb6eb4fd2」になりました。0文字でも1億文字でも必ず同じ文字数の半角英数になります。

### 特徴2：出てきたハッシュ値から、元の値を得ることはできない

　「こんにちは。」を入れると「74fc9bb87652db6b8d0386248b832600」となりますが、その値から元の値を推測することは不可能です。このような性質を**一方向性**といいます。

### 特徴3：同じ値からは、必ず同じハッシュ値となる

　「こんにちは。」は何回入れても「74fc9bb87652db6b8d0386248b832600」となります。

### 特徴4：入力値を少しだけ変えても、ハッシュ値は大きく異なる

　「こんにちは。」は「74fc9bb87652db6b8d0386248b832600」となりますが、非常に似た「こんにちは！」は「c0e89a293bd36c7a768e4e9d2c5475a8」であり、まったく異なります。

　ハッシュ値を求めるアルゴリズムを**ハッシュアルゴリズム**といいます。これには主要なものとして古いものから順に「MD5」「SHA-1」「SHA-2」「SHA-3」などがあります。

　暗号学的ハッシュ関数における原像計算困難性,つまり一方向性の性質はどれか。

**ア**　あるハッシュ値が与えられたとき,そのハッシュ値を出力するメッセージを見つけることが計算量的に困難であるという性質

**イ**　入力された可変長のメッセージに対して,固定長のハッシュ値を生成できるという性質

**ウ**　ハッシュ値が一致する二つの相異なるメッセージを見つけることが計算量的に困難であるという性質

**エ**　ハッシュの処理メカニズムに対して,外部からの不正な観測や改変を防御できるという性質

[解説]

　おそらく「原像計算困難性」だけが提示された問題の出題はないとは思いますが,念のために一方向性と同義であると覚えておきましょう。ハッシュ値から元の値に戻すことができないという特徴があるため「ア」が正解です。説明にある通り理論的には可能なのですが,膨大な計算が必要であり実際には困難です。

　また,どんなメッセージを入れても,出てくるハッシュ値は同じ文字数であることも特徴ですが,それは一方向性とはいいませんので「イ」は間違いです。

　「ウ」もハッシュの特徴ですが,一方向性ではありません。「こんにちは。」を入れると「74fc9bb87652db6b8d0386248b832600」が出ていますが,これとまったく同じハッシュ値を得るために何を入れればよいのかを知ることは困難です。これを衝突発見困難性といいます。

　「エ」はハッシュ関数を利用した仕組みのことです。セキュリティの章でも解説しますが,ハッシュ関数を使うことで元のデータを隠すことができます。「74fc9bb87652db6b8d0386248b832600」を見ても「こんにちは。」であることを推測できない特徴を利用しています。

答え:ア

## 木構造 AM

親子関係があるデータ構造を**木構造**といいます。

`6-1-14` 部署を木構造で表現した例

　本書を逆さまに持ってみてください。「営業部」が根となる木のような形になっていることがわかると思います。「営業部」「第一営業課」などのデータを**節点**または**ノード**といいます。特に最上位のノードを**根**または**ルート**，最下層のノードを**葉**といいます。またノード間をつなぐ線を**枝**や**エッジ**といいます。

　木構造は会社の部署のような階層構造を表現するのに便利です。

　また木構造でデータを格納した場合，それを探す場面もあるはずです。例えば，部署を木構造で管理した場合「営業課はどこに属しているのか」などを探すことがあるでしょう。適当に探すのは非効率ですので，必然的にいくつかの方法に大別されることになります。まず**幅優先探索**です。これは以下の順番でデータを探す方法です。

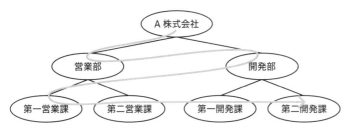

`6-1-15` 幅優先探索の探索順

「幅」というより「横」と考えた方がわかりやすいかもしれません。親子関係は無視をして，とにかく横に探していく方法です。

　そして**深さ優先探索**は以下の順番でデータを探します。反時計回りに線を引いて，線がノードの左側を通ったときにノードを参照する流れです。この探索の流れは深さ優先探索の中でも**先行順（行きがけ順）**という探索方法です。

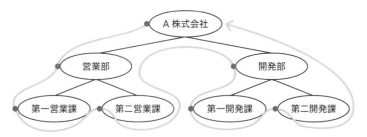

6-1-16 深さ優先探索（先行順）ではノードの左で探索（緑の丸で表現）

　ノードに到着したタイミングで，すぐにそのノードを参照します。反時計回り線を引いて，ノードの左に丸をつけてもよいでしょう。

　他にも**後行順（帰りがけ順）**，**中間順（通りがけ順）**という方法があります。

　後行順は最後にそのノードに到着するタイミングで参照します。「営業部」は3度到着していますが, 最後に参照することになります。反時計回り線を引いて, ノードの右に丸をつけてもよいでしょう。

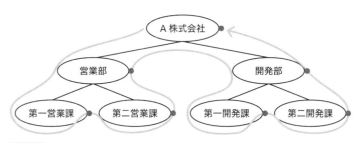

6-1-17 深さ優先探索（後行順）ではノードの右で探索

　中間順では複数回到着するうちの真ん中の到着で探索します。反時計回り線を引いて，ノードの下に丸をつけてもよいでしょう。

6-1-18 深さ優先探索（中間順）ではノードの下で探索

　ただし，これらの探索は一つひとつノードを参照するため非効率です。そこで，いくつか格納場所や構造に条件をつけることで，探索に適した形にすることができます。引き続き，探索に適した形の木構造を見ていきましょう。

## 2分木

　子の数が2つ以下に制限されている木を**2分木**といいます。また2分木のうち特に以下の条件を満たしている木を**完全2分木**といいます。

### 条件1：葉以外のノードには子が必ず2つ
### 条件2：葉の深さが同じ

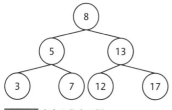

6-1-19 完全2分木の例

　また2分木に対して以下の条件でデータを格納していくと，探索が効率よくできるようになります。この条件を満たす2分木を特に**2分探索木**といいます。探索効率を上げるためのルールに従った木構造です。

### 条件1：左の子孫は自分よりも小さい
### 条件2：右の子孫は自分よりも大きい

　以下は2分探索木ではありません。

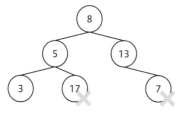

6-1-20 2分木ではあるが2分探索木ではない例

　17はその親である5よりも大きいので条件通りです。しかし8よりも大きいため条件を満たしません。8の左にあるノードはすべて8より小さくなっている必要があります。また7は13より小さいため条件を満たしません。これを訂正すると以下のようになります。

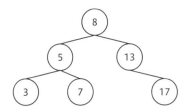

**6-1-21** 2分探索木の例

　**2分探索木の条件を満たすように格納したデータは検索効率が上がります。**例えば，6-1-21のような2分探索木から7を探すとします。まず根であるルートを参照すると8です。探したいデータである7は8よりも小さいため，左の子を参照します。左の子は5となっていますので，探したいデータは右の子にあることが決まります。このようにして6個のノードがあるにもかかわらず，わずか3回の参照で目的とするデータを見つけることができました。

　ただし，この条件を満たしても常に検索効率がよいわけではありません。例えば，下のような構造は2分探索木の条件を満たしていますが配列と同じ構造です。

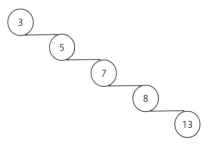

**6-1-22** いびつな2分探索木の例

　右の子や孫などはすべて3より大きいため2分探索木の条件を満たしていますが，このような構造では2分探索木の意味がありません。7を探す場合にはたまたま3回で見つかりますが，13を探す場合には5回もかかってしまいます。そこで**完全2分木の条件も満たした2分探索木にすることで，検索効率を確保**することができます。

　また，完全2分木の条件に，さらに以下の条件を追加したものを**ヒープ**といいます。

**条件：子は親より常に小さい**

　問題によっては「子は親より常に大きい」とする場合もありますが，「常に小さい」方が多いかと思います。

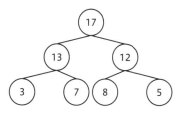

6-1-23 ヒープ木の例

　子の間での大小関係は問いません。とにかく親より子が小さければ条件を満たします。このような条件を満たすことで，最小値や最大値を見つけやすくなります。このように用途に応じて条件を満たすように値を格納していきます。

---

### 過去問にチャレンジ！ [AP-H30秋AM 問6]

　葉以外の節点はすべて二つの子をもち，根から葉までの深さがすべて等しい木を考える。この木に関する記述のうち，適切なものはどれか。ここで，木の深さとは根から葉に至るまでの枝の個数を表す。また，節点には根及び葉も含まれる。

　**ア**　枝の個数が $n$ ならば，節点の個数も $n$ である。

　**イ**　木の深さが $n$ ならば，葉の個数は $2^{n-1}$ である。

　**ウ**　節点の個数が $n$ ならば，木の深さは $\log_2 n$ である。

　**エ**　葉の個数が $n$ ならば，葉以外の節点の個数は $n-1$ である。

[解説]

「葉以外は2つの子」「深さはすべて等しい」という条件を満たす木構造を完全2分木といいます。完全2分木における枝（エッジ）や節点（ノード）の個数を答える問題です。

　先ほども使ったこの完全2分木でカウントしてみましょう。

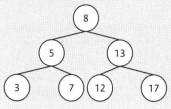

完全2分木の例

「ア」は，枝の個数と節点の個数が同じという説明です。上の例ですと，枝は6本で，節点は7であり異なっています。

「イ」は，深さと葉の個数の関係についてです。上の例ですと，深さは3で葉は4です。深さを $n$ とすると「2の3乗 − 1」は7であり，葉の個数と異なります。

「ウ」は「$n$ を節点の個数とすると深さは $\log_2 n$ で表される」という説明です。$\log_2 8$ は，2を何乗すると8になるかを表しています。そのため $\log_2 8$ は3です。今回の完全2分木では節点が7個ですから $\log_2 7$ となります。$\log_2 8$ は3ですから $\log_2 7$ はおそらく3弱でしょう。深さは3にならなければならないため「イ」は誤りです。

「エ」は葉とそれ以外の節点の個数との関係です。完全2分木は必ず葉以外の節点から2つの子が出ていますから「葉と，それ以外の節点の個数」には関係がありそうです。$n$ は葉の個数ですから4です。葉以外の節点の個数を数えると3ですから，エの説明と一致します。

**答え：エ**

最近のプログラミング言語では，大量のデータ操作も自動でやってくれます。その内部ではこの章で学習している操作を行っていますが，プログラミングの経験が豊富な人でも知らないことが多いと思います。

午後試験の「問3　プログラミング」でもあまり関わりのない知識であり，ほとんどが午前試験対策となります。

午前試験は60点で合格ですから，苦手意識がある分野にあまり時間を取られないようにしましょう。

# 流れ図

水が流れるようにプログラムは上から下に流れていきます。ただし途中で戻ったり，条件によっては迂回したり，ある範囲を繰り返したりすることができます。実際にプログラムを書く前に，プログラムの流れをイラストで書くことがあります。これが流れ図です。

　共通フレームにおけるソフトウェア詳細設計では，**流れ図**で処理の流れを記述することがあります。流れ図は**フローチャート**ともいいます。プログラムはこの流れ図を参考に作成されることがあります。

## 基本3構造　AM

　流れ図では3つの基本構造でプログラムの流れを記述します。

### 順次

　処理が上から下へ順番に流れていくシンプルな構造です。

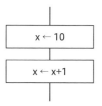

6-2-1 順次の構造

　長方形は処理を意味しています。処理に書かれている x は**変数**といいます。段ボール箱を想像してください。この段ボール箱に x という名前をつけ，データを格納できるようにしたものが変数です。変数の実体は主記憶装置上のある領域です。

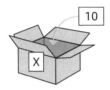

6-2-2 変数は主記憶装置上のある領域に名前をつけたもの

「x ← x + 1」は x に 1 を加算してから，結果を x に入れることになります。結果的に **x がカウントアップされる**ことになります。

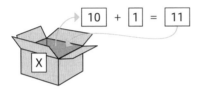

6-2-3 変数 x に 1 を足して上書きする

また「←」は以下のように「=」で記述されることもあります。「x に 10 を入れる」など言葉で説明されることもあります。

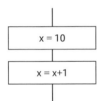

6-2-4 x に 1 を入れる場合の記述

## 選択

処理が条件により分岐する構造です。

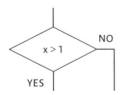

6-2-5 選択の構造

　この例ですと，x が 1 より大きい場合には真っ直ぐ下に進み，それ以外の場合には右へ進みます。また，条件は以下のように複数を組み合わせる場合もあります。AND，OR の意味はそれぞれ「両方を満たす」「どちらかを満たす」です。

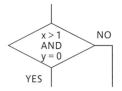

6-2-6 x が 1 を超え，かつ y が 0 の場合に YES となる例

## 繰り返し

　ある区間を処理が繰り返される構造です。**ループ**とも呼ばれます。

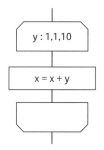

6-2-7 繰り返しの構造

　繰り返しの図形には，変数の開始値，値の変化，終了値について記述があります。これは注釈で説明されているはずですので，覚えなくても結構です。

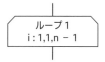

（注）ループ端の繰り返し指定は，
　　　変数名：初期値，増分，終値
　　　を示す。

6-2-8 繰り返し記述されているルールは注釈で説明されている

　上の例ですと，i が 1 から始まり，繰り返すごとに 2，3，4，5……と増えていき，n − 1 になったら繰り返しを終了します。

　ただし，問題によっては以下のように記述されている場合があります。

6
章
──
デ
ー
タ
構
造
と
ア
ル
ゴ
リ
ズ
ム

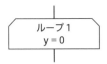

**6-2-9** 繰り返しの条件に関する注釈がない例

特に注釈がなければ，終了条件であるとみなしてください。つまり，y が 0 になれば繰り返しから抜けることになります。

繰り返しは配列と一緒に使われることも多くあります。

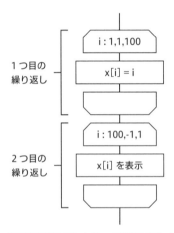

**6-2-10** 繰り返しを使って配列を操作する例

1つ目の繰り返しで配列 x に 1 から 100 を順番に入れていき，2つ目の繰り返しで逆の順番に表示しています。

## 過去問にチャレンジ！［IP-R4 問79］

流れ図で示す処理を終了したとき，x の値はどれか。

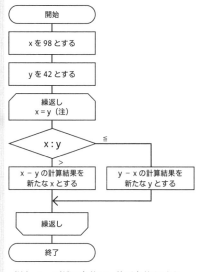

（注）ループ端の条件は，終了条件を示す。

**ア** 0　　**イ** 14　　**ウ** 28　　**エ** 56

### ［解説］ 6-2-1

　まずは IT パスポート試験で出題された流れ図から見ていきましょう。流れ図の攻略はとにかく回数を重ね，慣れていく必要があります。流れ図は変数の変化を正確に記録することが必要です。試験用紙にそれぞれの変数の値の移り変わりを手書きしていきましょう。これを今後はトレースと呼ぶことにします。トレースすることでミスがかなり減ります。

　今回は「x」「y」の 2 つの変数が登場しますのでこのような表を作成し，都度手書きしていきます。もちろん試験ではこのように綺麗な表にする必要はありません。

変数 x と変数 y の変化を表でトレースしていく

次の処理を完了した段階で x が 98 に，y が 42 になっています。

x に 98 が入り，y に 42 が入る

| x | 98 |
|---|---|
| y | 42 |

変数 x が 98 に変数 y が 42 に変化

次に繰り返し処理を行いますが，終了条件は（注）にある通り「x=y」です。

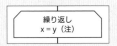

x と y が同じになるまで繰り返す

現在は異なっているので繰り返し処理の中に入ります。

「x:y」と書かれている条件は比較を意味します。x の方が y よりも大きい場合には真っ直ぐ進み，x は y 以下の場合には右へ進みます。x は 98 で y は 42 であるため，真っ直ぐ下に進みます。

x と y の比較結果により分岐

書かれている通り，「x − y」の計算結果を x に入れることで x は 56 となり 1 周目を終えます。

| x | 98 | **56** |
|---|----|----|
| y | 42 |    |

変数 x が 56 に変化

　2 周目に入る前に「2 周目に入っていいか？」の判断が行われます。x(56) と y(42) は異なっているため 2 周目に入ります。同じく x の方が大きいため引き算を行い，x は 14 となります。

| x | 98 | 56 | **14** |
|---|----|----|----|
| y | 42 |    |    |

変数 x が 14 に変化

　3 周目に入る前に「3 周目に入っていいか？」の判断が行われます。x(14) と y(42) は異なっているため 3 周目に入ります。x は 14 で y は 42 ですから右の分岐に進みます。
　その次の処理で，y の値は 42 – 14 の結果である 28 となります。

| x | 98 | 56 | 14 |
|---|----|----|----|
| y | 42 | **28** |    |

変数 y が 28 に変化

　4 周目に入り同じく右の分岐に入ります。y の値は 28 – 14 の結果である 14 となります。

| x | 98 | 56 | 14 |
|---|----|----|----|
| y | 42 | 28 | **14** |

変数 y が 14 に変化

　x と y は同じなので，5 周目に入らずに終了します。そのときの x の値は 14 です。

**答え：イ**

6 章　データ構造とアルゴリズム

$x$ と $y$ を自然数とするとき，流れ図で表される手続を実行した結果として，適切なものはどれか。

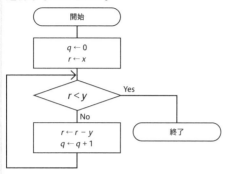

|   | $q$の値 | $r$の値 |
|---|---|---|
| ア | $x \div y$ の余り | $x \div y$ の商 |
| イ | $x \div y$ の商 | $x \div y$ の余り |
| ウ | $y \div x$ の余り | $y \div x$ の商 |
| エ | $y \div x$ の商 | $y \div x$ の余り |

**[解説]** ▶ 6-2-2

先ほどは $x$ と $y$ があらかじめ提示されており，その変化をトレースしていきました。この問題では $x$ と $y$ を自分で想定する必要があります。

なんでもよいのですが，先ほど使った 98 と 42 にしてみます。さらに $q$ と $r$ も登場するようですから，これらもトレースしていきます。必ず一つひとつ流れ図を見ながら確認していってください。

最初の処理でこのようになりました。

| $x$ | 98 |
|---|---|
| $y$ | 42 |
| $q$ | 0 |
| $r$ | 98 |

4つの変数をトレースしていく

$r$ の方が $y$ よりも大きいため真っ直ぐ下に進みます。

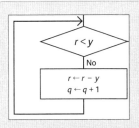

$r < y$ であるため次の処理に移る

次の処理で以下のようになりました。

| x | 98 | |
|---|---|---|
| y | 42 | |
| q | 0 | **1** |
| r | 98 | **56** |

変数 $q$ が 1 に変数 $r$ が 56 に変化

矢印の通りに進み再度判定を行います。今回も $r$ の方が $y$ よりも大きいため真っ直ぐ下に進みます。次の処理でこのようになりました。

| x | 98 | | |
|---|---|---|---|
| y | 42 | | |
| q | 0 | 1 | **2** |
| r | 98 | 56 | **14** |

変数 $q$ が 2 に変数 $r$ が 14 に変化

$y$ よりも $r$ の方が小さくなったためこれで終了です。
選択肢を一つひとつ見てみましょう。

| | $q$の値 | $r$の値 |
|---|---|---|
| **ア** | $x \div y$ の余り | $x \div y$ の商 |

選択肢のア

$98 \div 42$ の余りは 14 ですが，$q$ の値と一致していません。

| **イ** | $x \div y$ の商 | $x \div y$ の余り |
|---|---|---|

選択肢のイ

98 ÷ 42 の商は 2 で $q$ の値と一致しています。98 ÷ 42 の余りは 14 で $r$ の値と一致していますので，これが答えです。

**答え：イ**

**過去問にチャレンジ！**［AP-H29春 問6］

次の流れ図の処理で，終了時の $x$ に格納されているものはどれか。ここで，与えられた $a$, $b$ は正の整数であり，$\mathrm{mod}(x, y)$ は $x$ を $y$ で割った余りを返す。

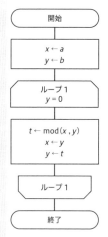

**ア** $a$ と $b$ の最小公倍数

**イ** $a$ と $b$ の最大公約数

**ウ** $a$ と $b$ の小さい方に最も近い素数

**エ** $a$ を $b$ で割った商

**［解説］** ▶ 6-2-3

同じくトレースしてみましょう。a と b は正の整数ということなので，同じく 98 と 42 で進めてみます。

| $x$ | 98 |
|---|---|
| $y$ | 42 |
| $a$ | 98 |
| $b$ | 42 |
| $t$ | |

5 つの変数をトレースしていく

繰り返しの判定は $y=0$ となっています。特に説明がないのですが，$y=0$ になれば繰り返しは終了です。$y$ は 42 なのでまだ終了しません。

「$\mathrm{mod}(x, y)$ は $x$ を $y$ で割った余り」とありますから「$t \leftarrow \mathrm{mod}(x, y)$」で $t$ は 14 になります。「$x \leftarrow y$」「$y \leftarrow t$」も実行し以下のようになりました。

| $x$ | 98 | **42** |
|---|---|---|
| $y$ | 42 | **14** |
| $a$ | 98 | |
| $b$ | 42 | |
| $t$ | **14** | |

変数 $t$ と変数 $x$ と変数 $y$ が変化した

同じく2周目で以下の値になりました。

| $x$ | 98 | 42 | **14** |
|---|---|---|---|
| $y$ | 42 | 14 | **0** |
| $a$ | 98 | | |
| $b$ | 42 | | |
| $t$ | 14 | **0** | |

変数 $x$ と変数 $y$ と変数 $t$ が変化した

$y$ が 0 になったため繰り返しが終了します。終了時の $x$ は 14 ですので，これが何を意味しているかを選択肢から選びます。

「ア」は「$a$ と $b$ の最小公倍数」です。98 と 42 の最小公倍数はこのようにして見つけます。

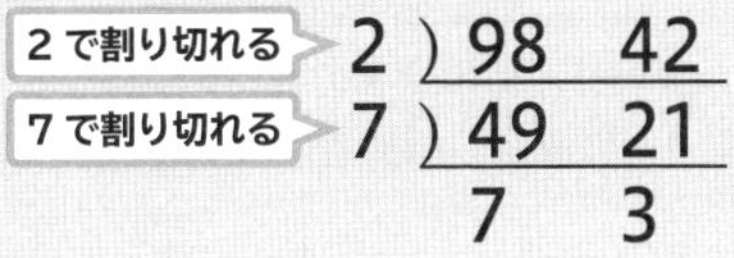

最小公倍数の求め方

$2 \times 7 \times 7 \times 3 = 294$ が最小公倍数です。$x$ の値と異なっているため「ア」は間違いです。

「イ」は「$a$ と $b$ の最大公約数」です。上の図の左の数字である 2 と 7 を掛け算した 14 が最大公約数です。$x$ と一致しますのでこれが正解です。

**答え：イ**

# 6.3

**重要度 ★★**

# 探索アルゴリズム

人間がすると時間がかかることも，コンピュータなら一瞬でできることが多くあります。しかし逆に人間なら一瞬でわかることも，コンピュータが苦労することもあります。探索アルゴリズムはその一例です。一つひとつ細かく命令していかなければ，複数のデータの中からたった1つのデータを見つけることはできません。

　配列や連結リストのように，連続しているデータから目的とするデータを探すアルゴリズムが探索アルゴリズムです。すでに学習したように**アルゴリズムに著作権は適用されない**ため，法律で保護してもらうためには特許庁に出願して特許を認めてもらう必要があります。

## 線形探索 AM

　下のような配列があったとします。左が先頭で右が末尾です。

| 83 | 59 | 1 | 40 | 100 | 13 | 78 | 421 | 0 | 82 |
|----|----|---|----|-----|----|----|-----|---|----|

**6-3-1** 配列の例

　ここから 13 を探す場合，最もシンプルなのは先頭から順番に一つひとつ見ることです。これを**線形探索**といいます。もし目的とするデータが最初の方に存在していた場合には早く見つけることができます。しかし，もし最後の方に存在していた場合には見つけるまでに時間がかかります。つまり，線形探索の場合の探索回数は最小で 1 であり，最大で「要素の数」です。10 の要素で構成されている配列の場合には最大で 10 回の探索が発生します。

　では平均探索回数はどうなるでしょうか？　平均は「(最小＋最大) /2」で求められます。最小は必ず 1 で最大は要素数です。もし要素数が 10 であれば，平均探索回数は (1 + 10) /2 = 5.5 です。

### オーダー記法

　アルゴリズムの評価においては**オーダー記法**が用いられる場合があります。これは計算量を表しています。ただし，オーダー記法は大まかに評しただけであり正確ではありません。そのようなちょっと変わった評価方法であるため，深く意味を考えるのではなく丸暗記する方がよいでしょう。

　線形探索をオーダー記法で表すと **O(n)** となります。n は要素数を表しており，要素数に比例して実行時間も増えることを意味しています。

## 2分探索 AM

　**データをあらかじめ大きさ順で整列**させておいた場合にのみ使用できる探索アルゴリズムです。**オーダー記法では O(log n)** となりますが，これも丸暗記で結構です。

　2分探索ではまず目的とするデータと真ん中のデータを比較します。

| 3 | 9 | 11 | 13 | 20 | 34 | 58 | 60 | 64 | 82 | 95 |
|---|---|----|----|----|----|----|----|----|----|----|

6-3-2 要素の真ん中を見る

　もし一致した場合には，これで探索は完了です。もし一致しなければ探索を続けますが，**探索対象の要素数を半分に削ることができます**。なぜなら，あらかじめ整列されているため「ここから左にある」「ここから右にある」が明確になるためです。もし探したいデータが 60 なら，真ん中から左は削ることが可能です。

| 3 | 9 | 11 | 13 | 20 | 34 | 58 | 60 | 64 | 82 | 95 |
|---|---|----|----|----|----|----|----|----|----|----|

6-3-3 真ん中より右にある場合には左を削る

　同じく残った要素を探索範囲として，その中の真ん中の要素と比較し一致していれば探索完了です。

| 3 | 9 | 11 | 13 | 20 | 34 | 58 | 60 | 64 | 82 | 95 |
|---|---|----|----|----|----|----|----|----|----|----|

6-3-4 残った要素の真ん中を見る

　一致していなければ，同じ要領で右または左を削ります。そして同じく残った要素の真ん中を見ます。今回は残った要素が偶数なので右側を見ていますが，特に決まりはありません。

| 3 | 9 | 11 | 13 | 20 | 34 | 58 | 60 | 64 | 82 | 95 |
|---|---|----|----|----|----|----|----|----|----|----|

6-3-5 真ん中より左にある場合には右を削る

6 章 ─ データ構造とアルゴリズム

このように探索の都度，半分にデータを削っていくため非常に高速に探索を行うことができます。これは，**要素数が2倍になったとしても，探索回数はわずかに1増えるだけである**ということも意味しています。

**過去問にチャレンジ！** [AP-H23秋AM 問8]

　データが昇順にソートされた配列 $X[i]$ $(i=0,1,\cdots,n-1)$ を2分探索する。流れ図の a に入るものとして，適切なものはどれか。ここで，流れ図の中の割り算は小数点以下を切り捨てるものとする。

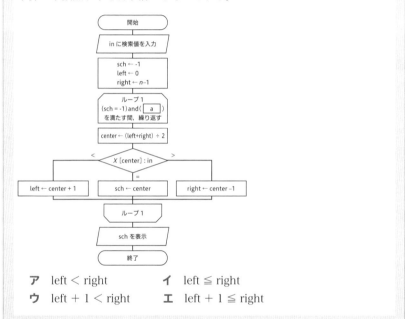

**ア** left < right
**イ** left ≦ right
**ウ** left + 1 < right
**エ** left + 1 ≦ right

[解説] ▶ 6-3-1

　出題では2分探索のアルゴリズムを流れ図で表現しています。すでに昇順で（階段を昇るように段々大きく）整列されているという前提ですので，2分探索を使うことができます。なお「配列 $X[i]$ $(i=0, 1, \cdots n-1)$」とありますが，これは添字が0から始まっていることを意味しています。そのため最後の添字は「要素数−1」になっています。このように**最初の添字は何かを見逃さないように注意しましょう**。

多くの変数が登場しているようなので，それぞれトレースしていきます。なお $n$ は要素の数であり流れ図の中で変化がありませんので，今回はトレースの対象外としました。

| in | |
|---|---|
| sch | |
| left | |
| right | |
| center | |

5つの変数を追跡する

探索対象となる配列を以下のように設定してみました。この場合要素数は9であるため $n$ は9となります。

| 3 | 4 | 7 | 9 | 15 | 21 | 26 | 28 | 39 |
|---|---|---|---|---|---|---|---|---|

配列 $X$ に仮の値を設定した

まず1つ目の処理では，in に探索値を格納しています。探索値とは探したいデータであり，ここでは7としてみます。また2つ目の処理で各変数に値が保存されているため，これも表に記述します。

| in | 7 |
|---|---|
| sch | -1 |
| left | 0 |
| right | 8 |
| center | |

4つの変数が変化した

3つ目の処理で繰り返しに入りますが，その前に判定があります。sch は -1 なので1つ目の条件は満たしています。

「and」とあるため，2つ目の条件も満たさなければ繰り返しの中に入ることはできません。2つ目の条件である（a）には何が入るでしょうか？ 選択肢を見ると，すべて left と right の比較です。まずは一番シンプルな「ア」の「left < right」を埋めて流れ図を進めてみましょう。

6章 ── データ構造とアルゴリズム

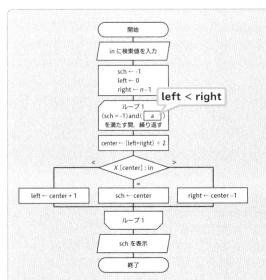

空欄「a」に「left ＜ right」を埋めた

「sch は -1」であり，かつ「right に比べて left の値が小さい」ため繰り返しの中に入ります。

center とは名前から判断して，おそらく真ん中の配列を意味していると思われます。以下の計算をして center に値を保存します。

center ← (left + right) ÷ 2

| in | 7 |
|---|---|
| sch | -1 |
| left | 0 |
| right | 8 |
| center | 4 |

変数 center が変化した

判定条件では 3 つの分岐があります。もし真ん中（添字が 4）のデータが目的とするデータ（7）と一致すれば，真っ直ぐ処理が流れ，sch には 4 が入ります。データが見つかったのですから，ここで処理は終了すべきです。そのため繰り返し条件に「sch= -1」が含まれているのです。

今回は $X[4]$ は 15 ですから目的とするデータ（in）よりも大きく，判定条件は右に進むことになります。

---

2分探索では1度の探索で半分に探索対象データが削られます。この流れ図では以下の部分がその処理です。探索範囲をここで絞っています。

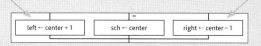

左端の添字を center+1 にする　　　右端の添字を center − 1 にする

1度の探索で対象範囲が半分になる処理

今回は分岐を右に進みましたから，right が「center − 1」に上書きされました。次からは探索範囲が 0 番目〜 3 番目になります。

| in | 7 | |
| sch | -1 | |
| left | 0 | |
| right | 8 | 3 |
| center | 4 | |

変数 right が 3 に変化した

2周目に入ります。「sch は -1」であり，かつ「right に比べて left の値が小さい」ため繰り返しの中に入ります。次の処理で以下の計算をして center に値を保存します。

center ← (left + right) ÷ 2

なお出題にある通り，割り算の結果は小数点以下を切り捨てます。

| in | 7 | |
| sch | -1 | |
| left | 0 | |
| right | 8 | 3 |
| center | 4 | 1 |

変数 center が 1 に変化した

X[1] は 4 ですから目的とするデータ（in）よりも小さく，判定条件は左に進むことになり left の値が center+1 となります。

| in | 7 | |
| sch | -1 | |
| left | 0 | 2 |
| right | 8 | 3 |
| center | 4 | 1 |

変数 left が 2 に変化した

281

3周目に入ります。「sch は -1」であり，かつ「right に比べて left の値が小さい」ため繰り返しの中に入ります。次の処理で，以下の計算をして center に値を保存します。

center ← (left + right) ÷ 2

| in | 7 | | |
|---|---|---|---|
| sch | -1 | | |
| left | 0 | 2 | |
| right | 8 | 3 | |
| center | 4 | 1 | 2 |

変数 center が 2 に変化した

　X[2] は 7 ですから目的とするデータ（in）と一致します。処理は真っ直ぐ下に流れて sch に 2 が入ります。

| in | 7 | | |
|---|---|---|---|
| sch | -1 | 2 | |
| left | 0 | 2 | |
| right | 8 | 3 | |
| center | 4 | 1 | 2 |

変数 sch が 2 に変化した

　繰り返し条件では「sch= -1」を満たさないため，4週目に入らずに繰り返しを終了します。
　この流れでは，試しに「ア」の「left < right」を（a）にあてはめてトレースしてみました。sch には目的とするデータの添字が正しく保存されたため，うまくいったことになります。しかし実は「ア」は間違いです。目的のデータを 7 にした場合には，たまたまうまくいっただけですので，他のデータでも試してみます。このように **1 つの仮データだけで試すのではなく，いくつかで試しましょう。**
　では目的とするデータが 9 だったとします。途中までは流れは同じですので，3周目から見てみます。

| in | 7 | | |
|---|---|---|---|
| sch | -1 | | |
| left | 0 | 2 | |
| right | 8 | 3 | |
| center | 4 | 1 | 2 |

目的とするデータを変えて3周目から追跡再開

　変数はこの状態で，条件判定を行います。

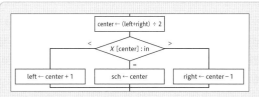

**2分探索における主要処理**

center は 2 なので X[center] は 7 です。目的とするデータである 9 の方が大きいため左に進みます。

left ← center+1 の計算を行います。

| in | 7 | | |
|---|---|---|---|
| sch | -1 | | |
| left | 0 | 2 | 3 |
| right | 8 | 3 | |
| center | 4 | 1 | 2 |

変数 left が変化した

繰り返し条件が「sch= -1 and left < right」の場合，ここで終了してしまいます。実際には配列 X の中には，探したいデータである 9 が存在しているにもかかわらず sch は -1 のままです。つまりバグの発生です。

正しい繰り返し条件は「sch=-1 and left <= right」です。こうすると，まだ終了せずに 4 周目に入ることになります。次の処理で以下の計算をして center に値を保存します。

center ← (left + right) ÷ 2

| in | 7 | | | |
|---|---|---|---|---|
| sch | -1 | | | |
| left | 0 | 2 | 3 | |
| right | 8 | 3 | | |
| center | 4 | 1 | 2 | 3 |

変数 center が変化した

X[center] と in は同じであるため sch には 3 が入り処理を終了します。これが正しい状態です。

**答え：イ**

6 章 ── データ構造とアルゴリズム

## ハッシュ表探索 AM

　線形探索も2分探索も配列に格納されたデータを探索できますが，ハッシュ表探索ではハッシュ表という表にデータを格納していきます。説明用に配列を用意しました。今回はこれをハッシュ表として扱うことにします。

| | | | | | | | |
|---|---|---|---|---|---|---|---|
| | | | | | | | |

6-3-6 空のハッシュ表を用意

　10というデータを格納する必要が出てきました。線形探索の場合には先頭に入れることになるかもしれません。2分探索は最終的に整列することになりますが，まずは先頭でよさそうです。いずれの場合にもどこに格納するかのルールはありません。

　ハッシュ表探索の場合には**ハッシュ関数を使って，どこに格納するかを求める**必要があります。説明用に単純化して「8で割った余り」をハッシュ値とするハッシュ関数を例に解説します。

　10÷8の余りは2ですから，添字の2に格納することになります。ただし先頭を添字0としますので，添字の2は左から3番目です。

| | | 10 | | | | | |
|---|---|---|---|---|---|---|---|
| | | | | | | | |

6-3-7 10を添字2の場所に格納

　なぜ先頭の添字を0にするのかは8を格納するときにわかります。8÷8の余りは0であるため先頭に格納することになるのです。

| 8 | | 10 | | | | | |
|---|---|---|---|---|---|---|---|
| | | | | | | | |

6-3-8 8を添字0の場所に格納

　54はどこに格納するとよいでしょう。54÷8の余りは6です。

| 8 | | 10 | | | | 54 | |
|---|---|---|---|---|---|---|---|
| | | | | | | | |

6-3-9 54を添字6の場所に格納

　ハッシュ表に格納していった場合，探索は簡単です。10がどこにあるかは10÷8の余りを求めることで知ることができます。

　したがって，線形探索のように先頭から1つずつ調べるわけでも，2分探索のように半分ずつに絞って調べるわけでもなく，常に1度の計算で知ることができます。**計算量はO(1)**となりますが，これも丸暗記してください。

　では，もう1つ50を格納してみましょう。50÷8の余りは2ですが，すでに10が格納されています。このように格納場所が重複する問題を**シノニム**（**衝突**）といいます。シノニムが発生した場合には線形探索に切り替えて，空いている場所を次々と探す方法などがあります。今回は単純なハッシュ関数ですのでシノニムが発生しやすいのですが，一般的にシノニムが発生することはほとんどありません。

---

### 過去問にチャレンジ！ [AP-H30秋AM 問8]

　探索表の構成法を例とともに a～c に示す。最も適した探索手法の組合せはどれか。ここで，探索表のコードの空欄は表の空きを示す。

a　コード順に格納した
　　探索表

| コード | データ |
|---|---|
| 120380 | …… |
| 120381 | …… |
| 120520 | …… |
| 140140 | …… |
| | |
| | |
| | |

b　コードの使用頻度
　　順に格納した探索表

| コード | データ |
|---|---|
| 120381 | …… |
| 140140 | …… |
| 120520 | |
| 120380 | …… |
| | |
| | |
| | |

c　コードから一意に決まる
　　場所に格納した探索表

| コード | データ |
|---|---|
| | |
| 120381 | …… |
| | |
| 120520 | …… |
| 140140 | …… |
| | |
| 120380 | …… |

| | a | b | c |
|---|---|---|---|
| **ア** | 2分探索 | 線形探索 | ハッシュ表探索 |
| **イ** | 2分探索 | ハッシュ表探索 | 線形探索 |
| **ウ** | 線形探索 | 2分探索 | ハッシュ表探索 |
| **エ** | 線形探索 | ハッシュ表探索 | 2分探索 |

**[解説]**

　2分探索は整列されている場合に使用できますから「a」が該当します。

　線形探索は整列されている必要はありません。しかし，末尾に近い場所に格納されているデータほど，探索に時間がかかります。一方で，先頭に近い場所に格納されているデータはすぐに見つけることができます。よく使うデータが先頭に近い場所に格納されている「b」であれば，線形探索のメリットを活かすことができます。

　「c」にある「一意に」とは重複しないことを意味しています。「コードから格納場所が必ず決まる表」とはハッシュ表のことだと考えられるため，ハッシュ表探索が適しています。

**答え：ア**

重要度 ★★★

# 整列アルゴリズム

Excel ではボタン1つでできるのが整列ですが，実際には整列アルゴリズムは，探索とは比較にならないくらい複雑です。もっとも，複雑であるがゆえに，いろいろなアルゴリズムが生まれました。ここでは代表的な整列アルゴリズムを学習します。

　整列アルゴリズムは，大きさ順に値を並べ替えるためのアルゴリズムです。2分探索では前提を「整列済み」としていますので，ここで学習する方法などで整列させてから探索することになります。人間であれば「いい具合に」「適当に」ができますが，コンピュータはそれができませんから，人間がきちんと命令してあげる必要があります。なお整列はソートともいいます。

## バブルソート　AM

　隣り合うデータを比較して，理想通りになっていなければ入れ替えます。ここでの理想通りとは，昇順であれば右が大きいことです。降順であれば右が小さいのが理想です。

| 7 | 3 | 10 | 54 | 1 | 100 | 13 | 77 | 90 | 101 |

6-4-1 整列前の状態

　仮に昇順に整列するとした場合，先頭から順に隣同士を比較し「理想通りになっているか？」を確認します。7と3は理想通りではありません。そのため交換を行います。

| 7 | 3 | 10 | 54 | 1 | 100 | 13 | 77 | 90 | 101 |

| 3 | 7 | 10 | 54 | 1 | 100 | 13 | 77 | 90 | 101 |

6-4-2 1番目と2番目を交換した状態

　1番目と2番目の比較が終わったので，次は2番目と3番目の比較を行います。「7」と「10」ですから理想通りになっており交換不要です。次は3番目と4番目の比較です。「10」と「54」であり同じく理想通りです。4番目と5番目は「54」と「1」であり理想通りではないため交換を行います。

| 3 | 7 | 10 | 54 | 1 | 100 | 13 | 77 | 90 | 101 |

| 3 | 7 | 10 | 1 | 54 | 100 | 13 | 77 | 90 | 101 |

`6-4-3` 4番目と5番目を交換した状態

同じく最後まで進めていきます。

| 3 | 7 | 10 | 1 | 54 | 100 | 13 | 77 | 90 | 101 |

| 3 | 7 | 10 | 1 | 54 | 13 | 100 | 77 | 90 | 101 |

| 3 | 7 | 10 | 1 | 54 | 13 | 77 | 100 | 90 | 101 |

| 3 | 7 | 10 | 1 | 54 | 13 | 77 | 90 | 100 | 101 |

`6-4-4` 最後まで比較と交換を行った状態

これで最後まで比較＆交換ができました。ここで1つ注意点です。要素数が10の場合には，9番目と10番目の比較＆交換で終了であるということです。つまり**要素数を n だとすると，n−1 番目と n 番目の比較＆交換で終了**ということになります。当たり前だと思われるかもしれませんが，変数で表すと意外に間違えやすいためここで確認しておきましょう。

さてこの時点では必ず最大値は最後に配置されることになります（上の例では101が最後にある）。しかし最小値である「1」は，まだ途中にありますから未完成であることがわかります。バブルソートでは同じような処理を何度か繰り返す必要があります。

それでは2周目に入ります。1番目と2番目は理想通りですのでそのままです。2番目と3番目もそのままで大丈夫です。3番目と4番目は「10」と「1」ですので交換を行います。

| 3 | 7 | 10 | 1 | 54 | 13 | 77 | 90 | 100 | 101 |

| 3 | 7 | 1 | 10 | 54 | 13 | 77 | 90 | 100 | 101 |

`6-4-5` 3番目と4番目を交換した状態

同じく最後まで比較と交換を進めます。

| 3 | 7 | 1 | 10 | 54 | 13 | 77 | 90 | 100 | 101 |
|---|---|---|----|----|----|----|----|-----|-----|

| 3 | 7 | 1 | 10 | 13 | 54 | 77 | 90 | 100 | 101 |
|---|---|---|----|----|----|----|----|-----|-----|

**6-4-6** 4番目と5番目を交換した状態

しかし，最後まで比較＆交換を行うのは無駄です。なぜならすでに1周目で，最大値は最後に来ているからです（上の例だと101が最後にある）。そのためバブルソートでは2周目，3周目と処理を進めるたびに比較＆交換の対象範囲が1つずつ狭まっていくことになります。1周目の最後は（n−1）番目とn番目の比較＆交換でした。2周目は（n−2）番目と（n−1）番目の比較＆交換までです。3周目は（n−3）番目と（n−2）番目の比較＆交換までです。

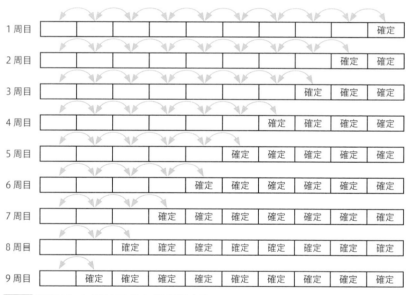

**6-4-7** バブルソートでは1周ごとに範囲が狭まる

なおバブルソートは，要素数が1増えるごとに内側と外側の繰り返し回数がそれぞれ1ずつ増加することになるため効率がよくありません。ただし，アルゴリズムが単純であるため，効率があまり求められない場合によく使われます。計算量は$O(n^2)$であり，要素数nが少し増えるだけでも処理は大きく増えることを意味しています。

**過去問にチャレンジ！** [AP-H25秋AM 問9]

　未整列の配列 $a[i](i = 1, 2, \cdots, n)$ を，流れ図で示すアルゴリズムによって昇順に整列する。$n = 6$ で $a[1] \sim a[6]$ の値がそれぞれ，21，5，53，71，3，17 の場合，流れ図において，$a[j-1]$ と $a[j]$ の値の入れ替えは何回行われるか。

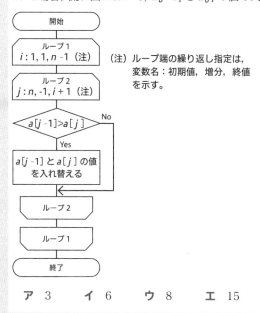

（注）ループ端の繰り返し指定は，
　　　変数名：初期値，増分，終値
　　　を示す。

**ア** 3　　**イ** 6　　**ウ** 8　　**エ** 15

**[解説]**

　問題文に書かれていませんが，これはバブルソートの流れ図です。問題では以下のようなデータが初期値として提示されています。

| 21 | 5 | 53 | 71 | 3 | 17 |
|---|---|---|---|---|---|

配列の初期状態

　$n$ は要素の数なので 6 です。

$n$ は要素の数

　流れ図には内側と外側の繰り返しがあります。外側の繰り返しを見てみましょう。

6章｜データ構造とアルゴリズム

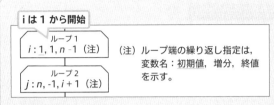

**i は 1 から開始**

ループ1
$i : 1, 1, n-1$ （注）

ループ2
$j : n, -1, i+1$ （注）

（注）ループ端の繰り返し指定は、
変数名：初期値，増分，終値
を示す。

外側の繰り返しの指定

i の初期値は 1 です。

| $n$ | 6 |
|---|---|
| $i$ | **1** |

外側の繰り返しに入った時点での変数の状態

この状態で内側の繰り返しに入ります。

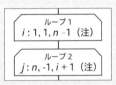

ループ1
$i : 1, 1, n-1$ （注）

ループ2
$j : n, -1, i+1$ （注）

内側の繰り返しの条件を確認

j の初期値は n です。

| $n$ | 6 |
|---|---|
| $i$ | 1 |
| $j$ | **6** |

内側の繰り返しに入った時点での変数の状態

　要素数は 6 ですから，条件分岐で 5 番目（$n$-1 番目）と 6 番目（$n$ 番目）
を比較しています。

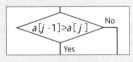

$a[5] > a[6]$ の条件分岐

　バブルソートは，先ほど解説したように先頭から後ろに向かって比較＆交
換を行ってもよいですし，この問題のように後ろから先頭に向かって比較＆
交換を行うことも可能です。

　$a[5]$ と $a[6]$ では $a[6]$ の方が大きいため右の「No」に進みます。つまり理想通りであったため交換をショートカットしたことになります。

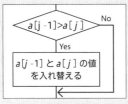

$a[5] > a[6]$ の条件を満たさないため NO に分岐する

　では引き続き比較＆交換を進めましょう。

| 21 | 5 | 53 | 71 | 3 | 17 |
|----|----|----|----|----|----|

| 21 | 5 | 53 | 3 | 71 | 17 |
|----|----|----|----|----|----|

| 21 | 5 | 3 | 53 | 71 | 17 |
|----|----|----|----|----|----|

| 21 | 3 | 5 | 53 | 71 | 17 |
|----|----|----|----|----|----|

| 3 | 21 | 5 | 53 | 71 | 17 |
|----|----|----|----|----|----|

1周目の比較＆交換を最後まで進める

　ここまでで4回の交換が行われました。これで内側の繰り返しは終わったため，外側の繰り返し条件を確認します。

ループ1
$i : 1, 1, n-1$（注）

ループ2
$j : n-1, i+1$（注）

（注）ループ端の繰り返し指定は，
　　　変数名：初期値，増分，終値
　　　を示す。

外側の繰り返しの2周目

　増分は1なので $i$ は2になります。

| $n$ | 6 | |
|----|----|----|
| $i$ | 1 | 2 |
| $j$ | 6 | |

2周目の外側の繰り返しに入った時点での変数の状態

6章 ── データ構造とアルゴリズム

291

内側の繰り返しの終了条件に注目してください。

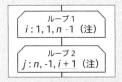

内側の繰り返しの終了条件

「i+1」とあるため 3 が終了条件です。これは，2 周目では比較＆交換の範囲が 1 つ狭まっていることを意味しています。

| 3 | 21 | 5 | 53 | 71 | 17 |

| 3 | 21 | 5 | 53 | 17 | 71 |

| 3 | 21 | 5 | 17 | 53 | 71 |

| 3 | 5 | 21 | 17 | 53 | 71 |

2 周目の交換を最後まで行う

さらに 3 回の交換が行われました。外側の繰り返しの 3 周目に入ります。

| 3 | 5 | 21 | 17 | 53 | 71 |

| 3 | 5 | 17 | 21 | 53 | 71 |

3 周目の交換を最後まで行う

さらに 1 回の交換が行われました。合計で 8 回ですので「ウ」が正解です。

**答え：ウ**

# 挿入ソート AM

　先頭から一つひとつデータを確認し，**理想的な場所に挿入していきます**。ただし理想的な場所の探索範囲は，現在確認中の場所よりも前です。下の例で詳しく解説します。

| 7 | 3 | 10 | 54 | 1 | 100 | 13 | 77 | 90 | 101 |
|---|---|----|----|---|-----|----|----|----|-----|

6-4-8 整列前の状態

　一つひとつデータを確認しますが，先頭はスキップします。なぜなら先頭である7はその時点における最小値であるため，すでに理想的な場所だからです。そのため2番目から確認することになります。

　2番目の「3」を理想的な場所に挿入します。理想的な場所はどこでしょうか？すべての中での理想的な場所ではなく，2番目より前の範囲で調べます。その結果「7より前」であることがわかりました。「3」は「7」の前にいるべきなので，「7」の前に割込みするイメージです。

| 3 | 7 | 10 | 54 | 1 | 100 | 13 | 77 | 90 | 101 |
|---|---|----|----|---|-----|----|----|----|-----|

6-4-9 3を7の前に挿入

　次に3番目（10）を確認します。3番目よりも前で理想的な場所を探しますが，ありません。現在の位置が理想的です。

　4番目（54）を確認します。4番目よりも前で理想的な場所を探しますが，ありません。現在の位置が理想的です。

　5番目（1）を確認します。5番目よりも前での理想的な場所は「3」の前ですから「1」は「3」の前に割込みをします。

| 1 | 3 | 7 | 10 | 54 | 100 | 13 | 77 | 90 | 101 |
|---|---|---|----|----|-----|----|----|----|-----|

6-4-10 1を3の前に挿入

　次に6番目（100）を確認します。6番目よりも前で理想的な場所を探しますが，ありません。現在の位置が理想的です。

　次に7番目（13）を確認します。7番目よりも前での理想的な場所は「54」の前ですから「13」は「54」の前に割込みをさせます。

| 1 | 3 | 7 | 10 | 13 | 54 | 100 | 77 | 90 | 101 |
|---|---|---|----|----|----|-----|----|----|-----|

6-4-11 13を54の前に挿入

同様に最後まで理想的な場所に挿入していき終了です。なお理想的な場所を探すにも，先頭から一つひとつ確認していくため計算量は多くなります。挿入ソートの計算量もバブルソートと同じく $O(n^2)$ です。

## 選択ソート AM

　まずデータの中から最小値を探します。**最小値の理想的な場所は先頭ですから先頭と交換**します。これで先頭は最小値であることが確定しましたので今後，先頭は固定されます。次に先頭以外で同じように最小値を探します。発見した値は2番目に小さい値ですから，2番目と交換します。

　選択ソートもまた挿入ソートと同じく1つずつ確認する処理を何周もするので計算量は $O(n^2)$ です。

| 7 | 3 | 10 | 54 | 1 | 100 | 13 | 77 | 90 | 101 |

6-4-12 整列前の状態

　最小値を探すために先頭から一つひとつ確認します。5番目にある「1」が最小値であるため，先頭と交換します。なお1が最小値であるかどうかは，最後まで確認しなければ判明しませんので，最後まで探索する必要があります。

| 1 | 3 | 10 | 54 | 7 | 100 | 13 | 77 | 90 | 101 |

6-4-13 最小値である1を先頭と交換

　最小値を先頭と交換することで先頭には最小値が来ることになりました。そのため2周目は先頭をスキップして2番目以降から最小値を探します。
　2番目以降のデータで一番小さい値は3ですが，すでに理想的な場所にあるため交換を行いません。
　次に3番目以降のデータで一番小さいデータを探すと7ですので，10と交換します。

| 1 | 3 | 7 | 54 | 10 | 100 | 13 | 77 | 90 | 101 |

6-4-14 整列前の状態

　これを最後まで繰り返します。

## クイックソート AM

今まではすべて同じ計算量「O(n²)」でした。ここから見ていくのは，複雑なアルゴリズムですが，すべて計算量は O(n log n) であり，非常に効率のよい整列方法です。このようにシンプルなアルゴリズムは計算量が多くなりますが，計算量を下げたければ複雑なアルゴリズムになります。

まずはクイックソートです。その名の通り多くの場合，最速の整列アルゴリズムです。ただし，すでに整列されている場合には遅くなることもあります。

| 7 | 3 | 10 | 54 | 1 | 100 | 13 | 77 | 90 | 101 |
|---|---|----|----|---|-----|----|----|----|-----|

`6-4-15` 整列前の状態

クイックソートではまず基準値を決めます。基準値の決め方にはいろいろあるのですが，ここではランダムで決めた 50 を採用します。

この**基準値よりも小さい値と大きい値にグループ分け**をします。

`6-4-16` 50 を基準値としてグループ分けする

仮に小さい方のグループを「グループ A」とし，大きい方のグループを「グループ B」とします。次の処理では，グループ A 内で同じく基準値を決め，それよりも小さいグループと大きいグループに分けます。グループ B 内でも同じく基準値を決め，それよりも小さいグループと大きいグループに分けます。以下の例はグループ A では 8 を基準値とし，グループ B では 80 を基準値とした例です。

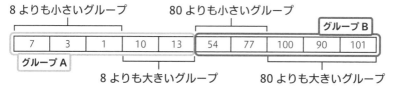

`6-4-17` さらに基準値で分割する

このように基準値の設定とグループ分けを繰り返すことで整列を行います。

（右側縦書き）

　配列に格納されたデータ2, 3, 5, 4, 1に対して, クイックソートを用いて昇順に並べ替える。2回目の分割が終わった状態はどれか。ここで, 分割は基準値より小さい値と大きい値のグループに分けるものとする。また, 分割のたびに基準値はグループ内の配列の左端の値とし, グループ内の配列の値の順番は元の配列と同じとする。

　**ア**　1, 2, 3, 5, 4
　**イ**　1, 2, 5, 4, 3
　**ウ**　2, 3, 1, 4, 5
　**エ**　2, 3, 4, 5, 1

### [解説]
　整列前はこの状態です。

| 2 | 3 | 5 | 4 | 1 |
|---|---|---|---|---|

整列前の状態

　今回の問題では, 基準値はランダムではなく左端を採用するようですから「2」となります。2より小さいグループと大きいグループに分けると, このようになります。これが1回目の分割です。同じく「2よりも小さいグループ」をグループAとし,「2より大きいグループ」をグループBとします。なお「2」がどちらに入るかのルールはありません。またこの問題では, どちらに入ったとしても解答に影響はありませんでしたので, グループBに入れることにしてみます。

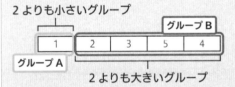

2を基準値とした1度目の分割

　問題文では「グループ内の配列の値の順番は元の配列と同じとする」とあるため, グループBのデータの並び順は2, 3, 5, 4としました。
　では, それぞれのグループで同じように基準値を決めます。基準値はグループ内での左端ですから, グループAでは「1」であり, グループBでは「2」です。

　では2回目の分割ですが，グループAとグループBのどちらから先に分割をすればよいでしょうか。問題文に指定はないのですが，どちらでも同じ結果になります。

　まずグループAから先に分割してみます。ただし，データは1つしかないため変更はありません。グループBから先に分割したとします。基準値である「2」が最小ですから，このまま変化はありません。

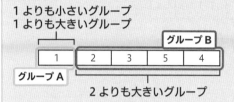

2度目の分割と3度目の分割

　2回目の分割をした段階では配列の並び順に変化はないため1，2，3，5，4となります。

答え：ア

## マージソート　AM

　まず複数のデータを，これ以上分割できなくなるまで分割していきます。次にそれらを**整列しながら結合（マージ）していきます**。

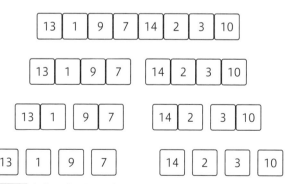

6-4-18 まずは可能な限り分割していく

これ以上分割できないため，隣同士で整列しながらマージしていきます。

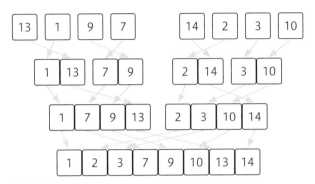

6-4-19 整列しながらマージしていく

　これだけ見ると，なぜ速いのかがわかりにくいと思います。例えば最後のマージだけ見ると，結局は「一番小さいデータを選んで理想的な場所に入れている」ため，今まで見てきた遅い整列アルゴリズムと似ています。

　しかし実際にプログラムで記述すると，いくつか省略できることがある点に気がつきます。それは「配置されるデータは2択である」ということです。

　以下は最後のマージ処理において，1が先頭に配置された後の状態です。次に2番目に大きいデータを配置することになりますが，必ず「グループAの先頭」か「グループBの先頭」の2択です。なぜならグループA，グループBともにすでに整列されているためです。

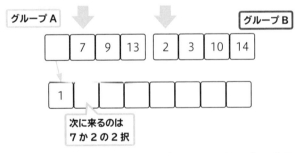

6-4-20 次に来るべきデータはグループAの先頭かグループBの先頭

　このような性質から非常に効率よく整列することができます。

## シェルソート AM

**一定間隔おきの要素を整列**し，その間隔を狭めていきます。

| 7 | 3 | 10 | 54 | 1 | 100 | 13 | 77 | 90 | 101 |
|---|---|----|----|---|-----|----|----|----|----|

6-4-21 シェルソートの例

7 と 100 を比較して，理想通りになっていない場合には交換します。3 と 13，10 と 77，54 と 90，1 と 101 でも同様に比較＆交換を行います。

次にこの間隔を狭めて同じく比較＆交換をしていき，最後には間隔を 1 にしてから整列して完了です。

## ヒープソート AM

データ構造で学習したヒープ木を利用します。

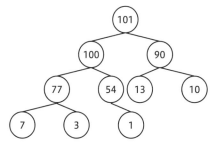

6-4-22 ヒープソートの例

ヒープ木のルール通りに格納すると最大値が根に格納されますので，根を配列の最後に格納します（昇順の場合）。

| | | | | | | | | | 101 |
|---|---|---|---|---|---|---|---|---|-----|

6-4-23 ヒープ木のルートを末尾に配置

ヒープ木から値が消えたため，ヒープ木のルール通りに再構成します。

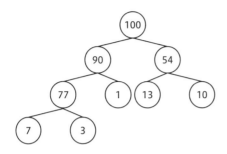

最大値が根にあるためこれを配列に格納します。

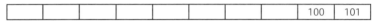

| | | | | | | | | 100 | 101 |
|---|---|---|---|---|---|---|---|---|---|

**6-4-24** 変更後のヒープ木のルートを末尾から2番目に配置

　これを最後まで繰り返します。挿入ソートの場合には最小値（または最大値）を線形探索で先頭から探していました。しかし，ヒープ木は根が最大であると決まっているため線形探索が不要な分，速度が向上できています。

---

**過去問にチャレンジ！** [AP-H26秋AM 問6]

　データ列が整列の過程で図のように上から下に推移する整列方法はどれか。ここで，図中のデータ列中の縦の区切り線は，その左右でデータ列が分割されていることを示す。

| 6 | 1 | 7 | 3 | 4 | 8 | 2 | 5 |
|---|---|---|---|---|---|---|---|

| 1 | 6 | 3 | 7 | 4 | 8 | 2 | 5 |
|---|---|---|---|---|---|---|---|

| 1 | 3 | 6 | 7 | 2 | 4 | 5 | 8 |
|---|---|---|---|---|---|---|---|

| 1 | 2 | 3 | 4 | 5 | 6 | 7 | 8 |
|---|---|---|---|---|---|---|---|

　**ア**　クイックソート　　　　**イ**　シェルソート
　**ウ**　ヒープソート　　　　　**エ**　マージソート

**[解説]**

　図の1行目と2行目の違いは，それぞれの区切り線の中で整列ができているところです。また下に進むにつれて区切り線が減っていますので，分割されていたグループが併合されたと推測できます。併合しながら整列する整列アルゴリズムはマージソートです。

**答え：エ**

# 6.5

重要度 ★

# プログラムの性質

プログラムは目的に応じて4つの構造に分類することができます。ただし現在，これらの特性はほとんどのプログラミング言語や OS であらかじめ採用されていますので，一般的なプログラマが意識することはまずありません。

## プログラムの4つの構造 AM

### 再使用可能

**リユーザブル**（reusable）ともいいます。まずプログラムというのは通常，補助記憶装置に保存されています。コンピュータの頭脳である CPU は主記憶装置と直接のやり取りをするため，**プログラムを使用するときには必ず主記憶装置に読み込まなければなりません**。そして読み込んだプログラムは，実行が終わったとしてもそのまま主記憶装置に残り続けます。なぜなら今後そのプログラムをまた使うかもしれないためです。このように**主記憶装置に読み込んだまま繰り返し使える性質**を再使用可能といいます。

使い終わった後も，そのまま残し続けるだけでは，再使用可能にはなりません。1度目に使ったときと2度目に使ったときとでは変数などが独立しており，互いに影響を及ぼさないように管理する必要があります。

ただし現在は，再使用可能ではないプログラムは通常のプログラミングにおいて見かけることはありません。かなり昔は主記憶装置を直接操作するような言語が主流であったため再使用可能を意識する場面がありましたが，現在気にする場面は少ないはずです。

### 再入可能

**リエントラント**（reentrant）ともいいます。**複数のプログラムから同時に呼び出されても，それぞれ正しく処理することができる性質**です。のちに学習しますが，多くのコンピュータはマルチタスクが可能です。例えば，Excel を起動しながらブラウザも起動でき，さらに電卓や音楽などのプログラムを同時に実行できます。また，ブラウザで複数のタブやウィンドウを起動することもできます。これをマルチタスクといいます。再入可能な性質とは，マルチタスクを実現するために満たすべき性質です。

ブラウザで A 社の Web サイトを見ているとします。もう 1 つブラウザを立ち上げて B 社の Web サイトを見ることができます。この 2 つのブラウザはそれぞれ独立した変数などを管理していますので，互いに干渉することはありません。ただし同じブラウザなのでプログラムは同じものです。このように同じプログラムが同時に稼働していたとしても，データは干渉せずに独立できていることが再入可能である条件です。これも一般的な OS であれば備わっている性質です。

建物の玄関のことを「エントランス」といいますので，「エントランス」と「入る」を結びつけて覚えましょう。

### 再配置可能

**リロケータブル**（relocatable）ともいいます。場所のことをロケーションといいますので，リロケータブルは「場所換えが可能」という意味です。プログラムは主記憶装置に読み込まれるという話はしました。再配置可能とは，**読み込んだ場所を変更しても実行にまったく影響がない性質**をいいます。同じく現在主流の性質です。

主記憶装置は非常に大きなサイズです。その中でどこにプログラムを読み込むのかは OS が決めます。その後，効率的に動作できるようにするために，読み込まれたプログラムがどんどん引っ越していく仕組みになっていますが，これは再配置可能であるため実現できていることです。

### 再帰可能

**リカーシブ**（recursive）ともいいます。非常に多く出題されるため，しっかりと学習しておきましょう。再帰可能とは**自分自身を呼び出すことができる性質**のことです。この「自分自身を呼ぶ」ということがイメージしにくいと思うので順を追って説明します。

ある階乗計算のプログラムがあったとします。階乗とは，ある自然数以下のすべての自然数を掛け算した値です。例えば，4 から開始すると「4 × 3 × ……」と下っていきます。自然数は 1 までですので「4 × 3 × 2 × 1」となり，答えは 24 です。

以下は階乗プログラムです。

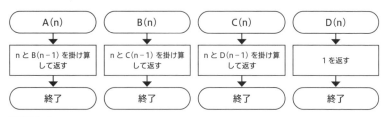

6-5-1 プログラム A に 4 を渡す

次にプログラム A では「n と B(n−1) を掛け算」しています。「B(n−1)」は関数 B に「n−1」を渡すことを意味していますが，現在の n は 4 ですから B には 3 を渡します。

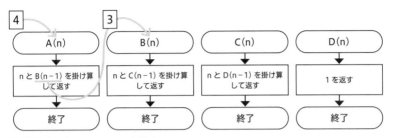

**6-5-2** プログラム B に 4−1 を渡す

なおプログラム A に書かれている変数 n と，プログラム B に書かれている変数 n は別の変数です。このようにプログラムが分かれると，同名でも別の変数となります。

同じように処理を進めていきます。

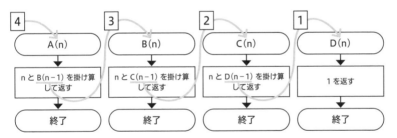

**6-5-3** プログラム C に 3−1 を渡し，プログラム D に 2−1 を渡す

D まで進みました。D の処理は「1 を返す」ですからその通りにします。

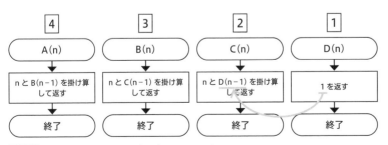

**6-5-4** プログラム D の結果をプログラム C に返す

1を返すことで，呼び出し元であったプログラム C の「D(n−1)」がごっそりと「1」に置き換わることになります。

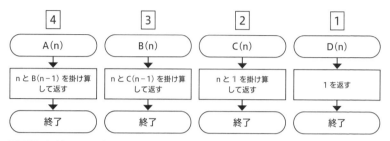

6-5-5 呼び出し箇所が1に置換されたイメージ

プログラム C では「n と 1 を掛け算して返す」とありますので，2 を返します。呼び出し元であったプログラム B の「C(n−1)」が，ごっそり「2」に置き換わることになります。

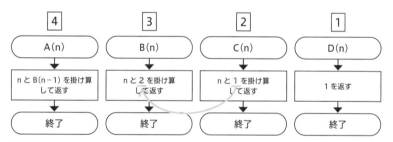

6-5-6 呼び出し箇所が2に置換されたイメージ

プログラム B では「n と 2 を掛け算して返す」とありますので，6 を返します。呼び出し元であったプログラム A の「B(n−1)」がごっそり「6」に置き換わることになります。

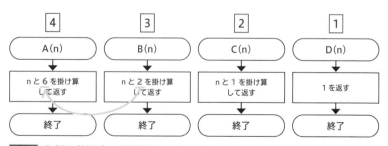

6-5-7 呼び出し箇所が6に置換されたイメージ

最後にプログラム A では n × 6 の結果である 24 を返して終了です。

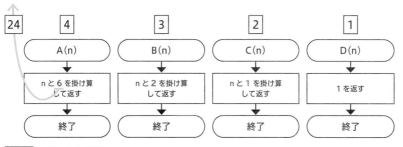

**6-5-8** 24 を返して終了

　これで階乗プログラムが完成しています。しかし，よく見てみるとプログラム A，プログラム B，プログラム C はほとんど同じです。そのため 1 つにまとめることができそうです。

**6-5-9** プログラム B，C をプログラム A に統合

　プログラム A の処理には「A(n−1)」と記述されています。つまり自分自身を呼び出しています。これが再帰です。トレースしてみましょう。

- ・n に 4 が入る
- ・プログラム A に「4−1」を渡す
- ・n に 3 が入る
- ・プログラム A に「3−1」を渡す
- ・n に 2 が入る
- ・プログラム A に「2−1」を渡す
- ・n に 1 が入る
- ・プログラム A に「1−1」を渡す
- ・n に 0 が入る
- ・プログラム A に「0−1」を渡す

・n に −1 が入る
・プログラム A に「-1 − 1」を渡す
・n に −2 が入る
・プログラム A に「-2 − 1」を渡す

　このように永久ループに陥ってしまいます。そこでプログラム D も，プログラム A に組み込みます。

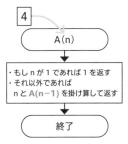

**6-5-10** プログラム D もプログラム A に統合

　これで永久ループにならずに，元の構成と同じ結果を得ることができるようになりました。トレースしてみましょう。

・n に 4 が入る
・プログラム A に「4 − 1」を渡す
・n に 3 が入る
・プログラム A に「3 − 1」を渡す
・n に 2 が入る
・プログラム A に「2 − 1」を渡す
・n に 1 が入る
・プログラム A に 1 を渡す

　このように再帰では，永久ループにならないような条件を記述する必要があります。

### 過去問にチャレンジ！［FE-H28春AM 問7］

$n$ の階乗を再帰的に計算する関数 $F(n)$ の定義において，a に入れるべき式はどれか。ここで，$n$ は非負の整数である。

$n > 0$ のとき，$F(n) = \boxed{\quad a \quad}$
$n = 0$ のとき，$F(n) = 1$

ア　$n + F(n - 1)$　　　イ　$n - 1 + F(n)$
ウ　$n × F(n - 1)$　　　エ　$(n - 1) × F(n)$

### ［解説］

先ほど解説したものと同じ，階乗のプログラムです。与えられた値を $n$ という変数に入れて，このプログラムを実行します。仮に $n$ に 4 を与えてみましょう。$n > 0$ ですから上の行が実行されます。

$n > 0$ のとき，$F(n) = \boxed{\quad a \quad}$

6-5-11 $n > 0$ の場合には上の行が実行される

この問題では「階乗」とはっきり書かれています。掛け算が入っている式を選ぶことになりますので「ウ」「エ」のどちらかになります。
「エ」の「$(n - 1) × F(n)$」を実行すると，$n$ に 1 が渡された時点で「$(1 - 1) × F(n)$」となり，結果は 0 になりますので誤りです。

答え：ウ

プログラム特性に関する記述のうち，適切なものはどれか。

**ア** 再帰的プログラムは再入可能な特性をもち，呼び出されたプログラムの全てがデータを共用する。

**イ** 再使用可能プログラムは実行の始めに変数を初期化する，又は変数を初期状態に戻した後にプログラムを終了する。

**ウ** 再入可能プログラムは，データとコードの領域を明確に分離して，両方を各タスクで共用する。

**エ** 再配置可能なプログラムは，実行の都度，主記憶装置上の定まった領域で実行される。

[解説]

「ア」は再帰についての説明です。再帰は自分自身を何度も呼び出すため，マルチタスク（複数の処理を，それぞれ終わらせることなく同時に実行）であると捉えることができます。マルチタスクを可能にしている性質は再入可能であるため，前半の「再入可能な特性を持ち」は正解です。ただし，後半の「すべてのデータを共用する」は間違いです。再帰の解説では変数 $n$ を使いましたが，名前が同じでもプログラムごとに変数 $n$ は異なる変数です。

「イ」は再使用可能についてです。プログラムを共用しますが，データは1度目の実行と2度目の実行で独立している必要があります。そのために OS は実行時または終了時にデータをリセットしていますので，イは正解です。

「ウ」は再入可能についてですから，マルチタスクをイメージしてください。あるブラウザで見ているページのデータは，他のブラウザとは独立しており相互干渉はありません。Excel などのソフトウェアも同様で，それぞれが独立しています。プログラムは同じものでも，変数などのデータは独立していますので「ウ」は誤りです。

「エ」は再配置可能プログラムについてです。主記憶装置上のある場所に配置されたプログラムはその後，柔軟に配置場所が変更されます。ただし，プログラマや利用者がそれを意識することはありません。

**答え：イ**

# 確認問題

**問題1** ［AP-R4春AM 問5］

リストには，配列で実現する場合とポインタで実現する場合とがある。リストを配列で実現した場合の特徴として，適切なものはどれか。ここで，配列を用いたリストは配列に要素を連続して格納することによってリストを構成し，ポインタを用いたリストは要素と次の要素へのポインタを用いることによってリストを構成するものとする。

**ア** リストにある実際の要素数にかかわらず，リストに入れられる要素の最大個数に対応した領域を確保し，実際には使用されない領域が発生する可能性がある。

**イ** リストの中間要素を参照するには，リストの先頭から順番に要素をたどっていくことから，要素数に比例した時間が必要となる。

**ウ** リストの要素を格納する領域の他に，次の要素を指し示すための領域が別途必要となる。

**エ** リストへの挿入位置が分かる場合には，リストにある実際の要素数にかかわらず，要素の挿入を一定時間で行うことができる。

**問題2** ［AP-R4秋AM 問5］

自然数をキーとするデータを，ハッシュ表を用いて管理する。キー x のハッシュ関数 h(x) を h(x) = x mod n とすると，任意のキー a と b が衝突する条件はどれか。ここで，n はハッシュ表の大きさであり，x mod n は x を n で割った余りを表す。

**ア** a + b が n の倍

**イ** a − b が n の倍数

**ウ** n が a + b の倍数

**エ** n が a − b の倍数

**問題3** [AP-R4秋AM 問6]

未整列の配列 A[i](i=1，2，…，n) を，次の流れ図によって整列する。ここで用いられる整列アルゴリズムはどれか。

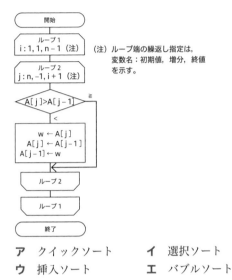

ア　クイックソート　　イ　選択ソート
ウ　挿入ソート　　　　エ　バブルソート

**問題4** [AP-H22秋AM 問7]

正の整数 M に対して，次の二つの流れ図に示すアルゴリズムを実行したとき，結果 x の値が等しくなるようにしたい。a に入れる条件として，適切なものはどれか。

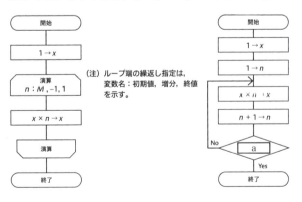

ア　$n < M$　　イ　$n > M - 1$　　ウ　$n > M$　　エ　$n > M + 1$

アルゴリズム設計としての分割統治法に関する記述として，適切なものはどれか。

**ア** 与えられた問題を直接解くことが難しいときに，幾つかに分割した一部分に注目し，とりあえず粗い解を出し，それを逐次改良して精度の良い解を得る方法である。

**イ** 起こり得る全てのデータを組み合わせ，それぞれの解を調べることによって，データの組合せのうち無駄なものを除き，実際に調べる組合せ数を減らす方法である。

**ウ** 全体を幾つかの小さな問題に分割して，それぞれの小さな問題を独立に処理した結果をつなぎ合わせて，最終的に元の問題を解決する方法である。

**エ** まずは問題全体のことは考えずに，問題をある尺度に沿って分解し，各時点で最良の解を選択し，これを繰り返すことによって，全体の最適解を得る方法である。

プログラムの実行時に利用される記憶領域にスタック領域とヒープ領域がある。それらの領域に関する記述のうち，適切なものはどれか。

**ア** サブルーチンからの戻り番地の退避にはスタック領域が使用され，割当てと解放の順序に関連がないデータの格納にはヒープ領域が使用される。

**イ** スタック領域には未使用領域が存在するが，ヒープ領域には未使用領域は存在しない。

**ウ** ヒープ領域はスタック領域の予備領域であり，スタック領域が一杯になった場合にヒープ領域が動的に使用される。

**エ** ヒープ領域も構造的にはスタックと同じプッシュとポップの操作によって，データの格納と取出しを行う。

## 解答・解説

### 解説1　ア

「リスト」には配列と連結リストがあり，出題では連結リストを「ポインタで実現したリスト」と表現しています。

　配列のデメリットは，あらかじめ領域の確保が必要であることです。例えば100個の領域を確保し，そこに80個のデータを格納したとすると20個が無駄になりますので「ア」は正解です。

　「イ」は間違いです。配列は添字を指定することで，一つひとつたどることなく，そのデータを見ることができます。中間のデータは要素数を2で割ることでわかりますから，簡単に中間のデータを参照できます。

　「ウ」は連結リストの説明です。要素ごとに別途，ポインタを格納する領域が必要です。

　「エ」も連結リストの説明です。配列だと，どこかにデータを追加する場合，それ以降のデータを1つずつずらして空きを作る必要があります。挿入位置が最後に近ければ，それほど時間はかかりません。しかし，先頭に近ければ多くの時間がかかりますので「一定時間で行うことができる」とはなりません。

### 解説2　イ

　言い回しが少々難しく感じられるかもしれませんが，冒頭の「自然数をキーとするデータを，ハッシュ表を用いて管理する。」は無視しても影響はありません。その後にハッシュ関数について説明されているので，ハッシュ表を使うことは明白です。

　まずここに，あるハッシュ関数があります。このハッシュ関数に例えば10を入れると，何が返されるのでしょうか？　問題文に「nで割った余りを返す」とあります。ではnは何かというと，ハッシュ表の大きさです。仮にハッシュ表の大きさが9だとします。

| | | | | | | | | |
|---|---|---|---|---|---|---|---|---|
| | | | | | | | | |

大きさ9のハッシュ表を用意

　この少ない領域に値を格納していくわけです。例えば1はどこに入るでしょうか？　格納場所は9で割った余りですから「1」です。

| | | | | | | | | |
|---|---|---|---|---|---|---|---|---|
| | 1 | | | | | | | |

1を格納

　2はどこに入るでしょうか？　9で割った余りは「2」です。

| | | 1 | 2 | | | | | | |
|---|---|---|---|---|---|---|---|---|---|

2を格納

　では 10 はどこに入るでしょうか？　9 で割った余りは「1」です。すでに先客がいるためシノニムが発生してしまいました。

　仮に 0 から 35 まで格納すると，このようになります。

| | 0 | 1 | 2 | 3 | 4 | 5 | 6 | 7 | 8 |
|---|---|---|---|---|---|---|---|---|---|
| | 9 | 10 | 11 | 12 | 13 | 14 | 15 | 16 | 17 |
| | 18 | 19 | 20 | 21 | 22 | 23 | 24 | 25 | 26 |
| | 27 | 28 | 29 | 30 | 31 | 32 | 33 | 34 | 35 |

シノニムが発生

見出し：0 から 35 までをハッシュ表に格納

　シノニム発生に関連する 2 つの値には何か関連がありそうです。例えば「0，9，18，27」や「1，10，19，28」などのようにそれぞれが 9 ずつ離れています。これを式にすると「a−b が n の倍数」となり，答えは「イ」です。例えば a が 28 で b が 10 だったとします。28−10=18 であり，9 の倍数です。

　「ア」の「a+b が n の倍数」も，念のため確認してみましょう。28+10=38 となり 9 の倍数ではありません。ただし a が 9 で b が 18 の場合には 9 の倍数になってしまいますから，いくつかの数値で試してください。

　「ウ」の「n が a+b の倍数」の場合にはどうでしょうか？　a が 28 で b が 10 だとすると「9 が 28+10 の倍数」とはなりませんので間違いです。

　「エ」の「n が a−b の倍数」も見てみましょう。a が 28 で b が 10 だとすると「9 が 28−10 の倍数」とはなりませんので間違いです。

## 解説3　エ

　すべての整列で比較と交換が発生します。例えばクイックソートでは，基準値より小さいものと大きいものに分けるために交換が発生します。選択ソートは最小値を先頭と交換します。挿入ソートは値を理想的な位置に挿入するために，それ以降を移動して隙間を作ります。バブルソートは隣と交換します。このように比較と交換が必ず発生します。この流れ図では「比較」がひし形の条件分岐であり，「交換」が長方形の命令です。ではどんな比較がされ，どんな交換が発生しているかを見てみましょう。

　まず比較からです。条件分岐には A[j]：A[j−1] とあります。配列 A の添字 j と添字 j−1 との比較であり，これは明らかに隣同士の比較です。この時点でバブ

ルソートであることが確定です。

一応次の「交換」も見てみましょう。人間が両手に物を持っていて，それを交換しようとすると腕が2本では足りません。そこで，いったん右手に持っているものを机などに置くはずです。プログラムでも同様で，机の役目を果たす3つ目の変数が必要です。この流れ図では変数「w」がその役割です。

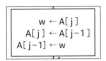

w ← A[j]
A[j] ← A[j-1]
A[j-1] ← w

一時的に値を格納するための変数「w」を活用

A[j] のデータをいったん変数 w に入れ，隣である A[j-1] のデータを A[j] に上書きします。その後に，変数 w のデータを A[j-1] に上書きすることで交換を行っています。

### 解説4　ウ

2つの流れ図があり，結果が同じになるように「a」の穴埋めをする問題です。M に適当な値を入れて試してみましょう。あまり大きいと繰り返し回数が多くなるため M=3 にしてみました。トレースしてみます。

| x |   |
|---|---|
| n |   |
| M | 3 |

M に3を格納

最初の命令で x には1が入りました。

| x | 1 |
|---|---|
| n |   |
| M | 3 |

x に1を格納

繰り返しに進みます。n の初期値は M であり，そこから1周ごとに1減算していき，1になったら終了です。

| x | 1 |
|---|---|
| n | 3 |
| M | 3 |

n に M を格納

繰り返し内の最初の命令で x × n を計算して結果を x に入れます。

| x | 1 | 3 |
|---|---|---|
| n | 3 |   |
| M | 3 |   |

x に x × n の結果である 3 を格納

2周目で n は 1 減算され，x の値が 6 になりました。

| x | 1 | 3 | 6 |
|---|---|---|---|
| n | 3 | 2 |   |
| M | 3 |   |   |

x に x × n の結果である 6 を格納

3周目で n は 1 減算され，x の値が 6 になりました。

| x | 1 | 3 | 6 | 6 |
|---|---|---|---|---|
| n | 3 | 2 | 1 |   |
| M | 3 |   |   |   |

見出し：x に x × n の結果である 6 を格納

n が終了条件の 1 になったので繰り返しを抜けて終了です。

では同じく右の流れ図で，最終的に x が 18 になるものを選びましょう。下の矢印の位置まで処理を進めました。

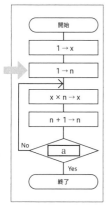

n に 1 を格納

以下の値になります。

| x | 1 |
|---|---|
| n | 1 |
| M | 3 |

n に1が格納

さらに先に進め2つの処理を行います。

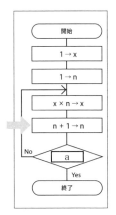

n をカウントアップ

| x | 1 | 1 |
|---|---|---|
| n | 1 | 2 |
| M | 3 | |

x × n の結果を x に格納し，n をカウントアップ

　条件分岐では「YES」だと終了してしまいますから，「ア」の「n<M」は該当しません。
　さらに2周目を実行します。

| x | 1 | 1 | 2 |
|---|---|---|---|
| n | 1 | 2 | 3 |
| M | 3 | | |

x × n の結果を x に格納し，n をカウントアップ

　x はまだ6になっていません。しかしもし「イ」を採用すると「3＞3－1」となり，条件を満たしてしまい，プログラムが終了してしまいます。したがって「イ」は間違いです。

　さらに3周目を実行します。

| x | 1 | 1 | 2 | 6 |
|---|---|---|---|---|
| n | 1 | 2 | 3 | 4 |
| M | 3 | | | |

x × n の結果を x に格納し，n をカウントアップ

　ここで x の値が左の流れ図と同じになりましたので，終了するべきです。
　「ウ」を採用すると「4 > 3」となり終了できますので，正解の候補です。
　「エ」を採用すると「4 > 3 + 1」となりますので終了できず，誤りです。

### 解説5　ウ

　**分割統治法**とは問題を分割して，その分割した小さな部分だけで問題を解決してから全体に統合する解決方法です。多くの整列アルゴリズムで使用されている考え方です。例えば，クイックソートは基準値で分割を行い，それぞれの部分で同じく処理を行います。マージソートも分割統治です。
　「ア」は「とりあえず粗い解を出して改良していく」ということですから，分割統治法ではありません。
　「イ」は「組合せ数を減らす方法」であり異なります。「ウ」は「全体を小さな問題に分割し，それぞれで処理を行ってから統合する」とあり分割統治法の説明です。「エ」は「分解して，そこから最良の解を選択することを繰り返して全体の最適解を得る」とあるため異なります。

### 解説6　ア

　スタック領域と**ヒープ領域**は OS が管理している主記憶装置上の領域です。補助記憶装置にあるプログラムは，使用時に主記憶装置にロードされる話はしました。それとは別に変数や配列や実行時のプログラムの状態などはスタック領域やヒープ領域に保存されます。
　スタック領域は，その名の通りスタック方式で管理されます。つまり LIFO であり後入先出方式です。**ヒープ領域は双方向リストで管理**されます。木構造のヒープ木とはまったく別のものですので間違えないようにしてください。

```
● ● ●                                    heap – Main.java
heap   src   Main
Main.java
    no usages
1 ▶  public class Main {
        no usages
2 ▶      public static void main(String[] args) {
3
4           System.out.println(Runtime.getRuntime().totalMemory());
5       }
6   }

Run   Main
▶ ↑   /Users/digitalplan/Library/Java/JavaVir
■ ↓   272629760
■ 器
■ ✕
■     Process finished with exit code 0
```

割り当てられているヒープ領域のサイズを表示した例

　問題文にある**サブルーチン**は，関数に似た概念です。厳密には異なりますが，関数のようなものと考えても問題ありません。

　例えば，サブルーチン A の中でサブルーチン B を呼び，サブルーチン B の中でサブルーチン C を呼んだとします。

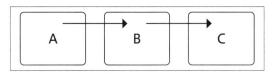

サブルーチンからサブルーチンを呼び出す

　この後，C が終了したら B に戻り，B が終了したら A に戻ります。

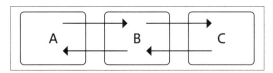

サブルーチンが終わると呼び出し元のサブルーチンへ戻る

　A → B → C と積み上がり C → B → A と終了していくため，この管理をスタック領域で行うことになります。それ以外は，双方向リストであるヒープ領域で管理されるため「ア」が正解です。

　ヒープ領域は最初にある程度確保されます。しかし初期状態では未使用領域であり，変数や配列などを使うことでヒープ領域が使用されていきます。「イ」は「未使用領域は存在しない」となっているので誤りです。スタック領域とヒープ領域はまったく異なり予備領域ではありませんので「ウ」は間違いです。また，スタック領域はプッシュ操作で格納しポップ操作で取り出しますが，ヒープ領域は双方向リストであるためそのような操作はありません。「エ」は誤りです。

# 7章

## 基礎理論

「基礎」とはいっても簡単であるということではありません。コンピュータがどのような仕組みで動いているのか，どのように計算しているかなどの，コンピュータ内部における基礎的な技術について学習するのが本章の目的です。

# 基数

午前試験は本章で学習する基礎理論からまず，出題されます。「0以上255以下の整数 n」「a を正の整数とし」「浮動小数点数を仮数部」など，頭を抱えたくなる文章が並びます。しかし安心してください。全体を通してわずか数問しか出題されませんので，今までと同様に楽しく学習する程度で大丈夫です。

　この章で学習する内容は，通常のシステム開発ではほとんど目にしません。昔のシステム開発では，コンピュータにかなり近いレベルでプログラミングをしていたためこの章の知識が必要でした。例えば C 言語というプログラミング言語は，主記憶装置の内部を直接操作することも多くありますが，そういった場面で必要になる知識です。しかし多くのシステム開発では，主記憶装置の操作はプログラミング言語の内部に隠されており，目にする機会はほとんどありません。

　しかし，コンピュータがどのような仕組みで動作しているかを知ることができる重要な知識でもあります。

　なお，本章の知識は主に午前試験で問われる内容であり，**午後試験ではほとんど必要ありません**。午後試験のネットワーク分野では 2 進数の知識が多少必要になりますが，それ以外ではほとんど出題されません。そのため，もし苦手なのであれば他の得意分野を重点的に学習し，本章は軽く理解する程度でもよいでしょう。苦手な分野の学習には時間がかかります。効率的な学習を常に心がけてください。

## 2進数とは AM

　我々は 0 から 9 までの数字しか知りません。すべての数値はこの 10 個の数字だけで表現されます。この表現方法を **10 進数**といい，10 個目の数字に達すると次の桁に進みます。

　一方，コンピュータは **2 進数**を扱います。なぜ 2 進数を使用するのでしょうか？例えば，あなたの家の電気のスイッチはオンとオフの 2 種類の状態であるはずです。オフは電気が通っていない状態であり，オンは電気が通っている状態です。この「オフ」を「0」に，「オン」を「1」に対応付けているためコンピュータでは 2 進数が使用されるのです。コンピュータの内部では，すべてのデータが 0 と 1 で表現されていることを覚えておきましょう。

　なお，この表現の単位を**ビット**といいます。1 ビットは 0（オフ）と 1（オン）の 2 つの値しか持ちません。さらに，8 ビットが集まった塊を**バイト**といいます。

`1 1 0 0 0 1 1 0 1 1 0 0 0 1 1 0`

7-1-1 ビットとバイト

## 2進数を記憶して送る

例えば，主記憶装置に数字の「5」を格納する場合を考えましょう。アルゴリズムの章で学習した通り，変数は主記憶装置上の特定の領域を指します。流れ図で「x ← 5」という処理があった場合には主記憶装置に「5」が格納されます。

ただしコンピュータは「5」という数値を直接認識できないため，これを2進数に変換してから記憶します。その変換方法はのちほど説明しますが，10進数の「5」は2進数では「101」になります。そして，この「101」を電気的に表現すると「オン，オフ，オン」となり，これが主記憶装置の特定の領域に保存されるのです。なお，主記憶装置の記憶領域は一般的に8ビットごとに区切られます。そのため，以下のように8ビットに満たない場合には左側が0で埋められます。

| 0 | 0 | 0 | 0 | 0 | 1 | 0 | 1 |
|---|---|---|---|---|---|---|---|

7-1-2 x ← 5 を実行した際の主記憶装置の状態

また，ネットワークを通じて「5」を遠隔地に送る際も，2進数「101」を「オン，オフ，オン」の状態に変換して送っています。企業内のネットワークであれば，コンピュータ同士は多くの場合 LAN ケーブルでつながっていますから，情報は電気信号として送られます。一方，インターネットであれば光ファイバーケーブルも使うことが多いため，光の点滅によって「オン，オフ，オン」が表現されます。またハードディスクでは磁力の S 極と N 極を利用して保存されます。

## 2進数の足し算と引き算

「10 + 4」のような10進数の足し算は簡単に行うことができるはずです。2進数における足し算も，よく理解しておきましょう。

```
    1              11              11
 +  1           +   1          +   11
-------        --------        --------
   10            100            110
```

7-1-3 2進数「1+1」の足し算　　7-1-4 2進数「11+1」の足し算　　7-1-5 2進数「11+11」の足し算

基本原則は 10 進数と同じですから，注意深く計算すればそれほど難しくはないと思います。ただし繰り上がりには注意してください。10 進数の「1 ＋ 1」は「2」ですが，2 進数では「2」を表現できません。そのため繰り上がりが発生して「10」となります。

引き算も同様です。繰り下がりに注意しましょう。

```
    11           10           100
 −   1        −   1        −   11
    10            1             1
```

7-1-6　2 進数の引き算

## 2進数を10進数や16進数で表現

コンピュータ内部は 2 進数で動作していますが，そのままでは人間には理解しにくいため 10 進数に変換して表現されることがあります。また 16 進数が使われることもあります。4 桁の 2 進数を，16 進数ではわずか 1 桁で表現することができます。

| 2 進数 | 10 進数 | 16 進数 | 2 進数 | 10 進数 | 16 進数 |
|---|---|---|---|---|---|
| 0 | 0 | 0 | 1000 | 8 | 8 |
| 1 | 1 | 1 | 1001 | 9 | 9 |
| 10 | 2 | 2 | 1010 | 10 | A |
| 11 | 3 | 3 | 1011 | 11 | B |
| 100 | 4 | 4 | 1100 | 12 | C |
| 101 | 5 | 5 | 1101 | 13 | D |
| 110 | 6 | 6 | 1110 | 14 | E |
| 111 | 7 | 7 | 1111 | 15 | F |

7-1-7　2 進数と 10 進数，16 進数の対応表

例えば以下のような 2 進数があります。

## 101011111000

これを暗記するのはかなり大変です。そこで 10 進数へ変換してみます。

## 2808

これなら人間にも理解しやすいですね。さらに 16 進数に変換してみます。

## AF8

わずか 3 桁で表現することができました。このように大きな 2 進数の値は，人間が理解しやすいように 10 進数や 16 進数で表現されることがあります。

## 基数変換 AM

2 進数における「2」や，16 進数における「16」などを**基数**といいます。 2 進数，10 進数，16 進数の相互変換はよく出題されます。また，ネットワーク関連の問題においては， 2 進数と 10 進数の変換は必須の知識です。

### 2進数を10進数に変換する ▶7-1-1

2 進数の「0」は 10 進数でも「0」です。
2 進数の「1」は 10 進数でも「1」です。
2 進数の「10（イチゼロ）」は 10 進数では「2」となります。
さらに進めてみます。

| 2 進数 | 10 進数 |
|--------|---------|
| 10 | 2 |
| 11 | 3 |
| 100 | 4 |
| 101 | 5 |
| 110 | 6 |
| 111 | 7 |
| 1000 | 8 |
| 1001 | 9 |
| 1010 | 10 |

7-1-8 2 進数と 10 進数の対応表

小さい数であればこのような表でもよいのですが，大きな数になると現実的ではありません。そこで便利な計算方法を紹介します。

$$1 \quad 1 \quad 0 \quad 1$$
$$\times 8 \quad \times 4 \quad \times 2 \quad \times 1$$

$$1 + 4 + 8 = 1 \, 3$$

**1 桁ごとに掛ける数を
2 倍していく**

7-1-9 2 進数を 10 進数に変換する方法

このように 2 進数の 1 桁目に 1 を掛け，2 桁目に 2 を掛け，3 桁目に 4 を掛け……というように，掛ける数を 2 倍にしていきます。そして，それらの結果を合計することで 10 進数を得ることができます。

それでは，先ほど例に挙げた「101011111000」を 10 進数に変換してみます。

$$
\begin{array}{cccccccccccc}
1 & 0 & 1 & 0 & 1 & 1 & 1 & 1 & 1 & 0 & 0 & 0 \\
\times & \times & \times & \times & \times & \times & \times & \times & \times & \times & \times & \times \\
2048 & 1024 & 512 & 256 & 128 & 64 & 32 & 16 & 8 & 4 & 2 & 1
\end{array}
$$

`7-1-10` 2 進数を 10 進数に変換する実例

8+16+32+64+128+512+2048=2808 となりました。

このような手間が毎回必要なのでしょうか？　そうなのです。何度も練習をして慣れるしかありません。

また，小数がある場合には以下のような計算になります。

$$
\begin{array}{cccccccc}
1 & 0 & 1 & 1 & . & 1 & 0 & 1 \\
\times & \times & \times & \times & & \times & \times & \times \\
8 & 4 & 2 & 1 & & 1/2 & 1/4 & 1/8
\end{array}
$$

`7-1-11` 小数を含む 2 進数を 10 進数に変換

**桁が上がるごとに掛ける値を 2 倍にし，桁が下がるごとに掛ける値を半分**にしていくというのが基本原則です。

### 16進数を10進数に変換する ▶7-1-2
同じような方法で 16 進数も 10 進数に変換できます。先ほどは掛ける数を 1 桁ごとに 2 倍していきましたが，**16 進数を 10 進数に変換する場合には，掛ける数を 1 桁ごとに 16 倍**していきます。

`7-1-12` 16 進数を 10 進数に変換する実例　　`7-1-13` A を 10 とし F を 15 として計算する

上記の例ですと，A を 10 とし F を 15 として掛け算を行います。

## 10進数を2進数に変換する ▶7-1-3

　ここからは今まで見てきた変換と逆の変換をする方法です。10進数の9を2進数に変換してみます。

STEP①：まずはこのように書きます。割り算記号を逆さにしたものです。
STEP②：変換したい10進数，つまり9を2で割ってその余りを右に書き出します。
STEP③：次に商である4を同様に割り算し，余りを右に書き出します。
STEP④：同様に，商が0になるまで続けます。最後に右に書き出した余りを下から上に並べたものが2進数に変換した結果です。

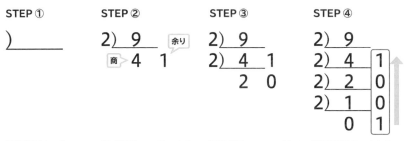

| 7-1-14 割り算記号を 逆さにして書く | 7-1-15 2で割った余 りを右に書く | 7-1-16 さらに2で割った 余りを右に書く | 7-1-17 右に書き出した 余りを並べる |

　9を2進数にした場合には1001となりました。

　なお，小数点以下の数については掛け算を使います。

STEP①②：10進数を2倍し，整数部を左に抜き出します。
STEP③：整数部を抜き出したことで1.25が0.25になったことに注意してください。同じように，0になるまで続けます。最後に抜き出した整数部を，上から下に読みます。

7-1-18 小数点以下の10進数を2進数に変換する　　7-1-19 左に書き出した 整数部を並べる

　0.625を2進数にすると0.101になることがわかりました。

## 10進数を16進数に変換する ▶7-1-4

10進数を他の基数に変換する際も，同じような方法で行います。上の説明のうち「2で割る」操作を「16で割る」操作に置き換えて進めます。

778 ÷ 16 = 48 余り10ですので，右に「A」を書きました。以下同じように続けます。このように割り算が大変であることもあってか，あまり出題されません。

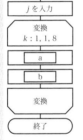

**7-1-20** 10進数を16進数に変換する例

次の流れ図は，10進整数 $j(0 < j < 100)$ を8桁の2進数に変換する処理を表している。2進数は下位桁から順に，配列の要素 NISHIN(1) から NISHIN(8) に格納される。流れ図のa及びbに入れる処理はどれか。ここで，$j$ div 2 は $j$ を2で割った商の整数部分を，$j$ mod 2 は $j$ を2で割った余りを表す。

```
開始
  │
j を入力
  │
変換
k : 1, 1, 8
  │
  a
  │
  b
  │
変換
  │
終了
```

(注) ループ端の繰返し指定は，
変数名：初期値，増分，
終値を示す。

|   | a | b |
|---|---|---|
| ア | $j \leftarrow j$ div 2 | NISHIN$(k) \leftarrow j$ mod 2 |
| イ | $j \leftarrow j$ mod 2 | NISHIN$(k) \leftarrow j$ div 2 |
| ウ | NISHIN$(k) \leftarrow j$ div 2 | $j \leftarrow j$ mod 2 |
| エ | NISHIN$(k) \leftarrow j$ mod 2 | $j \leftarrow j$ div 2 |

### [解説]

基数変換の学習時にどのような問題が出るのか気になったかと思いますが，実際にはそれほど多く出題されるわけではありません。今回の問題も基本情報技術者試験の過去問題から引用したものです。

この問題は 10 進数を 2 進数に変換するための流れ図の空欄を埋める問題です。先ほどは 10 進数を 2 進数に変換するには以下のような流れであることを学習しました。

この処理をプログラミングするにあたり，あらかじめ流れ図を作成したとします。すると意外と小さな流れ図で実現できています。

10 進数を 2 進数に変換する例

まず，変換したい 10 進数は 100 未満（つまり 99 以下）であるという前提が設けられています。そのため，$k$ の値は 1 から 8 までとなります。これは，最大値の 99 が 8 ビットで表現できるためです。

変換処理については，先ほど 9 を 2 で除算していく方法を学びました。除算は div を使うことは問題文で示されている通りですから「9 div 2」と表現します。変換したい 10 進数は $j$ に入るため「$j$ div 2」となります。この計算結果は，その次の除算に使用されます。つまり「$j \leftarrow j$ div 2」となるべきであり，選択肢では「ア」「エ」のどちらかとなります。

それぞれの「$j$ mod 2」は，$j$ を 2 で割った余りを表します。この結果を 2 進数の変換結果として利用するために，配列 NISHIN に格納します。あとは計算の順序について見ていきましょう。

もし「ア」を選んだ場合，例えば 9 の変換は次のようになります。

9 を 2 進数に変換するための間違った流れ

正しくは「1」になるべき箇所が「0」になってしまいました。つまり，このままだと最下位が 0 になってしまうため誤りです。なぜそのようなことになったのでしょうか？　除算で $j$ が書き変わってしまい，その書き変わった後の数値で余りを求めているためです。そのためまず余りを NISHIN 配列に格納し，その後で $j$ を書き換える必要があります。

答え：エ

2進数で表現すると無限小数になる10進小数はどれか。
**ア** 0.375　　**イ** 0.45　　**ウ** 0.625　　**エ** 0.75

[解説]

「ア」から順に見ていきましょう。10進数の小数を2進数にするには，2倍して整数部を抜き出す操作を繰り返します。以下のように0.011となりました。

|   |       |
|---|-------|
|   | 0.375 |
| 0 | 0.75  |
| 1 | 0.5   |
| 1 | 0     |

0.375 を2進数に変換する例

「イ」も同様の作業を繰り返します。

|   |      |
|---|------|
|   | 0.45 |
| 0 | 0.9  |
| 1 | 0.8  |
| 1 | 0.6  |
| 1 | 0.2  |
| 0 | 0.4  |
| 0 | 0.8  |
| 1 | 0.6  |
|   | ⋮    |

0.8 が再度登場した

0.45 を2進数に変換する例

いつまでも終わりませんので，無限小数となります。このように **10進数の小数が関わる基数変換においては無限小数となる場合**があります。

答え：**イ**

## 表現できる範囲 ●7-1-5

主記憶装置には非常に多くの2進数を保存することができます。1つの2進数は「オフ」または「オン」のどちらかであり，これをビットと表現する話はすでにしました。1ビットで「0」「1」のどちらかを表現できます。2ビットあれば「00」「01」「10」「11」の4種類を表現できます。では逆に「10進数の100を保存した

い」という要望があった場合，何ビット必要でしょうか？　必要なビット数を知ることで，効率的な主記憶装置の利用が可能になります。

例えば 8 ビットの空きがあるとします。ここに 10 進数の 100 は入るでしょうか？　計算してみましょう。

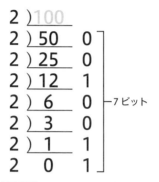

**7-1-21** 100 を 2 進数に変換する例

100 を表現するためには 7 ビット必要であることがわかりました。そのため主記憶装置にある 8 ビットの空き領域に格納することができます。

このように，学習した方法で 10 進数を 2 進数に変換してもいいのですが，もっと簡単な方法があります。以下の法則があります。

# $2^n$ = 表現できる種類数

n はビット数

**7-1-22** n ビットで表現できる種類数の計算方法

n が 3 の場合には 2 の 3 乗となります。つまり 3 ビットでは 8 種類の値を表現できることを意味しています。具体的には以下の 8 種類です。

**000　001　010　011　100　101　110　111**

これらを 10 進数に直すと 0 〜 7 です。

では，**7ビットだとどうなるのか**を考えてみましょう。

2 の 7 乗は 128 です。つまり，7 ビットあれば 0 〜 127 までを表現できることがわかります。

# マイナス表現 AM

　10 進数を主記憶装置に格納するために，2 進数に変換する方法を学習してきました。整数と小数については解説しましたので，ここからはマイナス値について解説します。

　例えば，4 を主記憶装置に格納しようとします。2 進数では「100」ですから，電気を「オン」「オフ」「オフ」の状態にして保存します。

　マイナス値の場合には**2 の補数**という形式にしてから保存します。そもそもの補数の意味は「ある数に補うことで目的の値になる数」のことをいいます。例えば，目的の数が 10 だとします。ある数が 7 だとすると，不足している数はいくつでしょうか？　「3」です。3 を補うことで目的とする 10 になるので，この場合は 3 が補数となります。

　2 進数での補数には 2 種類あります。まずは 1 つ目から見ていきます。

## 1 の補数

　まず目的とする 2 進数が全ビットを 1 とした状態，つまりオール 1 だとします。「101」のようなオール 1 ではない 2 進数があったとして，この値をオール 1 にするためには「10」の加算が必要となります。桁を合わせて 3 桁にすると「010」です。

　つまり「101」の補数は「010」となります。この 2 つを加算するとオール 1 になるためです。

　これを 1 の補数といいます。**1 の補数は，ある数を反転**させた 2 進数となります。「01110」の 1 の補数は「10001」です。では「01000」の 1 の補数はなんでしょうか？
　　：

　答えは「10111」です。これを加算するとオール 1 になるためです。

## 2 の補数

　2 の補数を考える上での「目的の数」はオール 0 です。先ほどと同じく「101」の 2 の補数を考えてみましょう。どうすればオール 0 になるでしょうか？

　このままでは無理です。101 にどんな数を加算してもオール 0 にはなりません。しかし条件を 1 つ加えてみましょう。「表現可能なのは 3 ビットまで」という条件を加えました。この条件により 3 ビットを超えたビットは破棄されることになります。

　では実際にやってみます。

　「101」の 2 の補数は「011」です。これを求める方法はこの後説明します。「101」に，2 の補数である「011」を加えると「1000」となりました。3 ビット同士の足し算であるため，4 ビット目（左端のビット）を破棄すると結果は「000」となりました。

　これで 2 の補数の定義である「足すことでオールゼロになる」が達成できました。

では2の補数はどのようにして求めるのでしょうか？　**実は2の補数は，1の補数（各ビットを反転させた値）に1を加える**ことで計算できます。

「01110」の2の補数は「10010」です（1の補数に1を加算）。では「01000」の2の補数はなんでしょうか？

　⋮

　答えは「11000」です（1の補数に1を加算）。

　このようにビット数の制限を設けてから2の補数を加えることで，結果がオール0となります。

　また2の補数は，元の値によって少し変わった値になることがあるので，以下にまとめました。

| 元の値 | 1の補数 | 2の補数 | 特徴 |
|---|---|---|---|
| 1000 | 0111 | 1000 | 2の補数は元の値と同じになります。 |
| 1 | 0 | 1 | 2の補数は元の値と同じになります。 |
| 111 | 000 | 001 | 元の値がオール1の場合には，2の補数は必ず1になります。 |
| 11111111 | 00000000 | 00000001 | 元の値がオール1の場合には，2の補数は必ず1になります。 |

7-1-23　特徴的な2の補数

## 2の補数でマイナスを表現 ▶7-1-6

　2の補数の利用方法について解説します。この次の節で解説しますが，コンピュータは足し算がとても得意です。そこで**引き算を，足し算で行うために2の補数がある**のです。

　例として「9 − 2」を足し算だけで行ってみます。

「9 − 2」は「9 +（− 2）」と表現することができます。そのため「2」を「− 2」に変換する方法があれば，引き算を足し算で行うことができるようになります。実は「2」を「− 2」に変換する方法が2の補数なのです。なぜそうなるのか？　実際にやってみましょう。

**ステップ1**：10進数の「2」を2進数にすると「10」となる
　　　　　　ただし10進数の「9」を2進数にした「1001」と同じビット数にする必要があるため「0010」とする
**ステップ2**：「0010」の1の補数は「1101」となる
**ステップ3**：さらに1を加算した「1110」が2の補数である

　この3ステップで求めた「1110」は，実は10進の「− 2」のことなのです。

本当にそうなのかを足し算をして試してみましょう。10進数の「9」は2進数で「1001」ですので以下の計算になります。

　4ビットで揃えたため，あふれたビットは破棄します。

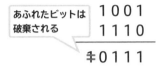

`7-1-24` 9 +（− 2）を 2 進数で行う

　答えは「0111」となりました。10進数に戻すと「7」であり，計算結果と一致しています。このようにして，引き算を足し算だけで実現しています。なぜそうなるかの原理については知る必要はありません。**ある数の2の補数はマイナス値である**ことを覚えておくだけで大丈夫です。

　のちほど取り上げる過去問題で，もう一度確認してみましょう。

## 2進数がマイナス値であるかの判断

　ここに「1101」という2進数があったとします。これは10進数に変換すると何になるでしょうか？　先ほどはこの方法で13になったはずです。

$$1 \quad 1 \quad 0 \quad 1$$
$$\times \quad \times \quad \times \quad \times$$
$$8 \quad 4 \quad 2 \quad 1$$

1桁ごとに掛ける数を2倍していく

$$1 + 4 + 8 = 13$$

`7-1-25` 2 進数を 10 進数に変換する方法

　しかし，条件によっては「13」ではなく「−3」になる場合もあります。なぜなら，2進数の「0011」は10進数では「3」であり，その2の補数は「1101」となるためです（反転して1を加算）。

　もし「2進数の1101は，10進数では何か？」と出題された場合，答えは「13」でしょうか？「−3」でしょうか？

　答えは「わからない」となります。実は問題文にミスがあるのです。ではそのミスを訂正しましょう。

問：2進数の1101は，10進数では何か？　ただし，マイナスを扱わないものとする。

もしマイナスを扱わないのであれば答えは「13」となります。

**問**：2進数の1101は，10進数では何か？　ただし，マイナスを**扱う**ものとする。

もしマイナスを扱うのであれば答えは「－3」となります。

このように問題文から，マイナス値を扱うかどうかを読み取ってください。

---

**過去問にチャレンジ！** [AP-H21秋AM 問1]

　2進数の表現で，2の補数を使用する理由はどれか。
**ア**　値が1のビット数を数えることで，ビット誤りを検出できる。
**イ**　減算を，負数の作成と加算処理で行うことができる。
**ウ**　除算を，減算の組合せで行うことができる。
**エ**　ビットの反転だけで，負数を求めることができる。

[解説]
　今見てきた通り「イ」です。引き算を「引く数をマイナスにして加算する」という，コンピュータが得意な方法だけで計算することができるためです。

答え：**イ**

---

**過去問にチャレンジ！** [AP-H25秋AM 問3]

　負の整数を表現する代表的な方法として，次の3種類がある。

a. 1の補数による表現
b. 2の補数による表現
c. 絶対値に符号を付けた表現 ( 左端ビットが0の場合は正，1の場合は負 )

　4ビットのパターン1101をa～cの方法で表現したものと解釈したとき，値が小さい順になるように三つの方法を並べたものはどれか。

**ア**：a, c, b　　**イ**：b, a, c　　**ウ**：b, c, a　　**エ**：c, b, a

[解説]
　この問題ではマイナスの値を扱うのでしょうか？　問題文に「負の整数を表現する」とあるので，マイナスの値を扱うようです。このように**必ず問題**

文に「マイナスを扱う」や「マイナスを扱わない」が明記されているので見逃さないようにしましょう。ただし，ほとんどの問題ではマイナスを扱うことになるはずです。

　さて出題にあるように，マイナス表現にはいくつかパターンがあります。先ほど解説したのはbの「2の補数」で，他にも2パターンあります。

　ここに「1101」という4ビットがあるとします。これは10進数に変換すると何になるのでしょうか？　もし，マイナスを扱わないとしたら13ですが，問題文には「負の整数を表現する」とありますから「1101」がマイナスの値であることを前提に考えます。

　それぞれのパターンで変換してみましょう。

　まずは「a」のパターンです。ここでは，ある数を1の補数でマイナス値に変換しています。では元の数はなんでしょうか？　各ビットの反転を戻すと「0010」となり，元の数は2であったようです。2をマイナスにするために1の補数にしたということですから，「1101」は「−2」となります。

　次は「b」のパターンです。ここではある数の2の補数を求めるために，ビットを反転してから1を加えています。そのため逆の操作をすることで元の数を知ることができます。「1101」から1を引いてビットを反転すると「0011」となります。これは10進数では3です。したがって「1101」は「−3」となります。

　「c」のパターンはかなりシンプルです。先頭の1ビットで符号を表しているだけです。先頭は「1」ですからマイナスの値であることは確定します。残りの3ビットは「101」であり，これを10進数に直すと「5」です。したがって「1101」は「−5」を表しています。

　これらの値を小さい順に並べると，−5，−3，−2となります。

答え：エ

## 小数点表現 AM

　小数点を主記憶装置に保存する方法について解説します。今学習したように，マイナスの値は2の補数を用いて0と1だけで表現することができます。では小数点の「.」はどのようにコンピュータ内で表現されるのでしょうか？　それには2つの方法があり，用途によって使い分けられます。

### 固定小数点形式

　この方式では，整数部と小数部の桁数をあらかじめ決めておきます。例えば整数

部を 3 桁，小数部を 2 桁に決めたとします。その場合「10101」は「101.01」と解釈されます。整数部と小数部はそれぞれ 10 進数に変換され，それらを加算することで値を得ます。

**7-1-26** 固定小数点形式の例

　プログラムの変数やデータベースの項目において，**整数部と小数部の桁数がおおむね決まる場合**にはこの方式を使うことになります。例えば，身長は一般的に整数部が 3 桁，小数部が 1 桁で表現されますので，固定小数点形式を採用します。

---

**過去問にチャレンジ！** [FE-H23秋AM 問2]

　10 進数 −5.625 を，8 ビット固定小数点形式による 2 進数で表したものはどれか。ここで，小数点位置は 3 ビット目と 4 ビット目の間とし，負数には 2 の補数表現を用いる。

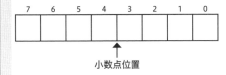

小数点位置

　**ア** 01001100　　**イ** 10100101　　**ウ** 10100110　　**エ** 11010011

[解説]
　固定小数と 2 の補数の両方が関わる問題であり少々複雑です。まず符号を消した「5.625」で考えましょう。固定小数点形式であるため整数部と小数部に分けて考えます。まず整数部は「5」であり，2 進数では「101」です。図を見ると整数部は 4 ビット表記ですから「0101」とします。次に小数部は 0.625 であり，これを 2 進数に変換すると「0.1010」です。この 2 つを組み合わせると「0101.1010」です。そして，この値をマイナスにするために 2 の補数にした「1010.0110」が答えです。

　このようにマイナスでありかつ小数の場合には，まず小数を表現してからマイナスに変換する手順を取ります。

答え：**ウ**

---

## 浮動小数点形式

浮動小数点形式は，**値ごとに小数点の位置を自由に決めることができる**方式です。例えば ROE などの経営指標では，整数部と小数部の桁数が固定されていない方が便利かと思います。そのような場合には，浮動小数点形式で値を扱うとよいでしょう。ただしデメリットとして，固定小数点形式に比べて誤差が発生する可能性が高くなります。

固定小数点形式では小数点の位置が「常に 3 桁目の後ろ」のように固定されますが，浮動小数点形式では値ごとに小数点の位置を指定する必要があります。しかし 2 進数は「0」「1」のみを用いますので「.」を扱うことができません。そこで，以下のように小数点の位置を指定する工夫がされています。

まず正規化を行います。正規化とは利用しやすく変形することを正規化といいます。

浮動小数の場合には，**小数第一位の値を 0 以外にする**ことをいいます。例えば「0.5」の小数第一位の値は 5 です。この場合には，すでに小数第一位が 0 以外ですので正規化は不要です。

では「0.05」の場合はどうでしょうか？

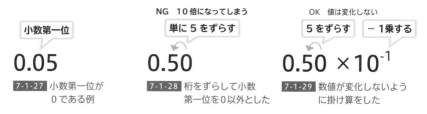

**7-1-27** 小数第一位が 0 である例

**7-1-28** 桁をずらして小数第一位を 0 以外とした

**7-1-29** 数値が変化しないように掛け算をした

小数第一位の値は 0 です。これは正規化をして 0 以外にする必要があります。しかし，このように単に桁をずらしただけでは数値が 10 倍に変化してしまいます。

そこで，掛け算をして，数値が変化しないようにします。

10 の − 1 乗は 0.1 のことです。これで値は変化せずに，小数第一位の値を 0 以外にすることができました。これが正規化です。

この式における 0.5 のことを**仮数**といい，− 1 のことを**指数**といいます。

**7-1-30** 仮数と指数

**7-1-31** 2 進数の正規化の例

なお，今見てきたのは 10 進数の正規化です。試験では 2 進数で問われますので，下のようになります。2 進数の場合には「2 の − 1 乗」のように表現させることに注意してください。

　このようにして正規化した「仮数」と「指数」の各ビットを，以下の形式で主記憶装置などに保存します。値がプラスの場合には 0 を，マイナスの場合には 1 を先頭に配置します。

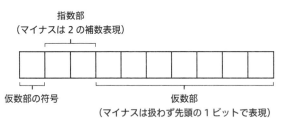

指数部
（マイナスは 2 の補数表現）

仮数部の符号

仮数部
（マイナスは扱わず先頭の 1 ビットで表現）

**7-1-32** 浮動小数点形式での表現方法の例

## 過去問にチャレンジ！ [AP-H22春AM 問2]

　図に示す 16 ビットの浮動小数点形式において，10 進数 0.25 を正規化した表現はどれか。ここで，正規化は仮数部の最上位けたが 1 になるように指数部と仮数部を調節する操作とする。

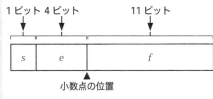

1 ビット 4 ビット　　　　　　11 ビット

| $s$ | $e$ | $f$ |

小数点の位置

$s$：仮数部の符号（0：正，1：負）
$e$：指数部（2 を基数とし，負数は
　　2 の補数で表現）
$f$：仮数部（符号なし 2 進数）

| | | | |
|---|---|---|---|
| **ア** | 0 | 0001 | 10000000000 |
| **イ** | 0 | 1001 | 10000000000 |
| **ウ** | 0 | 1111 | 10000000000 |
| **エ** | 1 | 0001 | 10000000000 |

[解説]

　正規化の方法はすでに説明した通りです。ただし問題によっては手順が異なる場合もあります。今回は説明した通りなので迷わないと思います。

　まず出題にある 10 進数を 2 進数に変換します。10 進数の「0.25」は 2 進数では「0.01」です。小数第一位が 0 であるため正規化を行います。

7章 基礎理論

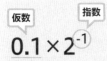

仮数 指数

$$0.1 \times 2^{-1}$$

問題文の値を 2 進数に変換して正規化を行った

　問題文にある通り，先頭の 1 ビットは符号を示します。プラスの場合には「0」を配置します。

| 0 | | | | | | | | | | | | | | | | |
|---|---|---|---|---|---|---|---|---|---|---|---|---|---|---|---|---|

符号ビットを配置

　次の 4 ビットは指数の値を表すため「− 1」を配置します。マイナスは 2 の補数で表現すると指定されていますので，すでに学習した方法で「1」を 2 の補数にします。指数部は 4 ビットであるため，以下の手順で 2 の補数にします。

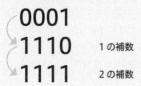

　　**0001**
　　**1110**　　1 の補数
　　**1111**　　2 の補数

「1」を「− 1」に変換する

　これを次の 4 ビットとします。

| 0 | 1 | 1 | 1 | 1 | | | | | | | | | | | | |
|---|---|---|---|---|---|---|---|---|---|---|---|---|---|---|---|---|

指数部にビットを配置

　最後は仮数部です。 2 進数の「0.1」を配置して完成です。小数点の位置を合わせるため，下のようになります。

| 0 | 1 | 1 | 1 | 1 | 1 | 0 | 0 | 0 | 0 | 0 | 0 | 0 | 0 | 0 | 0 | 0 |
|---|---|---|---|---|---|---|---|---|---|---|---|---|---|---|---|---|

▲
**小数点の位置**

仮数部にビットを配置

答え：**ウ**

## 誤差 AM

コンピュータの計算能力は人間とは比較にならないほど優れています。しかし数値の誤差を完全に避けることはできません。そのため誤差が発生する前提でプログラミングをする必要があります。そこで，どのような状況でどのような誤差が発生するのかを知っておきましょう。ここで解説する誤差はすべて小数の計算において発生します。

### 丸め誤差

数学における「丸める」とは**四捨五入，切り上げ，切り捨て**などのことをいいます。例えば，4.52 を小数点以下 2 桁で四捨五入すると 4.5 になります。この際に生じる 0.02 の差が丸め誤差となります。

### 打切り誤差

コンピュータは無限小数になると判断した場合には，**強制的に計算を打ち切る**ことがあります。例えば，10 進数の 0.1 を変数に入れると多くの場合，無限小数に変換されます。これは 10 進数の 0.1 を 2 進数で表現すると無限小数になるためです。

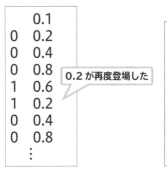

```
 2 ▷       public static void main(String[] args) {
 3             double sum = 0.0;
 4             for(int i = 0 ; i < 10 ; i++){
 5                 sum += 0.1;
 6             }
 7             System.out.println("合計は" + sum);
 8         }
```

Run   ☐ Main ✕

/Users/ishida/Library/Java/JavaVirtualMachines/openj
合計は0.9999999999999999

**7-1-33** 無限小数になる例    **7-1-34** 計算が打ち切られた実際の例

10 進数の「0.1」はよく使われそうな数ですが，実はコンピュータにとって非常に扱いにくい数です。そのため 0.1 を 10 回足すプログラムを作成して合計値を表示すると，0.99999999999 などになる場合があります。

実際には無限小数ですが，途中で打ち切っています。このように，打ち切ることで発生する誤差を打切り誤差といいます。

このようなことがないよう，小数を使わない工夫が必要です。例えば，0.1 ではなく 1 を使って計算し，最後に結果を 10 で割ることで打切り誤差を避けることができます。

## 情報落ち

　**大きな数と小さな数の計算を行った際に，小さな数の方が無視されてしまう**現象です。

```
2 ▷        public static void main(String[] args) {
3              double a = 1000000000000000.0;
4              double b = 0.000000000000001;
5              double result = a + b - a;
6              System.out.println("計算結果は" + result);
7          }
```

```
Run      ☐ Main  ×
/Users/ishida/Library/Java/JavaVirtualMachines/openjdk-21.
計算結果は0.0
```

**7-1-35** 情報落ちが発生した実際の例

　上記の計算では，非常に大きな値 a に，非常に小さな値 b を加算し，その後に a を減算しています。理論的には a+b-a の結果は b になるはずですが，結果は 0 と表示されています。これは a+b の計算を行った段階で b が無視されてしまい，0 として扱われてしまったことを意味しています。なぜ b が 0 として扱われたのでしょうか？

　我々が，指数が異なる計算をしようとした場合まず指数を合わせるはずです。以下の計算をしようとした場合，どうなるでしょうか？

$$1 \times 10^{20} + 100$$

　指数を合わせるとこのようになります。

$$1 \times 10^{20} + 1 \times 0.000000000000000001 \times 10^{20}$$

　右の値を 10 の 20 乗として表現したために，仮数が非常に小さくなりました。これを浮動小数点として表現すると仮数部が入り切らず，一部が破棄されてしまいます。これが情報落ちです。

　このような現象にならないように，計算順序を変えることで対策できる場合があります。少々難しいのですが，過去問題で確認してみましょう。

**過去問にチャレンジ！** ［AP-R4春AM 問1］

　浮動小数点を，仮数部が 7 ビットである表示形式のコンピュータで計算した場合，情報落ちが発生しないものはどれか。ここで，仮数部が 7 ビットの表示形式とは次のフォーマットであり，( )$_2$ 内は 2 進数，Y は指数である。また，{ } 内を先に計算するものとする。

$(1.X_1 X_2 X_3 X_4 X_5 X_6 X_7)_2 \times 2^Y$

ア　$\{(1.1)_2 \times 2^{-3} + (1.0)_2 \times 2^{-4}\} + (1.0)_2 \times 2^5$
イ　$\{(1.1)_2 \times 2^{-3} - (1.0)_2 \times 2^{-4}\} + (1.0)_2 \times 2^5$
ウ　$\{(1.0)_2 \times 2^5 + (1.1)_2 \times 2^{-3}\} + (1.0)_2 \times 2^{-4}$
エ　$\{(1.0)_2 \times 2^5 - (1.0)_2 \times 2^{-4}\} + (1.1)_2 \times 2^{-3}$

**［解説］**

　かなり難易度は高いかもしれませんが，情報落ちを理解する上で非常に良い問題だと思います。仮数部が 7 ビットであり，選択肢は 2 進数で表記されています。問題文の理解が難しいのですが，あまりこだわらずに選択肢から見ていきます。

　まずは「エ」からです。

$\{(1.0)_2 \times 2^5 - (1.0)_2 \times 2^{-4}\} + (1.1)_2 \times 2^{-3}$

選択肢の「エ」

　まず { } 内から計算を行います。左が 5 乗で右がマイナス 4 乗であり，指数に大きな差があります。計算を行うためには指数をどちらかに合わせる必要がありますので，試しに右を 5 乗に調整してみます。

$\{(1.0)_2 \times 2^5 - (0.000000001)_2 \times 2^5\}$

指数を合わせるために仮数部の桁をずらした

　右側の数値が小数点以下 9 桁になってしまいました。この数値は 2 進数表記ですから 9 ビットと言い換えることもできます。この問題では仮数部が 7 ビットでしか表現できないとありますので，2 ビットが破棄されてしまいます。これが情報落ちです。

次に「ウ」を見てみます。

$$\{(1.0)_2 \times 2^5 + (1.1)_2 \times 2^{-3}\} + (1.0)_2 \times 2^{-4}$$

選択肢の「ウ」

同様に指数を合わせます。

$$\{(1.0) \times 2^5 - (0.000000011) \times 2^5\}$$

指数を合わせるために仮数部の桁をずらした

小数点以下 9 桁となり 7 ビットには収まりませんので「ウ」は誤りです。
その点「イ」は，最初の計算はクリアしています。

$$\{(1.1)_2 \times 2^{-3} - (1.0)_2 \times 2^{-4}\} + (1.0)_2 \times 2^5$$

選択肢の「イ」

それぞれ -3 乗と -4 乗であり指数が近いためです。

$$\{(1.1)_2 \times 2^{-3} - (0.1) \times 2^{-3}\}$$

$$= (1.0) \times 2^{-3}$$

指数を合わせるために仮数部の桁をずらした

これは { } 内の結果であり，さらに計算は続きます。

$$(1.0) \times 2^{-3} - (1.0) \times 2^5$$

2 つ目の計算では指数に大きな差がある

-3 乗と 5 乗の間に指数の差ができてしまいました。どちらでもいいのですが，今回は両方を -3 乗に揃えてみます。

$$(1.0) \times 2^{-3} + (0.00000001) \times 2^{-3}\}$$

指数を合わせるために仮数部の桁をずらした

今まで見てきたように仮数部が 8 ビットになってしまいましたので 1 ビット破棄されます。

「ア」に限っては情報落ちが発生しません。

$$\{(1.1)_2 \times 2^{-3} + (1.0)_2 \times 2^{-4}\} + (1.0)_2 \times 2^5$$

選択肢の「ア」

{ } 内の計算から行います。まずは指数を合わせます。

$$\{(1.1) \times 2^{-3} + (0.1) \times 2^{-3}\}$$

指数を合わせるために仮数部の桁をずらした

「1.1 + 0.1」は 2 進数の足し算ですから繰り上がりが発生します。
$(10.0) \times 2^{-3}$ になりました。計算を続けます。

$$(10.0) \times 2^{-3} + (1.0) \times 2^5$$
$$= (0.0000001) \times 2^5 + (1.0) \times 2^5$$

仮数部が 7 ビットに収まっていますので、情報落ちが発生せずに正しい結果となります。

答え：ア

## 桁落ち

情報落ちは、値の差が大きく離れている数値同士の加減算で発生していました。桁落ちは、**値が非常に近い数値の減算**で発生しやすい現象です。桁落ちは少々理解が難しいため、10 進数のまま解説を行います。

仮に「0.1234567 − 0.1234」の計算を行うとしましょう。コンピュータの制約上、小数点以下 5 桁までしか保持できないとします。ここで発生するのは丸め誤差です。今回は切り捨てを行うことにしたので「0.12345 − 0.1234」となります。

このまま計算を進めます。

**0.12345 − 0.1234**
**=0.00005**

非常に小さな値になりました。これを保持するには正規化が必要でした。

**$0.5 \times 10^{-4}$**

小数点以下は 5 桁という前提があるため，実際には 0 で補っていることになります。

$$=0.50000 \times 10^{-4}$$

　自動的に 0 で補いましたが，これは正しいのでしょうか？　途中で丸め誤差があったため正しい数値が削られただけであり，補った 0 は正しい保証はありません。このように 0 で補うことで，元の値と異なる結果になる現象を桁落ちといいます。桁落ちは，丸め誤差の副作用といえるでしょう。

## オーバーフロー
　規定されている範囲に入りきらずに**値があふれ出てしまう**現象をオーバーフローといいます。以下はプログラムで実際にオーバーフローを発生させた例です。

```
2 ▷        public static void main(String[] args) {
3              byte a = 127;
4              byte b = (byte) (a + 1);
5              System.out.println("計算結果は" + b);
6          }
```

Run　　☐ Main　×

/Users/ishida/Library/Java/JavaVirtualMachines/openjd
計算結果は-128

`7-1-36` 127 に 1 を加算するとオーバーフローにより -128 となった

　変数 a には，扱える最大の値である 127 を入れています。この状態で 1 を加算すると，許容範囲を超えるため，オーバーフローが発生します。この例では，オーバーフローにより値が最小値である -128 になってしまっています。

## アンダーフロー
　浮動小数点形式では指数を使います。この**指数があまりに小さい**場合，アンダーフローという現象が発生します。例えば 0.000000000000001 がコンピュータで扱える最小値であれば，これ以下の値を扱おうとした場合にはアンダーフローが発生してしまい，正確な値を表現できません。

# ビット演算・論理演算

基本的な2進数の扱いについて学習しました。その2進数を具体的にどのようにコンピュータで扱っているのかを学びましょう。例えば掛け算では、ビットの塊を左にシフトします。また、ある素子にビットを通すことでビットを反転させて1の補数にします。すでに学習した理論を具体的に実現する方法について学習します。

## ビット演算 AM

前の節では2進数の足し算と引き算を学びました。またマイナスと小数の扱いについても学習しました。これらの基本知識を基に、今度は掛け算と割り算を学びましょう。1つの方法として足し算を何度も繰り返すことで掛け算を、引き算を何度も繰り返すことで割り算を実現できます。しかしもっと簡単で便利な方法があります。それがシフト演算です。

### シフト演算

ここにある2進数があります。

**100**

以下の方法で10進数に変換する方法はすでに学習しました。

$$\begin{array}{ccc} \mathbf{1} & \mathbf{0} & \mathbf{0} \\ \times & \times & \times \\ 4 & 2 & 1 \end{array}$$

7-2-1 2進数を10進数に変換

この方法からは、**「1」となっている桁が1つ左にずれるごとに値が2倍になる**ことがわかります。この性質を活用すれば、特定の値を2倍にしたいときには、その値を左にシフトさせるだけで済むことになります。

$$\begin{array}{cccc} \mathbf{1} & \mathbf{0} & \mathbf{0} & \mathbf{0} \\ \times & \times & \times & \times \\ 8 & 4 & 2 & 1 \end{array}$$

7-2-2 左に1ビットシフトすると値は2倍になる

また右にシフトさせると値が半分になります。掛け算や割り算は，足し算や引き算を複数回繰り返す方法もありますが，値をシフトさせることでこれらをより効率的に行うことができます。なおシフト操作を実現するための機能を備えた**シフトレジスタ**が CPU には内蔵されています。

　また逆に考えると，割り算をして値を半分にしたということは，ビットが1つ右にずれたともいえます。例えば，10 進数の値として 100 があったとして，これを2 で割ると 50 になります。100 と 50 の違いは2 進数に変換したときには，1 ビットのずれであると解釈できます。

## オーバーフロー

　CPU はコンピュータの頭脳です。主記憶装置に格納されている値を，CPU 内部にある極小の記憶装置であるレジスタにコピーしてから計算を行います。レジスタは主記憶装置に比べて非常に小さいため，より効率的な管理が求められます。

　ここに，レジスタに用意したわずか 16 ビットの記憶領域があります。16 ビットの記憶領域ですから，0 または 1 を表すビットが 16 個並んだ状態です。ここに主記憶装置から値をコピーしてくるとしましょう。

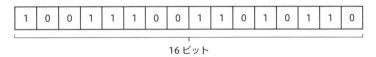

`7-2-3` レジスタに用意した 16 ビットの記憶領域

　これを2 倍するために左にシフト演算すると，あふれ出てしまいます。

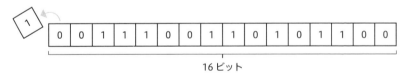

`7-2-4` 16 ビットの領域からあふれ出てしまう

　これを**オーバーフロー**といいます。オーバーフローは原則としてエラーになります。

　次の図はオーバーフローとなった様子です。8 ビットの領域を確保したため 255 までの値を入れることができますが，256 を入れたためエラーとなりました。

**7-2-5** 8ビットで確保した変数に256を入れようとしてエラーとなった

　最近のプログラミング言語では，オーバーフローをエラーとして通知してくれる場合があります。このエラーは親切な設計ですが，プログラミング言語によってはエラーとしない場合があります。その場合には，単にビットが破棄されるため値が変化してしまいます。

　また，右側にあふれ出るオーバーフローもありますので同様に見ていきましょう。例えば「5 ÷ 2」を計算するために，右に1ビットシフトしたとします。

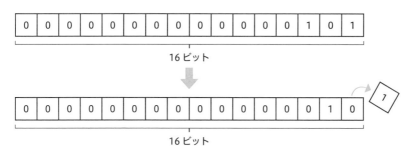

**7-2-6** 右シフトすると右にオーバーフローした

　このように答えは2であり，1がオーバーフローしました。この**オーバーフローは余りを意味しています**。もう1つ「103 ÷ 4」をやってみましょう。余りは3になるはずです。

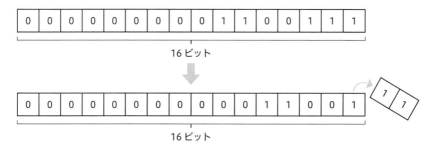

**7-2-7** 右にオーバーフローした値が余り

7章 基礎理論

347

オーバーフローは「11」であり，10 進数にすると「3」です。このように，オーバーフローした値を見ることで割り算の余りを知ることができます。

$x$ は，0 以上 65,536 未満の整数である。$x$ を 16 ビットの 2 進数で表現して上位 8 ビットと下位 8 ビットを入れ替える。得られたビット列を 2 進数とみなしたとき，その値を $x$ を用いた式で表したものはどれか。ここで，$a$ div $b$ は $a$ を $b$ で割った商の整数部分を，$a$ mod $b$ は $a$ を $b$ で割った余りを表す。また，式の中の数値は 10 進法で表している。

**ア**　$(x \text{ div } 256) + (x \text{ mod } 256)$
**イ**　$(x \text{ div } 256) + (x \text{ mod } 256) \times 256$
**ウ**　$(x \text{ div } 256) \times 256 + (x \text{ mod } 256)$
**エ**　$(x \text{ div } 256) \times 256 + (x \text{ mod } 256) \times 256$

[解説]

難しそうな問題ですが，この解説を理解できればシフト演算については完璧です。ここでの「div」は割り算を表しています。したがって，2 進数の観点だとシフト演算したことになります。「$x$ div 2」は「$x \div 2$」のことですから，これは 1 ビット右にシフトする操作と同じ結果になります。同じく「$x$ div 4」は右に 2 ビットシフトした操作と同じ結果です。「$x$ div 256」は右に 8 ビットシフトした操作と同じ結果です。右にシフトするごとに，値は半分になることを再度確認してください。

また「$x$ mod 256」は「$x \div 256$」の余りを示しています。余りは右にオーバーフローしたビットを見ることでわかります。このような特徴を踏まえて問題を検討していきましょう。ここに 16 ビットの記憶領域があります。

**16 ビット**

出題の通りに 16 ビットで考える

すべてのビットが 1 の場合，10 進数では 65535 となります。そのため問題文では「0 以上 65536 未満」と明示されています。ここでは適当な値にしてみました。

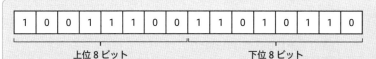

上位8ビットと下位8ビットに分ける

　この上位8ビットと下位8ビットを入れ替えるための操作について聞かれています。

　まず「ア」です。「$x$ div 256」を実行すると，結果は8ビット右にシフトしたものと同じになります。一方「$x$ mod 8」を実行すると，右に8ビットシフトした際のオーバーフローしたビットが結果となります。

右にシフトして割り算の結果と余りを取得

　「$x$ div 256」は2進数だと「00000000 10011100」です（わかりやすくするため8ビットの後にスペースを空けました）。「$x$ mod 256」も同じく右シフトしますが，取得するのは余りです。つまりオーバーフローした「11010110」です。これを16ビットで表現すると「00000000 11010110」になります。この2つを加算する操作が「ア」です。結果は「0000000101110010」となり，元の2進数の上位と下位を交換した操作とは異なっていますので誤りです。

$$
\begin{array}{r}
0000000010011100 \\
+\quad 0000000011010110 \\
\hline
0000000101110010
\end{array}
$$

割り算の結果と余りを加算

　その点は「イ」は上の加算を行う前に，「$x$ mod 256」の結果に対して256倍をして8ビット左シフトしています。以下の加算になります。

7章 基礎理論

```
  0000000010011100
+ 1101011000000000
  1101011001110010
```

「割り算の結果」と「余りを左に 8 ビットシフトした結果」を加算

　これは上位 8 ビットと下位 8 ビットを交換した形になっているため正解です。
「ウ」は「(x div 256) × 256」の計算により，8 ビット右シフトした後にすぐに 8 ビット左シフトしており，元に戻ってしまっていますので誤りです。
「エ」も同様の理由で誤りです。

答え：**イ**

## 論理演算 AM

　CPU はコンピュータの頭脳にあたります。主記憶装置はデータを記憶しておくための装置ですが，実際に命令を行う司令塔は CPU です。この CPU には**論理ゲート**といわれる電子回路が入っています。

`7-2-8` 論理ゲートのイメージ

　論理ゲートには入口が 1 つまたは 2 つあります。そして出口は 1 つあります。この論理ゲートの 2 つの入口のうち，両方に電圧をかけた場合だけ，出口に電圧がかかるような種類を **AND** 回路といいます。片方に電圧をかけただけでは反応しません。
　片方に電圧をかけただけで出口に電圧がかかる種類の論理ゲートを **OR** 回路といいます。このように論理ゲートにはさまざまな種類がありますので以下に整理しました。この表を**真理値表**といいます。真理値表では電圧がかかった状態を「1」とし，電圧がかかっていない状態を「0」として記述します。

AND 回路（論理積）

| 入口 1 | 入口 2 | 出口 |
| --- | --- | --- |
| 0 | 0 | 0 |
| 0 | 1 | 0 |
| 1 | 0 | 0 |
| 1 | 1 | 1 |

OR 回路（論理和）

| 入口 1 | 入口 2 | 出口 |
| --- | --- | --- |
| 0 | 0 | 0 |
| 0 | 1 | 1 |
| 1 | 0 | 1 |
| 1 | 1 | 1 |

NOT 回路（論理否定）

| 入口 1 | 出口 |
| --- | --- |
| 0 | 1 |
| 1 | 0 |

7-2-9 3 つの基本的な論理ゲートの演算結果

　AND 回路を使って行うことができる演算を**論理積**といいます。OR 回路を使って行うことができる演算を**論理和**といいます。また NOT 回路では**論理否定**演算を行うことができます。

　これらの論理ゲートは実際に CPU 内部に配置されており，これらを使ってさまざまなビット操作を行っています。

　さらに，少し変わった動きをする論理ゲートがあります。以下のように 2 つの入口にかかっている電圧の状態が異なる場合にだけ，出口に電圧がかかる性質があります。これを **XOR** または **EOR** 回路といい，**排他的論理和**という演算が可能になります。

XOR/EOR 回路（排他的論理和）

| 入口 1 | 入口 2 | 出口 |
| --- | --- | --- |
| 0 | 0 | 0 |
| 0 | 1 | 1 |
| 1 | 0 | 1 |
| 1 | 1 | 0 |

7-2-10 排他的論理和の真理値表

　さらに，AND 回路と NOT 回路を組み合わせた **NAND** 回路，OR 回路と NOT 回路を組み合わせた **NOR** 回路もあります。これらは，それぞれ論理積と論理和の結果を反転するだけです。

7 章 — 基礎理論

次の論理演算が成立するときに，a に入るビット列はどれか。ここで，$\oplus$ は排他的論理和を表す。

1101 $\oplus$ 0001 $\oplus$ ▢ a ▢ $\oplus$ 1101＝1111

　ア　1011　　イ　1100　　ウ　1101　　エ　1110

[解説]

　単純な足し算と引き算は何度かやってきました。この問題では排他的論理和のルールで演算を行います。まず「1101 $\oplus$ 0001」の演算です。2つのビットが異なる場合に，結果が「1」となります。

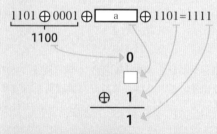

それぞれの桁で排他的論理和の演算を行う

　次にこの結果と，選択肢のうちのどれかとの排他的論理和を求めます。今求めたように演算を進めてもいいのですが，以降はどれか1つのビットに絞って演算をしてみます。まずは右端のビットだけで演算をします。

1101 $\oplus$ 0001 $\oplus$ ▢ a ▢ $\oplus$ 1101＝1111
　1100

　　　　　　0
　　　　　　▢
　　　$\oplus$　1
　　　　　　1

1ビット目だけの排他的論理和

　空欄には0と1のどちらが入ると，この排他的論理和は成立するでしょうか？　試しに0を入れてみます。0 $\oplus$ 0 $\oplus$ 1＝1ですから成立します。空欄は0であることがわかりました。そのため選択肢は「イ」と「エ」のどちらかになります。同じく次のビットも試してみます。

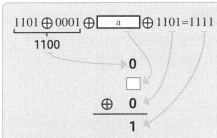

$1101 \oplus 0001 \oplus \boxed{a} \oplus 1101 = 1111$

1100

2ビット目だけの排他的論理和

試しに1を入れてみます。$0 \oplus 1 \oplus 0 = 1$ ですから成立します。空欄は1であることがわかりました。この条件に一致するのはエの「1110」だけです。

**答え：エ**

## 論理回路

論理ゲートは実際に CPU に内蔵されている装置です。もちろん目に見えないほど小さいのですが，これらを組み合わせることで足し算などを行っています。論理ゲートを組み合わせた回路を論理回路といいます。

この論理回路を図で表した回路図では，論理ゲートを以下のような図で記述するルールがあります。この図を覚える必要はありません。問題用紙の「表記ルール」にそのまま記載されているはずです。しかし，問題を解くにあたっては慣れている方がよいでしょう。

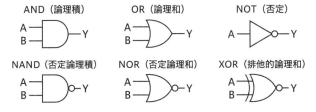

`7-2-11` 論理回路の図

AND 回路はアルファベットの「D」に似た形ですので「AND の D」で覚えてください。

NAND 素子を用いた次の組合せ回路の出力 Z を表す式はどれか。ここで，論理式中の"・"は論理積，"＋"は論理和，"X̄"は X の否定を表す。

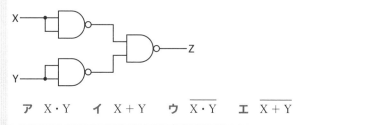

ア X・Y　イ X＋Y　ウ X̄・Ȳ　エ X̄＋Ȳ

### [解説]

素子とは電子部品であり，今回は否定論理積の演算ができる部品を使った問題です。まずは回路図に 0 や 1 を適当に入れて，Z がどのようになるのかを見てみましょう。

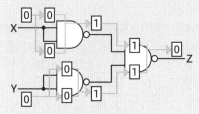

X と Y に 0 を入れて結果を得る

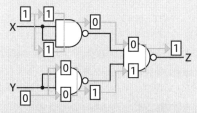

X に 1 を Y に 0 を入れて結果を得る

「ア」の場合には，以下のような表になります。

| X | Y | Z |
|---|---|---|
| 0 | 0 | 0 |
| 1 | 0 | 0 |

「ア」の論理式に値を入れて結果を確認する

先ほどのシミュレーションとは異なりましたので「ア」は間違いです。

「イ」の場合にはこのようになります。シミュレーション結果と同じになりましたので候補に残しましょう。

| X | Y | Z |
|---|---|---|
| 0 | 0 | 0 |
| 1 | 0 | 1 |

「イ」の論理式に値を入れて結果を確認する

「ウ」の場合には以下のようになりますので誤りです。

| X | Y | Z |
|---|---|---|
| 0 | 0 | 1 |
| 1 | 0 | 1 |

「ウ」の論理式に値を入れて結果を確認する

「エ」の場合には以下のようになります。X + Y の否定ですから，正解の候補になった「イ」の結果を反転したものになります。そのため「エ」は間違いです。

| X | Y | Z |
|---|---|---|
| 0 | 0 | 1 |
| 1 | 0 | 0 |

「エ」の論理式に値を入れて結果を確認する

答え：イ

7
章
──
基
礎
理
論

## 加算器 ▶ 7-2-1

CPU に実際に組み込まれている論理ゲートには，どのような役割があるのでしょうか？　実は計算そのものにおいて必要になります。

以下のような少し複雑な回路を**半加算器**といいます。

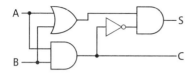

7-2-12 半加算器

この回路に足し算をしたい2つの2進数を入れると，結果がSとCから出てきます。

| A | B | C | S |
|---|---|---|---|
| 0 | 0 | 0 | 0 |
| 0 | 1 | 0 | 1 |
| 1 | 0 | 0 | 1 |
| 1 | 1 | 1 | 0 |

7-2-13 A + Bの結果がSとCで表現されている

この表はA + Bの結果を示しています。Sが足し算の結果の1の位であり，Cが繰り上がりを示します。

2進数での1桁の足し算は「0 + 0 = 0」「0 + 1 = 1」「1 + 0 = 1」「1 + 1 = 10」の4パターンですが，結果が上の表に合致しています。このように半加算器を使うと，2進数の1桁の足し算ができます。複数桁の足し算を行うには半加算器を進化させた**全加算器**を使います。

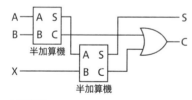

7-2-14 全加算器

Xには前の桁からの繰り上がりビットが入ります。例えば，全加算器が3個あれば3桁の足し算ができます。

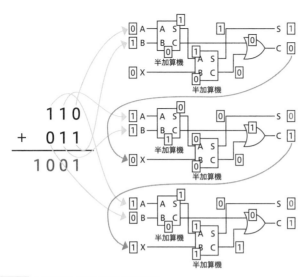

**7-2-15** 3桁の足し算を全加算器で実現

このような回路を覚える必要はありません。半加算器，全加算器で何ができるのかをおさえておけばよいでしょう。

### 過去問にチャレンジ！ [AP-R3秋AM 問22]

1桁の2進数 A，B を加算し，X に桁上がり，Y に桁上げなしの和（和の1桁目）が得られる論理回路はどれか。

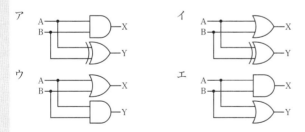

[解説]

これは半加算器の説明ですが，先ほど見た半加算器とは回路が異なっています。実は半加算器はいくつか種類がありますが，できることは同じです。A と B に 0 または 1 を入れ，目的とする X と Y が得られるものを選びます。得たい結果は以下の通りです。X には桁上がりの有無が，Y には加算結果の1桁目が出力されます。

| A | B | X | Y |
|---|---|---|---|
| 0 | 0 | 0 | 0 |
| 0 | 1 | 0 | 1 |
| 1 | 0 | 0 | 1 |
| 1 | 1 | 1 | 0 |

半加算器の真理値表

　それぞれの半加算器の A に「0」を，B に「1」を入れると以下のようになりました。

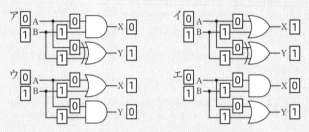

それぞれの回路の A と B に値を入れて結果を確認

　期待通りになっているのは「ア」と「エ」だけです。さらに A と B に「1」を入れてみます。

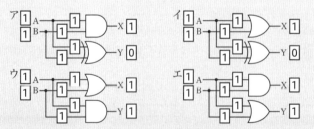

それぞれの回路の A と B に 1 を入れて結果を確認

　期待通りになっているのは「ア」と「イ」だけです。両方のパターンで期待通りになっているのは「ア」だけです。

答え：ア

## ベン図 ▶7-2-2 AM

　ベン図は集合を表現する際に役立つ図です。論理演算の表現にも利用されますので，この節で学習していきます。

「集合」とは我々が日常的に使う言葉の通りです。例えば，「応用情報技術者試験合格者」や「英検2級　合格者」といった集合があったとします。これら2つの試験の両方に合格している人々を表現するときなどに，ベン図は非常に便利です。

　ベン図は以下のように，集合間の関係性を視覚的に理解できます。

7-2-16 単純なベン図の例

　私は英検に合格していません。しかし，応用情報技術者試験には合格していますから，下の位置に所属することになります。

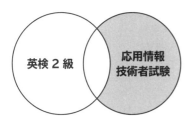

7-2-17 応用情報技術者試験だけに合格した場合の範囲

　またベン図を使うことで，先ほど学習した論理ゲートの設計がしやすくなります。ベン図と論理ゲートの間には以下のような関係があります。

7
章

基
礎
理
論

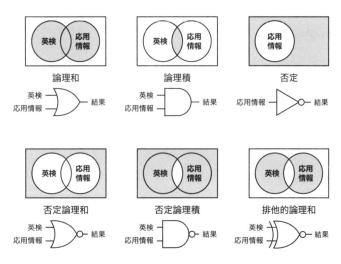

7-2-18 ベン図と論理ゲートの対応

またこれらを表現する際には，以下のような記号が用いられることがあります。

7-2-19 ベン図と記号の対応

過去問にチャレンジ！ [AP-H25春AM 問2]

$\overline{(A \cup B)} \cap \overline{(\overline{A} \cup \overline{B})}$ と等価な集合はどれか。ここで，$\cup$ は和集合，$\cap$ は積集合，$\overline{X}$ は $X$ の補集合を表す。

**ア** $(\overline{A} \cup B) \cap (A \cup \overline{B})$  **イ** $(\overline{A} \cup \overline{B}) \cap (A \cup B)$

**ウ** $(\overline{A} \cap B) \cup (A \cap \overline{B})$  **エ** $(\overline{A} \cap \overline{B}) \cap (A \cup B)$

[解説]

四則演算と同じくカッコ内が優先です。まずは問題文にある論理式からベン図を書いていきます。難易度が高そうな右側の式から見てみましょう。

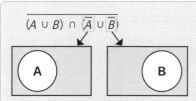

A の否定と B の否定の論理和

この 2 つのベン図の論理和をとります。**2 枚のベン図を重ね合わせたとして，色がついている部分が論理和の結果**です。濃さは関係なく，とにかく色がついている部分を結果とします。

ベン図を重ね合わせて論理和の結果を得る

さらに進めます。

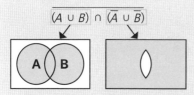

$\overline{(A \cup B)} \cap \overline{(\overline{A} \cup \overline{B})}$

同じくこの 2 つの論理積を行います。**論理積は 2 枚のベン図を重ねたとして，両方の色が混ざり合わさった部分**です。論理和と違って薄い色は無効です。両方の色が重なった濃い色だけが結果となります。

ベン図を重ね合わせて論理積の結果を得る

さらにこれを「否定」していますので，反転します。

論理積の結果を反転する

7章 基礎理論

この形と同じ結果になるものを選択肢から選びます。

「ア」は同じ形になりますので，さっそくですが正解です。

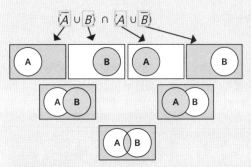

「ア」の論理式をベン図で表現

「イ」は異なっています。

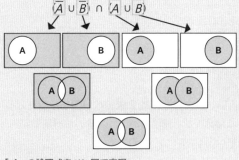

「イ」の論理式をベン図で表現

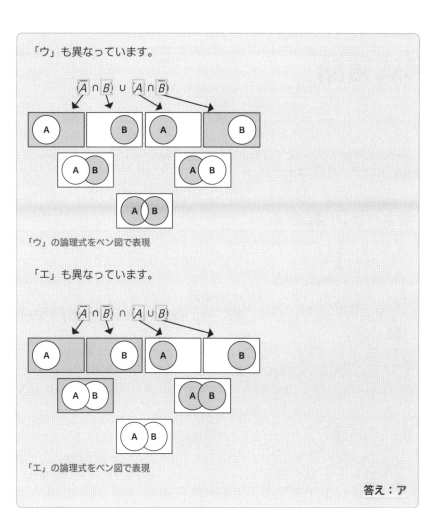

「ウ」も異なっています。

$(\overline{A} \cap \overline{B}) \cup (A \cap \overline{B})$

「ウ」の論理式をベン図で表現

「エ」も異なっています。

$(\overline{A} \cap \overline{B}) \cap (A \cup B)$

「エ」の論理式をベン図で表現

答え：ア

# 形式言語

人間に理解しやすい記述は，コンピュータでは扱いにくいことがほとんどです。そのためコンピュータに命令した内容は，コンピュータが理解しやすい表記法に内部的に変換して処理されることがあります。この節ではそのコンピュータが扱いやすい表記法について学習します。

## 逆ポーランド記法

「（2＋5）×3」は人間がわかりやすい表記法です。しかし，このような計算を行うプログラムを作成するために考えなければならないことがあります。それは計算の順序は左から順番ではないということです。カッコが優先ですし，加減算よりも乗除算が優先です。それらの優先順位を考慮し，プログラムで扱いやすくするための記法が逆ポーランド記法です。**逆ポーランド記法で記述した計算式はスタックで処理**されます。

「（2＋5）×3」を逆ポーランド記法で記述すると「2 5 ＋ 3 ×」となります。

「2 5 ＋ 3 ×」と記述することで優先順位のルールである「（ ）が先」「乗除算が先」などが反映されています。では実際にスタックを用意して計算を行ってみましょう。

$$\boxed{2}\ \boxed{5}\ \boxed{+}\ \boxed{3}\ \boxed{\times}$$

| 2 | 5 | | | |
|---|---|---|---|---|

**7-3-1** 先頭からスタックに格納していく

逆ポーランド記法の先頭から順にスタックに読み込まれました。さらに進めます。

$$\boxed{2}\ \boxed{5}\ \boxed{+}\ \boxed{3}\ \boxed{\times}$$

| 2 | 5 | + | | |
|---|---|---|---|---|

**7-3-2** 加算記号をスタックに格納する

「＋」が入りました。**演算子が入った場合にはその前の2つの値を計算し，結果をスタックに入れ直します。**

7-3-3 前の2つの値を使った計算結果をスタックに入れ直す

さらに続けます。

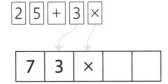

7-3-4 さらにスタックに値を格納する

計算記号が入ったため，その前の2つを計算し，結果をスタックに入れ直します。

7-3-5 前の2つの値を使った計算結果をスタックに入れ直す

7章 — 基礎理論

---

### 過去問にチャレンジ！ [AP-R2秋AM 問3]

式A＋B×Cの逆ポーランド表記法による表現として，適切なものはどれか。

**ア**　＋×CBA　　**イ**　×＋ABC　　**ウ**　ABC×＋　　**エ**　CBA＋×

**[解説]**

　逆ポーランド記法では，演算子が入ったタイミングでその前の2つの値の計算を行います。そのため先頭に演算子が来ている「ア」と「イ」は誤りです。残りの「ウ」と「エ」について実際に計算を行ってみましょう。

　まずは「ウ」です。「ABC ×＋」を左から順にスタックに入れていきます。

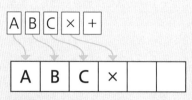

**7-3-6** 先頭からスタックに格納していく

　演算子が入った場合にはその前の2つの計算を行いますので，「B × C」と
なりました。これを仮に「D」としスタックに入れます。

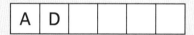

**7-3-7** 前の2つの値を使った計算結果をスタックに入れ直す

　さらに続けます。

**7-3-8** さらにスタックに格納する

　演算子が入ったので前の2つの計算を行います。この流れは問題文に書か
れている「A + B × C」（先にBとCを掛け算してから，Aを足す）と同じ
であるため「ウ」は正解です。なお「エ」は，先に「A + B」を実行すること
になりますので誤りです。

答え：**ウ**

## バッカス記法（BNF記法） AM

　ある文脈を表現するための表記法です。例えば「果物は"りんご"や"みかん"や"メロン"のことであり，文房具は"鉛筆"と"消しゴム"と"定規"のことである。」という文脈を，コンピュータが処理しやすいように記述する表記法です。
「果物は"りんご"や"みかん"や"メロン"のことである。」をバッカス記法で記述してみます。

**＜果物＞ ::= みかん ｜ りんご ｜ メロン**

　「＜＞」は「置換できる」という意味です。何に置換できるかを「::=」で区切った右辺に記述します。「｜」は「または」を意味します。「みかん｜りんご｜メロン」となっていますので，「みかん」または「りんご」または「メロン」という意味です。

---

### 過去問にチャレンジ！ [FE-R1秋AM 問7]

　次の BNF で定義される＜変数名＞に合致するものはどれか。
＜数字＞::= 0 ｜ 1 ｜ 2 ｜ 3 ｜ 4 ｜ 5 ｜ 6 ｜ 7 ｜ 8 ｜ 9
＜英字＞::= A ｜ B ｜ C ｜ D ｜ E ｜ F
＜英数字＞::=＜英字＞｜＜数字＞｜ _
＜変数名＞::=＜英字＞｜＜変数名＞＜英数字＞
　ア　_B39　　　イ　246　　　ウ　3E5　　　エ　F5_1

**[解説]**
　「数字とは？」と聞かれた場合になんと答えますか？　マイナスは含むのでしょうか？　小数はどうでしょう。この問題では定義がバッカス記法で書かれており，「0または1または……8または9」のようです。
　同じく「英字とは？」の答えは，「AまたはBまたは……EまたはF」のようです。そして「英数字とは？」の答えは，「英字」または「数字」または「_」のようです。
　ここでは「変数名とは？」と聞かれています。
　まずは「英字」が該当するようです。つまり「A～F」のどれかです。
　さらに「変数名」と「英数字」の組み合わせも該当します。つまり，「変数名は，変数名と英数字の組み合わせである」と答えていることになります。これはすでに学習した再帰の構造です。**バッカス記法の出題では，このような再帰構造が必ず含まれます**。では選択肢から消去法で見ていきましょう。

「ア」は先頭に「_」があるのが特徴的です。「_」は英数字であることが示されています。そのため「ア」は、「英数字から始まる」と言い換えることができます。「英数字から始まる」は「変数名」として許可しているのでしょうか？

この問題のバッカス記法では，「＜英数字＞」ではなく「＜英字＞」から始まる表現ですので，「ア」は誤りです。

次に「イ」「ウ」「エ」で特徴的な選択肢を探します。「イ」「ウ」は先頭が数字であり，「エ」は先頭が英字です。このような特徴を基に考えてみましょう。

以下の表記には再帰が含まれています。

＜変数名＞::=＜英字＞|＜変数名＞＜英数字＞

アルゴリズムの章で学習しましたが，**再帰には必ず終わりが必要**です。終わりがなければ無限ループとなるためです。

無限ループを止めるのは「＜英字＞」「＜変数名＞＜英数字＞」のどちらでしょうか？　後者であれば，また「変数名と英数字の組み」を意味しており再帰になります。そのため無限ループを止めるのは前者を採用した場合です。つまり「必ず無限ループが終わるタイミングがあり，それは＜英字＞が選択された場合である」となります。

＜変数名＞::=＜変数名＞＜英数字＞
＜変数名＞::=＜変数名＞＜英数字＞
＜変数名＞::=＜変数名＞＜英数字＞
＜変数名＞::=＜変数名＞＜英数字＞
＜変数名＞::=＜英字＞

**7-3-9** 再帰の無限ループの終了は＜英字＞が選択された場合

つまり，先頭は必ず英字で開始されることになります。その条件に合致するのは「エ」だけです。

答え：エ

# 7.4

重要度 ★

# 符号化

符号化とは，主にあるデータを別の形に変換することであり，エンコードともいわれます。ファイルの圧縮は典型的な符号化です。サイズが大きいファイルを圧縮することで，ファイルサイズの小さな扱いやすいファイルに変換されます。

## ハフマン符号化 AM

一般的な圧縮方式です。Windows ではファイルを右クリックすることで，そのファイルを圧縮することができます。他の OS でも同様に簡単に圧縮が可能です。

| | |
|---|---|
| > | デスクトップ (ショートカットを作成) |
| > | ドキュメント |
| | メール受信者 |
| | 圧縮 (zip 形式) フォルダー |
| > | DVD RW ドライブ (D:) |

7-4-1 Windows では右クリックで圧縮することができる

これらの圧縮には多くの場合，ハフマン符号化を応用した方式が使われます。ハフマン符号化とは，**出現率に基づいて記号を割り当てる方式**です。

理解しやすくするために A，B，C，D，E だけが登場するファイルをハフマン符号化する例を見てみます。ハフマン符号化に先立ち，それぞれの文字の出現率を計算します。例えば以下のようになったとします。

| 文字 | 出現率（%） |
|---|---|
| A | 26 |
| B | 25 |
| C | 24 |
| D | 13 |
| E | 12 |

7-4-2 文字ごとの出現率

次に文字ごとにビット列を割り当てます。2進数で5種類（A～E）を表現するには3ビットが必要です。そこで出現率に応じて以下のような対応表を作成します。よく出現する文字にはビット数の少ないビット列を，あまり出現しない文字にはビット数が多いビット列を割り当てます。

| 文字 | ビット列 |
|------|---------|
| A | 00 |
| B | 01 |
| C | 10 |
| D | 110 |
| E | 111 |

7-4-3 文字の出現率に応じた符号を設定

もし「DBAEEC」であれば，対応表に基づいて「110010011111110」となります。またこのビット列から，対応表を基にして「DBAEEC」に戻すことができます。

## 過去問にチャレンジ！ [AP-R2秋AM 問4]

a，b，c，d の4文字から成るメッセージを符号化してビット列にする方法として表のア～エの4通りを考えた。この表は a，b，c，d の各1文字を符号化するときのビット列を表している。メッセージ中での a，b，c，d の出現頻度は，それぞれ50%，30%，10%，10% であることが分かっている。符号化されたビット列から元のメッセージが一意に復号可能であって，ビット列の長さが最も短くなるものはどれか。

| | a | b | c | d |
|------|------|------|------|------|
| ア | 0 | 1 | 00 | 11 |
| イ | 0 | 01 | 10 | 11 |
| ウ | 0 | 10 | 110 | 111 |
| エ | 00 | 01 | 10 | 11 |

[解説]

ビット列を割り当てる際に注意点があります。それはビット列に変換したデータを見たときに，対応表を基にして元のデータに戻すことができるかどうかです。

「ア」の対応表を採用したとします。この場合，あるビット列「11」を元に戻すことはできません。なぜなら，「bb」と「d」のどちらかであるかの判別ができないためです。では次に「イ」の対応表を採用してみます。例えば，「0110」を元に戻す場合「ada」か「bc」かの判別ができません。「ウ」の対応表を採用した場合，戻し方は1パターンしかありませんので正解の候補として残します。「エ」も同様に戻し方は1パターンですが，すべてに2ビットが割り当てられています。ここでは出現率が提示されているため，「ウ」と「エ」でどちらが短くなるかを計算してみましょう。

「ウ」の場合には「(1ビット×50%)+(2ビット×30%)+(3ビット×10%)+(3ビット×10%)」の計算によって，平均1.7ビットであることがわかりました。「エ」の場合には平均2ビットですから「ウ」が正解です。

答え：ウ

## ランレングス符号化 AM

例えば「AAAABBBCCCC」という文字があったとします。連続している文字が多いため，**文字とその出現数の組み合わせで符号化**すると高い圧縮率になります。この例ですと，「4つのA，3つのB，4つのC」で構成されていますので「4A3B4C」と符号化します。これを**ランレングス符号化**といいます。

ファックスや画像を圧縮するための符号化として使われています。

 大人気のアメリカドラマ「シリコンバレー」では，主人公が革新的な圧縮技術を開発していました。ここで学習した知識があると，さらに楽しめることでしょう。

7章 基礎理論

重要度 ★★

# 応用数学

情報処理技術者試験というと，数学の知識が必須である印象を受けるかもしれません。しかし，応用情報技術者試験に限っていえば，CEO（最高経営責任者）やCIO（最高情報責任者）なども対象とした試験でもあり，難しい数学の知識が必須というわけではありません。無理なく学習できる範囲で大丈夫でしょう。

## 確率 AM

確率とは，**ある事象が起こりうる可能性を数値化**したものです。分母に全事象の数をとり，分子にある事象の数をとります。6面体のサイコロを振った際には全事象が6であり，ある特定の事象は1ですから，ある面が出る確率は1/6です。

またサイコロを2つ振った場合に，例えば1つ目のサイコロが「5」で，2つ目のサイコロが「3」である確率は1/36と計算できます。これは以下のような表を作り，面積の計算をすることでも求めることができます。

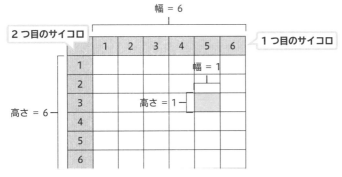

**7-5-1** サイコロを2つ投げて，1つが5でもう1つが3である確率

分母は全事象ですから面積全体であり，「6×6」で求めることができます。分子は特定の事象ですから着色した部分の面積であり「1×1」で求めることができます。

### 稼働率の計算

あるシステムの稼働率も，確率と同じ考え方で計算することができます。1万時間のうち8千時間動いているシステムの稼働率は　8,000/10,000 = 80% となります。

また，この**2つのシステムが両方とも稼働している確率は，サイコロ2つを投げた例と同じく面積を使う**ことでイメージしやすくなります。

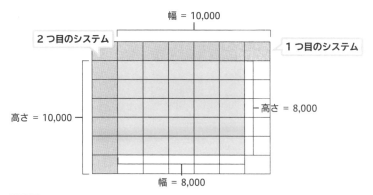

7-5-2 ある2つのシステムが同時に稼働している確率

$$(8{,}000 \times 8{,}000) / (10{,}000 \times 10{,}000) = 64 / 100 = 64\%$$

2つのシステムが同時に稼働している確率は64%となります。これは**2つのシステムの稼働率を単純に掛け算**することでも求められます。

このようなシステムがあったときには，それぞれの稼働率を掛け算してシステム全体の稼働率を計算しましょう。

7-5-3 直列構造のシステム

ただし2つのシステムのうち，少なくてもどちらか一方が稼働している確率はもう少し計算が複雑です。例えば，以下のような構成のシステムがあった場合には，どちらかが稼働していればシステム全体も稼働していることになります。

7-5-4 並列構造のシステム

同じく面積でイメージすると以下のようになります。

7
章

基
礎
理
論

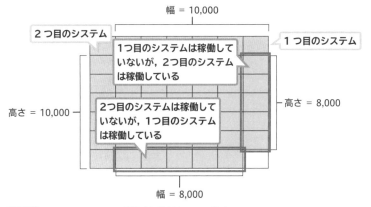

**7-5-5** ある2つのシステムが同時に稼働している確率

　着色した部分の面積は以下の計算で求められます。

$$8{,}000 \times 10{,}000 + 2{,}000 \times 8{,}000 = 96{,}000{,}000$$

　しかし計算が面倒であるため，**全体から白い部分の面積（2つのシステムが両方とも稼働していないことを示す部分）を引き算する**方法が一般的です。

$$(10{,}000 \times 10{,}000) - (2{,}000 \times 2{,}000) = 96{,}000{,}000$$

　これを公式で表すと以下のようになります。なお，ここでは稼働していない確率を故障率と表現しています。つまり「故障率＝100％－稼働率」です。

**1 -（1つ目のシステムの故障率 × 2つ目のシステムの故障率）**

**過去問にチャレンジ！** [AP-H30春AM 問16]

　4種類の装置で構成される次のシステムの稼働率は，およそ幾らか。ここで，アプリケーションサーバとデータベースサーバの稼働率は 0.8 であり，それぞれのサーバのどちらかが稼働していればシステムとして稼働する。また，負荷分散装置と磁気ディスク装置は，故障しないものとする。

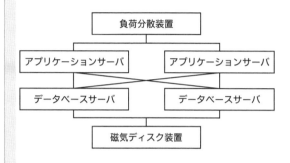

**ア** 0.64　　**イ** 0.77　　**ウ** 0.92　　**エ** 0.96

**[解説]**

　サーバや装置が多くありますが，負荷分散装置と磁気ディスク装置の故障はないという前提です。故障がないということは，常に稼働しているため稼働率は 100% となります。他のシステムは 80% の稼働率です。

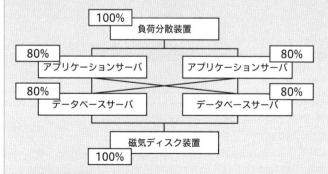

サーバや装置の稼働率

　複雑な構成ですが，「どのような状態だと，システムは稼働しているといえるのか」を考えます。

「どちらかのアプリケーションサーバ」と「どちらかのデータベースサーバ」が稼働していれば，システム全体として稼働している構成です。したがって以下のような構成であると，みなすことができます。

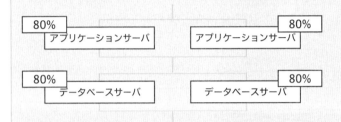

シンプルな構成に置き換えてみる

　まずアプリケーションサーバ群の稼働率を計算してみます。これは「どちらかが稼働していれば，アプリケーションサーバ群は稼働している」と考えられますので，以下の公式を使います。

　1 – ( 1つ目のシステムの故障率 × 2つ目のシステムの故障率 )
　= 1 – (0.2 × 0.2) = 96%

　次に，データベース群の稼働率も計算しますが，稼働率は同じなので 96% となります。これらの結果から，以下のようにみなすことができます。

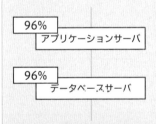

2つのサーバの実質的な稼働率

　両方とも稼働していなければシステム全体が稼働しませんので，96% × 96% と計算し結果は 92.16% となります。
　問題文には「およそ幾らか」とあるため「ウ」の「0.92」が答えです。

**答え：ウ**

# 組み合わせ AM

**いくつかの異なるものの中から，いくつかを選択したもの**を組み合わせといいます。「りんご」「みかん」「パイナップル」「メロン」の4個の果物があるとします。2つだけ選ぶとすると以下のパターンが考えられます。

- ・りんご+みかん　　　・りんご+パイナップル　　・りんご+メロン
- ・みかん+パイナップル　・みかん+メロン
- ・パイナップル+メロン

　これら6つの組み合わせがあります。なお「りんご+みかん」がすでにリストアップされているため「みかん+りんご」は排除されます。
　上の例のように，4つの中から2つを選ぶだけであれば組み合わせをリストアップしていけばよいのですが，数が多くなると大変です。その場合には以下の公式を使うと便利です。

$$\frac{n!}{m!(n-m)!}$$

`7-5-6` 組み合わせの数を求める公式

　nはすべての個数で，mはそこから取り出す個数です。「!」は階乗であり，「4!」は「4 × 3 × 2 × 1」を意味します。

$$\frac{4!}{2!(4-2)!} = \frac{24}{2 \times 2}$$

`7-5-7` nに4，mに2をあてはめて計算する

　答えは6となりました。

製品100個を１ロットとして生産する。一つのロットからサンプルを3個抽出して検査し、3個とも良品であればロット全体を合格とする。100個中に10個の不良品を含むロットが合格と判定される確率は幾らか。

ア $\dfrac{178}{245}$ イ $\dfrac{405}{539}$ ウ $\dfrac{89}{110}$ エ $\dfrac{87}{97}$

[解説]

4つの果物から2つを選ぶように、選んだ順番に関係がないため組み合わせの公式を使うことができます。

まず100個から3個を取り出す組み合わせ数を算出します。

$$\frac{100!}{3!(100-3)!}$$

n に 100，m に 3 をあてはめて計算する

100 の階乗を試験中に計算するのは現実的ではありません。しかし、分母には97の階乗がありますので約分できることがわかります。

100×99×98×~~97×96×95×94~~…

$$\frac{100!}{3!97!}$$

~~97×96×95×94~~…

約分して計算を楽にする

100 × 99 × 98 / 3 × 2 × 1 = 970,200 / 6 = 161,700

これは100個から3個を取り出す組み合わせ数です。問題文には「100個中に10個の不良品を含むロットが合格と判定される確率」とありますので、計算を続けます。

　確率を計算する際の分母はすべての事象ですから，先ほど計算した161,700 です。次に分子を求める必要があります。これはどのように考えるとよいのでしょうか？　100 個ですと数が多すぎるため，まずは 4 個から 2 個を取り出す例で考えてみます。

不良品

4 個から 2 個だけを取り出す例

　ここから 2 つだけを選択したとすると，先ほど果物で試した通り全部で 6 パターンです。ただし，そのうち不良品である「C」が含まれるパターンを排除すると，以下の 3 パターンだけになります。

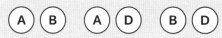

不良品が含まれるパターンを排除

　これは，不良品を誰かが隠してしまい「A, B, D」の中から 2 つを選択するのと同じであると考えることができます。
　同様に，出題のルールでは 10 個の不良品を誰かが隠してしまい，90 個から 3 個を選択することだと考えられます。その組み合わせのパターン数を計算してみます。

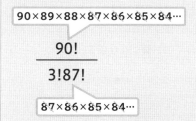

90×89×88×87×86×85×84…

$$\frac{90!}{3!87!}$$

87×86×85×84…

90 個から 3 個を選択する場合の組み合わせ数

　90 × 89 × 88 / 3 × 2 × 1 = 704,880 / 6 = 117,480
　このパターン数を分子にとり「117,480 / 161,700」の計算で確率を求めると約 73% 程度です。

「ア」は約 73% 程度ですから正解の候補に残ります。「イ」は 75% 程度です。「ウ」は 80% 程度です。「エ」は 90% 程度です。もっとも近いのが「ア」ですから，これを正解とします。

答え：ア

## 順列

　順列とは，組み合わせとは異なり**順序が異なるパターンも数に含めます**。「りんご」「みかん」「パイナップル」「メロン」の 4 個の果物から「りんご」「みかん」の 2 つを選んだ場合，それに加えて順序が逆である「みかん」「りんご」もリストアップします。

- ・りんご＋みかん
- ・みかん＋りんご
- ・パイナップル＋りんご
- ・メロン＋りんご

- ・りんご＋パイナップル
- ・みかん＋パイナップル
- ・パイナップル＋みかん
- ・メロン＋みかん

- ・りんご＋メロン
- ・みかん＋メロン
- ・パイナップル＋メロン
- ・メロン＋パイナップル

　順列の場合のパターン数は，組み合わせのパターン数を求める式から**分母の m!を消した公式**で求めることができます。

$$\frac{n!}{m!(n-m)!}$$

7-5-8 順列の数を求める公式

　4 つの果物から 2 つを選択した場合には以下の計算になります。

4! / (4 – 2)! = 24 / 2 = 12

## 確率分布

### 分散

　**数値のばらつき具合**を表します。ある試験において，ほとんどの人が 50 点付近に集まっていたとします。1 ヵ所に集まっているということは，あまり散らばっていないことですから，分散の値は小さいということになります。

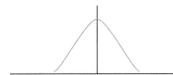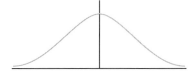

`7-5-9` 分散の値が小さい場合のグラフと（左）大きい場合のグラフ（右）

分散は以下のステップで計算します。

まず平均値との差をそれぞれのデータで計算します。これを**偏差**といいます。以下のデータの場合には平均値は (75 + 80 + 65 + 60)/4 = 70 であり，それぞれの点数と 70 との差を求めます。

| 名前 | 点数 | 偏差 |
|------|------|------|
| 北海 太郎 | 75 | 5 |
| 東京 一郎 | 80 | 10 |
| 大阪 次郎 | 65 | -5 |
| 横浜 三郎 | 60 | -10 |

`7-5-10` 点数と偏差の例

次に今，求めた偏差を 2 乗します。

| 名前 | 点数 | 偏差 | 偏差の2乗 |
|------|------|------|-----------|
| 北海 太郎 | 75 | 5 | 25 |
| 東京 一郎 | 80 | 10 | 100 |
| 大阪 次郎 | 65 | -5 | 25 |
| 横浜 三郎 | 60 | -10 | 100 |

`7-5-11` 偏差を 2 乗する

今，求めた **「偏差の 2 乗の平均」** が分散です。上の例ですと (25 + 100 + 25 + 100) / 4 = 62.5 となります。

2 乗することで符号がプラスに統一され，また平均との差がより強調されるようになります。例えば，北海太郎は平均値から 5 離れており，2 乗することで 25 となります。東京一郎は 10 離れており，2 乗することで 100 となります。北海太郎と東京一郎はあまり点差がないにもかかわらず，2 乗したことで大きな差となりました。

7 章 — 基礎理論

このように 2 乗することで偏差が強調され，データの散らばり具合が把握しやすくなります。

## 標準偏差

分散は個々の偏差を 2 乗したため単位が異なります。先ほどは分散を 62.5 と計算しましたが，これが何を意味しているのかわかりにくいと思います。そこで**分散の平方根を取った値**である標準偏差もよく使われます。62.5 の平方根は約 8 です。これは**平均点からおよそ 8 点離れた範囲に多くの人がいる**ことを意味しています。

## 正規分布

以下のような形になる確率分布を正規分布といいます。

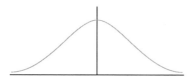

7-5-12 正規分布のイメージ

試験の点数や身長などは正規分布に近い分布となることが知られています。正規分布に従っている場合には，**標準偏差の範囲内に約 68%のデータ**が含まれます。

### 過去問にチャレンジ！ [AP-R5春AM 問2]

平均が 60，標準偏差が 10 の正規分布を表すグラフはどれか。

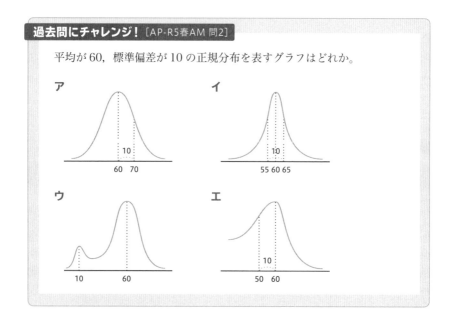

[解説]
　**正規分布はつりがね型の形**をとりますので，「ア」「イ」のどちらかです。標準偏差は平均からどれだけ離れているかを表現した指標です。そのため，平均から 10 離れていることが表現されている「ア」が正解です。

答え：ア

## 待ち行列　AM

　**ある列に並ぶときに，どれくらいの時間待つのかを計算**するための理論です。例えば，コンビニのレジに並んでいるときにたった 2 つの値がわかれば，平均的な待ち時間を知ることができます。

　1 つ目の値は**到着間隔**であり，どれくらいの頻度で待ち行列に人が増えていくかの値です。次は**サービス時間**であり，レジでの接客などにかかる作業時間です。

　まず，この 2 つの値を以下の公式にあてはめることで，利用率を知ることができます。

$$利用率 = \frac{サービス時間}{到着間隔}$$

7-5-13 利用率の公式

　サービス時間，到着間隔ともに時間を表しています。例えば，コンビニのレジに 4 分ごとに客が到着し，1 人あたり 3 分で処理していくとします。この場合の利用率は 3/4 で計算でき，利用率は 75% となります。

　さらに，利用率を使って待ち時間を計算します。

$$待ち時間 = \frac{利用率}{1-利用率} \times サービス時間$$

7-5-14 待ち時間の公式

　先ほどのコンビニの例ですと，利用率は 75% でありサービス時間は 3 ですから，以下のように計算できます。

（0.75 / 0.25）× 3 ＝ 9

　このレジに並んだとして，平均して 9 分待つことになります。

　M/M/1 の待ち行列モデルにおいて，窓口の利用率が 25% から 40% に増えると，平均待ち時間は何倍になるか。

　ア　1.25　　　イ　1.60　　　ウ　2.00　　　エ　3.00

[解説]

　例えば，昼の 12 時になってコンビニのレジに到着する頻度が増加した際，どれくらい待たされるかの計算に使うことができます。12 時前の比較的空いている時間帯では「(0.25 / 0.75) × サービス時間」で待ち時間が計算できます。しかし，問題文にサービス時間が書かれていないため，とりあえずこのまま進めましょう。

　次に 12 時になり混んできたとします。この場合には「(0.4 / 0.6) × サービス時間」で待ち時間が計算できます。

　この問題では 2 つの待ち時間を比較しますから，サービス時間はどんな値でも結果は同じです。仮に 1 として比較してみます。

　空いている時間帯の待ち時間は「0.25 / 0.75 × 1」で，答えは「0.3333…」となります。無限小数になりますが，このまま進めましょう。

　混んでいる時間帯の待ち時間は「0.4 / 0.6 × 1」で，答えは「0.6666…」となります。同じく無限小数ですが，空いている時間帯の 2 倍の待ち時間になることがわかりました。

　なお冒頭に「M/M/1 の待ち行列モデル」とありますが，これについては無視して結構です。このモデルしか出題されないはずです。

答え：ウ

# 人工知能

ChatGPT の登場でにわかに注目を集めた人工知能ですが，実は過去にも何度か波がありました。現在のブームは第4波に当たります。これまではすぐにみんな飽きてしまったのですが，今回の第4波ばかりは様相が異なります。我々の日常に人工知能が浸透する日もそう遠くないはずです。

シラバス7から人工知能に関する記述が大幅に増えました。本格的な人工知能時代に備え，人工知能に関する知識を身につけるべきであるとする IPA の強い考えが見て取れます。

## 人工知能とは AM

### 人工知能5つのレベル

人工知能には段階があります。一番低いレベルの人工知能は「これで知能といえるのか？」と思われるはずです。そして一番高いレベルの人工知能が実現した未来はとてもワクワクするはずです。以下の表で確認しましょう。

| レベル1 | 自動で温度を調整するエアコンや，全自動洗濯機などが該当します。「もし○○なら○○する」という単純な判断のみを行います。 |
|---|---|
| レベル2 | **エキスパートシステム**（専門家のような推論と判断ができるシステム）を使った Amazon の「おすすめ」機能や，お掃除ロボットなどが該当します。 |
| レベル3 | 現在の主流であり**機械学習**を用いたシステムです。将棋ソフトや検索エンジン，などが該当します。人間の脳の仕組みを模倣した**ニューラルネットワーク**のうち比較的シンプルである単純パーセプトロンを使います。 |
| レベル4 | 機械学習を進化させた**深層学習（ディープラーニング）**を用います。自動車の自動運転などでの活用が期待されています。単純パーセプトロンを進化させた多層パーセプトロンを使います。話題の ChatGPT もこれに該当します。 |
| レベル5 | 人間と同じような思考と行動をしますが，実現のめどは立っていません。 |

7-6-1 人工知能の段階

「ニューラルネットワーク」は聞いたことがあるかもしれません。パーセプトロンについては初耳かと思いますが，**複数の入力に対して1つの出力がある関数**です。応用情報技術者試験では深い知識までは求められませんので，とりあえず用語を丸暗記するだけでも大丈夫です。

7章 基礎理論

以下は「人工知能を実現するための手法として機械学習があり，それを実現するためにニューラルネットワークがあり，その進化系がディープラーニングである」ことを示しています。

```
人工知能
  機械学習
    ニューラルネットワーク
      ディープラーニング
```

7-6-2 人工知能を実現するための手法

 中学生の時にドラゴンクエスト4が発売されたのですが，AIが搭載されているという触れ込みでした。しかしそのキャラクタは無意味な行動を繰り返していたので，負けてばかりでした。今思うとレベル1だったようです。

## 機械学習

### 機械学習とは

　その名の通り，**機械が自分で学習していく**ことです。レベル2まではシステム開発者が「この場合はこうする」などをプログラミングしていましたが，レベル3の機械学習からは，機械が自分で「この場合はこうする」を学んでいくことになります。

　その学習方法には大きく分けて「教師あり学習」「教師なし学習」「強化学習」の3つがあります。

### 教師あり学習

　正解である**教師データ**を与えて，答え合わせができるようにします。

　例えばたくさんの教師データとして，出荷できるトマトの画像を読み込ませます。また出荷できないトマトも読み込ませます。そして，あるトマトの画像を読み込ませると，それが出荷できるかどうかを判断します。

　教師あり学習では，決定木やニューラルネットワークが使われます。

　**決定木**は**ディシジョンツリー**ともいわれます。以下は午前試験で出題されたディシジョンツリーです。以下のような木の形をした図を**樹形図**といい，AIがこのような樹形図を自身で作成することになります。

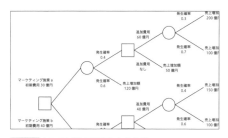

7-6-3 AP-R5 春 AM 75 より抜粋

もう 1 つのニューラルネットワークについてはこの次に学習します。

## 教師なし学習

大量のトマトの画像を読み込ませ，色や大きさなどでグループ化させます。そして新たな画像を読み込ませ，どのグループに属するかを自動で判断します。特に正解などはありません。教師なし学習では主成分分析やk-means法などが使われます。

**主成分分析**はたくさんの情報から，それらの傾向を元に少ない情報を得て，その情報をもとに分析を行う手法です。

例えば，「学校の図書室に置きたい本は？」というアンケートをとるとします。さまざまな本の情報が集まるでしょうが，歴史関係が多いという傾向が見られるかもしれません。この「歴史関係」という情報が主成分です。このように，多くの情報から少ない情報を抽出して，その少ない情報を使って分析を行うのが主成分分析です。この主成分分析を，教師なし学習では活用します。

**k-means法**は，近くにあるデータは同じグループ（クラスタ）であるという考えに基づいた分析手法です。令和 3 年度春期午後試験の問 3 プログラミングで取り上げられたこともあるので，一度見てみるとよいでしょう。

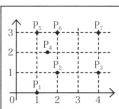

(1) 初期設定はコア 1=$P_2$，コア 2=$P_5$ とする。
(2) 各点とコアの距離から表 1 のように所属クラスタを求める。
(3) クラスタの重心を計算し，クラスタ 1 の重心 $G_1$ は (2.5，1.4)，クラスタ 2 の重心 $G_2$ は ［ ア ］ となる。
(4) 各点と重心の距離から表 2 のように所属クラスタを見直す。
(5) (3) と (4) を繰り返し，重心の座標が変わらなくなると①分類が完了する。

7-6-4 AP-R3 春 PM 問 3 より抜粋

## 強化学習

**動物における学習の仕組みを模倣**した仕組みです。報酬をより多く得るためにはどのような行動をすればよいかを選択します。**方策勾配法**などが使われます。

自動車の自動運転を例にとって説明します。エージェントと呼ばれるシステムが，自動車に取り付けられた**LiDAR**（Light Detection And Ranging）というセンサーで，他の車両の位置や信号の色などの情報を取得します。エージェントはそれらの情報を使って試行錯誤を繰り返します。

　エージェントは最初，正解を知らないので試行錯誤することになります。正しい選択をすると高い報酬を得られるようになっており，報酬をたくさん得られるような選択を続けることで，上手な運転ができるようになるイメージです。

### ニューラルネットワーク

　教師なし学習で使われる手法です。

　脳の神経細胞であるニューロンを模倣した**人工ニューロン**で構成されます。人工ニューロンは関数であり，値を受け取って加工してから出力します。

　以下は人工ニューロンのイメージです。入力層と出力層からだけ構成されているシンプルな構造ですが，これを**単純パーセプトロン**といいます。

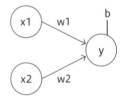

7-6-5 単純パーセプトロンのイメージ（AP-R1 秋 PM 問 3 より抜粋）

## ディープラーニング（深層学習）

### ディープラーニングとは

　単純パーセプトロンの「層」を増やした手法です。層を増やすことを「層を深くした」と表現し「ディープ」の語源となっています。日本語では深層学習といいますが，ディープラーニングの方が一般的です。ディープラーニングでは**入力層と出力層の間に隠し層（中間層）**を設けた多層パーセプトロンが用いられます。

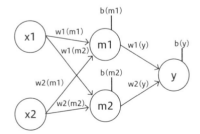

7-6-6 多層パーセプトロンのイメージ（AP-R1 秋 PM 問 3 より抜粋）

## バックプロパゲーション（誤差逆伝搬法）

　層を増やすことで人工知能の性能が上がるのであれば単純な話のように思えますが，実際には思うような成果が得られませんでした。そこでバックプロパゲーションとよばれる方法を用いることで克服しました。

　これは予測値と正解値の誤差を，出力層から逆に入力層へフィードバックして学習を進める方法です。ただしこれでも，隠れ層を増やすとフィードバックすべきである誤差がほとんど0になるという問題がありました。これを**勾配消失問題**といいます。

　この問題には**活性化関数**を用いて対応しています。

## 過学習

　出荷できるトマトを大量に読み込ませるとします。大量に読み込ませたのですからその分多くのことを学習し精度が上がると思われました。しかしそれらのトマトの特徴を学習しすぎて，その特徴から少しでも外れたトマトを「トマト」だと認識しなくなる現象が発生しました。これを過学習といいます。

　つまり**学習をしすぎたせいで，柔軟性が損なわれた**わけです。そこで，隠れ層の人工ニューロンのうち一部を脱落（**ドロップアウト**）させることで対応できるようにしています。

7章 基礎理論

---

### 過去問にチャレンジ！ [AP-R4秋AM 問4]

AIにおける過学習の説明として，最も適切なものはどれか。

**ア** ある領域で学習した学習済みモデルを，別の領域に再利用することによって，効率的に学習させる。

**イ** 学習に使った訓練データに対しては精度が高い結果となる一方で，未知のデータに対しては精度が下がる。

**ウ** 期待している結果とは掛け離れている場合に，結果側から逆方向に学習させて，その差を少なくする。

**エ** 膨大な訓練データを学習させても効果が得られない場合に，学習目標として成功と判断するための報酬を与えることによって，何が成功か分かるようにする。

#### [解説]

　過学習とは，データを大量に読み込ませることで特徴を過剰に学習してしまい，少しでもそれらの特徴から離れたデータを異なるものとして認識してしまう問題です。つまり学習に使ったデータに対しては高い認識率となりま

すが，それ以外のデータについては認識しにくくなります。その説明になっているのは「イ」です。

「ア」は転移学習の説明であり，一度学習したことを他の学習にも応用します。
「ウ」はバックプロパゲーションの説明です。予測値と正解値の誤差を，出力層から入力層へフィードバックして学習を進めますが，勾配消失問題が発生するため活性化関数の活用などで克服します。
「エ」は強化学習の説明であり，最大報酬を得るような試行錯誤を行います。

答え：イ

# 生成AI

2022年11月30日にOpenAI社がChatGPTを無料公開しました。わずか5日で100万人が登録し大きな話題となりました。それまでのAIといえば主に対話型だったのですが，ChatGPTの登場によって新しいコンテンツを創造するAIである「生成AI」が注目されるようになりました。

### Transformer

ChatGPTでは，**Transformer**という自然言語処理技術が使われています。これは一体何なのかをChatGPTに聞いてみました。
「Transformerについて100文字程度で教えてください。」と質問すると『トランスフォーマーは，自然言語処理において重要な役割を果たす深層学習モデルです。注目（アテンション）メカニズムを使用し，文脈理解を効率的に行い，翻訳や要約などに活用されます。』と教えてくれました。

従来の自然言語処理は順番に1つひとつ単語を見ていたのですが，**Transformerは一度にたくさんの単語を見てそれらの関係を理解**するという革新的な仕組みです。

### 生成AIは幻覚を見る

先ほどは正しい回答をしてくれましたが，いつもそうだとは限りません。例えば「石田宏実とは」と質問すると，現在は「知りません」と回答してくれます（それも寂しいのですが）。しかし以前は「プロのテニスプレイヤーである」と断定して回答していたことがあります。当然私はテニスプレーヤーではありません。

このように誤っているにもかかわらず，さも正しいかのように回答する現象を**ハルシネーション**といいます。これは「幻覚」という意味であり，**今後生成AIが解決していかなければならない問題**です。

**問題1** ［AP-R1秋AM 問1］

あるホテルは客室を 1,000 部屋もち，部屋番号は，数字 4 と 9 を使用しないで 0001 から順に数字 4 桁の番号としている。部屋番号が 0330 の部屋は，何番目の部屋か。

**ア** 204    **イ** 210    **ウ** 216    **エ** 218

**問題2** ［AP-R3春AM 問2］

桁落ちによる誤差の説明として，適切なものはどれか。

**ア** 値のほぼ等しい二つの数値の差を求めたとき，有効桁数が減ることによって発生する誤差
**イ** 指定された有効桁数で演算結果を表すために，切捨て，切上げ，四捨五入などで下位の桁を削除することによって発生する誤差
**ウ** 絶対値が非常に大きな数値と小さな数値の加算や減算を行ったとき，小さい数値が計算結果に反映されないことによって発生する誤差
**エ** 無限級数で表される数値の計算処理を有限項で打ち切ったことによって発生する誤差

**問題3** ［AP-R5春AM 問1］

0 以上 255 以下の整数 n に対して，

$$\text{next}(n) = \begin{cases} n + 1 & (0 \leq n < 255) \\ 0 & (n = 255) \end{cases}$$

と定義する。next(n) と等しい式はどれか。ここで，x AND y 及び x OR y は，それぞれ x と y を 2 進数表現にして，桁ごとの論理積及び論理和をとったものとする。

**ア** (n + 1) AND 255    **イ** (n + 1) AND 256
**ウ** (n + 1) OR 255    **エ** (n + 1) OR 256

**問題4** [AP-H25春AM 問2]

$(A \cup B) \cap (\overline{A} \cup \overline{B})$ と等価な集合はどれか。ここで，∪は和集合，∩は積集合，$\overline{X}$ は $X$ の補集合を表す。

ア $(\overline{A} \cup B) \cap (A \cup \overline{B})$　　　イ $(\overline{A} \cup B) \cap (A \cup B)$

ウ $(\overline{A} \cap B) \cup (A \cap \overline{B})$　　　エ $(\overline{A} \cap \overline{B}) \cap (A \cup B)$

**問題5** [AP-H30秋AM 問5]

符号化方式に関する記述のうち，ハフマン方式はどれか。

ア 0と1の数字で構成する符号の中で，0又は1の連なりを一つのブロックとし，このブロックに長さを表す符号を割り当てる。

イ 10進数字の0〜9を4ビット2進数の最初の10個に割り当てる。

ウ 発生確率が分かっている記号群を符号化したとき，1記号当たりの平均符号長が最小になるように割り当てる。

エ 連続した波を標本化と量子化によって0と1の数字で構成する符号に割り当てる。

**問題6** [AP-H23秋AM 問4]

サンプリング周波数40kHz，量子化ビット数16ビットでA/D変換したモノラル音声の1秒間のデータ量は，何kバイトとなるか。ここで，1kバイトは1,000バイトとする。

ア 20　　イ 40　　ウ 80　　エ 640

**問題7** [AP-H30秋AM 問3]

受験者1,000人の4教科のテスト結果は表のとおりであり，いずれの教科の得点分布も正規分布に従っていたとする。90点以上の得点者が最も多かったと推定できる教科はどれか。

| 教科 | 平均点 | 標準偏差 |
|---|---|---|
| A | 45 | 18 |
| B | 60 | 15 |
| C | 70 | 8 |
| D | 75 | 5 |

ア A　　イ B　　ウ C　　エ D

**問題8** ［AP-H27春AM 問1］

ATM（現金自動預払機）が1台ずつ設置してある二つの支店を統合し，統合後の支店にはATMを1台設置する。統合後のATMの平均待ち時間を求める式はどれか。ここで，待ち時間はM/M/1の待ち行列モデルに従い，平均待ち時間にはサービス時間を含まず，ATMを1台に統合しても十分に処理できるものとする。

〔条件〕
（1）　統合後の平均サービス時間：$Ts$
（2）　統合前のATMの利用率：両支店とも $\rho$
（3）　統合後の利用者数：統合前の両支店の利用者数の合計

**ア** $\dfrac{\rho}{1-\rho} \times Ts$ **イ** $\dfrac{\rho}{1-2\rho} \times Ts$ **ウ** $\dfrac{2\rho}{1-\rho} \times Ts$ **エ** $\dfrac{2\rho}{1-2\rho} \times Ts$

## 解答・解説

### 解説1　ウ

　冒頭の「あるホテルは客室を1,000部屋もち」は無視することができます。1から数え，330は何番目であるかを考えることになります。10進数であれば当然330番目です。しかし，4と9を使用しないという条件があります。つまり，使える数字は0，1，2，3，5，6，7，8の8種類です。これは8進数であると考えることができます。8進数を10進数に変換することで解答することができます。

　ここまでの学習を振り返ります。2進数を10進数にする場合には，1桁目を1倍，2桁目を2倍，3桁目を4倍……と，乗算する値を1桁上がるごとに2倍ずつしていき，結果を合計しました（下の図）。

2進数「1101」を10進数にする場合

　また，16進数を10進数にする場合には，1桁目を1倍し，2桁目を16倍し，3桁目を256倍し……のように，乗算する値を1桁上がるごとに16倍ずつしていき，結果を合計しました。

　8進数の場合も同じように計算していきます。

1 桁目は 0 ですので 0 × 1 = 0 となります。 2 桁目は 3 ですので 3 × 8 = 24 となります。3 桁目も 3 ですので 3 × 64 = 192 となります。これらの値を合計すると 216 となります。

## 解説2　ア

　値が近い 2 つの数値の減算で, 発生するのが桁落ちです。答えは「ア」です。「イ」は「切り捨て, 切り上げ, 四捨五入」とありますので, 丸め誤差です。「ウ」は絶対値が大きな数値と小さな数値の減算ですから情報落ちです。指数に大きな差がある場合の加減算において, 指数を合わせることで発生します。「エ」は「途中で打ち切る」とあるため打切り誤差です。

## 解説3　ア

　試験ではこのような記述があるので慣れておきましょう。（　）内は条件を意味しています。n に 0 から 254（255 未満）が渡った場合には, その n に対して 1 を加算します。一方, n に 255 が渡った場合には n は 0 になります。このルールと同じ結果になる論理演算を解答群から選びます。
「ア」から見てみます。仮に n に 5 を入れると「(5 + 1) AND 255」となります。この後は AND が関わるため, 問題文にある通り 2 進数にして論理演算を行います。

```
  0 0 0 0 0 1 1 0
  1 1 1 1 1 1 1 1
  0 0 0 0 0 1 1 0
```
6 と 255 の論理積

　結果の「110」は 10 進数では「6」です。次に n に 255 を渡します。

```
  1 0 0 0 0 0 0 0 0
  0 1 1 1 1 1 1 1 1
  0 0 0 0 0 0 0 0 0
```
256 と 255 の論理積

　結果は「0」となりました。つまり, n に 0 ～ 254 の値を入れるとその値に 1 が加算され, 255 を入れると 0 になるためルール通りであり, これが正解です。
　同様に「イ」を見てみましょう。次ページのように, それぞれ 0 と 256 となりますのでルール通りではありません。

```
000000110        100000000
100000000        100000000
000000000        100000000
```
         ↓                ↓
        0              256

6 と 256 の論理積（左）と 256 と 256 の論理積（右）

「ウ」「エ」の場合にはそれぞれ以下のようになり，同じくルール通りではありません。

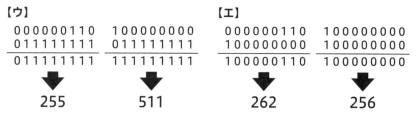

**【ウ】**
```
000000110     100000000
011111111     011111111
011111111     111111111
```
      ↓             ↓
     255           511

**【エ】**
```
000000110     100000000
100000000     100000000
100000110     100000000
```
      ↓             ↓
     262           256

「ウ」と「エ」の論理演算

### 解説4　ア

　解答を導くには 2 つの方法があります。1 つはベン図を使う方法です。それぞれベン図を描いてみて，同じになるものを選びます。ただし，慣れないと間違うことが多いため，ここでは論理演算を使う方法で解答を導きます。

　まず，問題文にある論理式の A と B に適当な値を入れます。ここでは仮に A に **0** を，B に **0** を入れてみます。

　和集合は OR で積集合は AND と解釈できます。補集合は否定のことであり値を反転します。このような原則を基にして以下のように書き換えました。

NOT((**0** OR **0**) AND (NOT(**0**) OR NOT(**0**)))

演算を続けます。

NOT((0) AND (1 OR 1))
= NOT((0) AND (1))
= NOT(0)
= 1

　A と B に 0 を入れると，結果は「1」となりました。

同じく A と B に 0 を入れて「1」となるものを解答群から選びます。

「ア」は以下のように 1 となりますので，候補に入れておきます。
(NOT(0) OR 0) AND (0 OR NOT(0))
= (1 OR 0) AND (0 OR 1)
= (1) AND (1)
= 1

「イ」は以下のように 0 となりますので誤りです。
(NOT(0) OR NOT(0)) AND (0 OR 0)
=(1 OR 1) AND (0 OR 0)
=(1) AND (0)
= 0

「ウ」は以下のように 0 となりますので誤りです。
(NOT(0) AND 0) OR (0 AND NOT(0))
=(1 AND 0) OR (0 AND 1)
=(0) OR (0)
= 0

「エ」は以下のように 0 となりますので誤りです。
(NOT(0) AND NOT(0)) AND (0 OR 0)
=(1 AND 1) AND (0 OR 0)
=(1) AND (0)
= 0

### 解説5　ウ

ハフマン符号化は出現率に基づいて符号を割り当てますので「ウ」が正解です。ランレングス符号化は，例えば「A が 3 ビット続き，X が 5 ビット続く」を，「A3X5」のように符号化しますので「ア」が該当します。「イ」は 10 進数と 2 進数の対応についての解説です。10 進数の 0 から 9 は，2 進数では 4 ビット必要です。「エ」はアナログ信号をデジタル信号に変換する符号化であり**サンプリング**と呼ばれます。音声をデジタル化する際には，一定間隔で音の波の高さを計測して数値化し，デジタル信号にします。

## 解説6　ウ

　音声をデジタル化するために，一定間隔で音の波の高さを測り2進数に変換します。これをサンプリングといいます。

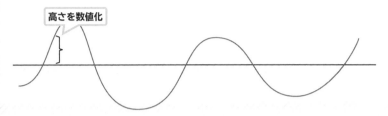

音声波形をデジタル化する例

　サンプリング周波数が40kHzということは，1秒間に4万回（40k）サンプリングを行います。1度のサンプリングでは，計測した高さを16ビットに変換していますので，1秒間では16×4万回＝640kビットとなります。これをバイトに変換した80kバイトが答えです。

## 解説7　イ

　正規分布に従っているという前提です。この場合，確率分布はつりがね形となります。標準偏差とは平均からどのくらい離れた位置に，多くのデータが存在しているかを示しています。ここでの「多くのデータ」とは約68%です。
　例えば100人で試験を行い，その平均点が50点で標準偏差が10だとします。この場合，40〜60の範囲に約68人が含まれることになります。これが正規分布のルールであり，出題に「正規分布である」と書かれているために判明した事実です。
**また標準偏差の2倍の範囲には95%が含まれるというルール**もあります。つまり30〜70点の範囲には95人が該当します。
　この前提知識を使って4つの教科をそれぞれ見ていきます。説明をしやすくするために100人が試験を受けたという前提にします。

　教科Aは27〜63の間に68人が含まれています。
　教科Bは45〜75の間に68人が含まれています。
　教科Cは62〜78の間に68人が含まれています。
　教科Dは70〜80の間に68人が含まれています。

　これでは判断が難しいため，標準偏差の2倍の範囲に広げてみます。

教科 A は 9 ～ 81 の間に 95 人が含まれています。
教科 B は 30 ～ 90 の間に 95 人が含まれています。
教科 C は 54 ～ 86 の間に 95 人が含まれています。
教科 D は 65 ～ 85 の間に 95 人が含まれています。

　教科 B に注目すると，30 点から 90 点の範囲には 95 人しかいません。残りの 5 人である「太郎」「花子」「次郎」「三郎」「桃子」は，30 点未満か 90 点超に存在することになります。90 点超にはその半分の 2.5% が該当することになるので，仮に「太郎」「花子」だとします。
　教科 A の場合には 9 点から 81 点の範囲に 95 人です。残りの 5 人は 9 点未満か 81 点超に存在しています。81 点超には「太郎」「花子」がいたとします。しかし，この 2 人は確実に 90 点以上とは言えません。太郎は 82 点で，花子は 83 点かもしれません。
　問題文には「90 点以上の得点者が最も多かったと推定できる教科」とありますので，教科 B の方が教科 A よりも「確実に 90 点以上が 2.5 人いる」ため，この時点では教科 B が正解候補として挙げられます。
　教科 C は 86 点超に「太郎」「花子」であり，教科 D は 85 点超に「太郎」「花子」ですから，やはり教科 B の方が確実です。

> 仮に標準偏差の 2 倍の範囲に 95% の人が該当しないのであれば，それは正規分布ではないというとことになります。

### 解説8　エ

　2 つの支店にはそれぞれ ATM があり，それらを統合するようです。ATM が 1 台になるため，理論的には到着間隔が半分になります。利用率は「サービス時間 / 到着間隔」ですから，到着間隔が半分になると利用率は 2 倍になります。利用率は（2）によると 1 つの支店で $\rho$ ですから，統合後は $2\rho$ となります。
　この問題では「平均待ち時間を求める式」を答えます。

$$待ち時間 \ = \ \frac{利用率}{1 - 利用率} \ \times \ サービス時間$$

待ち時間の公式

　利用率は $2\rho$ であるため答えは「エ」です。

# 8章

# コンピュータシステム

コンピュータを構成する機器やその仕組みについての知識が問われます。本章では，普段使っているハードディスクやUSBメモリなどの動作原理を知ることができます。またWindowsやMacなどのOSがどのようにして処理を行っているかについても学習します。

# 8.1

重要度 ★★★

# ハードウェア

コンピュータが動く仕組みについて学習します。前までの章で，コンピュータが処理を行う原理についてはなんとなくわかってきたのではないでしょうか。この節では，その原理をハードウェアでどのように実現しているかを学習します。ここで学ぶ内容は，例外なくあなたのパソコンの中でも起きています。

　コンピュータは大きく分けて「制御装置」「演算装置」「記憶装置」「入力装置」「出力装置」の5つの装置から構成されています。この節ではそれらを一つひとつ学習していきます。以下の図は，5つの装置間の制御の流れ（黒い線）と，データの流れ（緑の線）を表現しています。

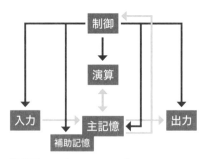

8-1-1 コンピュータの5大装置

## CPU AM

　コンピュータの頭脳である CPU は「制御装置」と「演算装置」の2つの装置で構成されています。CPU は**中央処理装置**の略です。**制御装置**は他の装置をコントロールする役割です。**演算装置**は制御装置からの指示により実際に演算を実行する装置です。基礎理論で学習した計算や論理演算などはこの装置が行います。

　最近のパソコンに搭載されている CPU は**マルチコア**がほとんどです。コアとは制御装置と演算装置で構成された，実際に動作する部分です。以前は1つの CPU に1つのコアが存在しており，これを**シングルコア**といっていました。しかし，それだけでは性能向上に限界が見えてきました。そこで CPU 内に，実際に動作する部分であるコアを複数配置することで性能向上を図っています。これがマルチコアです。

　その際に，同じ種類のコアを複数搭載したプロセッサを**ホモジニアスマルチコア**

プロセッサといいます。一方で，異なる種類のコアを複数搭載したものを**ヘテロジ
ニアスマルチコアプロセッサ**といいます。

「異なる種類」とは，例えば計算が得意なコアと，グラフィック処理が得意なコア
を搭載した場合が挙げられます。mac で使われているプロセッサも，高性能のコア
と低性能（しかし省電力）のコアが同居しており，これはヘテロジニアスマルチプ
ロセッサです。近年はこのヘテロジニアスマルチコアプロセッサが多くなってきて
います。

　また，コアではなく CPU そのものが複数搭載されている場合には**マルチプロセッ
サ**といいます。一般的にはマルチコアの方がマルチプロセッサに比べて安価です。
ただしマルチコアの場合には，信号を流す線である**バス**を複数のコアで共有するこ
とになるなどの理由により，性能はマルチプロセッサに比べて低くなります。

```
ハードウェアの概要:

機種名:                          MacBook Air
機種 ID:                         Mac14,2
機種番号:                        Z15Y00069J/A
                                 Apple M2
コアの総数:                      8（パフォーマンス: 4、効率性: 4）
                                 16 GB
システムファームウェアのバージョン: 8419.80.7
OS ローダーのバージョン:          8419.80.7
シリアル番号（システム）:         M14WGY2LXV
ハードウェア UUID:               76920A58-8162-53DF-8FE3-4E3B3CEF7B89
プロビジョニング UDID:           00008112-000411C114F1401E
アクティベーションロックの状況:   有効
```

8-1-2 MacBook で CPU のコア数を確認

## 性能評価

　CPU はコンピュータの頭脳であり高額な装置です。性能によって価格に大きな
差が生まれます。CPU の性能は主に**クロック周波数**で示されます。そのためパソ
コンを購入する際には CPU のクロック周波数を 1 つの基準にすることになります。
またクラウド上でサーバを借りる場合にも CPU のクロック周波数によって価格が
変化する場合があります。

　Windows の場合にはシステムの詳細情報で，搭載されている CPU のクロック
周波数を見ることができます。

```
デバイス名      DESKTOP-ISHIDA
プロセッサ      Intel(R) Core(TM) i5-2400 CPU @ 3.10GHz   3.10 GHz
実装 RAM        18.0 GB（17.9 GB 使用可能）
デバイス ID     DD5CB09C-A237-4B28-8A0B-55A7CC6C4431
```

8-1-3 Windows で CPU のクロック周波数を確認

8
章

コンピュータシステム

上の場合には 3.10GHz がクロック周波数です。これは 1 秒間に 3.1G 回（31 億回）の信号を発することを意味しています。水晶に電圧をかけると振動することが知られており，その仕組みを利用した水晶振動子が使われています。

信号は他の装置との同期を取るために必要ですが，1 つの命令実行には複数の信号が必要となる場合がほとんどです。例えば「A をしなさい」という命令を実行するには，3 つの信号が必要であるなどです。1 命令で必要となる信号数は **CPI**（Cycles Per Instruction）という指標で示されます。この例ですと，CPI は 3 となります。

また，MIPS や FLOPS も性能評価の指標として使われます。**MIPS**（ミップス）は 1 秒間に実行できる命令の数です。単位は「百万」ですので注意してください。10MIPS の場合には，1 秒間に 1 千万命令を実行できることを示しています。

**FLOPS**（フロップス）は 1 秒間に行うことができる浮動小数点演算の回数です。FLOPS は多くの場合，スーパーコンピュータなど特殊なコンピュータの性能評価で使われます。

---

**過去問にチャレンジ！** [AP-R5春AM 問8]

　動作周波数 1.25GHz のシングルコア CPU が 1 秒間に 10 億回の命令を実行するとき，この CPU の平均 CPI(Cycles Per Instruction) として，適切なものはどれか。

**ア** 0.8　　**イ** 1.25　　**ウ** 2.5　　**エ** 10

[解説]

　CPI は 1 命令を実行するのに必要となる信号の数です。もちろん命令によって複雑さが違いますので，今回の問題のように平均値を答えることがほとんどです。まず 1 秒間あたりに発生する信号の数を計算します。今回使われるのは 1.25GHz の CPU であり，かつシングルコアのようです。そのため単純に 1 秒間に 12.5 億回，信号が発生すると考えることができます。1 秒間に実行される命令数は 10 億ですから，12.5 億回の信号で 10 億個の命令を実行していることになります。したがって，1 命令では 1.25 回の信号が必要ということになります。

答え：**イ**

---

### 命令実行手順

　プログラムはたくさんの命令の集合体であると考えることができます。プログラムは補助記憶装置などから主記憶装置にロードされてから実行されます。1 つの命令は主に次のステップで実行されます。

①主記憶装置からある１つの命令を取り出します。広い主記憶装置のどこから命令を取り出すのかは**プログラムレジスタ**に保持されています。取り出した命令はCPU内にある**命令レジスタ**と呼ばれる極小の記憶装置に保存されます。このステップを**命令フェッチ**と呼びます。

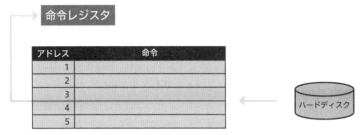

8-1-4 命令フェッチまでの流れ

　なお主記憶装置からフェッチしてきた命令レジスタに保存された命令は，**「命令部」と「アドレス部」から構成**されています。

| 命令部 | アドレス部 |
|---|---|

8-1-5 命令の構成

　命令部は次の②で，アドレス部は③の処理で扱います。

②命令レジスタに保存された命令の命令部を見て，**命令デコーダ**という装置が命令を解読します。解読により必要な装置と必要な動作が判明しますので，命令デコーダはそれらの装置に対して命令を行います。

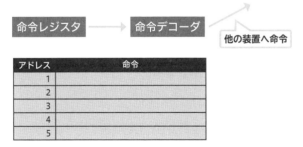

8-1-6 命令デコーダが命令を解読するまでの流れ

8章 コンピュータシステム

③命令実行において計算が必要であれば，主記憶装置から計算に必要な値を取得して，CPU内部にある**汎用レジスタ**に保存します。計算に必要な値のことを**オペランド**（被演算子）と呼びます。例えば「10 + 2」であれば，「10」と「2」がオペランドです。もちろん，オペランドは主記憶装置に2進数で保存されています。ではこの「10」や「2」は，主記憶装置上のどこに存在しているのでしょうか？　**オペランドの場所は，命令の「アドレス部」に書かれています。**

④必要なデータが揃ったので，命令を実行します。

⑤実行が完了したら，プログラムレジスタを次の命令の場所に更新し①に戻ります。このように**プログラムレジスタで，次に行う命令の場所を管理**しています。

**過去問にチャレンジ！** [AP-R1秋AM 問9]

CPUのプログラムレジスタ（プログラムカウンタ）の役割はどれか。
**ア**：演算を行うために，メモリから読み出したデータを保持する。
**イ**：条件付き分岐命令を実行するために，演算結果の状態を保持する。
**ウ**：命令のデコードを行うために，メモリから読み出した命令を保持する。
**エ**：命令を読み出すために，次の命令が格納されたアドレスを保持する。

[解説]

プログラムレジスタは**プログラムカウンタ**ともいわれます。広い主記憶装置の中のどこに実行したい命令があるのかという情報を保持しています。答えは「エ」です。

「ア」は演算を行うための値（オペランド）を保持するレジスタについて説明されていますので，これは汎用レジスタのことです。

「イ」は計算の途中経過の値を保持するという説明がされています。現在はこのような用途でも汎用レジスタが使われます。

「ウ」は命令を保持するとありますから，命令レジスタの説明です。このあと命令デコーダが命令の解読などを行うことになります。

答え：**エ**

## パイプライン処理

CPUは非常に高価です。そこでマルチコアにより比較的安価に性能を上げる工夫がされています。さらにパイプライン処理によってCPUの性能はそのままで，見かけ上の高速化を図る仕組みもとられます。パイプライン処理とは，先ほど学習したような命令実行の各ステップを並列実行する方法です。

複数の命令を並列実行することで，当然高速化ができます。例えば次の連続する処理は，一つひとつを順番に行う必要はありません。同時実行でもよいはずです。

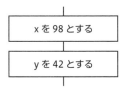

`8-1-7` 2つの命令は依存関係がないため同時実行可能

しかし単純に同時実行するには，複数の CPU コアが必要となります。そこで1つの命令を**ステージ**に分け，ステージをずらすことで1つのコアで同時実行しようとするのがパイプライン処理です。以下の例では，先ほど学習した命令実行手順の一つひとつをステージに分けてみました。

|  | サイクル | | | | |
| --- | --- | --- | --- | --- | --- |
|  | 1 | 2 | 3 | 4 | 5 |
| x を 98 とする | フェッチ | デコード | 実行 | 書き出し | |
| y を 42 とする | | フェッチ | デコード | 実行 | 書き出し |

`8-1-8` ステージをずらして見かけ上で同時実行をする

上に書かれた数値は**サイクル**であり，1つのステージの実行を意味しています。例えばサイクル2を見てみましょう。「デコード」「フェッチ」が同時に動作しています。デコードは命令デコーダの役割です。サイクル2だけに着目すると，命令デコーダは1つの処理だけを行っています。このようにステージをずらすことで，2つの命令を同時実行しています。

ステージをさらに複数に分け，同時実行できる命令数を増やす方法を**スーパーパイプライン**といいます。さらに命令デコーダなどの装置を2つ用意すると，ステージをずらさずに同時実行が可能になります。これを**スーパースカラ**といいます。これらは現在主流である CPU に搭載されていることが多い機能です。

|  | 1 | 2 | 3 | 4 |
| --- | --- | --- | --- | --- |
| x を 98 とする | フェッチ | デコード | 実行 | 書き出し |
| y を 42 とする | フェッチ | デコード | 実行 | 書き出し |

`8-1-9` スーパースカラでは複数の装置で同時実行する

しかし，このようにうまくいくのでしょうか？　実際には完全に理想通りに同時実行できることはあまりありません。

　以下のような2つの処理は，同時実行が困難です。

| | 1 | 2 | 3 | 4 | 5 |
|---|---|---|---|---|---|
| xを98とする | フェッチ | デコード | 実行 | 書き出し | |
| xに1加算する | | フェッチ | デコード | 実行 | 書き出し |

8-1-10 依存関係があるパイプライン処理

　1つ目の処理が完了しなければ，2つ目の処理が正しい結果とならないため同時実行ができません。このようにパイプライン処理ができない場面がいくつかあり，これを**パイプラインハザード**といいます。この例のように前の処理で値を書き換える前に，次の処理で値を読み込んでしまうことで整合性が取れなくなる現象を**データハザード**といいます。また分岐がある場合には，値によって命令が変わり整合性が取れなくなる場合があります。これを**分岐ハザード**（**制御ハザード**）といいます。同じハードウェアを同時に使用することで競合が発生し，同時実行ができなくなるハザードを**構造ハザード**といいます。

 スーパーパイプラインもスーパースカラも，命令の依存関係による問題点であるパイプラインハザードが発生する可能性は残ります。

## VLIW（超長命令語）

　パイプライン処理では，パイプラインハザードが発生しないような管理が必要です。そこで，事前にパイプラインハザードが発生しにくい形に命令を組み立てることを VLIW といいます。依存関係がない命令だけを集めると以下のようなイメージになります。

| | 1 | 2 | 3 | 4 | |
|---|---|---|---|---|---|
| | フェッチ | デコード | 実行 | 書き出し | |
| | | | 実行 | | |
| | | | 実行 | | |
| | フェッチ | デコード | 実行 | 書き出し | |
| | | | 実行 | | |
| | | | 実行 | | |

8-1-11 VLIW のイメージ

**過去問にチャレンジ!** [AP-R5春AM 問9]

　全ての命令が5ステージで完了するように設計された，パイプライン制御のCPUがある。20命令を実行するには何サイクル必要となるか。ここで，全ての命令は途中で停止することなく実行でき，パイプラインの各ステージは1サイクルで動作を完了するものとする。

**ア** 20　　**イ** 21　　**ウ** 24　　**エ** 25

[解説]

　この問題では1つの命令を5つのステージに分けています。命令数は20ですが，いったん命令数を3で考えてみます。

**8-1-12** 命令数3の場合のパイプライン制御

　1つ目の命令が終わった後に，他の命令が順次完了しています。命令2以降は，命令1つにつき1つのステージがはみ出しています。そのため以下の式で全体のサイクルを知ることができます。

　　ステージ数　+　（命令数 − 1）

　20命令の場合で値を当てはめてみます。

　　5 + (20 − 1) = 24

答え：**ウ**

## その他のプロセッサ　AM

　CPU以外にも，**グラフィック処理に特化したプロセッサとしてGPU**（Graphics Processing Unit）があります。特に3D表現や科学計算で必要となる並列計算は，GPUの得意とするところです。また近年は人工知能の機械学習，特に**ディープラーニングにおいてGPUが活用**される場面が多くなっています。GPUが得意とする並列計算が，機械学習でも有用であるためです。

8章 ── コンピュータシステム

さらに**機械学習に特化したプロセッサとして** **NPU**（Neural Processing Unit）があります。GPU は元々グラフィック処理のプロセッサであるため，機械学習用に流用したといえます。NPU は機械学習専用のプロセッサです。また Google は自社で提供している Google Cloud を介して NPU を提供していますが，これを **TPU**（Tensor Processing Unit）といいます。

## 記憶装置 <small>AM</small>

コンピュータで扱うデータを記憶する装置です。記憶装置には「主記憶装置」「補助記憶装置」があり，さらに USB メモリなどの「外部記憶装置」があります。それぞれに役割があるので一つひとつ学習します。

### 主記憶装置

**メインメモリ**や単にメモリとも呼ばれ，**DRAM** が使われます。DRAM では 2 進数を電圧に置換して保存します。電圧が低い状態を「0」とし，電圧が高い状態を「1」として保存します。

**主記憶装置には 1 バイト（8 ビット）ごとに番地（アドレス）が設定**されており，番地を指定することで，ある特定の 1 バイトにアクセスできます。

**保存にはコンデンサという蓄電装置**が使われます。これは電池のように一時的に電気を蓄えることができるのですが，徐々に減っていきます。しかも，スマートフォンのバッテリーのように何日も連続して使うことはできず，数ミリ秒程度で電気は消えてしまいます。そこで消えないように定期的にデータを再書き込みしており，これを**リフレッシュ動作**といいます。

なお，CPU 内部にも**レジスタ**という極小の記憶装置があります。レジスタへのアクセス速度は 1 ナノ秒程度です。1 ナノ秒を 1 億回繰り返せばやっと 1 秒になるという非常に速い速度です。ただし，レジスタの記憶容量は 64 ビットが主流です。

一方，家電量販店でよく見かけるパソコンの主記憶装置の容量は 8 G バイトでしょうから，レジスタと比較すると約 10 億倍といえます。ただしアクセス速度は遅く，100 ナノ秒程度です。もちろん製品によって大きな差があるのですが，**レジスタに比べて主記憶装置は 100 倍遅く，10 億倍大容量である**とイメージしておいてください。

主記憶装置の遅さによるデメリットを解消するために，すでに学習したパイプライン処理などを使って高速化が図られています。また，**メモリインターリーブ**という方法で高速化を図ることもあります。これは主記憶装置を複数の独立した**バンク**に分割し，CPU はバンクに擬似的に並行アクセスをして高速化します。例えば，バンク A に読み書きをしている最中にバンク B が読み書きの準備をすることで，見かけ上の並行動作を実現しています。

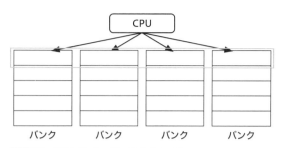

8-1-13 メモリインターリーブのイメージ

## 実記憶管理

　複数のプログラムを同時に動かす場合，1つの主記憶装置を共用する必要があります。以下のようにあらかじめ決まった記憶容量の区画に分割しておき，適当な区画にプログラムを割り当てる方式を**固定区画方式**といいます。

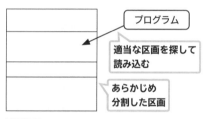

8-1-14 固定区画方式ではあらかじめ区画を作成しておく

　一方で，区画を固定せずに読み込みたいプログラムのサイズに合わせて都度，区画を分割する方式を**可変区画方式**といいます。可変長であるため主記憶装置への読込と削除を繰り返すと，不連続な小さな空き領域がたくさん残ってしまうことがあります。これを**フラグメンテーション**といいます。

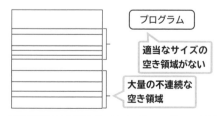

8-1-15 可変区画方式ではプログラムごとに区画を作成する

　不連続の空き領域を1つにまとめることで，連続した大きな空き領域になります。この操作を**メモリコンパクション**といいます。

## キャッシュメモリ

その他，主記憶装置と CPU との速度差を埋めるためにキャッシュメモリが使われます。キャッシュメモリは CPU と主記憶装置との間に置かれ，よく使うデータを保存します。

キャッシュメモリの速度は目安として 10 ナノ秒程度です。**CPU の1ナノ秒と，主記憶装置の 100 ナノ秒の間に位置していますが，記憶容量も CPU と主記憶装置の間**です。

8-1-16 Windows ではタスクマネージャーでキャッシュメモリを確認できる

上のようにキャッシュメモリは 3 段階構成になっていることがほとんどです。**L1 が CPU にもっとも近く，L3 は主記憶装置のもっとも近くに配置**されます。キャッシュメモリは非常に高速であるため，主記憶装置とは異なり **SRAM** が使われます。SRAM はデータの保持に**フリップフロップ回路**が使われ，リフレッシュ動作は不要です。SRAM は高価であるため，大きな記憶容量が求められる主記憶装置では使われることはありません。

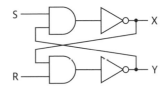

8-1-17 フリップフロップ回路

キャッシュメモリは主記憶装置にデータのうち，よく使われるものだけを保持します。つまり，主記憶装置の一部がキャッシュメモリに格納されることになり，主記憶装置とキャッシュメモリ間の紐付けが必要になります。どのように紐付けるかには 3 つの方式があります。なおキャッシュメモリには，主記憶装置のデータをブロック単位で保持します。**ブロックは複数バイトで構成**されています。そのため場所を示す番号は，番地ではなくブロック番号です。

| ダイレクトマップ方式 | 主記憶装置のブロック番号に**ハッシュ演算**を行い，キャッシュメモリのブロック番号を求めます。 |
|---|---|
| フルアソシエイティブ方式 | 先頭から空いているブロックを**線形探索**で探します。 |
| セットアソシエイティブ方式 | 複数のブロックをまとめて「セット」として，**セット番号をハッシュ演算**で求めます。セット内では線形探索で空いているブロックを探します。 |

8-1-18 キャッシュメモリと主記憶装置の対応方式

**ダイレクトマップ方式とフルアソシエイティブ方式を組み合わせた方式がセットアソシエイティブ方式**です。これらの方式で，主記憶装置とキャッシュメモリの場所の対応付けを行います。

さらに，キャッシュメモリに保存されているデータが CPU によって書き換えられた際，どのタイミングで主記憶装置に反映するかについては 2 つの方式があります。反映する際には，上記の方式で主記憶装置上の場所を求めることになります。

| ライトスルー方式 | キャッシュメモリのデータを書き換えた際に，すぐに主記憶装置のデータも書き換えます。常に両者は一致するため，データの一貫性（**コヒーレンシ**）が保証されています。 |
|---|---|
| ライトバック方式 | キャッシュメモリにあるデータが追い出される際に，対応する主記憶装置のデータを書き換えます。 |

8-1-19 主記憶装置への書き込み方式

キャッシュメモリから主記憶装置に反映する処理も CPU が行います。そのため反映処理が少ない方が CPU の無駄が少なくなります。ライトバック方式は比較的少ない反映回数であるため，CPU 負荷が低くなります。

DRAM と SRAM は **RAM**（ラム）の一種です。RAM は電源の供給が止まるとデータが消えてしまいます。この性質を**揮発性**といいます。

---

**過去問にチャレンジ！** ［AP-R4秋AM 問10］

　L1，L2 と 2 段のキャッシュをもつプロセッサにおいて，あるプログラムを実行したとき，L1 キャッシュのヒット率が 0.95，L2 キャッシュのヒット率が 0.6 であった。このキャッシュシステムのヒット率は幾らか。ここで L1 キャッシュにあるデータは全て L2 キャッシュにもあるものとする。

　**ア**：0.57　　**イ**：0.6　　**ウ**：0.95　　**エ**：0.98

［解説］
　**ヒット率とは，データを探しに行ったときに目的とするデータが見つかる確率**のことをいいます。

多くのパソコンではキャッシュメモリが多段階構成になっており，この問題では2段階構成のようです。そしてL1キャッシュがもっともCPUの近くに配置されます。**L1キャッシュはL2キャッシュなどに比べてアクセス速度が速く，小さい記憶容量**のSRAMが使われます。

仮に主記憶装置にA，B，C，D，Eというデータが格納されていたとします。L1キャッシュにはA，Bが，L2キャッシュにはA，B，Cが格納されることになります。記憶容量はL2キャッシュの方が大きいため，このようなたとえにしました。

この状態でCPUはA，Bのデータばかりを使っていますが，5％の確率でCを使うことになりました。しかし主記憶装置に取りに行く必要はありません。60％の確率でL2キャッシュに存在しているのです。この確率は「0.5％× 60％」で計算できます。この条件でキャッシュ全体のヒット率を計算すると以下のようになります。

0.95 ＋ 0.05 × 60％ ＝ 0.98

答え：エ

---

**過去問にチャレンジ！** [AP-R4春AM 問10]

キャッシュメモリのフルアソシエイティブ方式に関する記述として，適切なものはどれか。

**ア**：キャッシュメモリの各ブロックに主記憶のセットが固定されている。

**イ**：キャッシュメモリの各ブロックに主記憶のブロックが固定されている。

**ウ**：主記憶の特定の1ブロックに専用のキャッシュメモリが割り当てられる。

**エ**：任意のキャッシュメモリのブロックを主記憶のどの部分にも割り当てられる。

[解説]

フルアソシエイティブ方式では，線形探索によって空いているキャッシュメモリ内のブロックを探します。これは任意のブロックに割り当てると言い換えることができますので，答えは「エ」です。

「ア」は「セット」とありますので，セットアソシエイティブ方式です。「イ」はキャッシュメモリのあるブロックが，主記憶装置のあるブロックと1対1で紐付いていることを意味しており「ダイレクトマップ方式」の説明です。

答え：エ

## ROM

RAM は揮発性ですが，**不揮発性**メモリとしては ROM（ロム）があります。「Read Only Memory」の略であり，原則として読み出し専用の記憶装置です。ただし，技術的な工夫により消去や書き換えなどができるようになったため，ROM の本来の語源とは異なってきています。

本来の語源通り，読み出しだけができる ROM を**マスク ROM** といいます。工場出荷時に書き込んでからは2度と変更することができません。

消去や書き換えができる ROM を **PROM** といいます。「P」はプログラマブル（プログラム可能）の略です。PROM はさらに **EPROM**（紫外線で全消去可能）と **EEPROM**（電気的に部分消去可能）に分けられます。

代表的な EEPROM に**フラッシュメモリ**があります。**フラッシュメモリは複数バイトが集まったブロック単位で消去と書き込み**ができるため，他の PROM よりも高速なデータ書き換えが可能です。

このように便利なフラッシュメモリですが，消去と書き込みのたびに少しだけ傷がつくため，寿命があまり長くないという問題があります。そこで，アクセスする箇所をできるだけ分散させることで，特定の領域だけを酷使しないような工夫（**ウェアレベリング**）がされています。

### 磁気ディスク装置

主記憶装置は電源が切れると保存内容が消去されます。例えば，Excel でデータを入力し，いきなり電源を切ると入力したデータはすべて消えてしまいますが，これは主記憶装置にだけデータが存在しているためです。そこで「保存」ボタンをクリックすることで，永続的に消えないような操作をします。その保存先が補助記憶装置です。

**8-1-20** 保存ボタンをクリックすると補助記憶装置に保存される

補助記憶装置には磁気ディスク装置や SSD などの種類がありますが，いずれにしても電気がなくてもデータを保持することができます。磁気ディスク装置はハードディスク装置の一種であり，**磁力でデータを保存するため電源が切れてもデータを残すことができます。**

8 章　コンピュータシステム

413

## 仮想記憶

　主記憶装置はレジスタやキャッシュメモリに比べると，非常に大きな記憶容量を持っています。しかし実際にプログラムを動かす場合には，それでも不足する場合があります。そこで主記憶装置を超えた記憶領域を仮想的に確保する技術を**仮想記憶**と呼びます。Windows などの OS はマルチタスクですから，複数の処理を同時に行うことができます。そのため一つひとつのプログラムが使う記憶領域は小さくても，合計すると主記憶装置の記憶領域を超えてしまう場合があります。その場合には，補助記憶装置を利用することで仮想記憶を実現します。

仮想メモリ
ページ ファイルとはハードディスク上の領域で、RAM のように Windows で使用されます。

すべてのドライブの総ページング ファイル サイズ：　　4864 MB

変更(C)...

`8-1-21` Windows では仮想記憶の設定を行うことができる

　例えば，ここに 16G バイトの記憶領域を持つ主記憶装置があったとします。いくつかのプログラムを同時に起動したため，すでに 16G バイトの記憶領域を使用しています。この状態で 500M バイトのプログラムを起動しようとするとオーバするため，あまり使っていないプログラムを補助記憶装置に退避します。ただし，プログラムごとすべてを退避するのではなく，**ページ**というひとまとまりを単位とします。この退避を**ページアウト**といいます。この退避では，主記憶装置の空き領域を増やすことが目的ですから，主記憶装置からそのページは削除されます。どのページを退避するかの判断には以下の 3 つの方式がよく出題されます。

| FIFO | 最初にページインしたページを最初にページアウトします。 |
|------|--------------------------------------------------|
| LRU | 最後に使用されてから長い間使用されていないページをページアウトします。 |
| LFU | 使用回数がもっとも少ないページをページアウトします。 |

`8-1-22` ページアウトするページの判断アルゴリズム

　退避したなどの理由で，主記憶装置上に使いたいページがない場合には**ページフォールト**が発生します。ページフォールトをきっかけとして必要なページを主記憶装置に読み込むことを**ページイン**といいます。このページインとページアウトを合わせて**ページング**といいます。

　次の例ですと，ページ B は主記憶装置に存在していません。しかしプログラムからは，まるで存在しているかのように扱うことができます。**扱おうとしたタイミングで，慌てて補助記憶装置から持ってくるイメージ**です。

主記憶装置

| A |
| C |
| F |
| G |
| O |
| W |
| X |
| Z |

補助記憶装置

| B |
| D |
| E |
| H |
| I |
| J |
| K |
| L |
| M |
| N |
| P |
| Q |
| R |
| S |
| T |

**❶** ページ B を使いたいが主記憶装置にないためページフォールトが発生

**❷** ページフォールトをきっかけにしてページ B をページインする

**❸** ページ B が入らないためあまり使われていないページ Z をページアウトする

**8-1-23** ページングの例

ページングが頻発することを**スラッシング**といいます。補助記憶装置は主記憶装置よりもさらに遅いため，スラッシングはできる限り避けなければなりません。

> ページングを行う単位である**ページはすべて同じサイズ**です。これを**固定長**と表現します。ページサイズがすべて同じ方がページングの際の記憶容量計算が少なくなります。

ページインは，補助記憶装置からページを取得してきます。そのため補助記憶装置のどこにページがあるかという情報が必要になります。このような管理は**MMU**（メモリ管理ユニット）という装置で実現します。

8章 ─ コンピュータシステム

**過去問にチャレンジ！** [AP-R3春AM 問19]

ページング方式の仮想記憶において，ページアクセス時に発生する事象をその回数の多い順に並べたものはどれか。ここで，$A \geqq B$ は，$A$ の回数が $B$ の回数以上，$A = B$ は，$A$ と $B$ の回数が常に同じであることを表す。

ア　ページアウト≧ページイン≧ページフォールト

イ　ページアウト≧ページフォールト≧ページイン

ウ　ページフォールト＝ページアウト≧ページイン

エ　ページフォールト＝ページイン≧ページアウト

[解説]

　主記憶装置に存在しているように見えて，実は存在していないページがあるとします。このページを使おうとした場合に発生するのが，ページフォールトです。「フォールト」は失敗を意味します。ページフォールトをきっかけに補助記憶装置からページインしますので，ページフォールトとページインの回数は同じになります。

　次にページインとページアウトの回数を比較してみます。主記憶装置に A，B，C というページがあるとします。ページ D が必要になったため，ページ C を補助記憶装置に退避させてページ D を取得してきました。これでページインとページアウトが 1 回ずつ発生しました。この時点ではページインとページアウトの回数は両方とも 1 回です。

　では，次に主記憶装置にはページが何もないとします。ここでページ A が必要になればページフォールトが発生し，ページインも発生します。ただしページアウトは発生していません。ページを追い出す必要がないからです。この場合には，ページインとページフォールトは 1 回であり，ページアウトは 0 回となります。

答え：エ

## 入出力装置 AM

　キーボードやマウスなどは代表的な入力装置です。入力装置はコンピュータに指示をしたり，データを渡したりするための装置です。出力装置はディスプレイやプリンタなどが該当します。

### キーボードの性能

　キーボードの性能を評価する指標として **N キーロールオーバー**があります。N には 2 や 3 などの数値が入り，どれだけのキーが複数同時に押されても正しく認識するかを示しています。たとえば 3 キーロールオーバーであれば，「Shift」「Ctrl」「A」に加えて 4 つ目の「B」を押してもすべてを認識しません。ちなみに，私のキーボードは 6 キーロールオーバーでした。

### ディスプレイの性能

　ディスプレイの性能は映像の鮮明さで評価されます。映し出される映像の最小の粒を**ピクセル**といい，多いほど鮮明だといえます。ディスプレイ全体でのピクセル数を**解像度**といいます。解像度は横のピクセル数と縦のピクセル数で表現されます。

`8-1-24` Windows では設定で解像度を選択できる

　ただし解像度が高くても，必ずしも鮮明な映像になるとは限りません。よくある
ような 1980 × 1080 の解像度だとしても，ディスプレイそのものが大きければ鮮
明になりません。そこで 1 インチあたりのピクセル数を示す指標として **dpi**（dots
per inch）があります。1 インチは 25.4mm であり，この幅にどれだけのピクセ
ル数が存在しているかを表します。

### プリンタの性能

　dpi は印刷の鮮明さの評価にも使われます。プリンタの場合には鮮明さの他にも
印刷スピードが求められます。**cps**（characters per second）は 1 秒間あたりの
印刷文字数であり，**ppm**（page per minute）は 1 分あたりの印刷ページ数です。

## シングルボードコンピュータ

　通常のパソコンは，大きな基盤（マザーボード）からたくさんの配線があり，強
固なケースで覆われています。

　シングルボードコンピュータ（SBC）は手のひらサイズの非常に小さな基盤に，
必要な機能の多くが実装されたコンピュータです。SBC は比較的安価であり，基
盤に配置された端子に別途用意したキーボードやマウス，ディスプレイなどを接続
して使用します。

# 8.2

# ソフトウェア

コンピュータにあらかじめ備わっている装置類の動作について学習しました。この節ではその中で動作するソフトウェアの動作について学習します。ソフトウェアにはいわゆる「アプリ」があります。また、Windows や macOS などのオペレーティングシステムもソフトウェアです。

　この節では主に，Windows や macOS などの OS（**オペレーティングシステム**）が行っている処理について学習します。オペレーティングシステムがキーボードからの入力受付やディスプレイへの画面表示，プリンタからの印刷，ネットワーク管理などの基本的な制御をしてくれているからこそ，アプリケーションは必要な機能を実装するだけで使えるようになります。プログラミングをする上で，例えばディスプレイへの画面表示はごく簡単な記述だけで実現できます。

## タスク管理 AM

　OS では「仕事」を示す言葉として「**ジョブ**」と「**タスク**」を使い分けています。**ジョブとは人間から見た仕事の単位**です。**タスクはコンピュータから見た仕事の単位**です。**ジョブ管理**から**タスク管理**へ処理が委託されタスクが実行されます。タスクが完了した後にはジョブ管理へその旨の通知がされ，ジョブが完了します。

`8-2-1` ジョブ管理はタスク管理に委託をする

　ジョブ管理からタスク管理に委託された際に，すぐにそのタスクの実行を行うわけではありません。いったん「**実行可能状態**」となります。その次に「**実行状態**」へ遷移をして OS がタスクを実行します。タスクを実行するということは CPU を使用することでもあります。

　いったん実行可能状態に入る理由は，他のタスクが実行状態にある場合を考えてのことです。コンビニのレジの行列に並び，自分の順番が来たら会計をしてもらうイメージと似ています。しかし，コンビニのレジの行列とは異なり，順番を抜かして優先的に実行状態に入る場合もあります。

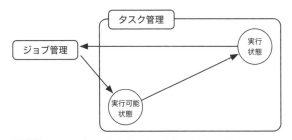

**8-2-2** タスクは実行可能状態→実行状態の順番に遷移する

　優先度を検討してタスクを実行状態に移したり，実行状態にあるタスクを実行可能状態に戻したりの制御は**ディスパッチャ**というプログラムが行います。ディスパッチャはタスクに CPU 使用権を与えたり，CPU 使用権を削除したりする役割を担います。タスクを実行状態から実行可能状態に移すことを**プリエンプション**といいます。

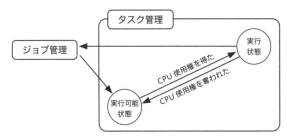

**8-2-3** ディスパッチャがタスクを実行可能状態から実行状態に移す

　実行状態から実行可能状態への遷移は，あらかじめ定められた時間が経過した場合にも発生します。この定められた時間を**タイムクォンタム**といいます。

　また，これ以外にも第 3 の状態があります。それが「**待ち状態**」です。例えば印刷タスクであれば，実際の印刷は外部の機器であるプリンタが行います。印刷している間も実行状態として扱えば，CPU がプリンタの印刷完了まで待機することとなり大きな無駄が発生します。そこでタスクを待ち状態にすることで実行状態に空きを作ります。**実行状態が空くことで，実行可能状態にあるタスクを受け入れることができる**ようになります。実行状態にあるタスクは**割込み**により強制的に待ち状態へ移行することになります。待ち状態にあるタスクは，例えば印刷が終わるなどをきっかけとして実行可能状態に遷移します。

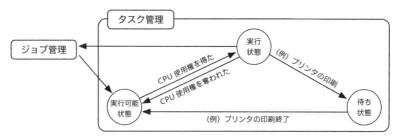

8-2-4 タスクの状態遷移

　なお，ディスパッチャが CPU 使用権をタスクに与える基準には，以下のような
ものがあります。この基準を**タスクスケジューリング**といいます。

| 到着順 | タスクが到着した順に付与します。 |
|---|---|
| 処理時間順 | タスクの処理時間が短いものから順に付与します。 |
| 優先度順 | タスクの優先度が高い順に付与します。 |
| ラウンドロビン | すべてのタスクに同じタイムクォンタムを割り当てます。 |
| 多重待ち行列 | ラウンドロビンと優先度順を組み合わせて付与します。 |

8-2-5 タスクスケジューリングの種類

### 過去問にチャレンジ！ [AP-H24春AM 問22]

　プロセスを，実行状態，実行可能状態，待ち状態，休止状態の四つの状態
で管理するプリエンプティブなマルチタスクの OS 上で，A，B，C の三つの
プロセスが動作している。各プロセスの現在の状態は，A が待ち状態，B が
実行状態，C が実行可能状態である。プロセス A の待ちを解消する事象が発
生すると，それぞれのプロセスの状態はどのようになるか。ここで，プロセ
ス A の優先度が最も高く，C が最も低いものとし，CPU は 1 個とする。

| | A | B | C |
|---|---|---|---|
| **ア** | 実行可能状態 | 実行状態 | 待ち状態 |
| **イ** | 実行可能状態 | 待ち状態 | 実行可能状態 |
| **ウ** | 実行状態 | 実行可能状態 | 休止状態 |
| **エ** | 実行状態 | 実行可能状態 | 実行可能状態 |

[解説]

　問題文にある「プロセス」とは，「タスク」と同じ意味であると考えても解
答に影響はありません。また「休止状態」とは，タスクの実行が完了しタス
ク管理を外れた状態であり，その後はジョブ管理が担当します。

タスクには A，B，C があり，それぞれの現状は以下の通りです。

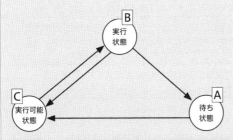

8-2-6 タスク A，B，C の状態

　この状態で A の待ち状態が解除されましたので実行可能状態に移りました。A の優先度が高いため，すぐに実行状態に移ります。ただし CPU は 1 つであるため，B は実行可能状態に戻されることになります。実行可能状態はコンビニのレジの行列と同じであり，複数のタスクが実行可能状態であることは許されます。この流れにより A は実行状態となり，B と C は実行可能状態となります。なおこの問題では CPU が 1 個となっています。実際のパソコンでは CPU コアが複数あることがほとんどですから，実行状態へは複数のタスクが同時に存在することができます。

答え：エ

## 割込み

　実行中のタスクが実行を強制的に停止して，**待ち状態に遷移するきっかけ**が割込みです。

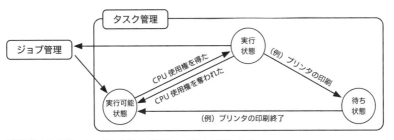

8-2-7 実行状態のタスクに割込みが発生して待ち状態となる

すでに触れたプリンタでの印刷以外にもさまざまな割込みがあります。
まずは，実行中のプログラムに起因する割込みである**内部割込み**です。

| | |
|---|---|
| プログラム割込み | 0での除算はエラーとして処理されます。またプログラミング言語によってはオーバーフローをエラーとする場合もあります。これらをきっかけに発生する割込みです。 |
| ページフォールト | 仮想記憶方式において，使いたいページが主記憶装置にない場合に発生する割込みです。ページフォールトをきっかけにページインが行われることになります。 |
| SVC（スーパーバイザコール）割込み | OSが担当する機能利用時に発生します。印刷やディスクからの読み込み，キーボード入力を待つ場合などが該当します。 |

8-2-8 内部割込みの種類

次に，実行中のプログラム以外に起因する割込みである**外部割込み**です。

| | |
|---|---|
| 入出力割込み | SVC割込みは印刷やディスク読み込み，キーボード入力時に発生しますが，それらが完了した際には入出力割込みが発生します。 |
| タイマー割込み | プログラムで一定時間待つ命令を記述することができます。この命令が実行されるとタイマーでの計測が行われますが，0になった際に発生するのがタイマー割込みです。 |
| コンソール割込み | 主にデバッグで使われる「コンソール」機能から，プログラムの停止を指示したときに発生する強制終了の割込みです。 |
| 機械チェック割込み | ハードウェアの障害により緊急度が非常に高い割込みです。 |

8-2-9 外部割込みの種類

　割込みには緊急度があります。上記の通り，機械チェック割込みは緊急性が高いのですが，プログラム割込みは場合によっては無視をしても影響がなさそうです。無視できる割込みを**マスカブル割込み（マスク可能割込み）**といい，無視できない割込みを**ノンマスカブル割込み（マスク不可能割込み）**といいます。「マスカブル」とは目にマスクをして見ないようにすることです。

　私たちが当たり前のように使っているパソコンですが，知らないところで色々な工夫がされていることがわかったと思います。パソコンを使っているときに反応が鈍くなることがありますが，その度にタスク管理を思い出してあげてください。

# 3.3

重要度 ★★

# 信頼性設計

ハードウェアやソフトウェアの動作について学習しました。これらを使って構築した
システムを正しく動作させなければ，せっかくのシステムが無意味になってしまい
ます。万が一の場合でも，停止することなく継続して使えるようにするための方針
や対策について学んでいきましょう。

　システムとは，ソフトウェアに加えハードウェアやネットワークなどを含みます。
これらのどこか1つでも障害により使えなくなると，システム全体が停止してしま
います。そうならないように設計する必要があります。

## 信頼性に関しての方針　AM

　まずは信頼性を向上させるための考え方について学習します。大きく分けて2つ
の考え方があります。1つ目は**フォールトトレランス**です。「フォールト」は「障害」
であり「トレランス」は「耐性」ですので，障害に対して何か対策を立てることを
いいます。2つ目の考え方は**フォールトアボイダンス**です。「アボイダンス」は「回
避」であり，障害を発生させないようにする考え方です。フォールトトレランスは
さらに5つに分類されます。

### フェールセーフ
　**障害が発生した際に安全な方へシステムを制御**する考え方です。信号機が故障し
た場合には，近くにある信号機をすべて赤にすることで交通事故を防ぎます。また
線路の遮断機が故障した場合には，自動的に降りる工夫がされています。

### フェールソフト
　障害が発生した際に，**性能を落としたとしてもシステム自体は稼働させる**考え方
です。飛行機の場合はフェールソフトの考え方が適用されており，飛行能力が低下
したとしてもマニュアル操作で最低限の飛行ができるように設計されています。こ
のような機能が低下した状態での稼働を**フォールバック**（縮退運転）といいます。

### フェールオーバー
　システムに障害が発生した場合に，**バックアップとして用意したシステムに自動
的に切り替えます**。これにより利用者は，障害が発生したことを意識することがあ

8章　コンピュータシステム

423

りません。メインのシステムが復旧した際には，バックアップのシステムから制御を戻すことになりますが，これを**フェールバック**といいます。

## フォールトマスキング
　障害が発生しても**影響が外部に及ばないように隠蔽**します。

## フールプルーフ
　**利用者が誤った操作をしたとしても，システムに異常が起きないようにする**考え方です。運転中の洗濯機や電子レンジのドアを開けた場合には自動的に停止します。自動車の場合にはブレーキを踏まないと停車中にギアを変更できないような設計になっていますが，これらはフールプルーフの例です。

---

### 過去問にチャレンジ！ [AP-R1秋AM 問16]

　システムの信頼性向上技術に関する記述のうち，適切なものはどれか。

**ア**：故障が発生したときに，あらかじめ指定されている安全な状態にシステムを保つことを，フェールソフトという。

**イ**：故障が発生したときに，あらかじめ指定されている縮小した範囲のサービスを提供することを，フォールトマスキングという。

**ウ**：故障が発生したときに，その影響が誤りとなって外部に出ないように訂正することを，フェールセーフという。

**エ**：故障が発生したときに対処するのではなく，品質管理などを通じてシステム構成要素の信頼性を高めることを，フォールトアボイダンスという。

[解説]
「ア」は「安全」とありますのでフェールセーフです。「イ」は「縮小」とありますが，これを「縮退」と読み替えることでフェールソフトのことであると気がつくでしょう。「ウ」は「外部に出ない」とありますからフォールトマスキングの説明です。「エ」は「信頼性を高める」という文から「故障を回避する」と解釈でき，フォールトアボイダンスについて正しく説明されていると判断できます。

答え：エ

# RASIS レイシス AM

　フォールトトレラントやフォールトアドボイダンスとしての評価を行うための基準に RASIS があります。これは評価基準の頭文字をとったものです。

| R | 信頼性 | システムが故障せずにどれだけ長く稼働しているかを評価します。<br>指標として**平均故障間隔（MTBF）**が用いられます。平均故障間隔は故障と故障の間の時間ですから，平均稼働時間と同じ意味です。 |
|---|---|---|
| A | 可用性 | ある期間内において，どれくらいの割合で稼働しているかを評価します。指標として**稼働率**が用いられます。 |
| S | 保守性 | システムが故障した場合の修理のしやすさです。指標として**平均修理時間（MTTR）**が用いられます。 |
| I | 保全性 | データが正常に保存できているかを評価します。 |
| S | 機密性 | データが安全に保存されているかを評価します。 |

**8-3-1** RASIS

　信頼性は「故障せずに長く動いている」ことですので，例えば「5,000 時間である」などと評価します。可用性は「動いている割合を高くする」ことですので，「稼働率は 98.5％である」などと評価します。

　稼働率は「平均故障間隔／全時間」で計算されます。全時間は，「稼働している」か「修理しているか」のどちらかしかないため，「全時間＝平均故障間隔（MTBF）＋　平均修理時間（MTTR）」です。したがって以下の式が成り立ちます。

**稼働率 = MTBF / (MTBF + MTTR)**

8章｜コンピュータシステム

あるシステムにおいて，MTBF と MTTR がともに 1.5 倍になったとき，アベイラビリティ (稼働率) は何倍になるか。

**ア** $\dfrac{2}{3}$  **イ** 1.5  **ウ** 2.25  **エ** 変わらない

[解説]

元の MTBF と MTTR が提示されていないため，適当に値を入れて比較してみましょう。MTBF を 100 とし，MTTR を 10 にしてみます。その場合の稼働率は「100 / 110」で計算され，約 90.9% となります。両方を 1.5 倍すると「150 / 165」となり，結果は同じく約 90.9% です。

答え：エ

## 高信頼性構成 AM

稼働率を高めるためには装置などを多重化することが一般的です。例えば，サーバは 1 台よりも 2 台ある方が安心ですし，データベースも 2 台構成だとより安全です。ここでは，高い稼働率を維持するためのシステムの多重化構成について見ていきます。

### デュプレックスシステム

システムを「主系」と「待機系」の 2 系統で構成します。**通常は主系で運用をし，主系に異常が発生した場合には待機系**に切り替えます。

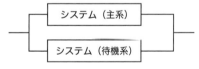

8-3-2 デュプレックスシステムの構成例

待機系を停止させておき，異常時には主に人間が起動をして切り替える方式を**コールドスタンバイ**といいます。引き継ぎの際には，主系で使っていたデータを待機系に移行してからシステムを起動します。コールドスタンバイでは待機系に普段はまったく別の処理をさせておく場合もあります。いずれにしても切り替えに時間がかかりますが，コストは低く抑えられます。

　切り替えを迅速に行うには**ウォームスタンバイ**を採用します。これはデータを主系と同じ状態にしておき，異常時には人間がシステムを切り替えます。データはすでに同じものになっているため早く切り替えができます。

　さらに，迅速性が求められる場合には**ホットスタンバイ**を採用します。ホットスタンバイでは待機系でもシステムを常に起動しておきます。異常時には自動で待機系に切り替わります。

### デュアルシステム

　より高い信頼性を得られる構成がデュアルシステムです。主系や待機系といった系統はなく，2系統とも同じ立場で稼働しています。そのため切り替えが存在していません。**2系統で常にまったく同じデータであることが求められるため，常に照合機でチェック**しています。

<u>8-3-3</u> デュアルシステムの構成例

### クラスタ構成

　複数のシステムを連携して1つのシステムとして利用できる構成を，クラスタ構成といいます。「クラスタ」は集団を意味しています。クラスタ構成は実際には複数のシステムで構成されているのですが，**外からは1つのシステムに見えます**。デュプレックスシステムやデュアルシステムは信頼性向上のための構成ですが，**クラスタ構成にすることでさらに負荷の分散**も行っています。

　例えばサーバを2台用意し，処理を2台で手分けして行うことで1台あたりの負荷は少なくなります。また，どちらかが故障したとしても，残りの1台だけで処理を継続することができるため信頼性が高くなります。

　デュプレックスシステムでは，データを常に照合して同一のものであることを保証していました。クラスタ構成ではデータの扱いにおいて2種類の方式があります。

　1つ目の**シェアドエブリシング**は，1つのデータ（通常はデータベース）を複数のサーバで共有します。複数のサーバがデータベースにアクセスするため，データベースの負荷は増大します。

　もう1つは**シェアドナッシング**です。データベースを共有せずサーバごとに保有します。データは複数のデータベースに分散して持つことになるため，1台でも使えなくなるとシステム全体に影響があります。

8章｜コンピュータシステム

　E社は，関東地区を中心に事業を営む食料品の卸売業者である。E社の顧客はスーパーマーケットであり，E社のWebサイトで顧客からの注文を24時間365日受け付けている。E社のシステムは受注システム，発注システムから成る。

　E社では，受注システムのハードウェアの保守期間満了を契機に，サーバの保守費用の削減を目的として，新情報システム基盤を構築することにした。

〔現行情報システムの構成〕

　APサーバは，二つのAPサーバに負荷を分散して，一方のAPサーバにハードウェア障害が発生しても他方のAPサーバだけで縮退運転可能な（　a　）方式としている。また，DBサーバは，受注DBサーバ1を利用しており，受注DBサーバ1のハードウェア障害時には，あらかじめ起動してある受注DBサーバ2に自動的に切り替える（　b　）方式としている。発注システムは，APサーバについては受注システムと同様の（　a　）方式とし，DBサーバについては発注DBサーバ1のハードウェア障害時に手動で発注DBサーバ2を起動する（　c　）方式としている。

　設問：本文中の（　a　）～（　c　）に入れる適切な字句を解答群の中から選び，記号で答えよ。
　**ア**：コールドスタンバイ　　　　**イ**：シェアードエブリシング
　**ウ**：シェアードナッシング　　　**エ**：フェールセーフ
　**オ**：ホットスタンバイ　　　　　**カ**：ロードシェア

[解説]

　解答群にある用語は4種類に分類されます。

「ア：コールドスタンバイ」と「オ：ホットスタンバイ」はデュプレックスシステムにおける方式です。「エ：フェールセーフ」は高信頼性を得るための方針です。「イ：シェアドエブリシング」と「ウ：シェアドナッシング」はクラスタ構成におけるデータベース配置の方式です。

　残りの「カ：ロードシェア」方式とは複数のサーバで負荷を分散する方式です。例えば，A，Bという2つの処理があったとして，デュアルシステムでは2つのシステムでA，Bの両方の処理を行います。**ロードシェア方式**では1つ目のシステムでAを，2つ目のシステムでBを処理します。もし，1つ目のシステムに障害が発生した場合には，2つ目のシステムだけでA，Bを処

理しますので負荷がかかり，縮退運転となります。そのため「縮退運転可能な」
とある（ a ）が「ロードシェア」です。

　障害発生時に自動的に切り替わるのはホットスタンバイ方式です。これが
（ b ）の答えです。（ c ）の説明である「手動で切り替える」はウォー
ムスタンバイ方式かコールドスタンバイ方式ですが，解答群にあるのはコー
ルドスタンバイ方式だけです。

答え　a: カ　　b: オ　　c: ア

## パリティビット　AM

　コンピュータでは値を2進数で扱います。2進数は0と1であり，それぞれを「電
圧が十分低い状態」「電圧が十分高い状態」で表現するなどしています。コンピュー
タ内部での通信においては，ノイズなどの影響で電圧が変化してビットが変わって
しまう場合があります。例えば「101」だった値が「111」に変化してしまうなどです。

　これを検知する仕組みとして，パリティビットを付与する方法があります。パリ
ティビットは，「1」の数が奇数になるように決定されます。例えば「101」は「1」
の数は偶数です。ルールでは「奇数になるように」となっているため，パリティビッ
トを「1」として付与します。これにより「101」は「1011」となり，「1」の数
が奇数になりました。

　このビットを受信した場合に，もし偶数になっていたら，途中でビットが変化し
てしまったことがわかります。その場合には再送を依頼します。なお，**奇数になる
ようにパリティビットを決める方式を奇数パリティといい，偶数になるように決め
る方式を偶数パリティと呼びます。**

3 ビットのデータ X1, X2, X3 に偶数パリティビット c を付加する回路は
どれか。

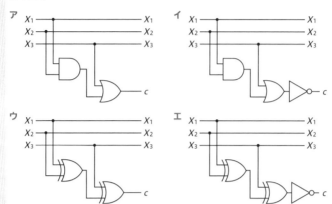

### [解説]

解説で使った「101」で考えてみます。X1 に 1 を, X2 に 0 を, X3 に 1 を
入れます。偶数となるルールが採用されていますから, c が「0」になる論理
回路を探します。

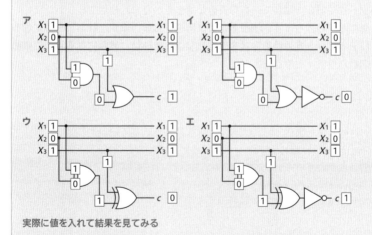

実際に値を入れて結果を見てみる

「イ」と「ウ」に絞られました。次に「001」で試してみます。

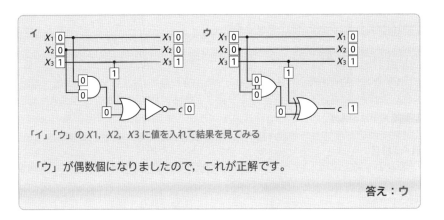

「イ」「ウ」の X1, X2, X3 に値を入れて結果を見てみる

「ウ」が偶数個になりましたので，これが正解です。

**答え：ウ**

# RAID AM

　システムにおいてもっとも重要なのはデータです。プログラムは頻繁に修正されませんが，データは常に変化します。そのため，データを保存しておく補助記憶装置を高信頼性にする技術が求められます。それが **RAID（レイド）** です。RAIDには5つのタイプがあります。

### RAID0

　RAID0 には信頼性向上の機能はありません。**ストライピング**という機能が搭載され，複数の補助記憶装置に順番に書き込みを行います。1台目の書き込み完了を待たずに2台目の書き込みを開始できるため，書き込み速度が向上します。しかし，ある補助記憶装置に障害が発生した場合にはデータの復旧は困難です。

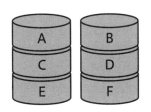

8-3-4 RAID0 の構成

### RAID1

　RAID1 は**ミラーリング**と呼ばれる機能が搭載されています。語源は鏡であり，まったく同じデータを複数の補助記憶装置に書き込みます。1台が故障しても残りの補助記憶装置にデータがあるため，信頼性が確保できます。
　さらに，RAID0 と RAID1 を組み合わせた RAID10 という構成もあります。

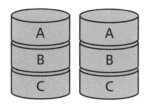

8-3-5 RAID1 の構成

## RAID2

RAID0 と同じくストライピング機能が搭載されています。それに加え，ストライピングの欠点であった「信頼性」を向上させるために，パリティビットの保存も行っています。ただし効率が悪いため使われた実績はありません。

## RAID3

パリティビットを保存するためだけの補助記憶装置を使います。2台の補助記憶装置でストライピングを行い，1台の補助記憶装置をパリティビットの保存用にする構成です。なおストライピングはビット単位で行います。そのため，例えば「こんにちは」がどれか1台に保存されるわけではなく，0と1のビット列に変換されて1ビットずつ別々の補助記憶装置に保存されます。以下の図の「A」や「B」はあるビットを意味しています。

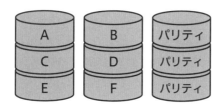

8-3-6 RAID3 の構成

## RAID4

RAID3 と同じ仕組みですが，ストライピングの単位がブロック（複数バイト）です。

## RAID5

RAID4 を進化させたものです。パリティビットはどれか1台の補助記憶装置ではなく，すべての装置に分散して保存します。RAID4 はパリティビット専用の補助記憶装置がありますが，障害時以外は使いません。RAID5 では，常にすべての装置を均等に使用することになり効率的です。

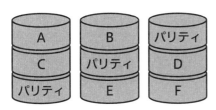

8-3-7 RAID5 の構成

---

**過去問にチャレンジ！** [AP-R4春AM 問11]

　8T バイトの磁気ディスク装置 6 台を，予備ディスク（ホットスペアディスク）1 台込みの RAID5 構成にした場合，実効データ容量は何 T バイトになるか。

**ア**：24　　**イ**：32　　**ウ**：40　　**エ**：48

---

[解説]

　実効データ容量とは実際に保存するデータ容量です。1 台の予備ディスクがありますが，障害発生時に使用するための予備であり，実効データ容量には含みません。したがって，データ保存に使うディスクは 5 台です。ただし 8 T バイト×5 ディスクとはなりません。RAID 5 はすべてのディスクに分散してパリティビットを保存します。パリティビットは RAID4 では 1 台のディスクで行っていました。他にたくさんのディスクがあったとしても，パリティビットを保存するのは 1 つのディスクです。**RAID 5 ではすべてのディスクに分散してパリティビットを保存しますが，必要となるビット数は RAID 4 と同じくディスク 1 台分**です。

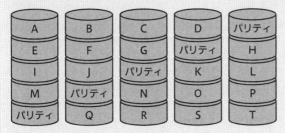

ディスクが 5 台でもパリティビット用ディスクは 1 台分

　したがって，実際のデータ保存容量は 4 台分であり，合計で 32T バイトとなります。

**答え：イ**

# 確認問題

**問題1** [AP-H26春AM 問8]

100MIPS の CPU で動作するシステムにおいて，タイマ割込みが1ミリ秒ごとに発生し，タイマ割込み処理として1万命令が実行される。この割込み処理以外のシステムの処理性能は，何 MIPS 相当になるか。ここで，CPU 稼働率は100%，割込み処理の呼出し及び復帰に伴うオーバヘッドは無視できるものとする。

**ア** 10  **イ** 90  **ウ** 99  **エ** 99.9

**問題2** [AP-R4春AM 問9]

キャッシュメモリのアクセス時間が主記憶のアクセス時間の1/30で，ヒット率が95％のとき，実効メモリアクセス時間は，主記憶のアクセス時間の約何倍になるか。

**ア** 0.03  **イ** 0.08  **ウ** 0.37  **エ** 0.95

**問題3** [AP-R2AM 問12]

現状の HPC（High Performance Computing）マシンの構成を，次の条件で更新することにした。更新後の，ノード数と総理論ピーク演算性能はどれか。ここで，総理論ピーク演算性能は，コア数に比例するものとする。

〔現状の構成〕

（1） 一つのコアの理論ピーク演算性能は 10GFLOPS である。
（2） 一つのノードのコア数は8である。
（3） ノード数は 1,000 である。

〔更新条件〕

（1） 一つのコアの理論ピーク演算性能を現状の2倍にする。
（2） 一つのノードのコア数を現状の2倍にする。
（3） 総コア数を現状の4倍にする。

| | ノード数 | 総理論ピーク演算性能<br>(TFLOPS) |
|---|---|---|
| ア | 2,000 | 320 |
| イ | 2,000 | 640 |
| ウ | 4,000 | 320 |
| エ | 4,000 | 640 |

**問題4** ［AP-R3春AM 問25］

図の論理回路において，$S=1$，$R=1$，$X=0$，$Y=1$ のとき，$S$ をいったん 0 にした後，再び 1 に戻した。この操作を行った後の $X$，$Y$ の値はどれか。

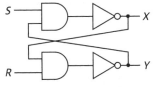

**ア** $X=0$，$Y=0$     **イ** $X=0$，$Y=1$
**ウ** $X=1$，$Y=0$     **エ** $X=1$，$Y=1$

**問題5** ［AP-R1秋AM 問21］

組込みシステムにおける，ウォッチドッグタイマの機能はどれか。

**ア** あらかじめ設定された一定時間内にタイマがクリアされなかった場合，システム異常とみなしてシステムをリセット又は終了する。

**イ** システム異常を検出した場合，タイマで設定された時間だけ待ってシステムに通知する。

**ウ** システム異常を検出した場合，マスカブル割込みでシステムに通知する。

**エ** システムが一定時間異常であった場合，上位の管理プログラムを呼び出す。

**問題6** ［AP-R4秋AM 問12］

コンテナ型仮想化の説明として，適切なものはどれか。

**ア** 物理サーバと物理サーバの仮想環境とが OS を共有するので，物理サーバか物理サーバの仮想環境のどちらかに OS をもてばよい。

**イ** 物理サーバにホスト OS をもたず，物理サーバにインストールした仮想化ソフトウェアによって，個別のゲスト OS をもった仮想サーバを動作させる。

**ウ** 物理サーバのホスト OS と仮想化ソフトウェアによって，プログラムの実行環境を仮想化するので，仮想サーバに個別のゲスト OS をもたない。

**エ** 物理サーバのホスト OS にインストールした仮想化ソフトウェアによって，個別のゲスト OS をもった仮想サーバを動作させる。

システムの性能を向上させるための方法として，スケールアウトが適しているシステムはどれか。

**ア**　一連の大きな処理を一括して実行しなければならないので，並列処理が困難な処理が中心のシステム

**イ**　参照系のトランザクションが多いので，複数のサーバで分散処理を行っているシステム

**ウ**　データを追加するトランザクションが多いので，データの整合性を取るためのオーバヘッドを小さくしなければならないシステム

**エ**　同一のマスタデータベースがシステム内に複数配置されているので，マスタを更新する際にはデータベース間で整合性を保持しなければならないシステム

## 解答・解説

### 解説1　イ

　CPU性能が1秒間に1億回と示されています（100MIPS=100百万回＝1億回）。しかし，実際には1秒で1億命令を処理することはできません。タイマ割込みが1ミリ秒ごとに発生し，そのたびに1万命令が実行されるためです。タイマ割込みは1秒間に1,000回発生しますので，1,000万命令が実行されます。CPU性能である「1秒間に1億回」のうち1,000万命令はそのタイマ割込み関連処理ですから，それ以外が実際の処理となり「1億−1,000万」で計算されます。答えは9,000万命令でありMIPSに変換すると90となります。

### 解説2　イ

　キャッシュメモリは主記憶装置よりも非常に高速です。この問題ではアクセス時間は1/30と提示されていますが，具体的な時間は提示されていません。このままですとわかりにくいため，適当な時間で考えてみます。主記憶装置のアクセス時間を30とし，キャッシュメモリのアクセス時間を1としてみました。

　できるだけ主記憶装置へのアクセスは避けたいところですが，5％の確率で発生してしまうようです。そこで以下の計算式でアクセス時間を求めることになります。

$1 \times 0.95 + 30 \times 0.05$
$= 0.95 + 1.5$
$= 2.45$

2.45 は 30 の約 0.08 倍です。

### 解説3　イ

難しそうな問題ですが, 一つひとつ見ていけばそれほど難易度は高くありません。

HPC（High Performance Computing）は複数のスーパーコンピュータを組み合わせて複雑な計算を行うことです。ただしその知識がなくても解答を導くことができます。

FLOPS とは 1 秒間で可能な浮動小数点演算の回数です。現状では 10G（ギガ）です。ただし, これは 1 つのコアの性能です。1 つのノードには 8 コアありますので, 1 ノードでは 80GFLOPS です。ノードは 1,000 個ありますので, さらに 1,000 倍した 80,000GFLOPS が全体の性能となります。

更新後には 1 つのコアの性能が 2 倍になるため, 1 コアの性能は 20GFLOPS となります。また 1 つのノードのコア数は 2 倍になるため, 1 ノードあたりのコア数は 16 コアになります。

ただし, ノード数については明記されていないため計算をして求めます。総コア数は現状の 4 倍になるとあります。ノードを増やさないとしましょう。1 つのノードのコア数は 2 倍になるとあるため, 1,000 ノードのままだと総コア数は 2 倍です。そうではなく 4 倍にしたいということなので, ノードは 2,000 にする必要があります。

整理すると「1 コアでは 20GFLOPS」「1 ノードには 16 コア」「全部で 2,000 ノード」となりました。この構成で計算をしてみましょう。

$20 \times 16 \times 2,000 = 640,000$ GFLOPS となりました。1,000G は 1T ですので 640TFLOPS となります。

### 解説4　ウ

キャッシュメモリに使われる SRAM は, DRAM と異なりリフレッシュ動作（一定時間ごとに値を再書き込み）が不要です。「0」または「1」をフリップフロップ回路を使って保持しています。0 と 1 は電圧に対応しているため電力の供給は必要ですが, コンデンサを使用しているわけではないので, リフレッシュ動作は不要です。

問題文には「$S=1$」「$R=1$」とあります。また $X$ と $Y$ は結果であり, それぞれ「0」「1」になっているようです。

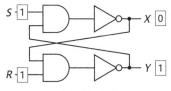

$S=1$,　$R=1$,　$X=0$,　$Y=1$

「$X=0$」「$Y=1$」であることから, さらに以下を知ることができます。

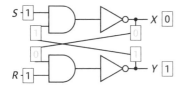

XとYにつながっているバスに0と1が流れている

　Xを得るためにはYが必要であり，Yを得るためにはXが必要な状態であり，不明点は残ると思いますが先に進めましょう。

　この状態でSをいったん0にすると，以下のようなステップで変化していきます。

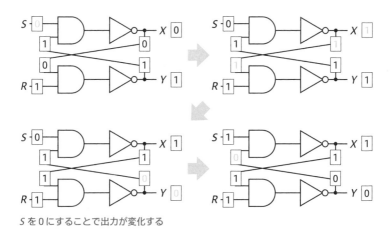

Sを0にすることで出力が変化する

　これで収束しました。次にSを1に戻しますがXとYに変化はありません。

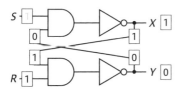

Sを戻しても変化はない

　このようにSをいったん0にすると，その後にSを1にしても結果に変化はありません。今回の例ですと，Xは1でYは0のままです。結果を変えるには，Rを変化させる必要があります。つまりSで変化させた結果を変えるにはRの変化が必要となり，逆も同じです。このような仕組みで，0と1を操作するのがフリップフロップ回路です。

### 解説5　ア

　ウォッチドックタイマは，一般的なプログラミングで使うタイマとは異なり，異常検知をするための非常に重要なタイマです。例えば100と設定し，カウントダウンしていきます。0になる前に定期的に100にリセットしているため，通常は0になることはありません。しかし，異常が発生した際にはこのリセット機能も働かなくなるため，タイマが0になります。つまりウォッチドックタイマが0となった場合にはリセットが働かなかったと判断し，異常として割込み処理を行います。このように非常に重要な割込みであるため，割込みを無視することができないノンマスカブル割込み（マスク不可能割込み）に分類されます。

　「ア」が正解です。ノンマスカブル割込みを発生させて，現在動作している処理を強制的に終了させます。

### 解説6　ウ

　サーバ仮想化は1台のサーバ（物理サーバ）に，複数の仮想的なサーバをソフトウェアで実現する技術であり **Docker**（ドッカー）が有名です。Dockerは**コンテナ型仮想化**といわれる方式であり，よく出題されます。コンテナ型仮想化はホスト OS に**独立した領域であるコンテナを作成し，1つのコンテナが仮想サーバ**として動作します。**ホスト OS** とは物理的なサーバにインストールされている OS です。一般的なパソコンであれば Windows や macOS が該当します。

　**ホスト OS 型仮想化**はホスト OS に仮想化ソフトウェアをインストールして，その上で仮想サーバを動作させます。ホスト OS とは別に，仮想サーバごとにゲスト OS をインストールすることになります。VirtualBox が有名です。

　**ハイパーバイザ型仮想化**はホスト OS が不要であり，サーバへ直接ハイパーバイザと呼ばれるソフトウェアをインストールします。ホスト OS はありませんが，仮想サーバごとにゲスト OS をインストールします。Windows 11 Pro にインストールされている Hyper-V が有名です。

　このように，種類ごとにどのような構造なのかがわかりにくいため，以下の図で覚えてください。

3種類の仮想サーバ

**ハイパーバイザ型はホストOSが不要**であり，**コンテナ型はゲストOSが不要**です。今回の問題ではコンテナ型仮想化について問われています。

「ア」から見てみましょう。コンテナ型仮想化についてであるため，「物理サーバと物理サーバの仮想環境」とは「物理サーバとコンテナ」と読み替えることができます。コンテナ型では物理サーバにインストールされているホストOSを，コンテナでも使いますので前半は正しい説明です。なお，これはゲストOSがないことを意味しています。後半を見てみましょう。「物理サーバか物理サーバの仮想環境のどちらかにOSを」とありますが，ホストOSは物理サーバだけにインストールしますので誤りです。

「イ」には「ホストOSをもたず（中略）ゲストOSをもった」とありますので，ハイパーバイザ型仮想化の説明です。「ウ」には「仮想サーバに個別のゲストOSをもたない」とあるため，コンテナ型の説明であり正解です。その点「エ」には「ゲストOSをもった」とありますので誤りです。

### 解説7　イ

サーバの処理能力を上げるには，そのサーバの能力を上げるか，サーバの台数を増やすことになります。サーバの能力を上げることを**スケールアップ**，サーバの台数を増やすことを**スケールアウト**といいます。逆にサーバの能力を下げることを**スケールダウン**，サーバの台数を減らすことを**スケールイン**といいます。

今回の問題ではスケールアウトについて問われているため，サーバの台数を増やすことが適切である場面を答えます。

例えば，2人で1つのExcelにデータを追加していくとします。この場合，誰がどこまで入力したかの管理をしなければ，誤って同じデータを追加してしまうことになります。「ア」の「一連の大きな処理」とはそのような処理です。後半に「並列処理が困難」とありますので，サーバの台数を増やすことは適切ではありません。

「イ」には「参照系のトランザクションが多い」とあります。1つのExcelを2人で見る分には協調は不要です。また後半には「複数のサーバで分散処理（手分けしての処理）を行っている」とありますので，すでに複数のサーバで処理を行っているようです。そのため，さらにサーバを増やすことは比較的容易であると推測できますので，正解候補として残しておきます。

「ウ」には「データの整合性を取るためのオーバヘッドを小さくしなければならない」とあります。オーバヘッドとは，本来の処理以外の処理でかかる時間のことです。つまり，複数サーバで整合性を取るために不要な処理が発生するようですから，サーバの台数は増やさない方がよさそうです。

「エ」にも「整合性を保持しなければならない」とありますので，サーバの台数は増やさない方がよいでしょう。

# 9章

# データベース

整理された大量のデータを蓄積したものをデータベースといいます。情報処理技術者試験ではデータベースだけではなく，それを管理する DBMS というシステムについても出題されます。本章で学習した内容を使って実際に無料の DBMS で試してみると学習がより進むでしょう。

# キーと制約

データベースとはデータの集まりのことです。そのままでは使いにくいので DBMS（データベース管理システム）というシステムで管理します。データベースに加え、億を超えるような大量のデータでも難なく扱えてしまう DBMS も、この章では学習していきます。

## データの管理 AM

　データの管理といえば、真っ先に思いつくのは Excel でしょう。売上が発生したら Excel を開いて、「〇〇商事　10/11 25,000」などと入力していきます。データが少なければよいのですが、何百万やそれ以上のデータがあると、手に負えません。またちょっとしたミスで消えてしまうこともありますし、何人かで同時に入力、更新、参照をするのはさらに困難です。

　データベースとそれを管理するシステムである **DBMS**（データベース管理システム）を使うと、とても簡単に大量のデータを扱うことができます。この章では伝統的なデータベースである **リレーショナルデータベース（RDB）** を中心に学習していきます。

### Excelでは無理な理由

　売上を入力する場面を考えてみます。売上金額を入力すべき場所に間違って「２５０００」と入力するとどうなるでしょう？

「売上金額の欄に２５０００なら正しいのではないか？」と思われたでしょうか。実はこの数字をよく見るとわかるかもしれませんが、私は全角で入力しました。全角はコンピュータでは数値として認識しないため、計算ができません。また存在しない社名を入力したり、年齢を 1,000 にしてしまったりとミスの原因はあちこちに潜んでいます。さらに自分が更新した値を、誰かが知らずに上書きしてしまったりといった可能性まで考え出せばきりがありません。

　このようなミスを防ぎたいのであればデータベースが最適です。うまく設定すれば Excel でもある程度は可能ですが、DBMS であればもっと簡単で確実で安全です。そのため業務に関わるデータはデータベースと DBMS で管理するべきなのです。

## 基本的な要素 AM

Excel ではデータを「シート」単位で管理すると思います。例えば「売上シート」「顧客シート」「社員シート」などです。データベースでは**テーブル**で管理します。**行**と**列**は Excel と同じ考え方です。ただ，どちらが縦でどちらが横かを意外と忘れがちなので，このように漢字の構成で覚えてください。

**9-1-1** テーブルの構成要素

今，学習した 3 つの要素「テーブル」「行」「列」ですが，それぞれ別名があります。問題文に登場したときに混乱しないよう，ここで覚えてしまいましょう。意味を忘れただけで問題が解けなくなるのは非常にもったいないことです。

| テーブル | 行 | 列 |
|---|---|---|
| 表 | レコード | 項目 |
| | タプル | 属性 |
| | | フィールド |
| | | カラム |

**9-1-2** テーブル，行，列の別名

「タプル」「カラム」が，なんとなく雰囲気が似ているので間違えやすいと思います。ただし文脈から判断できることが多いので，それほど心配しなくても大丈夫でしょう。

### データ型

項目には必ずデータ型を指定します。データ型には以下の種類があります。「名前」項目であれば文字型ですし，「年齢」項目であれば数値型にすることになると思います。なおこの表を覚える必要はありません。雰囲気だけ掴んでください。

| 数値 | INTEGER | -20 億くらいから +20 億くらいの範囲 |
|---|---|---|
| 文字 | CHAR(n) | n 文字の半角固定長 |
| 文字 | VARCHAR(n) | n 文字の半角可変長 |
| 小数 | DECIMAL(m,n) | m: 全体の桁数　n: 小数点以下の桁数 |
| 日付 | DATE | 日付 |

9-1-3 よく使われるデータ型とその意味

「可変長」と「固定長」だけ説明が必要だと思います。例えば VARCHAR(10) の場合には 10 文字までしか入力することができません。それ以上入力しようとすると，エラーになったり切り捨てられたりします。「VARCHAR」は「バーキャラ」と読みます。

　CHAR(10) も文字数の上限は同じなのですが，4 文字しか入力しなかった場合には残りの 6 文字は自動的にスペースが入り，必ず 10 文字になるように調整されます。

## NULL

　システム開発の現場では「ヌル」と読むことが多いようですが，英語読みでは「ナル」です。NULL は「不明」を意味しており，通常の値と区別されます。例えば以下の表があったとします。「住所」が不明の場合には NULL を設定しています。

| 社員コード | 社員名 | 性別 | 都道府県コード | 住所 | 部署 | 電話番号 |
|---|---|---|---|---|---|---|
| 1 | 情報太郎 | 男 | 3 | ○○○○○○ | 人事部 | 080-0012-3456 |
| 2 | 技術花子 | 女 | (NULL) | (NULL) | 経理部 | 090-0098-7654 |
| 3 | 基本次郎 | 男 | 3 | △△△△△△ | 経理部 | |
| 4 | 応用桃子 | 女 | 4 | □□□□□□ | 総務部 | |
| 5 | 試験一郎 | 男 | 2 | ◇◇◇◇◇◇ | 営業部 | (NULL) |

9-1-4 値が不明の場合

　空欄と NULL はまったく違います。**空欄は「ない」状態ですが，NULL は「不明」「未知」です。**

　このように NULL は値ではないため扱いも特殊です。データベースの学習において NULL の扱いには注意が必要です。後の解説にも関わってくるので，その際にまた思い出してください。

## 制約　AM　PM

　データベースでは，項目ごとに入力する値を制限することができます。今，学習した**データ型は制約の1つ**です。数値型の項目には数値しか入力できません。文字型には文字ですし，日付型には日付です。ここではそれ以外の制約を見ていきます。

### 非NULL制約

　NULLは不明を意味します。項目によってはこの不明な状態を認めたくない場合があります。例えば，社員テーブルの「名前」項目は，不明を認めないことが多いかと思います。このようにNULLを認めない制約を非NULL制約といいます。非NULL制約を設定した項目には値の入力が必須になります。

### 主キー制約　▶9-1-1

　**主キーは行を1つに特定することができる項目に設定**します。データベースの学習において，この「行を1つに特定」という考え方は非常に重要です。

　企業では社員コードなどが該当します。石田さんの社員コードが1であれば，他に社員コードが1の社員は存在してはいけません。このルールに基づいてテーブルを作成する場合，社員テーブルの「社員コード」項目に主キーを設定することになります。

　主キーに設定した項目には**主キー制約**が自動で付与され，値の重複が禁止されます。

> 主キー制約ではないのですが，主キーは**非NULL制約を付与した項目だけに設定できます**。そのため主キーを設定する場合には，非NULL制約の設定もしておかなければなりません。

　また，主キーは複数項目で構成することもできます。以下の場合，社員コードは重複していますが，支社コードと組み合わせることで重複はなくなり，行を1つに特定できるようになります。そのため支社コードと社員コードに主キーを設定することになります。なお，複数項目で構成された主キーを**複合キー**といいます。

| 支社コード | 社員コード | 社員名 |
|---|---|---|
| 1 | 1 | 情報太郎 |
| 1 | 2 | 技術花子 |
| 2 | 1 | 基本次郎 |
| 3 | 1 | 応用桃子 |
| 3 | 2 | 試験一郎 |

9-1-5 複合キーの例

ただし，**主キーはテーブル内で1種類**しか設定できません。ですから社員の電話番号は重複しないはずです。しかし，社員コードを主キーにしているのであれば，それに加えて電話番号を主キーにすることはできません。「支社コードと社員コードの組み」を主キーにすることは可能ですが，「社員コードと電話番号にそれぞれ」は不可です。

　以下は管理ツールを使ったテーブル作成機能です。

| Column | Datatype | | PK | NN | UQ | B... | UN | ZF | AI | G | Default / Expression |
|---|---|---|---|---|---|---|---|---|---|---|---|
| 社員コード | INT | ◇ | ☑ | ☑ | ☐ | ☐ | ☐ | ☐ | ☐ | ☐ | |
| 社員名 | VARCHAR(45) | ◇ | ☐ | ☑ | ☐ | ☐ | ☐ | ☐ | ☐ | ☐ | |
| 性別 | CHAR(1) | ◇ | ☐ | ☑ | ☐ | ☐ | ☐ | ☐ | ☐ | ☐ | |
| 都道府県コード | INT | ◇ | ☐ | ☐ | ☐ | ☐ | ☐ | ☐ | ☐ | ☐ | '3' |
| 住所 | VARCHAR(200 | ◇ | ☐ | ☐ | ☐ | ☐ | ☐ | ☐ | ☐ | ☐ | NULL |
| 部署 | VARCHAR(30) | ◇ | ☐ | ☐ | ☐ | ☐ | ☐ | ☐ | ☐ | ☐ | NULL |
| 電話番号 | VARCHAR(20) | ◇ | ☐ | ☐ | ☐ | ☐ | ☐ | ☐ | ☐ | ☐ | NULL |

`9-1-6` キーと制約の設定画面（MySQL Workbench）

　社員コードに主キー（PK欄）を付与しています。また社員コード，社員名，性別には非NULL制約（NN欄）を設定しました。そして，都道府県コードには初期値として3を設定しています（Default/Expression欄）。初期値とは値の指定をしない場合に自動的に入力される値です。

　なお連番のように，主キーのためだけに用意した項目を特に**サロゲートキー**といいます。サロゲートキーは実際に管理したい項目ではなく，主キー専用の項目です。

### 一意性制約

　ある項目において**値の重複を許さない制約**を一意性制約といいます。主キーと似た制約ですが，一意性制約に**種類数の制限はありません**。先ほどの例ですと，電話番号に設定することは可能です。また **NULL は許可されますし，NULL が複数存在しても重複として扱いません**。

**過去問にチャレンジ！** [DB-H22春AM2 問3改]

　表 R に（A, B）の 2 列で一意にする制約が定義されているとき，表 R に対する操作でこの制約の違反となるものはどれか。ここで，表 R には主キーの定義がなく，また，すべての列は値が決まっていない場合（NULL）もあるものとする。

| A | B | C | D |
|------|------|------|------|
| AA01 | BB01 | CC01 | DD01 |
| AA01 | BB02 | CC02 | (NULL) |
| AA02 | BB01 | (NULL) | DD03 |
| AA02 | BB03 | (NULL) | (NULL) |

R

**ア**　A が 'AA01' で B が 'BB02' のデータを削除
**イ**　A が 'AA01'，B が NULL，C が 'DD01'，D が 'EE01' のデータを追加
**ウ**　A が NULL，B が NULL，C が 'AA01'，D が 'BB02' のデータを追加
**エ**　A が 'AA01' であるデータのすべてを 'AA02' に更新

**［解説］**

　設定されている制約は一意性制約のみです。また，A と B の複数項目に定義されているとありますが，これは「A 項目は重複を許さない」「B 項目は重複を許さない」という制約ではありません。「A 項目と B 項目の組み合わせで重複を許さない」という制約です。

　表には 4 行のデータがありますが，この段階では制約の違反はありません。違反するようなデータはそもそも存在できないのです。

　A 項目には 'AA01' が 2 つありますが違反ではありません。A 項目と B 項目の組み合わせを見ると重複はないので正常です。

　このように違反がない状態ですが，ア～エのいずれかの操作をすると違反になりエラーが発生します。

　「ア」は削除です。現状は正常なのですから，削除したとしても一意性制約の違反は発生しません。

　「イ」は追加です。これをきっかけに一意性制約の違反になる可能性がありますので確認してみましょう。実行すると以下のようになるはずです。

9章

データベース

| A | B | C | D |
|---|---|---|---|
| AA01 | BB01 | CC01 | DD01 |
| AA01 | BB02 | CC02 | (NULL) |
| AA02 | BB01 | (NULL) | DD03 |
| AA02 | BB03 | (NULL) | (NULL) |
| AA01 | (NULL) | DD01 | EE01 |

9-1-7 イを実行した後の R

　追加するのは 'AA01' と '(NULL)' の組み合わせですが，既存のデータには存在しておらず重複になりません。そのため「イ」の操作は可能です。

「ウ」で追加するのは A 列，B 列ともに '(NULL)' であり重複とはなりません。「ウ」の操作も可能です。

「エ」の操作は更新です。A 列の値が 'AA01' になっているデータをすべて 'AA02' に更新すると，このようになります。

| A | B | C | D |
|---|---|---|---|
| AA02 | BB01 | CC01 | DD01 |
| AA02 | BB02 | CC02 | (NULL) |
| AA02 | BB01 | (NULL) | DD03 |
| AA02 | BB03 | (NULL) | (NULL) |

9-1-8 エを実行した後の R

　1 行目と 3 行目の A 項目と B 項目の組み合わせは，両方とも 'AA02', 'BB01' です。重複しているため違反となります。

答え：エ

## 候補キー

　**候補キー**とは主キーの候補です。主キーの候補を列挙し，そこから **1 つだけを主キーに選ぶ**ことになります。社員テーブルの例ですと「社員コードと電話番号が候補キーであるが，主キーは社員コードにしよう」という検討がなされます。

　候補キーと主キーの違いで迷うことはないと思います。もし出題されたら，主キーの定義と同じく「行を 1 つに特定することができる項目」と考えるだけで十分です。なお DBMS には，項目に候補キーを設定する機能はありません。

　なお，候補キーのうち主キーから漏れた項目を**オルタネートキー**といいます。

### 参照制約 ▶9-1-2

オンラインショッピングなどで住所を入力する際に、都道府県を選択する欄をよく目にします。普通は「北海道」などと手入力せずにリストの中から選択します。

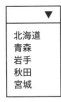

北海道
青森
岩手
秋田
宮城

`9-1-9` 都道府県の選択ボックス

このようにすると、入力値を候補から選ばせることができます。例外は認めません。データベースの値でも同じことができます。例えば「都道府県コード」項目は、また別で用意したテーブルの項目から選ばせるような設計です。

| 社員コード | 社員名 | 都道府県コード | 住所 |
|---|---|---|---|
| 1 | 情報太郎 | 3 | ○○○○○○ |
| 2 | 技術花子 | (NULL) | (NULL) |
| 3 | 基本次郎 | 3 | △△△△△△ |
| 4 | 応用桃子 | 4 | □□□□□□ |
| 5 | 試験一郎 | 2 | ◇◇◇◇◇◇ |

| 都道府県コード | 都道府県名 |
|---|---|
| 1 | 北海道 |
| 2 | 青森県 |
| 3 | 岩手県 |
| 4 | 宮城県 |
| 5 | 秋田県 |

`9-1-10` 社員テーブルと都道府県テーブル

「社員」テーブルには「都道府県コード」という項目があります。ここに999などの不正な入力をしないよう制限したいわけです。参照制約を使うことで、他のテーブルにある項目からだけ入力できるような制限をすることができます。参照制約は他の制約に比べると少々わかりにくいかもしれません。しかし、かなり出題されますので、ぜひマスターしておいてください。

参照制約を付与するには**外部キー**を設定します。上記の例だと、外部キーは「社員」テーブルの「都道府県コード」項目に付与します。そして、候補が入っている「都道府県」テーブルの「都道府県コード」項目を**「参照している」や「参照先」という表現**をします。

なお**参照先の項目には主キーが設定されている必要**があります。

制約の学習において、この参照制約はもっとも難しい内容かと思います。しかし、非常によく出題されますのでしっかりと学習しておきましょう。

　関係データベース"注文"表の"顧客番号"は，"顧客"表の主キー"顧客番号"を参照する外部キーである。このとき，参照の整合性を損なうデータ操作はどれか。ここで，ア～エの記述におけるデータの並びは，それぞれの表の列の並びと同順とする。

注文

| 伝票番号 | 顧客番号 |
| --- | --- |
| 0001 | C005 |
| 0002 | K001 |
| 0003 | C005 |
| 0004 | D010 |

顧客

| 顧客番号 | 顧客名 |
| --- | --- |
| C005 | 福島 |
| D010 | 千葉 |
| K001 | 長野 |
| L035 | 宮崎 |

**ア**　"顧客"表の行「L035」「宮崎」を削除する。

**イ**　"注文"表に行「0005」「D010」を追加する。

**ウ**　"注文"表に行「0006」「F020」を追加する。

**エ**　"注文"表の行「0002」「K001」を削除する。

[解説]

「参照の整合性を損なう」とあるので，参照制約の違反になる操作を回答することになります。「注文」表と「顧客」表がありますが，どちらがどちらを参照しているのでしょうか？　**参照する側（参照元）に付与するのが外部キー**であるという話をしました。問題文には外部キーは「注文表」の「顧客番号」に付与されているとありますので，こちらが参照元のようです。参照先は「顧客」表の「顧客番号」です。

　つまり「顧客表」の「顧客番号」が候補であり，それ以外を値として入力することができない，という制約がついていることになります。候補は「C005」「D010」「K001」「L035」の4つだけです。

　「ア」は「顧客」表からのデータ削除です。「L035」が削除されるため，候補が「C005」「D010」「K001」だけになりました。しかし「注文」表の「顧客番号」では，残った3つの候補からだけ選んでいますので，違反にはなりません。

　「イ」はデータの追加です。「D010」を入力値にしようとしていますが，これは候補にありますので違反にはなりません。

　「ウ」は同じくデータの追加ですが「F020」を入力値にしようとしています。これは候補にはありませんので違反になります。

「エ」は「注文」表からのデータ削除であり「候補にない値を入力できない」という制約に引っかかることはありません。

　このように**参照制約については，参照元と参照先を正しく把握**する必要があります。

答え：ウ

# E-R図　AM　PM

　午後試験でデータベース分野を選択するのはおすすめです。他の分野とは違い，**いくつかは毎回同じパターン**なのです。冒頭に前提となる話があり，すぐに E-R 図が登場します。この E-R 図を穴埋めしていく問題は必ず出るので，かなり対策がしやすいと思います。宿泊施設の予約システムを例に，E-R 図を見てみましょう。

---

### 過去問にチャレンジ！ [AP-R2PM 問6改]

　U 社は，旅館や民宿などの宿泊施設の宿泊予約を行う Web システム ( 以下，予約システムという ) を開発している。予約システムを開発するに当たり，データベースの設計を行った。データベースの E-R 図を以下に示す。

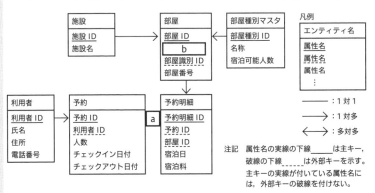

データベースの E-R 図（一部）

　このデータベースでは，E-R 図のエンティティ名を表名にし，属性名を列名にして，適切なデータ型で表定義した関係データベースによって，データを管理する。部屋 ID は，全施設を通して一意な値である。また，予約 ID，予約明細 ID は，レコードを挿入した順に値が大きくなる。

設問：図中の（ a ），（ b ）に入れる適切なエンティティ間の関連及び属性名を答え，E-R図を完成させよ。なお，エンティティ間の関連及び属性名の表記は，図の凡例及び注記に倣うこと。

**[解説]**

「属性名を列名にして，適切なデータ型で表定義した関係データベースによって，データを管理する。」とありますが，これは決まり文句なので基本的には無視して結構です。ただ意味はわかるようになってください。E-R図はデータベース定義のためだけの図ではありません。要件定義などでも使います。そのため「E-R図での属性名を，データベースでの列名としてそのまま利用する」という意味です。

まずE-R図を基に具体的な値が入ったテーブルを考えてみます。

施設

| 施設 ID | 施設名 |
|---|---|
| 1 | ホテル A |
| 2 | ホテル B |
| 1 | ホテル C |

部屋

| 部屋 ID | | 部屋番号 |
|---|---|---|
| 1 | | 101 |
| 2 | | 102 |
| 3 | | 103 |
| 4 | | 1001 |
| 5 | | 1002 |

施設テーブルと部屋テーブル

「部屋」テーブルの真ん中の列が空欄ですが，ここが空欄（ b ）です。なんという項目が入るでしょうか。このままだと施設と部屋を結びつける項目がありません。ですから，この2つのテーブルを結びつける項目が入ります。(b)は「施設ID」です。部屋ID=1のレコードはホテルAの101号室です。部屋ID=4のレコードはホテルBの1001号室です。

部屋

| 部屋 ID | 施設 ID | 部屋番号 |
|---|---|---|
| 1 | 1 | 101 |
| 2 | 1 | 102 |
| 3 | 1 | 103 |
| 4 | 2 | 1001 |
| 5 | 2 | 1002 |

施設と部屋を結びつけるために施設 ID が必要

それとは別に E-R 図だけで空欄を埋める方法も解説します。矢印に着目し以下の手順で調べていきます。

**1. 矢印の尾にあるテーブルの項目から，主キーを探す。**

**2. 矢印の頭にあるテーブルの項目から，主キーと同名の項目を探す。**

矢印は参照制約を意味しています。参照制約はあるテーブルの外部キーと，別のテーブルの主キーを結びつける制約です。そのため上の手順で主キーと外部キーがわかります。

（ b ）は，"矢印の頭のテーブル"の項目です。ですから"矢印の尾にあるテーブル"の主キーと同じ名前が入ります。

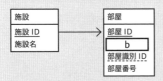

施設と部屋の ER 図

外部キーの場合には点線の下線が必要という指定があるので，忘れずにつけてください。

同じ知識で（ a ）も埋まります。

予約と予約明細の E-R 図

「予約」テーブルの主キーである「予約 ID」が，「予約明細」テーブルにもあります。これは施設→部屋と同じ関係です。

答え：a → 　 b 施設 ID

---

Ｑ 午後の解答力 UP！

解説は次ページ ▶▶

社員テーブルの都道府県コードが，都道府県テーブルの主キーを参照している状態です。社員テーブルから都道府県コードを削除して，都道府県は住所項目に「東京都」などと入力することにした場合，都道府県テーブルは不要になります。どのような順番で削除すればエラーにならないでしょうか？

重要度 ★★★

# SQL文

Excelでデータを削除するためにはDELETEキーを押します。その他にも値を変えたり，1行追加したりと，さまざまな操作をキーボードやマウスで行っていると思います。DBMSの場合には，SQL文という命令文を使って操作を行います。またテーブル作成，制約の設定などもすべてSQL文で行います。

　DBMSではSQL文でデータの操作や構成変更などを行います。つまり，すべての操作はSQL文を使って行うことになります。DBMSではSQL文を実行するためのツールが提供されており，SQL文をキーボードで入力して実行することになります。

　なお情報処理技術者試験において，具体的な実行文を問われるのはこのSQL文くらいです。以前の基本情報技術者試験では，午後問題で実在するプログラミング言語（Java，Python，COBOL，C言語など）が出題されていました。しかし現在は廃止されているため，残ったのはSQL文だけです。正確なスペルを記述させる問題が出題されることもあるので，**可能な限りスペルを丸暗記してください**。最後に，覚えておきたいSQL文を一覧で載せましたので丸暗記に活用してください。

## 選択　AM PM

　大量のデータの中から，条件に一致するデータだけを検索する操作を選択といいます。以下のように記述します。

**SELECT * FROM 商品 WHERE 商品コード = 26**

　まずは強調したWHERE以降にだけ注目してください。それ以外は順に解説していきます。

　WHERE以降には検索条件を指定します。「商品コード =26」とありますが，これは「商品コードが26」という意味です。「=」の他にも「>」「<」「>= (以下)」「<= (以上)」などを記述することもできます。否定は「<>」と記述します。

**SELECT * FROM 商品 WHERE 商品コード <> 26**

　検索値に文字を使う場合にはシングルクォーテーションで囲みます。

**SELECT * FROM 商品 WHERE 商品名 = '鉛筆'**

**A 午後の解答力UP! 解説**

社員テーブルの都道府県コード項目を削除してから，都道府県テーブルを削除します。

なお，WHERE は正しくは **WHERE 句**といいますので，今後はそのように表記します。

WHERE 句には以下のように **AND，OR，NOT の記述が可能**です。これらは直感的に意味がわかるかと思います。以下の SQL 文は「商品種別コードが 2 であり，かつ単価が 200 以上」という検索条件を意味します。

**SELECT \* FROM 商品 WHERE 商品種別コード = 2 AND 単価 >= 200**

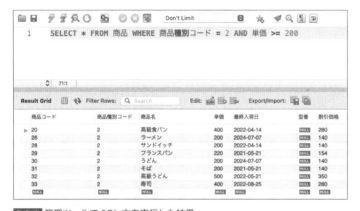

`9-2-1` 管理ツールで SQL 文を実行した結果

## パターン検索

他の SQL 文の記述方法について学習していきます。

まずは LIKE です。これは「含む」を意味します。下の表のように，商品名が「おにぎり」で終わるレコードだけを取得したい場合に使います。

**SELECT \* FROM 商品 WHERE 商品名 LIKE '% おにぎり'**

`9-2-2` LIKE を使用した選択

「%」はパターン文字と呼ばれ，任意の文字であることを意味します。つまり「なんでもいい」です。「おにぎり」の前になんでもよいので，何か文字があるものが一致することになります。なお文字がなくても一致しますので「おにぎり」だけのレコードも取得されます。

## 範囲指定

「価格が 200 から 300 の間」はどのように記述すればよいでしょうか。

**SELECT \* FROM 商品 WHERE 価格 >= 200 AND 価格 <= 300**

　これでもよいのですが，以下の記述の方が範囲指定であることが明確なのでよく利用されます。

**SELECT \* FROM 商品 WHERE 価格 BETWEEN 200 AND 300**

「200 から 300」の「から」は「AND」で記述します。

## 複数指定

「商品名が "鮭おにぎり" と "梅おにぎり" と "サンドウィッチ"」はどのように記述すればよいでしょうか。

**SELECT \* FROM 商品**
**WHERE 商品名 = '鮭おにぎり' OR 商品名 ='梅おにぎり' OR 商品名 = 'サンドウィッチ'**

　これでもよいのですが「商品名＝」が無駄な気がしますので，以下の記述を使うとすっきりします。

**SELECT \* FROM 商品 WHERE 商品名 IN ('鮭おにぎり', '梅おにぎり', 'サンドウィッチ')**

　IN 句の後に複数の値を列挙していきます。

## NULLの指定

　NULL は「不明」を意味する特殊な目印のようなものであると説明しました。したがって，今まで見てきたように「＝」は「>=」などを使って取得することはできません。NULL であることを指定するには「IS」を使います。

**SELECT \* FROM 商品 WHERE 商品名 IS NULL**

　これで，商品名が NULL のデータだけが取得できます。

## 射影 AM PM

　選択がレコードを取り出す操作であるのに対し，項目を取り出す操作を**射影**といいます。

　取り出す項目は SELECT の後に列挙していきます。

**SELECT 商品名 , 単価 , 最終入荷日 FROM 商品**

| 商品コード | 商品名 | 単価 | 在庫数 | 最終入荷日 |
|---|---|---|---|---|
| 1 | 鮭おにぎり | 140 | 7 | 5/2 |
| 2 | 梅おにぎり | 120 | 4 | 5/1 |
| 3 | サンドウィッチ | 210 | 9 | 5/2 |
| 4 | おにぎりセット | 220 | 2 | 5/1 |

| 商品名 | 単価 | 最終入荷日 |
|---|---|---|
| 鮭おにぎり | 140 | 5/2 |
| 梅おにぎり | 120 | 5/1 |
| サンドウィッチ | 210 | 5/2 |
| おにぎりセット | 220 | 5/1 |

9-2-3 商品テーブルを射影

**すべての項目を取り出す場合には\***（アスタリスク）を記述します。

## 項目の別名

項目名には **AS** を使うことで別名をつけることができます。

**SELECT 商品名 AS 名前 , 単価 AS 価格 , 最終入荷日 AS 入荷日**
**FROM 商品**
**WHERE 商品コード IN (1, 2)**

| 商品コード | 商品名 | 単価 | 在庫数 | 最終入荷日 |
|---|---|---|---|---|
| 1 | 鮭おにぎり | 140 | 7 | 5/2 |
| 2 | 梅おにぎり | 120 | 4 | 5/1 |
| 3 | サンドウィッチ | 210 | 9 | 5/2 |
| 4 | おにぎりセット | 220 | 2 | 5/1 |

| 名前 | 価格 | 入荷日 |
|---|---|---|
| 鮭おにぎり | 140 | 5/2 |
| 梅おにぎり | 120 | 5/1 |

9-2-4 商品テーブルの項目名を別名で射影

なお別名との区切りに**半角スペースを入れるだけでも可能**です。

**SELECT 商品名 名前 , 単価 価格 , 最終入荷日 入荷日 FROM 商品**

9章 ── データベース

### 条件分岐

　射影で項目名を指定する際にも条件を指定することができます。
「単価が300以下であれば'割引対象'，それ以外であれば'通常価格'と表示したい」
場合には次の SQL 文になります。

**SELECT 商品名, CASE WHEN 単価 <= 300 THEN '割引対象' ELSE '通常価格' END**
**FROM 商品**

　CASE から END までが 1 つの項目で，構文はこのようになっています。

**CASE WHEN（条件）**
**THEN（条件に合致した場合に表示する内容）**
**ELSE（条件に合致しない場合に表示する内容）**
**END**

> 文字量が多いので複雑に感じるかもしれません。しかし，実際には「どの場合に何を表示し，それ以外の場合には何を表示したのか」を問題文からきちんと理解すれば，それほど難易度は高くないかと思います。

## 整列 AM PM

　Excel でもお馴染みの整列機能です。データベースの場合には ORDER BY 句を使って項目を指定して，その項目の昇順または降順で並び替えます。**昇順とは階段を昇るように，段々と値が大きくなる並びであり，降順は階段を降りるような並び**です。
　項目指定は複数可能です。以下の例ですと「単価」の昇順（ASC を記述）で並び替えます。もし同じ単価がある場合には，さらにその次の「在庫数量」の降順（DESC を記述）で並び替えます。

**SELECT * FROM 商品 ORDER BY 単価 ASC, 在庫数量 DESC**

　なお ASC（昇順），DESC（降順）を指定しない場合には昇順となります。そのため **ASC を記述する場面は少ないかと思います。**

## グループ分け AM PM

　データをグループ分けする機能があります。出題頻度が高く比較的難しいため，一つひとつ進めていきます。まずデータベースから離れて「グループ分けとは何か？」について一緒に考えていきましょう。

## グループ分けとは

「性別で分かれてください」と言われたば場合，あなたはどちらに移動しますか？
私は「男性」のグループに行きます。

9-2-5 性別でグループ分け

これをグループ分けといいます。こうしているうちに，それぞれのグループに何人かが入ってきたようです。

9-2-6 6人の社員を性別でグループ分け

では，さらに条件を追加して「性別と年代」にしてみましょう。

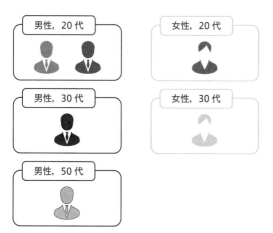

9-2-7 6人の社員を性別と年代でグループ分け

9 章 ｜ データベース

このように**グループ分けにおいては必ず基準があり，その基準は複数でも可能**です。SQL 文の場合 GROUP BY で基準を指定しますので，以下のような記述になります。

**SELECT * FROM 社員 GROUP BY 性別 , 年代**

ただしこれは説明用であり，実際にはエラーになります。なぜでしょうか。

**グループ分けすると個別データを取得できなくなる**ためです。例えば「男性，20 代」に 2 件が該当したとします。この 2 件の個人のデータ（名前や年齢など）を取得することはできません。そのため先ほどは SELECT * FROM のように *（アスタリスク）の指定でエラーになったのです。正しい記述は以下になります。

**SELECT 性別 , 年代 FROM 社員 GROUP BY 性別 , 年代**

実行結果は以下のようになります。

| 社員番号 | 社員名 | 性別 | 都道府県コード | 給与額 | 年代 |
|---|---|---|---|---|---|
| 1 | 情報太郎 | 男 | 3 | 20 | 20 |
| 2 | 技術花子 | 女 | (NULL) | 26 | 20 |
| 3 | 基本次郎 | 男 | 3 | 55 | 50 |
| 4 | 情報三郎 | 男 | 4 | 25 | 20 |
| 5 | 試験一郎 | 男 | 2 | 22 | 20 |
| 6 | 応用桃子 | 女 | 2 | (NULL) | 30 |

| 性別 | 年代 |
|---|---|
| 男 | 20 |
| 女 | 20 |
| 女 | 30 |
| 男 | 50 |

9-2-8 GROUP BY 句を使ったグループ分けの結果

グループ分けをすると個別データを取得できないのはなぜでしょうか？

例えば目の前に 10 人の人がいて，都道府県ごとに分かれてもらったとします。その上で個人ごとの情報を知りたければ，個別に聞いて回ることになるでしょう。このように，グループ分けと個別データの参照は別タイミングで行うことになります。SQL 文の実行でも同じであり，グループ分けと個別データへのアクセスは，まったく別のタイミングで行うことになります。これは非常に重要です。出題された場合でもシステム開発の現場でも，間違えやすいので要注意です。

## 集約関数 ▶9-2-1

グループ分けをすると個別データを取得することはできませんが，件数や平均値や最大値などのグループごとの情報を取得することは可能です。これらを集約関数といいます。SQL文での記述方法もあわせて見てみましょう。

| COUNT(*) | グループに所属している全データ数 |
|---|---|
| COUNT( 給与額 ) | グループに所属しているデータ数<br>ただし給与額が NULL のものはカウントしない |
| SUM( 給与額 ) | グループごとの給与額の合計値 |
| AVG( 給与額 ) | グループごとの給与額の平均値 |
| MAX( 給与額 ) | グループごとの給与額の最大値 |
| MIN( 給与額 ) | グループごとの給与額の最小値 |

9-2-9 主な集約関数

集約関数を使い，以下のように記述します。

**SELECT 性別 , 年代 , AVG( 給与額 ) AS 平均給与 FROM 社員 GROUP BY 性別 , 年代**

| 性別 | 年代 | 平均給与 |
|---|---|---|
| 男 | 20 | 22.3 |
| 女 | 20 | 26 |
| 女 | 30 | (NULL) |
| 男 | 50 | 55 |

9-2-10 AVG を使ってグループごとの平均値を計算

また以下のような記述は可能です。

**SELECT AVG( 給与額 ) FROM 社員**

グループ分けをしていませんが集約関数を使用しています。この場合，**すべてのデータを1つのグループとみなします**ので，全レコードの平均値を表示します。

## 条件指定 ▶9-2-2

ここからさらに「性別が女性」のデータだけを取得したいとします。条件指定といえば WHERE 句がありました。ということは，以下の記述になるのでしょうか？

```
SELECT 性別 , 年代 , AVG( 給与額 ) AS 平均給与
FROM 社員
GROUP BY 性別 , 年代
WHERE 性別 =' 女性 '
```

　これはエラーになります。**WHERE 句はグループ分けの前に実行**されます。そのような理由もあり，**WHERE 句は GROUP BY 句の前**に記述しなければなりません。
　グループ分けした後に条件指定したいのであれば **HAVING** 区を使います。以下が正しい記述です。

```
SELECT 性別 , 年代 , AVG( 給与額 ) AS 平均給与
FROM 社員
GROUP BY 性別 , 年代
HAVING 性別 =' 女性 '
```

**過去問にチャレンジ！** [AP-H31春AM 問28]

　過去３年分の記録を保存している "試験結果" 表から，2018 年度の平均点数が 600 点以上となったクラスのクラス名と平均点数の一覧を取得する SQL 文はどれか。ここで，実線の下線は主キーを表す。
　試験結果 (<u>学生番号</u>, <u>受験年月日</u>, 点数, クラス名)

　**ア**　SELECT クラス名 , AVG( 点数 ) FROM 試験結果
　　　GROUP BY クラス名 HAVING AVG( 点数 ) >= 600
　**イ**　SELECT クラス名 , AVG( 点数 ) FROM 試験結果
　　　WHERE 受験年月日 BETWEEN '2018-04-01' AND '2019-03-31'
　　　GROUP BY クラス名 HAVING AVG( 点数 ) >= 600
　**ウ**　SELECT クラス名 , AVG( 点数 ) FROM 試験結果
　　　WHERE 受験年月日 BETWEEN '2018-04-01' AND '2019-03-31'
　　　GROUP BY クラス名 HAVING ( 点数 ) >= 600
　**エ**　SELECT クラス名 , AVG( 点数 ) FROM 試験結果
　　　WHERE 点数 >= 600 GROUP BY クラス名 HAVING (MAX( 受験年月日 ) BETWEEN '2018-04-01' AND '2019-03-31')

[解説]
　テーブルの構造を以下のように記述する問題は非常に多く出題されるため慣れてください。

## 試験結果 （学生番号, 受験年月日, 点数, クラス名）

下線は主キーであり 2 つの項目に引かれています。**主キーは 1 つの項目だけではなく 2 つの項目の組み合わせに設定**することもできます。試験結果テーブルですから，おそらく以下のようなデータなのだと推測できます。

| 学生番号 | 受験年月日 | 点数 | クラス名 |
|---|---|---|---|
| 1 | 2018-11-07 | 82 | A |
| 1 | 2018-07-08 | 77 | A |
| 2 | 2020-08-28 | 82 | B |
| 3 | 2017-10-19 | 80 | B |
| 3 | 2018-02-03 | 59 | B |

試験結果テーブルのサンプルデータ

学生番号の重複は許可されます。ただし「学生番号」「受験年月日」の組み合わせの重複は許されません。この学校では，ある学生は 1 日に複数の受験はできないルールがあるようです。制約を使ってそのルールをテーブル構造に反映しています。その制約に違反してデータを追加しようとするとエラーになり，絶対に追加することができません。

過去 3 年分のデータが蓄積されているとのことですが，取得したいのは 2018 年度です。「ア」には年度の条件指定がないので間違いです。

次に「平均点数が 600 点以上」についてですが，これは条件指定です。WHERE 句か HAVING 句を使います。どちらでしょうか？ 「平均点数が」とありますから AVG を使うことになりそうです。つまり，グループ分けをした後になりますから HAVING 句を使います。「エ」は WHERE 句で点数の条件指定をしているため間違いです。

「ウ」は HAVING 句で点数の条件指定をしていますが，「平均点数が」を意味する AVG が使われていません。

「イ」は正解です。まず，WHERE 句で日付範囲に一致するデータだけに絞り込んでいます。その結果に対してグループごとの平均値を出し，600 点以上という条件指定をしています。

**答え：イ**

9 章 ── データベース

## 結合 ▶9-2-3 AM PM

複数の表をつなげて1つにする操作です。外部キーの解説で使ったこの2つのテーブルがあります。

| 社員コード | 社員名 | 都道府県コード | 住所 |
|---|---|---|---|
| 1 | 情報太郎 | 3 | ○○○○○○ |
| 2 | 技術花子 | (NULL) | (NULL) |
| 1 | 基本次郎 | 3 | △△△△△△ |
| 1 | 応用桃子 | 4 | □□□□□□ |
| 2 | 試験一郎 | 2 | ◇◇◇◇◇◇ |

| 都道府県コード | 都道府県名 |
|---|---|
| 1 | 北海道 |
| 2 | 青森県 |
| 3 | 岩手県 |
| 4 | 宮城県 |
| 5 | 秋田県 |

**9-2-11** 社員テーブルと都道府県テーブル

もし，あなたが社員管理システムを開発したとすると，社員検索画面は以下のようなデザインになると思います。

```
検索条件    名前 [          ]        住所 [          ]

           性別 [  ▼ ]             部署 [          ▼ ]

           [ 検索 ]
```

| 社員コード | 社員名 | 性別 | 都道府県 | 住所 | 部署 | 電話番号 |
|---|---|---|---|---|---|---|
| 1 | 情報太郎 | 男 | 岩手県 | ○○○○○○ | 人事部 | 080-0012-3456 |
| 2 | 技術花子 | 女 | (NULL) | (NULL) | 経理部 | 090-0098-7654 |
| 1 | 基本次郎 | 男 | 岩手県 | △△△△△△ | 経理部 | |
| 1 | 応用桃子 | 女 | 宮城県 | □□□□□□ | 総務部 | |
| 2 | 試験一郎 | 男 | 青森県 | ◇◇◇◇◇◇ | 営業部 | (NULL) |

**9-2-12** 社員検索画面

　検索条件欄に値を入力し「検索」をクリックすると，その下にずらっと結果が表示されます。よくあるような機能です。

　結果を見ると，「都道府県」には「岩手県」「青森県」などと表示されています。しかし，「社員」テーブルには都道府県コードだけが入っています。そのため「社員」表だけでは，具体的な都道府県名を表示することはできません。具体的な都道府県名を知るために，「都道府県」テーブルを見に行く必要があります。

「都道府県コードの3はなんだろうか？」「都道府県テーブルを見てみよう」「岩手県のようだ」という流れですが，これをプログラムで記述して実現することもあります。しかしDBMSで可能な処理があるのであれば，できるだけDBMSに任せてプログラムの量を減らした方がバグが少なくなります。そこでテーブルの結合がよく使われます。

**SELECT \* FROM 社員 INNER JOIN 都道府県 ON 社員 . 都道府県コード ＝ 都道府県 . 都道府県コード**

INNER JOIN（インナー・ジョイン）句で 2 つのテーブルを結合します。結合はどうしても長い SQL 文になりがちですが，言語化するとそれほど複雑ではありません。一つひとつ見ていきましょう。

### SELECT \*

すべての列を取得します。なおこの記述方法では，上記のような結果にはなりません。正しい記述方法はこの後に解説しますので，まずは先に進みます。

### FROM 社員 INNER JOIN 都道府県

「社員」テーブルと「都道府県」テーブルと結合します。

### ON 社員 . 都道府県コード ＝ 都道府県 . 都道府県コード

結合する条件を指定しています。「**テーブル名 . 項目名**」のように，テーブル名と項目名をピリオド (.) でつなぎます。これで「"社員テーブルの都道府県コード"と"都道府県テーブルの都道府県コード"が同じもの」という意味になります。

先ほど触れたミスについて訂正します。SELECT \* という記述だと，すべてのテーブルのすべての列を表示してしまいますので，以下のようになってしまいます。

| 社員コード | 社員名 | 性別 | 都道府県コード | 住所 | 部署 | 電話番号 | 都道府県コード | 都道府県 |
|---|---|---|---|---|---|---|---|---|
| 1 | 情報太郎 | 男 | 3 | ○○○○○○ | 人事部 | 080-0012-3456 | 3 | 岩手県 |
| 3 | 基本次郎 | 男 | 3 | △△△△△△ | 経理部 | | 3 | 岩手県 |
| 4 | 応用桃子 | 女 | 4 | □□□□□□ | 総務部 | | 4 | 宮城県 |
| 5 | 試験一郎 | 男 | 2 | ◇◇◇◇◇◇ | 営業部 | (NULL) | 2 | 青森県 |

`9-2-13` 結合しただけだと見にくい場合が多い

まず「都道府県コード」が 2 つあります。また，都道府県名は性別の後ろに来てほしい気もします。このようにいくつかの希望がありますので，以下のように射影を組み合わせることがほとんどです。

**SELECT**
**社員コード , 社員名 , 性別 , 都道府県名 , 住所 , 部署 , 電話番号**
**FROM 社員 INNER JOIN 都道府県 ON 社員 . 都道府県 ＝ 都道府県 . 都道府県**

結合は 2 つだけではなく 3 つ以上も可能です。4 つ以上の結合になるとあまり出題されませんので，まずは 2 つの結合だけを攻略しておきましょう。

2つの結合自体はそれほど難しくはないと思いますが，さらに選択，射影などが交ざると少々難易度が上がってきます。さらにこの後に学習するさまざまな操作を交ぜると，さらに難易度が上がります。そのため，この時点で結合をしっかりとマスターしておいてください。なお，今見てきた結合を特に**内部結合**といいます。

ところでこの結果ですが，何かがおかしいことに気がつきましたでしょうか？この次に見ていきます。

## 特殊な結合 ▶9-2-4

期待する結果はこちらです。

| 社員コード | 社員名 | 性別 | 都道府県コード | 住所 | 部署 | 電話番号 |
|---|---|---|---|---|---|---|
| 1 | 情報太郎 | 男 | 岩手県 | ○○○○○○ | 人事部 | 080-0012-3456 |
| 2 | 技術花子 | 女 | (NULL) | (NULL) | 経理部 | 090-0098-7654 |
| 3 | 基本次郎 | 男 | 岩手県 | △△△△△△ | 経理部 | |
| 4 | 応用桃子 | 女 | 宮城県 | □□□□□□ | 総務部 | |
| 5 | 試験一郎 | 男 | 青森県 | ◇◇◇◇◇◇ | 営業部 | (NULL) |

9-2-14 期待する結合の結果

先ほどの SQL 文を実行した結果はこちらです。

| 社員コード | 社員名 | 性別 | 都道府県コード | 住所 | 部署 | 電話番号 |
|---|---|---|---|---|---|---|
| 1 | 情報太郎 | 男 | 岩手県 | ○○○○○○ | 人事部 | 080-0012-3456 |
| 3 | 基本次郎 | 男 | 岩手県 | △△△△△△ | 経理部 | |
| 4 | 応用桃子 | 女 | 宮城県 | □□□□□□ | 総務部 | |
| 5 | 試験一郎 | 男 | 青森県 | ◇◇◇◇◇◇ | 営業部 | (NULL) |

9-2-15 内部結合の結果

1人どこかに行ってしまいました。どうやら「技術花子」さんです。技術花子さんの都道府県コードが未設定だったのが原因でした。**内部結合を使うと，結合条件に一致しなかったレコードは取得できません。**そこで使われるのが**外部結合**です。外部結合は以下の手順で結合が行われます。

1. 2つのテーブルを指定項目で結合し取得する（内部結合と同じ）。
2. もし社員テーブルのレコードのうち，**結合から漏れたレコードがある場合にはそれも取得の対象**とする。

SQL 文はこのようになります。

## SELECT
## 社員コード, 社員名, 性別, 都道府県名, 住所, 部署, 電話番号
## FROM 社員 LEFT OUTER JOIN 都道府県 ON 社員.都道府県 = 都道府県.都道府県

「LEFT」とありますが, 外部結合の中でもこれを特に**左外部結合**といいます。「社員 LEFT OUTER JOIN 都道府県」という記述において, 左にあるのは「社員」です。そのため手順2では「もし社員テーブルのレコードのうち……」となったのです。「LEFT」を「RIGHT」にすると, どうなるでしょうか?　手順2が「もし都道府県テーブルに……」となります。ただし, システム開発の現場で「RIGHT OUTER JOIN」を使うことはあまりありません。そのためか**出題でも LEFT OUTER JOIN がほとんど**です。なお, **LEFT OUTER JOIN は LEFT JOIN と省略**することもできます。

**9-2-16** 管理ツールで外部結合をしてみたところ, 技術花子さんが正しく表示された

---

### 過去問にチャレンジ! [AP-H22春PM 問6改]

　X社は, 輸入インテリアの販売を行っており, 全国に店舗を展開している。現在, 店舗ごとの受注・出荷は販売管理システムで管理している。新たに, インターネットで販売を行う Web ショップを開設することになり, それに合わせて, Web ショップでの受注も管理できる販売管理システムを構築することにした。

　販売管理システムからは, Web ショップも含めた全店舗の売上を, 月次で店舗ごとに集計できるようにする。

　新システムの開発に当たって, システム部の Y 君が初めてデータベースの設計・開発を任され, Z 係長が指導をすることになった。

　Y 君は店舗ごとの売上を月次で集計する SQL 文を作成した。

SELECT 店舗.店舗番号,店舗名,SUM(受注金額) AS 金額
FROM 店舗 INNER JOIN 受注 ON 店舗.店舗番号 = 受注.店舗番号
GROUP BY 店舗.店舗番号,店舗名

またY君は，SQL文の検証のためにテストデータを作成した。

| 店舗番号 | 店舗名 | 店舗住所 |
|---|---|---|
| A01001 | 銀座店 | 東京都中央区 |
| A01002 | 新宿店 | 東京都新宿区 |
| A01003 | 渋谷店 | 東京都渋谷区 |
| A03001 | 名古屋店 | 名古屋市千種区 |
| A05001 | 難波店 | 大阪市中央区 |
| A09999 | Webショップ | 本社WebSystem |

店舗テーブルのテストデータ

| 受付番号 | 受注日付 | 受注店舗番号 | 顧客コード | 受注金額 |
|---|---|---|---|---|
| 500001 | 2010-03-03 | A01002 | 11001 | 57600 |
| 500002 | 2010-03-08 | A01001 | 11002 | 50000 |
| 500003 | 2010-03-12 | A01002 | 11003 | 85500 |
| 500004 | 2010-03-13 | A03001 | 12002 | 3600 |
| 500005 | 2010-03-19 | A09999 | 12003 | 113000 |
| 500006 | 2010-03-21 | A09999 | 13202 | 36700 |
| 500007 | 2010-03-21 | A05001 | 13202 | 15000 |
| 500008 | 2010-03-29 | A09999 | 11003 | 120000 |

受注テーブルのテストデータ

| 店舗番号 | 店舗名 | 金額 |
|---|---|---|
| A01001 | 銀座店 | 50000 |
| A01002 | 新宿店 | 143100 |
| A03001 | 名古屋店 | 3600 |
| A05001 | 難波店 | 15000 |
| A09999 | Webショップ | 269700 |

店舗ごとの売上を集計するSQL文の実行結果

　Z係長は出力された結果を見て，このSQL文では，集計の対象となる期間に（　a　）店舗の場合は，店舗ごとの売上の集計に出力されないことを指摘した。Y君がSQL文を次のように修正して実行したところ，期待された結果が得られた。

SELECT 店舗 . 店舗番号 , 店舗名 , 受注金額 AS 金額
FROM 店舗 （　b　） 受注 ON 店舗 . 店舗番号 ＝ 受注 . 店舗番号
GROUP BY 店舗 . 店舗番号 , 店舗名

設問 1 ：本文中の （a） に入れる適切な字句を 15 字以内で答えよ。
設問 2 ：図 5 中の （b） に入れる適切な字句を答えよ。

[解説]

　今回のような売上をテーマにした問題は午前試験，午後試験を通じて非常に多く出題されます。

　店舗は実店舗と Web ショップとがあるようですが，それらの区別はなく，すべて店舗として扱うことが明記されています。店舗ごとの受注金額を知りたいというのはよくある要望です。そこで Y 君はテストデータを作成して，SQL 文が正しく動作するかを確認することにしました。

　気になることがあります。それは「渋谷店」がないことです。テストデータを見てみると，渋谷店は受注が 1 件もないことがわかります。しかし受注がない場合には，受注金額を 0 として表示するべきかと思います。このような要望に応えるために外部結合があります。

　設問 1 では「どんな場合に売上が集計されないか」と問われているので，今の話を 15 文字以内で記述します。模範解答では「受注情報が存在しない」となっています。また「売上がない」でもよいとなっています。15 文字以内と指示があるにもかかわらず，たった 5 文字で「売上がない」と書くのは少々勇気がいります。ただ書かないよりは書いた方がよいので，あまり文字数を多く書けなくても気にすることなく何かを書きましょう。部分点をもらえる可能性もあります。

　さて，このような問題を解決するためには，どのような SQL 文にすればよいのでしょうか。「一致したレコードがなくても出したい」のは店舗です。SQL 文では店舗テーブルが左にあるので，LEFT OUTER JOIN とします。なお，公開された解答にはありませんでしたが「LEFT JOIN」でも正解になったはずです。

答え　設問 1 ：受注情報が存在しない（売上がない）

設問 2 ：LEFT OUTER JOIN

## 副問合せ AM PM

「問合せ」とは今まで見てきた SELECT のことです。SELECT 文の中に，さらに別の SELECT 文を記述することを副問合せといいます。それに対して**外側の問合せを主問合せ**といいます。

副問合せには大きく分けて 3 パターンありますので，それぞれ見ていきます。

### FROM句で使う ▶9-2-5

以下は過去問解説で取り上げた SQL 文です。

SELECT 店舗 . 店舗番号 , 店舗名 , 受注金額 AS 金額
FROM 店舗 LEFT OUTER JOIN 受注 ON 店舗 . 店舗番号 = 受注 . 店舗番号
GROUP BY 店舗 . 店舗番号 , 店舗名

「店舗」テーブルと「受注」テーブルを左外部結合しています。では，これを少しだけ複雑にしてみます。単に「受注」テーブルではなく，「受注日が 2010-03-21 の受注テーブル」にします。

SELECT 店舗 . 店舗番号 , 店舗名 , 受注金額 AS 金額
FROM 店舗 LEFT OUTER JOIN
(
**SELECT 受注店舗番号 , 受注番号**
**FROM 受注 WHERE 受注日付 = '2010-03-21'**
**) p** ON 店舗 . 店舗番号 = p. 店舗番号
GROUP BY 店舗 . 店舗番号 , 店舗名

太字の部分はもともと「受注」だったのですが，これを副問合せに置き換えました。この場合，**先に副問合せを実行し，その結果をあたかもテーブルかのように扱います**。最後に「p」とありますが，これは別名です。項目に AS や半角スペースを入れることで別名をつけることができましたが，テーブルや副問合せの結果に対しても可能です。別名「p」をつけたために結合条件の記述において「ON 店舗 . 店舗番号 = p. 店舗番号」と記述しています。

### WHERE句で使う ▶9-2-6

副問合せは先に実行するということを学習しました。WHERE 句で使う場合も原理は同じです。

SELECT 店舗 . 店舗番号 , 店舗名 , 受注金額 AS 金額
FROM 店舗 LEFT OUTER JOIN 受注 ON 店舗 . 店舗番号 = 受注 . 店舗番号
WHERE 受注日付 = (
　　**SELECT MAX( 受注日付 ) FROM 受注**
)
GROUP BY 店舗 . 店舗番号 , 店舗名

　副問合せでは，受注テーブル内で最大の受注日付が取得できます。過去問題に出てきたテストデータだと「2010-3-29」のようです。副問合せの部分を「2010-3-29」に置き換えると以下になります。

SELECT 店舗 . 店舗番号 , 店舗名 , 受注金額 AS 金額
FROM 店舗 LEFT OUTER JOIN 受注 ON 店舗 . 店舗番号 = 受注 . 店舗番号
WHERE 受注日付 = **'2010-3-29'**
GROUP BY 店舗 . 店舗番号 , 店舗名

　このように副問合せの結果を値とみなします。そのため**副問合せの結果は必ず1件**である必要があります。
　なお「=」の部分は IN を使うこともできます。この場合，**副問合せの結果は複数件でも可能**です。
　また「=」の部分を「存在する」を意味する **EXSITS** にすると，**副問合せの結果が1件でも存在しているかを判定**します。

**過去問にチャレンジ！** [AP-R4秋AM 問28]

　" 商品 " 表に対して，次の SQL 文を実行して得られる仕入先コード数は幾つか。
　[SQL 文]
　SELECT DISTINCT 仕入先コード FROM 商品
　WHERE ( 販売単価 – 仕入単価 ) >
　(SELECT AVG( 販売単価 – 仕入単価 ) FROM 商品 )

9 章　データベース

| 商品コード | 商品名 | 販売単価 | 仕入先コード | 仕入単価 |
|---|---|---|---|---|
| A001 | A | 1,000 | S1 | 800 |
| B002 | B | 2,500 | S2 | 2,300 |
| C003 | C | 1,500 | S2 | 1,400 |
| D004 | D | 2,500 | S1 | 1,600 |
| E005 | E | 2,000 | S1 | 1,600 |
| F006 | F | 3,000 | S3 | 2,800 |
| G007 | G | 2,500 | S3 | 2,200 |
| H008 | H | 2,500 | S4 | 2,000 |
| I009 | I | 2,500 | S5 | 2,000 |
| J010 | J | 1,300 | S6 | 1,000 |

商品

　ア　1　　イ　2　　ウ　3　　エ　4

[解説]

　副問合せは先に実行します。AVG という集約関数が使われていますが GROUP BY はありません。その場合には，全体を1つのグループとみなしますので，すべてのレコードが対象となります。それぞれのレコードで（販売単価 – 仕入単価）の結果を求めて，その平均値を算出すると 360 になります。

　副問合せの部分を 360 に置き換えると，以下の SQL 文になります。

SELECT DISTINCT 仕入先コード FROM 商品
WHERE ( 販売単価 – 仕入単価 ) > 360

（販売単価 – 仕入単価）が 360 を超えるデータだけを抽出します。射影も忘れずに適用します。

| 仕入先コード |
|---|
| S1 |
| S1 |
| S4 |
| S5 |

（販売単価 – 仕入単価）>360 の結果の4件

　答えは4つ……ではありません。**DISTINCT** という見慣れない文字が書かれています。これは重複を排除して1件にまとめる指定です。仕入先コード「S1」が重複していますので，これを1つにまとめると「S1」「S4」「S5」の3件だけになります。

**答え：ウ**

## 相関副問合せ ▶9-2-7

相関副問合せは今までの 2 つの問合せとは毛色が異なります。混乱しやすいので
ゆっくり見ていきましょう。

| 社員コード | 社員名 | 都道府県コード | 住所 |
|---|---|---|---|
| 1 | 情報太郎 | 3 | ○○○○○○ |
| 2 | 技術花子 | (NULL) | (NULL) |
| 1 | 基本次郎 | 3 | △△△△△△ |
| 1 | 応用桃子 | 4 | □□□□□□ |
| 2 | 試験一郎 | 2 | ◇◇◇◇◇◇ |

| 都道府県コード | 都道府県名 |
|---|---|
| 1 | 北海道 |
| 2 | 青森県 |
| 3 | 岩手県 |
| 4 | 宮城県 |
| 5 | 秋田県 |

**9-2-17** 社員テーブルと都道府県テーブル

SELECT * FROM 社員 WHERE EXISTS (
  SELECT * FROM 都道府県 WHERE 都道府県コード = **社員 . 都道府県コード**
)

不思議な SQL 文になっています。副問合せの WHERE 句を見てください。「都
道府県コード = 社員 . 都道府県コード」です。「社員」テーブルはどこから来たの
でしょうか？　実は主問合せに「社員」テーブルがあるのです。これを相関副問合
せといいます。**相関副問合せの場合には，先に主問合せを実行**します。

1. 主問合せの 1 レコード目を取得する
2. そのレコードの値を，副問合せで使用する

これを 2 レコード目，3 レコード目……と最後まで繰り返していきます。

サンプルの例ですと，主問合せで社員テーブルから情報太郎さんのレコード（1
レコード目）を取得します。副問合せでは情報太郎さんの都道府県コードである 3
を受け取って，以下のように SQL 文を組み立てて実行します。

### SELECT * FROM 都道府県 WHERE 都道府県コード ＝ 3

この結果が存在すれば，今処理中の 1 レコード目（情報太郎さんのレコード）は
取得されます。つまり存在チェックのために副問合せを使うことになります。

これを最後のレコードまで行います。少々複雑ですが，午後試験で取り上げられ
ることがあるので，一応押さえておきましょう。

9 章 ― データベース

## その他の複数テーブルの操作 AM PM

　2つ以上のテーブルに関する操作として結合を学習しました。ここではその他の操作を学習します。

### 和

　数学における足し算の結果を和といいますが，データベースにおいては複数の表を合わせる操作のことをいいます。

| 社員コード | 社員名 | 性別 | 部署 |
|---|---|---|---|
| 1 | 情報太郎 | 男 | 人事部 |
| 2 | 技術花子 | 女 | 経理部 |
| 3 | 基本次郎 | 男 | 経理部 |
| 4 | 応用桃子 | 女 | 総務部 |
| 5 | 試験一郎 | 男 | 営業部 |

| 社員コード | 社員名 | 性別 | 部署 |
|---|---|---|---|
| 100 | 北海太郎 | 男 | (NULL) |
| 101 | 東京次郎 | 男 | (NULL) |
| 102 | 大坂花子 | 女 | システム部 |

| 社員コード | 社員名 | 性別 | 部署 |
|---|---|---|---|
| 1 | 情報太郎 | 男 | 人事部 |
| 2 | 技術花子 | 女 | 経理部 |
| 3 | 基本次郎 | 男 | 経理部 |
| 4 | 応用桃子 | 女 | 総務部 |
| 5 | 試験一郎 | 男 | 営業部 |
| 100 | 北海太郎 | 男 | (NULL) |
| 101 | 東京次郎 | 男 | (NULL) |
| 102 | 大坂花子 | 女 | システム部 |

9-2-18 社員テーブルと都道府県テーブルの和

　結合も2つのテーブルを1つにする操作ですが，**和の場合には縦につなげます。**SQL文ではUNION（ユニオン）を使います。

　上の結果は，以下のSQL文を実行した結果です。

### SELECT * FROM 社員 UNION SELECT * FROM 入社予定者

### 直積 ▶9-2-8

　2つの表の**直積**とは，すべての行を組み合わせる操作のことです。「1，2」と「A，B」のすべての組み合わせは「1A，2A，1B，2B」になります。

| 社員コード | 社員名 | 都道府県コード | 住所 | | 都道府県コード | 都道府県名 |
|---|---|---|---|---|---|---|
| 1 | 情報太郎 | 3 | ○○○○○○ | | 1 | 北海道 |
| 2 | 基本次郎 | 1 | △△△△△△ | | 2 | 青森県 |
| 3 | 応用桃子 | 2 | □□□□□□ | | 3 | 岩手県 |

| 社員コード | 社員名 | 都道府県コード | 住所 | 都道府県コード | 都道府県名 |
|---|---|---|---|---|---|
| 1 | 情報太郎 | 3 | ○○○○○○ | 1 | 北海道 |
| 1 | 情報太郎 | 3 | ○○○○○○ | 2 | 青森県 |
| 1 | 情報太郎 | 3 | ○○○○○○ | 3 | 岩手県 |
| 2 | 基本次郎 | 1 | △△△△△△ | 1 | 北海道 |
| 2 | 基本次郎 | 1 | △△△△△△ | 2 | 青森県 |
| 2 | 基本次郎 | 1 | △△△△△△ | 3 | 岩手県 |
| 3 | 応用桃子 | 2 | □□□□□□ | 1 | 北海道 |
| 3 | 応用桃子 | 2 | □□□□□□ | 2 | 青森県 |
| 3 | 応用桃子 | 2 | □□□□□□ | 3 | 岩手県 |

**9-2-19** 社員テーブルと都道府県テーブルの直積

SQL 文では以下のように，テーブル名をカンマ区切りで記述します。

**SELECT * FROM 社員 , 都道府県**

この結果にあまり意味があるとは思えません。しかし，いくつかのレコードだけに絞ると意味があります。それは都道府県コードが同じものです。試しに WHERE 句を追記して「都道府県コードが同じもの」だけを取得してみましょう。

**SELECT * FROM 社員 , 都道府県 WHERE 社員 . 都道府県コード ＝ 都道府県 . 都道府県コード**

| 社員コード | 社員名 | 都道府県コード | 住所 | 都道府県コード | 都道府県名 |
|---|---|---|---|---|---|
| 1 | 情報太郎 | 3 | ○○○○○○ | 3 | 岩手県 |
| 2 | 基本次郎 | 1 | △△△△△△ | 1 | 北海道 |
| 3 | 応用桃子 | 2 | □□□□□□ | 2 | 青森県 |

**9-2-20** 直積からさらに選択

これは内部結合をした結果をまったく同じです。このように，**直積と WHERE 句を使うことで内部結合と同じ結果**を得ることができます。

> SQL 文を見る限りは，明らかに内部結合の方が見やすいですし意味が理解しやすいです。INNER JOIN を使えるようになる以前は，このような直積と WHERE 句を使った結合がよく利用されていたのですが，最近はあまり使いません。ただし，出題される可能性はあるので一応覚えておくとよいでしょう。

## データの変更 AM PM

今までは SELECT 文を使った，データの取得のみを学習してきました。ここからはデータの変更について見ていきます。

### 追加

データを追加する SQL 文には 2 つの記述方法があります。まずは追加したい値を SQL 文に直接記述する方法です。

```
                      項目名を列挙
INSERT INTO 社員 ( 社員コード , 社員名 , 都道府県コード , 住所 , 部署 )
VALUES(4,' 石田宏実 ',1,'XX X X X X X X',' システム部 ')
      値を列挙
```

9-2-21 INSERT 文のフォーマット 1

| 社員コード | 社員名 | 都道府県コード | 住所 | 部署 |
|---|---|---|---|---|
| 1 | 情報太郎 | 3 | ○○○○○○ | 人事部 |
| 2 | 基本次郎 | 1 | △△△△△△ | 経理部 |
| 3 | 応用桃子 | 2 | □□□□□□ | 総務部 |
| 4 | 石田宏実 | 1 | XXXXXXXXX | システム部 |

9-2-22 追加した結果

次に，SELECT 文を実行した結果をすべて追加する記述方法です。応募者テーブルのうち「採用可否」項目が"可"になっているデータだけを取得し，すべてを社員テーブルに追加しています。

```
INSERT INTO 社員 ( 社員コード , 社員名 , 都道府県コード , 住所 , 部署 )
SELECT 社員コード , 社員名 , 都道府県コード , 住所 , 部署
FROM 応募者 WHERE 採用可否 =' 可 '
        SQL 文を記述
```

9-2-23 INSERT 文のフォーマット 2

### 更新

レコードを更新する SQL 文は以下の記述です。社員コードが 3 の社員の部署を「システム部」に変更します。

項目名 = 更新値

**UPDATE 社員 SET 部署 =' システム部 '**
**WHERE 社員コード =3**　条件を指定

`9-2-24` UPDATE 文のフォーマット

## 削除

レコードを削除する SQL 文は以下の記述です。社員コードが 4 のレコードを削除します。

条件を指定

**DELETE FROM 社員 WHERE 社員コード =4**

`9-2-25` DELETE 文のフォーマット

---

### 過去問にチャレンジ！ [AP-H24春AM 問26]

販売価格が決められていない " 商品 " 表に，次の SQL 文を実行して販売価格を設定する。このとき，販売ランクが "b" の商品の販売価格の平均値は幾らか。

```
UPDATE 商品 SET 販売価格 =
CASE
    WHEN 販売ランク = 'a' THEN 単価 * 0.9
    WHEN 販売ランク = 'b' THEN 単価 - 500
    WHEN 販売ランク = 'c' THEN 単価 * 0.7
    ELSE 単価
END
```

| 商品番号 | 商品名 | 販売ランク | 単価 | 販売価格 |
|---|---|---|---|---|
| 1001 | U | a | 2,000 | NULL |
| 2002 | V | b | 2,000 | NULL |
| 3003 | W | a | 3,000 | NULL |
| 4004 | X | c | 3,000 | NULL |
| 5005 | Y | b | 4,000 | NULL |
| 6006 | Z | d | 100 | NULL |

商品

　ア　1,675　　　イ　2,100　　　ウ　2,250　　　エ　2,500

9
章

データベース

## テーブルの作成と修正 　AM　PM

　今までテーブルやデータが存在する前提で解説を進めてきましたが，テーブル作成も SQL 文の実行で行います。また，項目変更や制約追加なども SQL 文が用意されています。

### テーブル作成　▶9-2-9

　CREATE TABLE 文でテーブルを作成します。このとき項目名や制約なども指定します。指定することが多いため，複雑な SQL 文になっています。

```
CREATE TABLE 社員 (
    社員コード INTEGER NOT NULL,
    名前 VARCHAR(50) NOT NULL,
    都道府県番号 INTEGER DEFAULT 1 NOT NULL,
    部署 VARCHAR(10),
    PRIMARY KEY( 社員コード ),
    FOREIGN KEY( 都道府県番号 ) REFERENCES 都道府県 ( 番号 )
)
```

　テーブル作成の SQL 文について出題されることは，それほど多くはありません。過去に具体的なスペルが問われたこともありますが，頻度としては少ないと思われます。

## ・CREATE TABLE 社員

「社員」という名前のテーブルを作成します。

## ・社員コード INTEGER NOT NULL

　1つ目の項目は「社員コード」で数値型とします。この項目には非 NULL 制約を設定したいので「NOT NULL」と記述します。

## ・都道府県番号 INTEGER DEFAULT 1 NOT NULL

　非 NULL 制約を設定しているので，この項目を NULL にできません。必ず値が必要ですが，もし値を設定せずに NULL になりそうな場合には，初期値として「1」が入ります。初期値は「DEFAULT」で指定します。

## ・部署 VARCHAR(10)

　社員の部署が決まっていない場合には NULL の状態とするため，非 NULL 制約は設定していません。

## ・PRIMARY KEY( 社員コード )

　「社員コード」に主キーを設定します。なお，主キーは非 NULL 制約の項目にしか設定することができません。

## ・FOREIGN KEY( 都道府県番号 )

「都道府県番号」に外部キーを設定します。外部キーを設定する場合には，同時に「どのテーブルの，どの項目を参照するか」を指定する必要があります。そのため続いて「REFERENCES 都道府県 ( 番号 )」と記述しています。これは「都道府県テーブルの番号を参照する」という指定です。

> 午後問題で，これらを手書きする問題が出題されました。解答群ではないため1文字でも間違った場合には得点できなかったと思われます。出題されることは少ないと思いますが，可能であればスペルを暗記してください。午後問題でデータベースを選択しない場合には，暗記は不要です。

---

CREATE TABLE 料金プラン

( 料金プランコード CHAR (8) NOT NULL,

通信事業者コード 　　　　　 k

料金プラン名 VARCHAR(30) NOT NULL,

基本料金 DECIMAL(5, 0) NOT NULL,

通話単価 DECIMAL(5, 2) NOT NULL,

通信単価 DECIMAL(5, 4) NOT NULL,

　　l　　 ( 料金プランコード ),

　　m　　 ( 通信事業者コード ) REFERENCES 通信事業者 ( 通信事業者コード ))

---

9-2-26 AP-R4 秋 PM 問 6 より抜粋

9 章 ― データベース

問題文には「通信事業者コードは CHAR(4) であり，NULL は許可しない」ことが明記されていました。また「値を指定しない場合には，初期値として '1234' が入る」という条件も書かれていました。そのため（k）には「CHAR(4) DEFAULT '1234' NOT NULL」が入ります。また，通信事業者コードは外部キーであることも問題文から読み取れたため，（m）には「FOREIGN KEY」が入ります。料金プランコードは主キーであるため，（l）には「PRIMARY KEY」が入ります。

## テーブル修正

作成したテーブル構造を変更するためには **ALTER TABLE**（オルター・テーブル）を使います。これもあまり出題されることはないかと思います。ある仕様変更により一意性制約を付与する必要が出てきた場合には，どのような SQL 文になるかを問われたことがありました。

| d | クーポン明細 ADD CONSTRAINT クーポン明細_IX1 |
|---|---|
| UNIQUE ( クーポンコード , 獲得会員コード , 獲得制限 _1 枚限り )) | |

図 2 "同一会員 1 枚限りの獲得制限" を制約とするための SQL 文

9-2-27 AP-R4 春 PM 問 6 より抜粋

空欄（d）は「ALTER TABLE」です。

# ビュー AM PM

通常のテーブル以外に，**ビュー**という仮想的なテーブルを作成することができます。以下は通常のテーブルですが，給与額などはあまり見せたくありません。

| 社員コード | 社員名 | 性別 | 都道府県コード | 給与額 | 年代 |
|---|---|---|---|---|---|
| 1 | 情報太郎 | 男 | 3 | 20 | 20 |
| 2 | 技術花子 | 女 | (NULL) | 26 | 20 |
| 3 | 基本次郎 | 男 | 3 | 55 | 50 |
| 4 | 情報二郎 | 男 | 4 | 25 | 20 |
| 5 | 試験一郎 | 男 | 2 | 22 | 20 |
| 6 | 応用桃子 | 女 | 2 | (NULL) | 30 |

9-2-28 仮想テーブル

そこで，一部の項目を隠した仮の社員テーブルを作成して使ってもらうことができます。このような仮想テーブルをビューといいます。

## CREATE VIEW 社員ビュー AS SELECT 社員コード , 社員名 FROM 社員

作成したビューは，通常のテーブルと同じように使うことができます。

**9-2-29** ビューを選択で使う

## スペルを覚えるとよいSQL文

午後試験でデータベースを選択する場合には，以下のスペルを暗記するとよいでしょう。

| | |
|---|---|
| SELECT | FROM |
| WHERE | HAVING |
| GROUP BY | INNER JOIN |
| LEFT OUTER JOIN | RIGHT OUTER JOIN |
| COUNT | MAX |
| MIN | SUM |
| AVG | EXISTS |
| PRIMARY KEY | FOREIGN KEY |
| REFERENCES | UNIQUE |
| DEFAULT | BETWEEN |
| ORDER BY | DISTINCT |
| INSERT | UPDATE |
| ALTER TABLE | CREATE VIEW |

**9-2-30** スペルを覚えるとよいSQL文

9章 データベース

---

**Q 午後の解答力UP!** ────────────── 解説は次ページ ▶▶

テーブルに主キーを設定するためには「PRIMARY KEY( 項目名 )」という記述が必要ですが，同じく外部キーを設定するためにはどう記述するでしょうか？ 参照先の指定も含めて1行で書いてみてください。

# 9.3

重要度 ★★

# 正規化

なぜ複数のテーブルが必要なのでしょう。Excel のように，売上があったら「売上テーブル」にドンドン追加していくだけでは駄目なのでしょうか？　なぜ「売上」「売上明細」「顧客」「商品」など複数テーブルで管理する必要があるのでしょうか？正規化を学ぶことで，データベースのありがたみを知ることになります。

　**正規化**とは**データの更新時異常を避けるための方法**です。具体的にどういうことかを，この節を通して学習していきます。また正規化してはいけない場面もあるため，それもあわせて学習していきましょう。ただ正規化の前に学習すべきことがあります。はやる気持ちを抑えて，まずは「関数従属」についてしっかりと理解しましょう。

## 関数従属 ▶ 9-3-1 AM PM

　データベースの設計において「従属」の学習は必須です。

　『広辞苑』によると「従属とは，中心となるものや力のあるものにつき従うこと」とあります。「中心となるもの」と「従うこと」とあることから，どうやら2者間の関係性のように解釈できます。

　ここにあるテーブルがあります。応用情報技術者試験の過去問に合わせて作成してみました。下線が主キーです。

### 社員（<u>社員コード</u>，社員名，性別，部署）

　この場合，以下のような従属関係が発生しています。

| 社員コード | 社員名 | 性別 | 部署 |
|---|---|---|---|
| 1 | 情報太郎 | 男 | 人事部 |
| 2 | 技術花子 | 女 | 経理部 |
| 3 | 基本次郎 | 男 | 経理部 |
| 4 | 応用桃子 | 女 | 総務部 |
| 5 | 試験一郎 | 男 | 営業部 |

9-3-1 社員テーブルの従属関係

　「社員コード」が1だとすると「社員名」も「情報太郎」と確定します。また性別，

**A 午後の解答力UP! 解説**

「FOREIGN KEY（項目名），REFERENCES テーブル名（項目名）」とします。

部署も確定します。

「社員コード」が3だとすると，部署は何でしょうか？　そうです「経理部」です。

　このように「社員コード」が決まると，その他の項目は完全に決まります。このような状態を従属しているといい，データベースにおいては関数従属と呼びます。そして→の記号を使って表現します。ですから，このテーブルでは「**社員コード→社員名**」「**社員コード→性別**」「**社員コード→部署**」となります。

　ここで，あなたに1つ疑問が生まれたはずです。「社員名が"情報太郎"に決まると，社員コードも1に決まるのではないか？」ということです。つまり「社員名→社員コード」などの関数従属もあるのではないかということですが……ありません。

## なぜ社員名→社員コードは成立しないのか？

　先ほどのサンプルの表がわかりにくいので1行追加してみました。いかがでしょうか。

| 社員コード | 社員名 | 性別 | 部署 |
|---|---|---|---|
| 1 | 情報太郎 | 男 | 人事部 |
| 2 | 技術花子 | 女 | 経理部 |
| 3 | 基本次郎 | 男 | 経理部 |
| 4 | 応用桃子 | 女 | 総務部 |
| 5 | 試験一郎 | 男 | 営業部 |
| 6 | 情報太郎 | 男 | システム部 |

**9-3-2** 同姓同名の社員が入ってきた場合

　社員名が「情報太郎」と決まった場合，社員コードは何でしょうか？　1でしょうか？　6でしょうか？　そうです，決まらないのです。ですから社員名→社員コードは成立していないのです。

　名前は重複する場合が想定されます。同姓同名の人が入社する可能性は低いとしてもゼロではありません。ですから，可能性としては上のようなデータになることはありえます。

　一方，社員コードは重複しません。主キーに設定しているからです。もう一度見てみましょう。

## 社員（社員コード，社員名，生年，部署コード）

　そのため社員コードが決まれば，必ずその他の項目は決まるのです。

　この会社に電話をして「社員コード1番の人に代わってください」と伝えると，絶対に1人だけが電話口に出てくれます。しかし「情報太郎さんに代わってください」と伝えると「弊社には2名おりますが……」となるかもしれません。**「かもしれません」という時点で関数従属ではありません**。確実に1人に決まることが条件です。

では，社員コードに主キーが設定されていないのならどうでしょうか？　その場合には，社員コード→社員名であるとは言い切れません。実際の問題では主キーの有無以外にも，問題文から解釈しなければならない場合もあります。例えば，「客室ごとに客室タイプが決まる」という説明があった場合，客室→客室タイプの関係があります。よくわからなくなったら「客席Aの客席タイプは？」と電話をするところを想像してみましょう。

　6行だけから成る"配送"表において成立している関数従属はどれか。ここで，X→Yは，XはYを関数的に決定することを表す。

| 配送日 | 部署ID | 部署名 | 配送先 | 部品ID | 数量 |
|---|---|---|---|---|---|
| 2016-08-21 | 300 | 第二生産部 | 秋田事業所 | 1342 | 300 |
| 2016-08-21 | 300 | 第二生産部 | 秋田事業所 | 1342 | 300 |
| 2016-08-25 | 400 | 第一生産部 | 名古屋工場 | 2346 | 300 |
| 2016-08-25 | 400 | 第一生産部 | 名古屋工場 | 2346 | 1,000 |
| 2016-08-30 | 500 | 研究開発部 | 名古屋工場 | 2346 | 30 |
| 2016-08-30 | 500 | 研究開発部 | 川崎事業所 | 1342 | 30 |

配送

　**ア**　配送先→部品ID
　**イ**　配送日→部品ID
　**ウ**　部署ID →部品ID
　**エ**　部署名→配送先

[解説]
　まずは「ア」が成立するかを試してみます。さっそくですが電話してみましょう。「配送先が秋田事業所の場合，部品IDはなんですか？」と問い合わせると，迷わず「1342」と答えてくれます。他の事業所も同様に，迷うことなく部品IDを教えてくれそうです。したがって，この表を見る限りは「配送先→部品ID」は成立するといえます。
　では「イ」はどうでしょうか。「配送日が2016-08-30の部品IDを教えてください」と質問すると，「申し訳ございません。2346と1342がございます」と答えてくれることになります。そのため「配送日→部品ID」は成立しません。「ウ」「エ」も同様に成立しません。わからなくなったら，電話をかけて会社に問い合わせるイメージで考えてみましょう

答え：ア

## 非正規形 AM

　正規形にすることを正規化といいます。正規形ではない状態が悪いということではありません。「データの追加・更新・削除において矛盾が発生する可能性がないように設計するべきである」という設計思想に基づいていますので，**追加・更新・削除があまり発生しないテーブルにおいては，あえて正規化しない場合もあります。**

　まだ正規化していない状態を非正規形といいます。Excel でデータを管理していると非正規形になりがちです。

| 売上番号 | 売上日時 | 会員コード | 会員氏名 | 商品コード1 | 商品名1 | 金額1 | 数量1 | 商品コード2 | 商品名2 | 金額2 | 数量2 | 商品コード3 | 商品名3 | 金額3 | 数量3 |
|---|---|---|---|---|---|---|---|---|---|---|---|---|---|---|---|
| 1 | 2023/1/15 | 1 | 北海 太郎 | 1 | 鉛筆 | 120 | 1 | 9 | ボールペン | 200 | 4 | 4 | 定規 | 90 | 9 |
| 2 | 2023/4/16 | 1 | 北海 太郎 | 3 | 消しゴム | 130 | 2 | | | | | | | | |
| 3 | 2023/4/21 | 2 | 札幌 次郎 | 4 | 定規 | 90 | 1 | 33 | 寿司 | 400 | 2 | | | | |

`9-3-3` 非正規形の売上データ

　**非正規形とは繰り返し項目がある状態**です。商品コード，商品名，金額，数量が横並びで3回出てきています。このような構成だと，矛盾が発生する可能性があるので注意しなければなりません。

　上の表で，商品コードが9の商品名はボールペン B です。商品名をボールペン Z に変えることが決まった場合には，テーブルにある商品コードが9の値をすべて更新しなければなりません。しかし作業漏れがあると，商品コードが9にもかかわらず「ボールペン B」と「ボールペン Z」の両方が存在することになります。**正規化をしてこのような矛盾が発生しないようにします。**

　ただ，この状態が悪いというわけではありません。注文ごとに1行なので非常に見やすいと思いますが，正規形ではないというだけです。

　後で必要になるので，復習がてら候補キーを探してみましょう。このデータですと売上番号です。売上番号が決まると，行を1つに特定できます。他に候補キーになりそうなものは見当たりませんので，もしデータベースを使うのであれば「売上番号」に，主キーを設定してもよさそうです。

　正規形には段階があります。システム開発の現場では多くの場合第3正規形までであり，出題されるとしてもそこまでです。高度試験のデータベーススペシャリストでも，それを超える正規形について聞かれることは非常に稀です。したがって，この章でも第1正規形～第3正規形までを解説します。

## 第1正規形 ▶9-3-2 AM PM

**繰り返し項目を排除**するために，それらを行に分割した状態を第1正規形といいます。

まず，繰り返し部分をハサミで切り取って縦に並べます。

| 売上番号 | 売上日時 | 会員コード | 会員氏名 | 商品コード1 | 商品名1 | 金額1 | 数量1 |
|---|---|---|---|---|---|---|---|
| 1 | 2023/1/15 | 1 | 北海 太郎 | 1 | 鉛筆 | 120 | 1 |
| 2 | 2023/4/16 | 1 | 北海 太郎 | 3 | 消しゴム | 130 | 2 |
| 3 | 2023/4/21 | 2 | 札幌 次郎 | 4 | 定規 | 90 | 1 |

| 商品コード2 | 商品名2 | 金額2 | 数量2 |
|---|---|---|---|
| 9 | ボールペン | 200 | 4 |
| | | | |
| 33 | 寿司 | 400 | 2 |

| 商品コード3 | 商品名3 | 金額3 | 数量3 |
|---|---|---|---|
| 4 | 定規 | 90 | 9 |
| | | | |
| | | | |

`9-3-4` 繰り返し項目の部分を分ける

そして，不足している項目を補います。4行目はもともと1行目でしたから，1行目の値（売上番号は1であるなど）を設定します。これが第1正規形です。

| 売上番号 | 売上日時 | 会員コード | 会員氏名 | 商品コード | 商品名 | 金額 | 数量 |
|---|---|---|---|---|---|---|---|
| 1 | 2023/1/15 | 1 | 北海 太郎 | 1 | 鉛筆 | 120 | 1 |
| 2 | 2023/4/16 | 1 | 北海 太郎 | 3 | 消しゴム | 130 | 2 |
| 3 | 2023/4/21 | 2 | 札幌 次郎 | 4 | 定規 | 90 | 1 |
| 1 | 2023/1/15 | 1 | 北海 太郎 | 9 | ボールペン | 200 | 4 |
| 3 | 2023/4/21 | 2 | 札幌 次郎 | 33 | 寿司 | 400 | 2 |
| 1 | 2023/1/15 | 1 | 北海 太郎 | 4 | 定規 | 90 | 9 |

`9-3-5` 第1正規形

ここでの候補キーはどの項目でしょうか。非正規形のときには売上番号だけでしたが，この段階だと「売上番号」と「商品コード」の組み合わせが候補キーです。「売上番号」と「商品コード」の両方が決まらないと，行を1つに特定できません。

## 第2正規形 ▶9-3-3 AM PM

ここで関数従属の話が出てきます。第2正規形にする流れがもっとも複雑ですので，ゆっくり見ていきます。

まず**候補キーの一部または全部からの関数従属**を探します。「一部または全部」と表現すると難しく感じてしまいますので，ちょっとだけ脱線します。

　ある家族がいました。（父）北海太郎，（母）北海花子，（長男）北海一郎，（次男）北海次郎。

　この家族の候補キーは両親です。父だけでも母だけでもなく，両親で候補キーです。

　甘えん坊の一郎は父と母に従属しています。しっかり者の次郎は母だけに従属しています。

「候補キーの一部」とは，父または母だけのことです。「候補キーの全部」とは両親のことです。一郎は候補キーの全部に関数従属し，次郎は候補キーの一部だけに関数従属しています。

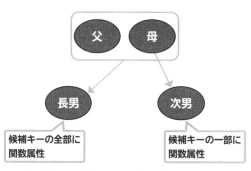

`9-3-6` 候補キーの全部または一部に関数従属

　この家族関係は以下のように表現できます。

**{ 太郎，花子 } →一郎（甘えん坊）**

**花子→次郎（しっかり者）**

　第2正規形ではこの従属関係をきちんと把握した上で，テーブルを分割していきます。

　では話を戻します。先ほど見たように，現段階（第1正規形）での候補キーは「売上番号」「商品コード」です。

## 候補キーの一部である「売上番号」に関数従属

　売上番号はコンビニのレシートのイメージです。1枚のレシートがあり，そこには「1番」と書かれています。また日付も書かれています。つまり，レシートの番号がわかれば必ず日付も1つに決まります。

　テーブルを見てみましょう。売上番号が1の売上日付は2023/1/15のようです。同じくレシートごとに誰か1人が購入するので，売上番号が決まると購入者である会員が決まります。すなわち「売上番号→会員コード」「売上番号→会員氏名」の関係があります。

| 売上番号 | 売上日時 | 会員コード | 会員氏名 | 商品コード | 商品名 | 金額 | 数量 |
|---|---|---|---|---|---|---|---|
| 1 | 2023/1/15 | 1 | 北海 太郎 | 1 | 鉛筆 | 120 | 1 |
| 2 | 2023/4/16 | 1 | 北海 太郎 | 3 | 消しゴム | 130 | 2 |
| 3 | 2023/4/21 | 2 | 札幌 次郎 | 4 | 定規 | 90 | 1 |
| 1 | 2023/1/15 | 1 | 北海 太郎 | 9 | ボールペン | 200 | 4 |
| 3 | 2023/4/21 | 2 | 札幌 次郎 | 33 | 寿司 | 400 | 2 |
| 1 | 2023/1/15 | 1 | 北海 太郎 | 4 | 定規 | 90 | 9 |

**9-3-7** 売上番号に対する関数従属

　ただし売上番号→商品コードは成り立ちません。1枚のレシートには複数の商品が並ぶことがあるためです。電話で「売上番号が1の商品を教えてください」と問い合わせても「申し訳ありません，たくさんの商品があります」と回答をもらうことになりますので，従属していないことになります。

　売上番号に関数従属するのは以下の3つであることがわかりました。

・売上番号→売上日時
・売上番号→会員コード
・売上番号→会員氏名

### 候補キーの一部である「商品コード」に関数従属

　商品コード→商品名は成立します。また商品コード→金額も成立します。ただしお得意さまには安く売るなど，購入者ごとに商品の金額が変わる業種があると思います。金額がどの項目に関数従属しているかは問題文を読んで決めることになりますが，今回は商品ごとに金額が設定されているという前提です。

| 売上番号 | 売上日時 | 会員コード | 会員氏名 | 商品コード | 商品名 | 金額 | 数量 |
|---|---|---|---|---|---|---|---|
| 1 | 2023/1/15 | 1 | 北海 太郎 | 1 | 鉛筆 | 120 | 1 |
| 2 | 2023/4/16 | 1 | 北海 太郎 | 3 | 消しゴム | 130 | 2 |
| 3 | 2023/4/21 | 2 | 札幌 次郎 | 4 | 定規 | 90 | 1 |
| 1 | 2023/1/15 | 1 | 北海 太郎 | 9 | ボールペン | 200 | 4 |
| 3 | 2023/4/21 | 2 | 札幌 次郎 | 33 | 寿司 | 400 | 2 |
| 1 | 2023/1/15 | 1 | 北海 太郎 | 4 | 定規 | 90 | 9 |

**9-3-8** 商品コードに対する関数従属

商品コードに関数従属するのは以下の2つです。

・商品コード→商品名
・商品コード→金額

## 候補キーの全部である「売上番号」「商品コード」に関数従属

　数量はどうでしょうか。電話でどのように聞けば，迷うことなく「1個です」と教えてくれるでしょうか。「売上番号が1で，商品コードが3の数量は」という聞き方になります。

| 売上番号 | 売上日時 | 会員コード | 会員氏名 | 商品コード | 商品名 | 金額 | 数量 |
|---|---|---|---|---|---|---|---|
| 1 | 2023/1/15 | 1 | 北海 太郎 | 1 | 鉛筆 | 120 | 1 |
| 2 | 2023/4/16 | 1 | 北海 次郎 | 3 | 消しゴム | 130 | 2 |
| 3 | 2023/4/21 | 2 | 札幌 次郎 | 4 | 定規 | 90 | 1 |
| 1 | 2023/1/15 | 1 | 北海 太郎 | 9 | ボールペン | 200 | 4 |
| 3 | 2023/4/21 | 2 | 札幌 次郎 | 33 | 寿司 | 400 | 2 |
| 1 | 2023/1/15 | 1 | 北海 太郎 | 4 | 定規 | 90 | 9 |

**9-3-9** 売上番号と商品コードに対する関数従属

　このように表現します。

・{ 売上番号，商品コード }→数量

## 第2正規形になるようにテーブルを分割

　「候補キーの一部または全部」に関数従属した項目でテーブルを分割した状態を第2正規形といいます。
　今までの流れで判明した「候補キーの一部または全部」への関数従属をリストアップしてみます。

・売上番号→売上日時
・売上番号→会員コード
・売上番号→会員氏名

・商品コード→商品名
・商品コード→金額

・{ 売上番号，商品コード }→数量

この関数従属に基づいてテーブルを分割します。

| 売上番号 | 売上日時 | 会員コード | 会員氏名 |
|---|---|---|---|
| 1 | 2023/1/15 | 1 | 北海 太郎 |
| 2 | 2023/4/16 | 1 | 北海 太郎 |
| 3 | 2023/4/21 | 2 | 札幌 次郎 |
| 1 | 2023/1/15 | 1 | 北海 太郎 |
| 3 | 2023/4/21 | 2 | 札幌 次郎 |
| 1 | 2023/1/15 | 1 | 北海 太郎 |

| 商品コード | 商品名 | 金額 |
|---|---|---|
| 1 | 鉛筆 | 120 |
| 3 | 消しゴム | 130 |
| 4 | 定規 | 90 |
| 9 | ボールペン | 200 |
| 33 | 寿司 | 400 |
| 4 | 定規 | 90 |

| 売上番号 | 商品コード | 数量 |
|---|---|---|
| 1 | 1 | 1 |
| 2 | 3 | 2 |
| 3 | 4 | 1 |
| 1 | 9 | 4 |
| 3 | 33 | 2 |
| 1 | 4 | 9 |

9-3-10 関数従属に基づいてテーブルを分割

### なお重複するデータがある場合には1つにまとめます。

| 売上番号 | 売上日時 | 会員コード | 会員氏名 |
|---|---|---|---|
| 1 | 2023/1/15 | 1 | 北海 太郎 |
| 2 | 2023/4/16 | 1 | 北海 太郎 |
| 3 | 2023/4/21 | 2 | 札幌 次郎 |

| 商品コード | 商品名 | 金額 |
|---|---|---|
| 1 | 鉛筆 | 120 |
| 3 | 消しゴム | 130 |
| 4 | 定規 | 90 |
| 9 | ボールペン | 200 |
| 33 | 寿司 | 400 |

| 売上番号 | 商品コード | 数量 |
|---|---|---|
| 1 | 1 | 1 |
| 2 | 3 | 2 |
| 3 | 4 | 1 |
| 1 | 9 | 4 |
| 3 | 33 | 2 |
| 1 | 4 | 9 |

9-3-11 重複を排除

---

**過去問にチャレンジ！** [AP-R3秋AM 問28改]

　受注入力システムによって作成される次の表に関する記述のうち，適切なものはどれか。受注番号は受注ごとに新たに発行される番号であり，項番は1回の受注で商品コード別に連番で発行される番号である。なお，単価は商品コードによって一意に定まる。

| 受注日 | 受注番号 | 得意先コード | 工番 | 商品コード | 数量 | 単価 |
|---|---|---|---|---|---|---|
| 2021-03-05 | 995867 | 0256 | 1 | 20121 | 20 | 20,000 |
| 2021-03-05 | 995867 | 0256 | 2 | 24005 | 10 | 15,000 |
| 2021-03-05 | 995867 | 0256 | 3 | 28007 | 5 | 5,000 |

　ア　正規化は行われていない。
　イ　第1正規形まで正規化されている。
　ウ　第2正規形まで正規化されている。
　エ　第3正規形まで正規化されている。

**[解説]**
　この表に繰り返し項目はありますか？　「商品コード1」「商品コード2」「商品コード3」のような項目があればそれが繰り返し項目ですが，今回はないようです。非正規形ではないので「ア」は間違いです。

　次に候補キーが何かを知る必要があります。「受注番号，項番」の組み合わせで1行が特定できます。また「項番は1回の受注で商品コード別に連番」とあります。これは言い換えると「項番は商品コードごと」ですので，「受注番号，商品コード」の組み合わせでも1行が特定できます。

　候補キーの一部である「受注番号」を例に考えてみます。「受注番号」に関数従属している項目はありそうでしょうか？　まず「受注番号→受注日」が成り立ちます。

　候補キーの一部または全部に関数従属している場合に，それを分割して排除しなければなりません。どうやらできていないようですので，第2正規形にはなっていないことになります。

答え：イ

## 第3正規形 ▶ 9-3-4 AM PM

　いよいよ最後です。次は**推移的関数従属**を探して分割します。また漢字ばかりの難しい言葉が出てきましたが，先ほどの家族に登場してもらいゆっくりと学習していきましょう。

（父）北海太郎，（母）北海花子，（長男）北海一郎，（次男）北海次郎。

　しっかり者だと思われていた次郎ですが，実は母だけではなく兄の一郎にも従属していることがわかりました。

　次郎は一郎に関数従属していますが，同時に両親にも推移的関数従属していると表現します。つまり**間接的な関数従属**です。

**9-3-12** 間接的な関数従属（推移的関数従属）

　一郎は両親に従属していますので，このような表現になります。

9章　データベース

## { 太郎，花子 } →一郎→次郎

では話を戻しましょう。先ほど分割した 1 つ目のテーブルに注目してください。

| 売上番号 | 売上日時 | 会員コード | 会員氏名 |
|---|---|---|---|
| 1 | 2023/1/15 | 1 | 北海 太郎 |
| 2 | 2023/4/16 | 1 | 北海 太郎 |
| 3 | 2023/4/21 | 2 | 札幌 次郎 |

**9-3-13** 第 2 正規形で作られた売上テーブル

なぜこのテーブルが作られたかというと，この 3 つの関数従属があったためでした。

・売上番号→売上日時
・売上番号→会員コード
・売上番号→会員氏名

しかし，よく見ると「会員コード→会員氏名」の関数従属もあることがわかります。この関数従属を，なぜ先ほどは分割しなかったのでしょうか？　第 2 正規形では「候補キーの一部または全部からの関数従属だけを分割する」ルールだったためです。**会員コードは候補キーには含まれないため，ここまで分割されずに残っていました**。しかし第 3 正規形ではこれを分割します。

以下の関係が推移的関数従属です。

・売上番号→会員コード→会員氏名

これを 2 つに分割してテーブルにします。

・売上番号→会員コード
・会員コード→会員氏名

| 売上番号 | 売上日時 | 会員コード | 会員氏名 |
|---|---|---|---|
| 1 | 2023/1/15 | 1 | 北海 太郎 |
| 2 | 2023/4/16 | 1 | 北海 太郎 |
| 3 | 2023/4/21 | 2 | 札幌 次郎 |

| 商品コード | 商品名 | 金額 |
|---|---|---|
| 1 | 鉛筆 | 120 |
| 3 | 消しゴム | 130 |
| 4 | 定規 | 90 |
| 9 | ボールペン | 200 |
| 33 | 寿司 | 400 |

| 売上番号 | 商品コード | 数量 |
|---|---|---|
| 1 | 1 | 1 |
| 2 | 3 | 2 |
| 3 | 4 | 1 |
| 1 | 9 | 4 |
| 3 | 33 | 2 |
| 1 | 4 | 9 |

| 会員コード | 会員氏名 |
|---|---|
| 1 | 北海 太郎 |
| 2 | 札幌 次郎 |

**9-3-14** 第 3 正規形

これで正規化はすべて完了です。

　では，9-3-3 の表に戻って，解説を見ずに非正規形から第三正規形にできるかどうか必ず試してみてください。
　　⋮
　できましたか？　過去問題で本当に理解できているかを確認してみましょう。

**過去問にチャレンジ！**［DB-H22春AM2 問9］

　次の表を，第3正規形まで正規化を行った場合，幾つの表に分割されるか。ここで，顧客の1回の注文に対して1枚の受注伝票が作られ，顧客は1回の注文で一つ以上の商品を注文できるものとする。

| 受注番号 | 顧客コード | 顧客名 | 受注日 | 商品コード | 商品名 | 単価 | 受注数 | 受注金額 |
|---|---|---|---|---|---|---|---|---|
| 1055 | A7053 | 鈴木電気 | 2009-07-01 | T035 | テレビ A | 85,000 | 10 | 850,000 |
| 1055 | A7053 | 鈴木電気 | 2009-07-01 | K083 | ラジカセ A | 23,000 | 5 | 115,000 |
| 1055 | A7053 | 鈴木電気 | 2009-07-01 | S172 | ステレオ B | 78,000 | 3 | 234,000 |
| 2030 | B7060 | 中村商会 | 2009-07-03 | T050 | テレビ B | 90,000 | 3 | 270,000 |
| 2030 | B7060 | 中村商会 | 2009-07-03 | S172 | ステレオ B | 78,000 | 10 | 780,000 |
| 3025 | C9025 | 佐藤電気 | 2009-07-03 | T035 | テレビ A | 85,000 | 3 | 255,000 |
| 3025 | C9025 | 佐藤電気 | 2009-07-03 | K085 | ラジカセ B | 25,000 | 2 | 50,000 |
| 3025 | C9025 | 佐藤電気 | 2009-07-03 | S171 | ステレオ A | 50,000 | 8 | 400,000 |
| 3090 | B7060 | 中村商会 | 2009-07-04 | T050 | テレビ B | 90,000 | 1 | 90,000 |
| 3090 | B7060 | 中村商会 | 2009-07-04 | T035 | テレビ A | 85,000 | 2 | 170,000 |

　**ア** 2　　**イ** 3　　**ウ** 4　　**エ** 5

［解説］

　この問題ができたら，正規化については完全にマスターしたと判断できる良問です。今まで見てきた流れを思い出しながら，一緒に正規化してみましょう。見たところ繰り返し項目はないので，少なくとも第1正規形にはなっているようです。
　次のステップは「候補キー」の調査です。どの項目（または項目の組み合わせ）がわかると，1行に特定できるでしょうか。
「受注番号」欄を見ると 1055 が3つありますから，「受注番号」がわかったところでは1行に特定できません。「受注番号」「商品コード」の組み合わせが候補キーのようです。候補キーがわかったところで，一部または全部からの関数従属を調べてみます。

■「受注番号」からの関数従属
　受注番号→顧客コード，受注番号→顧客名，受注番号→受注日

■「商品コード」からの関数従属
　商品コード→商品名，商品コード→単価

■「受注番号」「商品コード」からの関数従属
　｛受注番号，商品コード｝→受注数，｛受注番号，商品コード｝→受注金額

なおデータを見る限りは，お得意様には単価を特別に安くするなどはしていないようです。そのため商品コードにだけ関数従属していると判断します。この3つの関係に基づいてテーブルを分割します。これが第二正規形です。

| 受注番号 | 顧客コード | 顧客名 | 受注日 |
| --- | --- | --- | --- |

| 商品コード | 商品名 | 単価 |
| --- | --- | --- |

| 受注番号 | 商品コード | 受注数 | 受注金額 |
| --- | --- | --- | --- |

第2正規形

　第3正規形ではそれぞれのテーブルで推移的関数従属を探し，それを分割してテーブルにします。1つ目のテーブルの「顧客コード→顧客名」が推移的関数従属です。

| 受注番号 | 顧客コード | 受注日 |
| --- | --- | --- |

| 商品コード | 商品名 | 単価 |
| --- | --- | --- |

| 受注番号 | 商品コード | 受注数 | 受注金額 |
| --- | --- | --- | --- |

| 顧客コード | 顧客名 |
| --- | --- |

第3正規形

　この4つに分割されました。

答え：**ウ**

データベースはあまり新しい話題が出てきません。そのため過去問題をやり込むことで比較的対策しやすい分野であると言えます。
できればパソコンにデータベースをインストールして実際に動かしてみてください。かなりイメージがしやすくなります。

**Q 午後の解答力UP!**　　　　　　　　　　　　　　　　　　　　　　　　　　　解説は次ページ ▶▶

売上（受注番号，受注明細番号，商品コード，受注金額）のテーブルは第2正規形です。その理由はなんでしょうか？　なお，主キーは受注番号と受注明細番号です。

# トランザクション管理

データベースは Excel とは違い，複数のアプリケーションから同時に使われることを想定しています。ある値を私が 100 に変えたとして，あなたが知らずに 200 に変えることがないようにコントロールする機能があります。このように厳しく管理することで，データベースを信頼して扱えるようにしています。

　業務系の処理においては，1 つのデータ更新だけで完了する処理の方が少ないかもしれません。例えば，100 を A さんの銀行口座から B さんの銀行口座に振り込みをしたとします。この場合 A さんから -100 をし，B さんに +100 をすることになりますので，2 つのデータ更新が発生します。このような一連の処理を**トランザクション**といいます。なお，トランザクションの開始と終了は SQL 文で明示することができます。

```
START TRANSACTION; /* トランザクション開始 */
UPDATE 口座 SET 残高 = 残高 – 100 WHERE 口座ID = 123;
UPDATE 口座 SET 残高 = 残高 +100 WHERE 口座ID = 987;
COMMIT; /* トランザクション終了 */
```

## ACID特性　AM　PM

　複雑な処理の場合には，トランザクションを意識した設計にする必要があります。具体的に何を意識しなければならないのでしょうか？　以下の 4 つが推奨され，それぞれの頭文字をとって ACID（アシッド）特性と呼ばれています。

### 原子性（A）

　我々の身の回りのものを細かく分解していくと，これ以上分解できない最小の粒子となり，これが原子です。その原子になぞらえた性質が**原子性**です。**トランザクションはまったく実行されていないか，すべて実行されたかのどちらかでなければなりません**。先ほどの銀行振込の例ですと，A さんの口座から -100 した後に障害が発生したとしても，そこで終えてはいけません。A さんの口座から -100 した処理をキャンセルしていなかったことにするべきです。

　なお，トランザクションを完了しデータベースへ反映することを**コミット**といいます。SQL 文では COMMIT 文を実行することでコミットできます。ただし多

**A 午後の解答力UP! 解説** ----------
受注番号または受注明細番号に部分関数従属する項目があるためです。

くの DBMS では，初期設定で自動コミットが ON になっています。そのため SQL
文を実行した際にすぐにデータベースに反映されているように見えていますが，実
際には DBMS が自動的にコミットをしています。いずれにしても，コミットをし
たタイミングでデータベースに反映されます。
　一方，途中で障害やエラーが発生したなどの理由でトランザクションを開始時点
に戻すことを**ロールバック**といいます。SQL 文では ROLLBACK 文を実行するこ
とでロールバックできます。

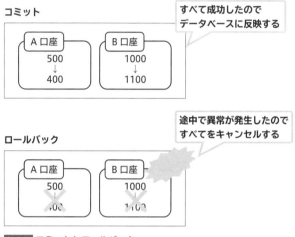

9-4-1 コミットとロールバック

### 一貫性（C）

　トランザクションが完了しても**整合性が引き続き守られている**必要があります。
トランザクションが完了した時点でも，設定した参照制約が維持されたり，数値型
の項目に文字が入らないようにすることです。これを**一貫性**といいます。

> この一貫性は，データベースに設定されている制約なので当たり前と思われるかも
> しれません。しかし，本章の最後に学習する分散データベースでは，この一貫性が
> 犠牲になる場面もあります。この件については，また後で学習していきます。

### 独立性（I）

　トランザクション A によって太郎さんの「給与」項目を 30 → 50 に更新したと
します。トランザクション B がその後に実行されて，太郎さんの「給与」項目を
見ると 50 になっているはずです。
　しかしトランザクション A と並行して，トランザクション B が実行されていた
とします。トランザクション A によって 30 → 50 に更新したとしても，トランザ

クション B は 30 に見えるべきであるという考え方です。つまり**他の実行中トラン
ザクションの実行結果を，自分のトランザクションに反映されない**ことを**独立性（隔
離性）**といい，複数のトランザクションが同時に動く場合を想定した特性です。

　しかし，これが果たして使いやすいのかどうか，開発中のシステム要件によりま
す。そこで独立性にはいくつかレベルがあり，DBMS で自由に設定できるように
なっています。このレベルを**隔離性水準**といいます。隔離性水準を変えることでト
ランザクション B にも即座に反映されて，50 に見えるようになります。

### 耐久性（D）

　完了したトランザクションの実行結果は，その後に**障害が発生しても消失しては
いけません**。これが**耐久性（永続性）**です。後で障害管理でしっかりと学習してい
きますが，バックアップやログファイルなどで管理していきます。

## ロック AM PM

　DBMS にはテーブルやレコードに鍵をかける機能があります。これをロックと
いいます。ロックすると，その資源には他のトランザクションからのアクセスが制
限されます。「資源」と表現しましたが，実際にそのように出題されることもある
ので慣れておいてください。ここでの資源とは，テーブルまたはレコードのことで
す。DBMS ではテーブル全体をロックしたり，ある特定のレコードだけをロック
したりすることができます。どちらがよいかはトランザクション内の処理によりま
すのでケースバイケースですが，これを**ロックの粒度**といいます。

　さてロックが必要な場面を考えてみましょう。

　例えば，太郎さんがパソコンに向かい，これから各社員の給与を更新する仕事を
行うとします。上司からの命令では「次郎の給与を 1 万円アップさせよ」です。

・10:00　太郎さんは管理画面で次郎さんの給与が「30」であることを確認しました。
・10:01　「給与額（万円）」欄に「31」と入力して「決定」をクリックしました。
・10:02　データベースに反映されました。

　同じ頃に，花子さんは社長から直々に「次郎の給与を，さらに 3 万円アップさせよ」
と指示を受けていました。

・10:01　花子さんは管理画面を開きますが，まだ太郎さんが更新をする前ですか
　　　　ら給与欄には「30」と表示されています。
・10:02　花子さんは「給与額（万円）」欄に「33」と入力して「決定」をクリッ
　　　　クしました。
・10:03　データベースに反映されました。

翌月，次郎さんの口座には33万円の給与が振り込まれていました。1万円の昇給とさらに3万円の昇給ですから34万円になるはずですが，いったい何が起きたのでしょうか？

　2つの昇給処理が同時に行われたのが問題でした。

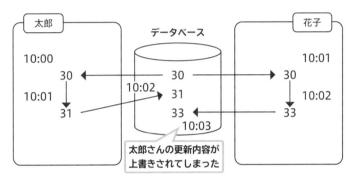

更新内容が失われた例

　太郎さんの仕事が終わってから花子さんが仕事を開始すればよかったのです。もし彼らが隣同士の席であればお互いに声を掛け合い，今回のようなトラブルは発生しなかったはずです。ここで学習していくのは声を掛け合う方法ではなく，DBMSのロック機能を使って強制的に待ちを発生させる方法です。

### ロックの種類 ▶9-4-1

　ロックには2つの種類あります。まずは**専有ロック**です。これは非常にわかりやすいのですが，完全に鍵をかけてしまいます。これで他のトランザクションはその資源にアクセスすることができません。アクセスできないと，アクセスできるようになるまで待ちます。DBMSの種類や設定にもよるのですが，1分程度の場合が多いと思います。鍵が開くまで1分待ち続け，それでも鍵が開かなければエラーとなります。もし1分以内に鍵が開けば，その資源にアクセスすることができます。ここでのアクセスとは「見る（SELECT文）」「追加する（INSERT文）」「更新する（UPDATE文）」「削除する（DELETE文）」のことです。

　トランザクションAが専有ロックをすると，トランザクションBはしばらく待ち続けることになります。その間にトランザクションAは資源を自由に変更できます。

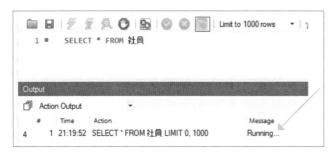

他のトランザクションが専有ロックをかけているため SELECT 文の実行が待機

　もう１つのロックの種類は**共有ロック**です。これは「見る（SELECT 文）」だけは許可します。

　トランザクション A が「社員」テーブルに共有ロックをかけたとします。トランザクション B は，以下のような SQL 文でそのテーブルを見ようとします。

## SELECT * FROM 社員 WHERE 番号 = 100

　これは何事もないように実行され結果を取得できます。しかし，以下の SQL 文は待ちが発生します。

## UPDATE 社員 SET 給与 = 50 WHERE 番号 = 100

　追加や削除も同じです。

　共有ロックがかけられた資源については，他のトランザクションは参照だけを自由にできますが，追加，更新，削除は専有ロックと同じく待ち続け，そのうち待ち疲れてエラーになるはずです。

　また**共有ロックをかけたトランザクション自身もまた，参照しかできなくなります**。その点は専有ロックと異なるので注意してください。専有ロックをかけたトランザクション自身は，自由にアクセス（追加，更新，削除，参照）できます。

トランザクションの同時実行制御に用いられるロックの動作に関する記述のうち，適切なものはどれか。

ア　共有ロック獲得済の資源に対して，別のトランザクションからの新たな共有ロックの獲得を認める。

イ　共有ロック獲得済の資源に対して，別のトランザクションからの新たな専有ロックの獲得を認める。

ウ　専有ロック獲得済の資源に対して，別のトランザクションからの新たな共有ロックの獲得を認める。

エ　専有ロック獲得済の資源に対して，別のトランザクションからの新たな専有ロックの獲得を認める。

[解説]

ロック中のアクセスについては学習しましたが，さらに進めてロック中のロック要求について考えてみましょう。ロックをかけたトランザクションをA, 後からロックを要求してきたトランザクションをBとします。

「ア」から見てみましょう。Aが共有ロックした資源は，本人も含めて参照だけが可能です。この状態でBも「共有ロックしたい」と要求してきたとします。共有ロックは「自分自身も含めたすべてのトランザクションで参照だけ認める」状態です。つまり**Bは「見たい」からこそ共有ロックを要求**してきたのです。Bのロック要求を認めたところで，Bは見るだけですからAによる共有ロックの目的に反しません。そのため共有ロック中の共有ロック要求は許可されます。

「イ」は共有ロック中の専有ロック要求はどうなるかです。**専有ロックは追加・更新・削除をしたいからこそかけるわけです。**つまり，これから追加・更新・削除をするという宣言でもあります。共有ロック中は追加・更新・削除を認めないため，専有ロックをしようとするとエラーが発生します。

「ウ」「エ」についてです。専有ロック中は，自分以外のトランザクションによるすべてのアクセスを禁止します。そのためロック要求も禁止です。

答え：ア

## デッドロック ▶9-4-2

　ロックをかけることで相手が待ち続けるのは正常な動きです。しかし処理の流れによっては，2つのトランザクションがお互いに相手を待ち続けるデッドロックという現象に陥ることがあります。

　デッドロックが発生するためには前提条件があります。

　1.テーブルを更新する直前にそのテーブルにロックをかける
　2.トランザクションの終了時に，すべてのロックを解除する

　このルールを**2相ロッキングプロトコル**（または**2相ロック**）といいます。「相」は「ステップ」という意味です。つまり上の2ステップでロックを操作することが前提です。**2相ロッキングプロトコルというルールに従ってロックをすると，高い独立性**（ACID特性の「I」）が維持できるため，システム開発プロジェクトのルールで採用する場合もあります。

　高い独立性ではありますが，デッドロックが発生する可能性があるため，ある工夫をする必要があります。具体的に見てみましょう。

　太郎さんはプロジェクトリーダから「2相ロッキングプロトコルで」と指示されているので，その通りにしました。特に指示はなかったので，トランザクションAでは「部署」「社員」の順番で，トランザクションBでは「社員」「部署」の順番で更新することにしました。

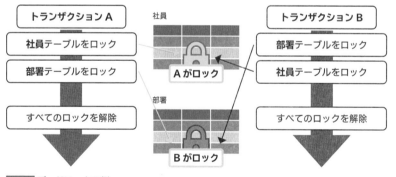

`9-4-4` デッドロックの例

　この場合，トランザクションAとトランザクションBは，お互いにロック解除を待ち続けることになります。デッドロックの発生です。トランザクションの終わりまでずっとロックを解除しないと，このようなことが発生します。

　問題はどこにあったのでしょうか。更新する順番を同じにすることで解決できます。すべてのトランザクションで「社員」「部署」の順に更新すれば，例えばトランザクションBがトランザクションAを待つだけですから「お互いに相手を待つ」ことにはならず，デッドロックは発生しないのです。

トランザクションAとBが，共通の資源であるテーブルaとbを表に示すように更新するとき，デッドロックとなるのはどの時点か。ここで，表中の①～⑧は処理の実行順序を示す。また，ロックはテーブルの更新直前にテーブル単位で行い，アンロックはトランザクション終了後に行うものとする。

| | トランザクション A | トランザクション B |
|---|---|---|
| 時間 | ①トランザクション開始 | |
| | | ②トランザクション開始 |
| | ③テーブル a 更新 | |
| | | ④テーブル b 更新 |
| | ⑤テーブル b 更新 | |
| | | ⑥テーブル a 更新 |
| | ⑦トランザクション終了 | |
| | | ⑧トランザクション終了 |

**ア** ③　　**イ** ④　　**ウ** ⑤　　**エ** ⑥

[解説]

最後に書かれている「ロックはテーブルの更新直前にテーブル単位で行い，アンロックはトランザクションの終了後に行うものとする。」という記述から，2相ロッキングプロトコルであることがわかります。そのためデッドロックが発生してしまいました。

③～⑥ではテーブルを更新していますので，そのタイミングでロックがかけられます。そして，そのタイミングは2つのトランザクションで逆になっており，まさにデッドロックが発生する条件を満たしています。

もし⑥が存在しない場合には，何事もなく2つのトランザクションが完了します。したがって，デッドロックが発生した瞬間は⑥です。

**答え：エ**

Q 午後の解答力UP！ ──────────────────────────── 解説は次ページ ▶▶

2相ロッキングプロトコルでロックをしない場合，デッドロックは発生しにくいというメリットはありますが，デメリットはなんでしょうか？

# 障害管理

億を超えるデータが一瞬にして消えてしまったら……。正直考えたくもないのですが，大量のデータを管理するということは，それが消えてしまった場合のリスクも大きくなります。DBMS にはデータが消えない，異常な状態にならないなどのリスクに対応するための機能も備わっています。

## 「もしも」に備える障害管理 AM PM

データベースは Excel などと同じく**補助記憶装置に保存**されています。そのためサーバを再起動したとしても，当然ですがデータが消えることはありません。Excel では保存ボタンをクリックすると補助記憶装置に保存されますが，データベースはいつ補助記憶装置に保存されているのでしょうか。

### 補助記憶装置にデータが保存されるタイミング

以下の SQL 文を実行したとします。

### UPDATE 商品 SET 単価 = 120 WHERE 商品コード = 5

すでに学習した通り，SQL 文を実行してもすぐにはデータベースに反映されません。ACID 特性の原子性で触れた**コミットが必要**です。コミットはトランザクションの正常終了を意味します。

実は**データベースに反映されるタイミングと，補助記憶装置に保存されるタイミングはまったく異なります。**

Excel で考えてみましょう。ある値をキーボードで入力して変更したとします。画面上は変更されていますが，補助記憶装置には反映されていません。補助記憶装置に反映するには保存が必要です。

データベースの場合にはコミットでデータベースに反映されますが，それは主記憶装置に反映されただけです。補助記憶装置にも反映するには**チェックポイント**というタイミングを待つことになり，利用者が意図して補助記憶装置に保存することはできません。

> なぜチェックポイントが存在するかというと，**コミットのたびに同時に補助記憶装置に保存していては時間がかかりすぎる**からです。そのため，あるタイミングでまとめて保存するという手順がとられています。

**A 午後の解答力UP! 解説**

複数トランザクションを逐次実行した場合と，並列実行した場合とで結果が異なることがあります。　503

チェックポイントは DBMS が独自に設定したタイミングです。一定時間ごとや，コミットを何度もすることで，主記憶装置がいっぱいになった場合に行われることが多いようです。

## ログファイル

　コミットしたとしても，主記憶装置に反映されるだけですが主記憶装置は揮発性であり，電源を切ると消えてしまいます。Excel を使って入力している最中に電源を切ると，今までの入力は消えてしまいます。データベースにおいてもチェックポイント前に電源が切れると，まだ補助記憶装置に反映していないデータは消えてしまいます。

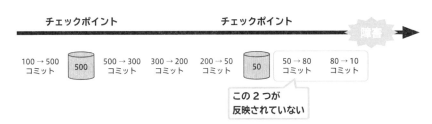

`9-5-1` チェックポイント前に障害が発生

　ACID 特性の「耐久性」ではこのように説明しました。「**コミット（トランザクションを完了）した場合，その実行結果は障害が発生しても決して消えてはならない。**」
　しかし，このままでは ACID 特性を満たすことができていません。そこで，コミット時にデータベースに反映（主記憶装置だけに反映）すると同時に，**ログファイルにも保存**します。ログファイルは「ファイル」ですから，補助記憶装置への保存です。
　つまり，コミットすることで主記憶装置への反映に加えて，実は補助記憶装置にどんな操作をしたのかについてログを書き出していたのです。チェックポイントでも補助記憶装置に保存しますが，これは比較的時間がかかります。その点ログファイルはサイズが小さいため，保存する時間は非常に短く，頻繁に行ってもそれほど実行時間に影響はありません。
　ログファイルには実行内容が記録されています。障害などにより電源が突然消えてチェックポイント前のデータが消えたとしても，ログファイルを見て操作を再現すれば障害からの復旧が可能なのです。ただし，補助記憶装置が故障した場合にはログファイルも使えなくなる場合があります。このような場合には残念ながら復旧はできません。そこで RAID（レイド）などを使って補助記憶装置を冗長化し，安全性を高めることになります。
　なおログファイルは**ジャーナルファイル**ともいいます。

## ロールバックとロールフォワード

ログファイルには2種類あります。**更新前ログ**と**更新後ログ**です。例えば，100という値を500に変えたとします。この場合，更新前ログには「100」が保存され，更新後ログには「500」が保存されます。

**SQL文の実行をなかったことにしたい場合には，更新前ログ**を使って100を採用します。これをロールバックといいます。

一方，**実行を完了したことにしたい場合には，更新後ログ**を使って500を採用します。これをロールフォワードといいます。

**ロールバックは「戻りたいので更新前ログ」**を使います。**ロールフォワードは「進みたいので更新後ログ」**を使います。

どちらのログファイルを使うかは，障害が発生したタイミングによります。過去問題を例に確認してみましょう。

---

**過去問にチャレンジ！** [AP-H27秋AM 問30]

チェックポイントを取得するDBMSにおいて，図のような時間経過でシステム障害が発生した。前進復帰（ロールフォワード）によって障害回復できるトランザクションだけを全て挙げたものはどれか。

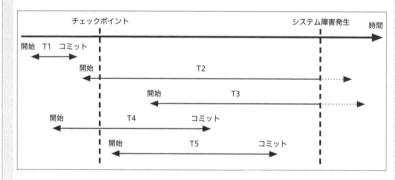

**ア** T1　**イ** T2とT3　**ウ** T4とT5　**エ** T5

[解説]

ロールフォワードによる障害回復は，更新後ログを使います。

5つのトランザクションがあります。トランザクション内でSQL文の実行がされているはずですが，それぞれで「実行をなかったことにしたい」のか，「実行を完了したことにしたいのか」を判断していきます。

実行をなかったことにしたい場面とはなんでしょうか？　コミットをしていないときです。コミットはトランザクションの完了を意味します。完了していないということは，データベースに反映してはいけないのです。

　以下の SQL 文を実行したとします。

UPDATE 商品 SET 単価＝120 WHERE 商品コード＝5

　実行はしたけれどコミットしていなければ，障害発生時に実行をなかったことにする必要があります。「せっかく実行したのに，なかったことにしていいのか？」と思われるかもしれませんが，コミットとはそういう役割です。コミット前の SQL 文の実行は仮実行なのです。

　では 5 つのトランザクションを見てみましょう。

　T1 はコミットされ，その直後にチェックポイントがあります。そのため補助記憶装置に保存されており，データは被害を受けていません。

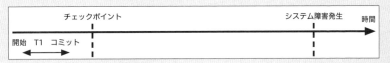

T1 はチェックポイント前にコミット

　T2 は障害発生時にはコミットされていません。コミットされていない場合には，トランザクション開始前に戻す必要があります。

　トランザクション開始直後にチェックポイントを経過していますので，更新前ログを使ってチェックポイントから一つひとつ丁寧に「更新していないこと」にしていく必要があります。これをロールバックといいます。

T2 はコミット前に障害が発生

　T3 もコミット前です。チェックポイントは 1 度も経過していないので，おそらく障害の原因を取り去り，あとは起動するだけでトランザクション開始前に戻ると思います。ただし実際の障害復旧の手順は，使っている DBMS の機能によります。少なくともロールフォワードは不要です。

T3 はコミット前に障害が発生

　T4 と T5 は両方ともコミットをして主記憶装置に反映し，チェックポイントを待っている状態です。しかし，チェックポイントになる前に障害が発生してしまいました。つまりコミットした内容は消えてしまいました。

　しかし 2 つのログファイルがあるので，それらを使うことであるべき状態にすることができます。

　あるべき状態とはコミットした時点です。更新後ログファイルを見て，一つひとつ丁寧に今までやってきた操作を再現し，コミット時点にまで状態を回復していきます。これをロールフォワードといいます。

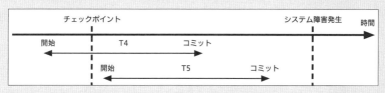

T4，T5 は障害前にコミット

答え：ウ

Q 午後の解答力UP!　　　　　　　　　　　　　　　　　　　　　　　　解説は次ページ ▶▶
ログファイルがあれば行った操作を再度行うことができます。ログファイルは補助記憶装置に保存されるため補助記憶装置が故障した場合，データの復旧ができず大きな影響があります。その対策としてどのようなものが考えられるでしょうか？

# その他のデータベース

この章では主にリレーショナルデータベース（RDB）について学習してきました。大規模なシステムでも使われている伝統的なデータベースですが，いくつか不得意なこともあります。そこでRDB以外のデータベースが活用される場面も増えてきました。

## RDB以外のデータベース AM

### NoSQL

今まで学習してきたリレーショナルデータベース（RDB）以外の，非常に手軽なデータベースも利用されるようになってきています。これを **NoSQL** といいます。SQL文は使えないため SELECT 文なども使えません。データを取り出すときは原則としてプログラムで記述していきます。またトランザクション機能がなく，外部キーの概念もありません。整合性も保証されていません。つまり，せっかく学習した ACID 特性がまったく適用されていないのです。NoSQL が備えるべき特性は **BASE 特性** といい，以下の意味があります。

・B A：基本的にいつでも利用できる
・S：常に整合性を保つ必要はない
・E：結果的に整合性が保たれていればよい

ACID 特性に比べて随分と大雑把なイメージです。シンプルであるがゆえに高速であり，また規模の拡張などがしやすいなどのメリットがあります。

### 分散データベース

分散データベースとは，地理的に離れた場所に分散してデータを保存する仕組みです。例えば1つのデータベースを東京，札幌，大阪に分散配置できます。

`9-6-1` 分散データベース

**A 午後の解答力UP! 解説** -----------------------

RAID 構成にした補助記憶装置にログファイルを保存することで対策できます。

　地理的に離れているため，コミットした際のデータベースへの反映が課題です。

　まず拠点を「サイト」と表現し，1つの主サイトが全体の調整をします。コミットの際には，主サイトが他のサイト（従サイト）に対して「コミットできるか」と問い合わせて，その返答をもらいます。すべてのサイトから「可能である」という返答をもらうことができた場合には，「コミットして」と指示をします。このように2ステップでコミットをすることから**2相コミット**といわれています。

　分散データベースでは，1つのテーブルが分かれて複数のサイトに分散配置されることもあります。こうなると一貫性（ACID特性の「C」）の保証は困難になります。物理的に離れているため，密に連絡を取ることができないためです。そこで一貫性（整合性）を犠牲にする運用が行われることがあります。この運用では，時間が経過することで結果的に整合性が取れればよいということから**結果整合性**といわれます。

---

**過去問にチャレンジ！** [AP-R1秋AM 問30]

　分散トランザクション管理において，複数サイトのデータベースを更新する場合に用いられる2相コミットプロトコルに関する記述のうち，適切なものはどれか。

　**ア**　主サイトが一部の従サイトからのコミット準備完了メッセージを受け取っていない場合，コミット準備が完了した従サイトに対してだけコミット要求を発行する。

　**イ**　主サイトが一部の従サイトからのコミット準備完了メッセージを受け取っていない場合，全ての従サイトに対して再度コミット準備要求を発行する。

　**ウ**　主サイトが全ての従サイトからコミット準備完了メッセージを受け取った場合，全ての従サイトに対してコミット要求を発行する。

　**エ**　主サイトが全ての従サイトに対してコミット準備要求を発行した場合，従サイトは，コミット準備が完了したときだけ応答メッセージを返す。

[解説]

　2相コミットを主導する主サイトは，従サイトに対してコミットが可能かを問い合わせます。すべてから準備完了メッセージを受け取った場合だけ，すべてにコミットを指示します。

**答え：ウ**

---

Q 午後の解答力UP！ ───────────────────────── 解説は次ページ ▶▶

あるゲームのサービス開始において予想を超える大量アクセスがありましたが，NoSQLを採用していたため障害が発生しませんでした。NoSQLのどのようなメリットによるものでしょうか？1つ挙げてください。

# 確認問題

### 問題1 [AP-H30春AM 問28]

SQLにおいて，A表の主キーがB表の外部キーによって参照されている場合，各表の行を追加・削除する操作の参照制約に関する制限について，正しく整理した図はどれか。ここで，△印は操作が拒否される場合があることを表し，○印は制限なしに操作ができることを表す。

**ア**

|     | 追加 | 削除 |
|-----|-----|-----|
| A表 | ○ | △ |
| B表 | △ | ○ |

**イ**

|     | 追加 | 削除 |
|-----|-----|-----|
| A表 | ○ | △ |
| B表 | ○ | △ |

**ウ**

|     | 追加 | 削除 |
|-----|-----|-----|
| A表 | △ | ○ |
| B表 | ○ | △ |

**エ**

|     | 追加 | 削除 |
|-----|-----|-----|
| A表 | △ | ○ |
| B表 | △ | ○ |

### 問題2 [AP-R5春AM 問30]

図のような関係データベースの"注文"表と"注文明細"表がある。"注文"表の行を削除すると，対応する"注文明細"表の行が，自動的に削除されるようにしたい。参照制約定義の削除規則（ON DELETE）に指定する語句はどれか。ここで，図中の実線の下線は主キーを，破線の下線は外部キーを表す。

注文

| 注文番号 | 注文日 | 顧客番号 |
|---------|-------|---------|

注文明細

| 注文番号 | 暗証番号 | 商品番号 | 数量 |
|---------|---------|---------|------|

**ア** CASCADE　　**イ** INTERSECT　　**ウ** RESTRICT　　**エ** UNIQUE

**問題3** [AP-H28秋AM 問29]

"サッカーチーム"表と"審判"表から，条件を満たす対戦を導出するSQL文のa に入れる字句はどれか。

〔条件〕

・出場チーム1のチーム名は出場チーム2のチーム名よりもアルファベット順で 先にくる。

・審判は，所属チームの対戦を担当することはできない。

| サッカーチーム |
| --- |
| チーム名 |
| X |
| Y |
| Z |

| 審判 | |
| --- | --- |
| 氏名 | 所属チーム名 |
| 佐藤健太 | X |
| 鈴木翔太 | Y |
| 高橋拓也 | Z |

対戦

| 出場チーム1 | 出場チーム2 | 審判氏名 |
| --- | --- | --- |
| X | Y | 高橋拓也 |
| X | Z | 鈴木翔太 |
| Y | Z | 佐藤健太 |

〔SQL文〕

SELECT A.チーム名 AS 出場チーム1, B.チーム名 AS 出場チーム2,
　　　C.氏名 AS 審判氏名
　　　FROM サッカーチーム AS A, サッカーチーム AS B, 審判 AS C
　　　WHERE A.チーム名 < B.チーム名 AND 　　a　　

**ア**　(A.チーム名 <> C.所属チーム名 OR B.チーム名 <> C.所属チーム名)

**イ**　C.所属チーム名 NOT IN (A.チーム名, B.チーム名)

**ウ**　EXISTS
　　　　(SELECT ＊ FROM 審判 AS D WHERE A.チーム名 <> D.所属チーム
名
　　　　AND B.チーム名 <> D.所属チーム名)

**エ**　NOT EXISTS
　　　　(SELECT ＊ FROM 審判 AS D WHERE A.チーム名 = D.所属チーム名
　　　　OR B.チーム名 = D.所属チーム名)

第1，第2，第3正規形とそれらの特徴a～cの組合せのうち，適切なものはどれか。

a: どの非キー属性も，主キーの真部分集合に対して関数従属しない。

b: どの非キー属性も，主キーに推移的に関数従属しない。

c: 繰返し属性が存在しない。

|   | 第1正規形 | 第2正規形 | 第3正規形 |
|---|---|---|---|
| ア | a | b | c |
| イ | a | c | b |
| ウ | c | a | b |
| エ | c | b | a |

## 解答・解説

### 解説1　ア

　参照制約に関する知識が問われています。B表に，例えば「都道府県コード」があったとします。この属性には自由に値を入れることはできず制限があります。その制限とは「A表の主キーにあるものだけ」です。A表の主キーに1，2，3だけがあるとしたら，B表の「都道府県コード」にはこの3つだけを入れることができます。B表への追加については制限があるため△となります。

　この場合，A表の主キーにさらに4などを追加することについては，一切問題が発生しません。B表から見た場合に候補が増えるだけです。しかし，候補が減ることについては問題が発生する場合があります。B表の「都道府県コード」で，その値を使っていた場合です。しかし，その値を使っていないのであれば，問題なく減らすことができます。これは△の状態です。B表への追加が△で，A表からの削除が△ですから答えはアです。

### 解説2　ア

「注文明細」の「注文番号」から「注文」の「注文番号」に参照制約が設定されているようです。

| 注文番号 | 注文日 | 顧客番号 |
|---|---|---|
| 1 | 5/1 | 100 |
| 2 | 5/1 | 200 |
| 3 | 5/2 | 300 |

注文テーブルの例

| 注文番号 | 明細判号 | 商品番号 | 数量 |
|---|---|---|---|
| 1 | 1 | 200 | 5 |
| 1 | 2 | 300 | 4 |
| 2 | 1 | 900 | 7 |
| 3 | 1 | 500 | 5 |
| 3 | 2 | 200 | 10 |

注文明細テーブルの例

　このような状態で「注文」テーブルの1行目を削除すると，「注文明細」テーブルの1行目と2行目で使っているため，参照制約の違反になります。違反になる前に「注文明細テーブル」の1行目と2行目を削除すれば違反とはならず，それを自動でしてくれる機能があります。それが CASCADE（カスケード）です。「ウ」のRESTRICT（リストリクト，制限）を指定すると，通常の流れと同じように違反としてエラーが発生します。つまり何も指定しなければ **RESTRICT** と同じであり，違反する前に自動削除してほしければ **CASCADE ON DELETE** を指定することになります。

　「イ」の **INTERSECT** は両方に同じレコードがある場合，そのレコードを表示します。「エ」の UNIQUE は，項目に一意性制約を付与する際に記述する SQL 文です。

### 解説3　イ

FROM 句では3つのテーブルをカンマで区切っているため，直積を行っていることがわかります。直積とはすべての組み合わせをとる操作です。まず1つ目と2つ目の直積の結果はこのようになります。

| X | X |
|---|---|
| X | Y |
| X | Z |
| Y | X |
| Y | Y |
| Y | Z |
| Z | X |
| Z | Y |
| Z | Z |

2つのサッカーチームテーブルの直積

この結果と「審判」テーブルの直積を行いますが，81件のレコードとなります。紙面の都合上，記載が難しいので最初の10件だけとします。

| | | | |
|---|---|---|---|
| X | X | 斉藤健太 | X |
| X | Y | 斉藤健太 | X |
| X | Z | 斉藤健太 | X |
| Y | X | 斉藤健太 | X |
| Y | Y | 斉藤健太 | X |
| Y | Z | 斉藤健太 | X |
| Z | X | 斉藤健太 | X |
| Z | Y | 斉藤健太 | X |
| Z | Z | 斉藤健太 | X |
| X | X | 鈴木翔太 | Y |
| X | Y | 鈴木翔太 | Y |
| X | Z | 鈴木翔太 | Y |
| Y | X | 鈴木翔太 | Y |
| Y | Y | 鈴木翔太 | Y |

さらに審判テーブルとの直積（抜粋）

この状態から WHERE 句で指定した条件で抽出を行います。まずは「A のチーム名が，B のチーム名より小さいもの」です。A とは別名であり，1 つ目の「サッカーチーム」テーブルです。B は 2 つ目の「サッカーチーム」テーブルです。文字の場合にはアルファベット順で大小比較が可能です。抽出から漏れたレコードはグレーで表示しました。1 列目と 2 列目を比べて，2 列目の方が大きい（アルファベット順で後ろ）レコードだけが残ります。

| A. チーム名 | B. チーム名 | C. 所属チーム名 | |
|---|---|---|---|
| X | X | 斉藤健太 | X |
| X | Y | 斉藤健太 | X |
| X | Z | 斉藤健太 | X |
| Y | X | 斉藤健太 | X |
| Y | Y | 斉藤健太 | X |
| Y | Z | 斉藤健太 | X |
| Z | X | 斉藤健太 | X |
| Z | Y | 斉藤健太 | X |
| Z | Z | 斉藤健太 | X |
| X | X | 鈴木翔太 | Y |
| X | Y | 鈴木翔太 | Y |
| X | Z | 鈴木翔太 | Y |
| Y | X | 鈴木翔太 | Y |
| Y | Y | 鈴木翔太 | Y |

この状態で，さらに削除すべきレコードがあります。条件の 2 つ目にある「審判は，所属チームの対戦を担当することはできない」です。例えば 1 行目のように X と Y が対戦した場合，X の審判と Y の審判は不可ということです。これを SQL 文で表現するとこのようになります。

### C. 所属チーム名 <> A. チーム名 AND C. 所属チーム名 <> B. チーム名

これと同じ結果になるものを選択肢から探すと「イ」になります。

IN（A. チーム名 , B. チーム名）は「A テーブルのチーム名と B テーブルのチーム名のどちらかが含まれる」ですが，NOT IN とすることで「A テーブルのチーム名と B テーブルのチーム名のどちらにも含まれない」となります。

### 解説4　ウ

**真部分集合**について解説します。まず「部分集合」とは，ある集合の一部のことです。ただし集合全体も含みます。真部分集合は集合全体を含みません。

例えば A，B という集合があったとして，部分集合は「A」「B」「AB」です。意外に思われるかもしれませんが，集合全体である「AB」も「部分」と表現されます。一方「真部分集合」は「A」「B」のどちらかだけです。

その知識を基に a，b，c を見ていきます。説明用に以下のテーブルを用意しました。このテーブルの主キーは「売上番号」「商品コード」です。

| 売上番号 | 売上日時 | 会員コード | 会員氏名 | 商品コード | 商品名 | 金額 | 数量 |
|---|---|---|---|---|---|---|---|
| 1 | 2023/1/15 | 1 | 北海 太郎 | 1 | 鉛筆 | 120 | 1 |
| 2 | 2023/4/16 | 1 | 北海 太郎 | 3 | 消しゴム | 130 | 2 |
| 3 | 2023/4/21 | 2 | 札幌 次郎 | 4 | 定規 | 90 | 1 |
| 1 | 2023/1/15 | 1 | 北海 太郎 | 9 | ボールペン | ¥200 | 4 |
| 3 | 2023/4/21 | 2 | 札幌 次郎 | 33 | 寿司 | 400 | 2 |
| 1 | 2023/1/15 | 1 | 北海 太郎 | 4 | 定規 | 90 | 9 |

売上テーブルの例

a は『「非キー属性」は「主キーの真部分集合」に関数従属しない』です。「非キー属性」は，「キー属性」ではない属性です。主キーが「売上番号」「商品コード」ですから，その他の属性はすべて「非キー属性」です。

「主キーの真部分集合」とは，「売上番号」または「商品コード」のどちらかです。これらに関数従属している属性が存在しないのが第 2 正規形です。つまり，上のテーブルを分割して「売上番号」，または「商品コード」に関数従属する属性を別のテーブルにします。

その結果，「売上番号」「商品コード」の両方に関数従属する属性は残ります。

| 売上番号 | 商品コード | 数量 |
|---|---|---|
| 1 | 1 | 1 |
| 2 | 3 | 2 |
| 3 | 4 | 1 |
| 1 | 9 | 4 |
| 3 | 33 | 2 |
| 1 | 4 | 9 |

第 2 正規形により残った属性

「売上番号」「商品コード」は真部分集合ですが,「売上番号,商品コード」は真部分集合ではありません。真部分集合(売上番号と商品コードのそれぞれ)に関数従属する状態がなくなるように分割した形が第2正規形です。したがって,aは第2正規形です。

bには「推移的に関数従属しない」とあります。推移的関数従属を基にテーブル分割した状態が第3正規形です。

このように第2正規形が,圧倒的に難易度が高いと感じるはずです。そのためbが第3正規形であり,cが第1正規形であるという理由で「ウ」を選んでも問題ありません。

# 10章

## ネットワーク

インターネットがどのようにして成り立っているのかについてや，会社や家庭での小規模ネットワークについての知識も身につきます。ネットワーク内部は電気や光でデータをやり取りしており目に見えないのですが，できるだけイメージしやすいように解説しています。

# 10.1

重要度 ★

# プロトコル

データはすべて0と1の組み合わせだけでできています。その0と1の組み合わせを遠くに移動させる技術がネットワークです。メール，Webページ，写真，動画，ライブ配信。すべて0と1を電気や光に変えて，東京からロサンゼルスに超高速で移動させたりしています。一体どうやってそんなことを実現しているのでしょうか？

## ネットワークにおける全世界の共通ルール AM

　一度くらいは映画などでモールス信号を見たことがあるのではないでしょうか。－－・－（ツー・ツー・トン・ツー）などの音で通信する仕組みです。声での通信と違い，少しばかり音が小さくても伝わります。また電気や光に変換すればかなり遠くとの通信ができます。

　例えば「試験」であれば－－・－・（シ）－・－－（ケ）・－・・・（ン）になります。しかし，自分と相手とで共通のルールをあらかじめ作っておかなければ，正しく言葉に変換できません。自分では「シ」と伝えたいので「－－・－・」と打っても，相手にとってそれは「ア」なのかもしれません。

　この章で学習するネットワークも，電気や光で情報を伝えていますから原理は同じであり，自分と相手とであらかじめ共通のルールを定めておく必要があります。世界規模のネットワークであるインターネットとなると，**全世界で同じルールを使う必要**があります。だからこそ東京とロサンゼルスのように，太平洋を挟んでおよそ9,000km以上離れた機器間で情報のやり取りが可能なわけです。このネットワークにおける共通ルールのことを通信プロトコル，または単に**プロトコル**といいます。ネットワークの学習では，とにかくこのプロトコルが大量に出てきます。すべて重要ですから，しっかりと学習していきましょう。

### 廃れてしまったプロトコルの流派

　まだインターネットがあまり普及していなかった時代には，多くのプロトコルが存在していました。ネットワーク機器を扱う会社がそれぞれで独自のプロトコルを作成していたのです。これだと同じ会社の機器間でしか通信ができません。モールス信号にたとえると，ある会社は「あ」を・・－・に決めたけれども，また他の会社は－－・－にしたようなものです。

　そこで世界標準のプロトコルを作成し，それをみんなで使っていくことになりました。この世界標準のプロトコルの集まりをOSIプロトコルといいます。OSIプ

ロトコルは大量のプロトコルの集まりですが，それらを 7 つの階層に分類したモデルを **OSI 基本参照モデル**といいます。

　しかし，現在このモデルはほとんど使われていません。実際に OSI 基本参照モデルに沿ってネットワークを設計してみると，なかなかうまくいかなかったのです。現在使われているのは **TCP/IP** です。ネットワークを学習するということは，この TCP/IP を学習することになります。とはいえ OSI 基本参照モデルについても多少出題されることはあるので，必要に応じて両方のモデルを対応付けて解説していきます。

> OSI 基本参照モデルに対して，TCP/IP は TCP/IP プロトコルスイートといいますが，問題文では「TCP/IP の環境では」や「TCP/IP ネットワークにおいて」などと表現されていますので，プロトコルスイートという言葉は覚えなくて結構です。

## プロトコルの階層分け

　OSI 基本参照モデルではプロトコルを 7 つに分類しています。一方 TCP/IP では 4 つに分類しています。それぞれの分類についてはこれからじっくりと見ていくとして，その前にあなたの疑問に答えなければなりません。なぜ分類しているかということです。

　あなたは LAN ケーブルを作る技術者だとします。その場合に，知らなければならないのはネットワークに関する知識のうちのほんのわずかです。おそらく接続口の形状とか電気信号に関することになるでしょう。

　また，あなたが電子メールソフトを作る技術者だとします。その場合には，LAN ケーブルの形状などはまったく知る必要がありません。電子メールがどのような仕組みで届くのかを知っていれば開発は可能でしょう。

　このように知らなければならない知識範囲を分けることで，複雑なネットワークを理解しやすくしているのです。

　OSI 基本参照モデルと TCP/IP は以下のように分類されています。

| | |
|---|---|
| アプリケーション層 | |
| プレゼンテーション層 | アプリケーション層 |
| セッション層 | |
| トランスポート層 | トランスポート層 |
| ネットワーク層 | インターネット層 |
| データリンク層 | ネットワークインターフェイス層 |
| 物理層 | （物理層） |

※ TCP/IP では物理層の規定はありませんが，説明の便宜上第 1 層を（物理層）としました。

**10-1-1** OSI 基本参照モデルと TCP /IP の対応関係

10 章 — ネットワーク

「全部覚えないといけませんか？」と聞かれると，「できるだけ」ということになります。聞きなれない言葉ばかりなので大変そうに見えますが，この章では一つひとつじっくりと解説していくので安心してください。

## 物理層 AM

さっそくですが第1層について学習していきます。OSI基本参照モデルでは「物理層」といいますが，TCP/IPには規定がありません。そのためか，近年はほとんど出題されません。

**物理層にはLANケーブルの形や種類，信号の変換に関する仕様などが規定**されています。LANケーブルを購入するとどれも同じ接続口になっていると思いますが，これは物理層にそのような規定があるからです。

またLANケーブルの中を電気信号が流れていきますが，電圧は5V程度なので乾電池1個分くらいです。電圧が十分に高い状態を1とし，電圧が非常に少ない状態を0と対応付けているようなイメージです（実際にはもう少し複雑です）。

電気信号を受信した物理層の機器では電圧を測り，0と1に変換してこの上の層であるデータリンク層（ネットワークインタフェース層）に渡しています。逆に送信時は上の層から受け取った0と1を，電気信号に変換してLANケーブルに流しています。

### 物理層の機器

物理層のプロトコルに沿った機器として，まずは**NIC（ニック，Network Interface Card）**があります。多くのデスクトップパソコンにはLANケーブルを接続する口がありますが，この接続口はNICの一部です。昔はインターネットに接続するためにNICをパソコンに増設する必要がありました。近年ではインターネットへの接続が一般的なので，パソコンに内蔵されていることがほとんどです。

また**リピータ**という装置もありますが，これは電気信号を増幅するだけの装置です。もう1つは**ハブ**であり，1つの接続口から入ってきた電気信号を複数の接続口に分岐します。両方とも非常に単純な機器であり，近年はあまり目にする機会がありません。

物理層はTCP/IPでの規定がないこともあり，試験対策はそれほど必要ありません。ここで取り上げた物理層に属する機器を3つだけ丸暗記しておけば十分でしょう。

# ネットワークインターフェース層

海外に行くにはパスポートが必要だったり，言葉が通じなかったり，移動がとても大変です。しかし国内であれば気軽に移動ができます。ネットワークにおいても，近くの通信と遠くの通信とでは仕組みがまったく違います。第2層では近くの通信についてのルールが決められています。国内旅行を想像しながら学習しましょう。

　　第2層は**ネットワークインターフェース層**といわれており，OSI基本参照モデルでは**データリンク層**が対応しています。

※ TCP/IP では物理層の規定はありませんが，説明の便宜上第1層を（物理層）としました。

　　ここには**近隣の機器との通信についてのルールだけが規定**されています。つまりあるパソコンと，その近くにあるパソコンとの間の通信です。遠い場所にあるパソコンとの通信については，1つ上の層が担当します。何をもって「近く」「遠く」と判断するかは，この後にしっかりと学習していきます。

## 近くの機器との通信 AM PM

　　OSI基本参照モデルにおけるデータリンク層は，TCP/IPではネットワークインターフェース層が該当します。「リンク」も「インターフェース」も「接続」のような意味であり，由来は同じであると考えてよいでしょう。

　　ここには近くの機器と通信するためのプロトコルが規定されています。例えば物理層で規定されているような，LANケーブルの形状などは無関係です。また電気信号の電圧なども意識する必要はありません。物理層の機器が0と1に変換して渡してくれますので，第2層では受け取った0と1を使うだけです。

　　以下のようなネットワークがあったとします。これらのパソコン間の通信を行うためのプロトコルがネットワークインターフェース層（データリンク層）で規定されています。

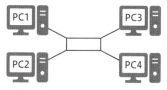

10-2-1 4台だけのシンプルなネットワーク構成

**A 午後の解答力UP! 解説**

機器間の距離が長く途中で電気信号が減衰した場合に，リピータで電気信号を増幅させます。

## 通信相手を特定するMACアドレス ▶10-2-1

　PC1 と PC2 の間で通信するためには相手先の指定が必要です。なぜなら PC3 や PC4 もあるからです。郵便物を届けるために住所が必要になるのと同じです。無人島に 2 人しかいなければ届け先は自然に決まるでしょう。しかし，通信相手の候補が複数存在している場合には，相手を特定するための住所などの情報が必要です。

　ネットワークにおいても同様で，宛先の住所が必要です。それを**MAC（マック）アドレス**といい**48 ビットで表現**します。つまり，PC1 の MAC アドレスは 0100110101…( 全 48 ビット ) であり，PC2 の MAC アドレスは 1001111001…( 全 48 ビット ) などです。

　ただしビット列で記述するのは，人間にはあまりにもわかりにくいため，8 ビットごとに分けてそれぞれを 16 進数で表現し「：( コロン )」で区切ります。

　MAC アドレスは原則として**世界で 1 つしかない重複なしのアドレス**です。例外もあるのですが，出題される内容とはあまり関係がないためここでは無視します。

　世界で 1 つにするために，**上位 24 ビットはネットワーク機器を扱う会社ごと**に振られ，**下位 24 ビットはその会社内で重複しないよう**に振られます。

01101011 00101010 01001011　00011010 11010100 01011011

```
        OUI ( ベンダー ID )              製品番号
        上位 24 ビット                  下位 24 ビット

              6B:2A:4B:1A:D4:5B
```

`10-2-2` MAC アドレスの例

　多くのネットワーク機器には MAC アドレスが付与されています。これは通常，工場出荷時に割り振られます。ネットワーク通信をする機器ですから，パソコンはもちろんスマートフォンにも設定されています。

　iPhone の場合には「設定」→「一般」→「情報」で設定画面が開き，そこに書かれている「Wi-Fi アドレス」が MAC アドレスです。Android 端末でも同じような操作で見ることができるはずですので，一度確認してみるとよいでしょう。

| App | 72 |
| 容量 | 64 GB |
| 使用可能 | 12.81 GB |
| Wi-Fiアドレス | F0:A3:5A:■■■■ |
| Bluetooth | F0:A3:5A:■■■■ |

`10-2-3` Wi-Fi に付与されている MAC アドレスを確認

**過去問にチャレンジ！** [FE-H24秋AM 問33]

　ネットワーク機器に付けられている MAC アドレスの構成として，適切な組合せはどれか。

| | 先頭 24 ビット | 後続 24 ビット |
|---|---|---|
| ア | エリア ID | IP アドレス |
| イ | エリア ID | 固有製造番号 |
| ウ | OUI（ベンダ ID） | IP アドレス |
| エ | OUI（ベンダ ID） | 固有製造番号 |

[解説]

　MAC アドレスは 48 ビットで構成されています。上位 24 ビットはベンダ ID で，下位 24 ビットはベンダ内で重複しないように割り当てられます。結果的に同じ MAC アドレスは世界に 1 つしか存在しないことになります。「IP アドレス」は第 3 層で出てくる非常に重要な情報ですので，この後しっかりと見ていきます。

答え：エ

## ネットワークインターフェース層の機器 AM PM

　ネットワークインターフェース層に関する機器としては**スイッチングハブ**があります。**スイッチングハブは，CPU や主記憶装置などが搭載されており，ちょっとしたパソコン**のようなものです。物理層の機器であるリピータやハブには CPU や主記憶装置は搭載されておらず，単純なことしかできませんでした。スイッチングハブは「この場合はこうする」などと，さまざまな判断と処理が可能です。

　スイッチングハブは MAC アドレスを理解できます。ハブは常に接続している機器全体にデータを送信しますが，スイッチングハブは MAC アドレスを元に対象の機器だけにデータを送信することができます。そのためリピータやハブよりも高価です。とはいえかなり値段が下がってきましたので，安価なものであれば 2,000 円も出せば購入することができます。

同じくネットワークインタフェース層の機器として**ブリッジ**があります。スイッチングハブとは違い接続口は 2 つだけです。つまり PC1 と PC2 だけを接続する目的で使いますが，こちらもあまり目にすることはありません。出題されることも少ないため，とりあえず機器名を覚えておけば十分です。

スイッチングハブには複数の接続口がありますが、これを**ポート**と呼びます。ポートに LAN ケーブルをカチッと差し込み、パソコンなどの機器を接続します。しばらくすると、どのポートにどのパソコンが接続されているかを記憶します。その流れを見ていきましょう。

### フレームのフォーマット

スイッチングハブに PC1 と PC2 が接続されている状態で、スイッチングハブの実際の動きを見てみましょう。

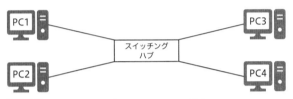

`10-2-4` 4 台だけのシンプルなネットワーク構成

PC1 がデータをスイッチングハブに向けて送りました。実際にどうやって送るのかというと、それはこの章を通じて学習していくことですので、まずは「送った」という事実だけで話を進めます。

第 2 層であるデータリンク層やネットワークインターフェース層で扱うデータのことを**フレーム**といいます。

フレームには自分の MAC アドレスが設定されており、これを「**送信元 MAC アドレス**」といいます。送り先の MAC アドレスは「**宛先 MAC アドレス**」です。

「送信元」「宛先」は、応用情報技術者試験やネットワークスペシャリスト試験の午後問題の模範解答でも使われている用語です。記述式の問題においては、これらの用語を使うと解答しやすいのでぜひ覚えましょう。

| プリアンブル | 宛先<br>MAC アドレス | 送信元<br>MAC アドレス | タイプ | データ | FCS |
|---|---|---|---|---|---|
| 64 ビット | 48 ビット | 48 ビット | 16 ビット | | 32 ビット |

`10-2-5` フレームのフォーマット

先頭から 64 ビットは**プリアンブル**という「これからフレームを送る」ことを意味する目印です。次の 48 ビットは宛先 MAC アドレスで、その次の 48 ビットが自分の MAC アドレス（送信元 MAC アドレス）です。具体的なビット数などは覚える必要はありませんが、結局は 0 と 1 の組み合わせで表現していることを改めて押さえておいてください。

### フレームが通信相手に届くまでの流れ ▶10-2-2

**スイッチングハブは，つながっているパソコンとポート（接続口）の対応を学習**しますが，その流れは非常に重要です。

スイッチングハブの1番目のポートから，図 10-2-5 のフォーマットのフレームが流れてきたとします。流れてきたフレームの**「送信元 MAC アドレス」を見ると，送ってきた機器の MAC アドレス**がわかります。つまり「1番目のポートには○○○という MAC アドレスの機器がつながっている」ことが理解でき，ポートの番号と MAC アドレスの対応表が完成します。この対応表を **MAC アドレステーブル**といいます。

| ポート番号 | MAC アドレス |
|---|---|
| 1 | 00:00:5e:00:53:13 |
| 2 | 00:00:5e:00:53:FA |
| 3 | 00:00:5e:00:53:01 |
| 4 | 00:00:5e:00:53:A8 |

10-2-6 MAC アドレステーブルの例

PC2 が PC1 に対してフレームを送りたい場合には，以下のようなフレームになります。

| プリアンブル | 宛先 MAC アドレス | 送信元 MAC アドレス | タイプ | データ | FCS |
|---|---|---|---|---|---|

00:00:5e:00:53:13    00:00:5e:00:53:A8

10-2-7 フレームの例

宛先 MAC アドレスは「00:00:5e:00:53:13」になっています。スイッチングハブは，MAC アドレステーブルを参照して「00:00:5e:00:53:13 はポート1に接続されている」ことをすでに学習しています。そのためポート1にフレームを送信します。

PC1 は送られてきたフレームの宛先 MAC アドレスが自分宛になっているため，破棄せずに受信します。

しかし，宛先 MAC アドレスが「00:00:5e:00:53:99」だとしましょう。スイッチングハブは MAC アドレステーブルを参照しますが，存在していません。

その場合には，どのポートからフレームを送信すればよいか判断がつきません。そこで，**受信したポート以外のすべてのポートにフレームを流します**。これを**フラッディング**といいます。当然，無関係の PC にもフレームが届くことになりますので，PC によってそれらのフレームは破棄されることになります。

スイッチングハブ（レイヤ2スイッチ）の機能として，適切なものはどれか。

**ア** IPアドレスを解析することによって，データを中継するか破棄するかを判断する。

**イ** MACアドレスを解析することによって，必要なLANポートにデータを流す。

**ウ** OSI基本参照モデルの物理層において，ネットワークを延長する。

**エ** 互いが直接，通信ができないトランスポート層以上の二つの異なるプロトコルの翻訳作業を行い，通信ができるようにする。

[解説]

「ア」にあるIPアドレスはこの後学習しますが，第3層で扱う情報です。スイッチングハブは第2層の機器なので第2層で扱う情報だけを読み取ります。

「イ」が正解です。スイッチングハブはMACアドレスを読み取ることができます。MACアドレステーブルを参照し，対応するポートだけにフレームを流します。

「ウ」は物理層と書かれていますので間違いです。これはリピータの説明です。リピータは減衰した電気信号を増幅しなおすことで，ネットワークを延長することができます。

「エ」のトランスポート層は第4層ですので，後で学習します。

答え：**イ**

Q 午後の解答力UP！　　　　　　　　　　　　　　　　　　　　　　解説は次ページ ▶▶

スイッチングハブのポートにLANケーブルを差し込んでも，接続したことを示すランプが点灯しませんでした。この場合，OSI基本参照モデルのどの層のトラブルであると考えられますか？

# 10.3

重要度 ★★★

# インターネット層

近くの機器との通信の学習を終え，いよいよ遠くの機器との通信を学習します。ネットワークですから遠くの機器と通信するのが醍醐味といえます。海外旅行をイメージしながら学習を進めましょう。

　　第 3 層は**インターネット層**といわれています。OSI 基本参照モデルでは**ネットワーク層**が対応しています。ここでは遠く離れた機器同士の通信についてのルールだけが規定されています。

## 遠くの機器との通信 AM PM

　　第 2 層で未解決であった「近く」「遠く」の話をします。近くとは物理層の機器である「リピータ」「ハブ」，そしてネットワークインターフェース層の機器である「スイッチングハブ」などを介してだけ構成されたネットワークです。

　　一方「遠く」とは**主にセキュリティ上の理由により分割された，他のネットワークとの通信**になります。

　　これは国で考えると理解しやすくなります。例えば，日本国内であれば自由に行き来することができます。電車や飛行機などのチケットさえあればよいので，とてもシンプルです。しかし国を越えるとなると，パスポートが必要だったりコミュニケーションがとりにくかったりと，一気に複雑になります。これがいわゆる「遠く」の通信です。遠くの機器と通信するにはまた別の仕組みが必要となるのです。それをここでは学習していきます。

## なぜネットワークを分けるのか？ AM PM

　　**ネットワークを分ける理由は主にセキュリティ上の理由**です。営業部とシステム開発部があったとします。この 2 者間で秘密にしたいことが特にないのであれば，ネットワークを分ける必要はありません。つまり第 2 層で担当している「近く」の通信だけでよいので，スイッチングハブなどを使ってネットワークを構成することになります。

　　しかし秘密にしたいことがある場合には，自由に通信できてしまうと少々不安になってきます。そこで登場したのがネットワークを分割するという考え方です。

　　これは国境に似ています。ある国からある国に移動するためには，通常はいろいろ

**A 午後の解答力UP! 解説**

物理層のトラブルであると考えられます。

な審査がありようやく入国できます。ネットワーク分割にも同様の役割があります。

ネットワークを分ける機能を持っている機器が**ルータ**です。スイッチングハブが CPU と主記憶装置を持つちょっとしたパソコンのようなものである，という話はしました。ルータも同じですが，さらに高機能です。

通常，スイッチングハブ自身に MAC アドレスはありませんが（例外はあります），**ルータは MAC アドレスを持っており**，さらにパソコンに近い機器といえるでしょう。

### ネットワークを超えた通信 ▶10-3-1

以下のようなネットワークがあったとします。これらのパソコン間の通信を行うための流れを見ていきましょう。

PC1 と PC2 は同じネットワーク内にあるのでスイッチングハブだけで通信できます。しかし PC1 と PC3 の間の通信は，それぞれが**別のネットワークにあるのでルータが必要**です。

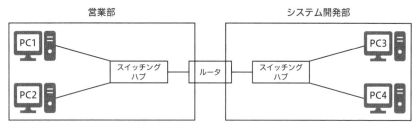

10-3-1 ルータを使ったネットワーク間接続

別のネットワークの機器と通信するためには，MAC アドレスとは別の住所が必要です。それが **IP アドレス**です。IP アドレスもまた，すべてのネットワーク機器に振られます。

IP アドレスは 32 ビットなのですが，人間にわかりやすいように 10 進数で表現します。また 8 ビットごとに区切りますので，全部で 4 つのグループに分かれます。グループ間は「.（ピリオド，ドット）」で区切ります。この 1 つのグループのことを**オクテット**といいます。8 ビットで 1 オクテットですから，1 オクテットは 1 バイトと同じサイズです。読み方が違うだけで，同じものです。

11000000101010000000101000010101

11000000　　10101000　　00001010　　00010101
　192　　　　　168　　　　　10　　　　　21

### 192.168.10.21

10-3-2 IP アドレスの例

MAC アドレスと同じく，スマートフォンなどで確認してみてください。

| IPV4 アドレス | |
|---|---|
| IP を構成 | 自動 > |
| IP アドレス | 53.1.153.196 |
| サブネットマスク | 254.0.8.0 |
| ルーター | 10.126.126.126 |

**10-3-3** iPhone では Wi-Fi ごとに IP アドレスが設定されている

---

**過去問にチャレンジ！** [AP-H22春AM 問37]

ルータの機能に関する記述として，適切なものはどれか。

ア LAN 同士や LAN と WAN を接続して，ネットワーク層での中継処理を行う。

イ データ伝送媒体上の信号を物理層で増幅して中継する。

ウ データリンク層でのネットワーク同士を接続する。

エ 二つ以上の LAN を接続し，LAN 上の MAC アドレスを参照して，その参照結果を基にデータフレームをほかのセグメントに流すかどうかの判断を行う。

[解説]

ルータの役割を答えるだけの出題ですが，今まで学習してきたあなたならすべての選択肢について，どの機器の役割かを答えられるかと思います。一つひとつ見ていきましょう。

「ア」は LAN 同士を接続するとあります。**LAN** は「ローカル・エリア・ネットワーク」であり，小さな規模のネットワークです。つまり今まで触れてきた「ネットワーク」のことだと思ってもらって結構です。「ネットワーク同士を接続する機器」という意味なので，これがルータの役割です。なお **WAN** とは「ワイド・エリア・ネットワーク」であり，大きな規模のネットワークですが，ネットワークに変わりはありません。

「イ」は物理層で信号を増幅とありますのでリピータです。

「ウ」はデータリンク層の機器のことですからスイッチングハブかブリッジです。

「エ」は MAC アドレスを参照してフレームを流すということですから，スイッチングハブです。セグメントとはネットワーク内のある範囲のことです。

**答え：ア**

### IPアドレスが足りない

ところで MAC アドレスのビット数は覚えていますか？ 48 ビットです。それに比べて IP アドレスの 32 ビットというのは少ないような気がしませんか？ そうです。少ないのです。すべてのネットワーク機器には IP アドレスが振られますが，実は困ったことが起きています。

32 ビットで表現できる数値の範囲の計算は，基礎理論の章で学習したのですが覚えていますか？ **2 の 32 乗で計算でき，約 43 億**です。つまり，IP アドレスを重複なく割り振ったとして約 43 億の機器に設定が可能なのです。

43 億というと多いように感じるかもしれません。しかし，世界の人口が約 70 億ですから，実はまったく足りていません。

IP アドレスのビット数を決めた時代には，まさか 1 人が 1 台以上のネットワーク機器を持ち，それ以外にも世界中にパソコンやサーバ，ルータなどが大量に配置される未来は予想できなかったのでしょう。たった 32 ビットに決めてしまったために，現在 **IP アドレス枯渇問題**が起きています。この問題を解決するための苦肉の策がありますが，それは後で学習します。

## パケットがパソコンから送信 AM **PM**

IP アドレスは MAC アドレスとは違い，工場出荷時には設定されていません。自分で設定する必要があります。そこで今回は以下のように，PC1，PC2，PC3，PC4 にそれぞれ設定しました。設定は手動で行うことができますが**重複すると通信ができなくなるため，一般的には自動化**します。自動化する方法も後で学習しますが，今はまだ学習前なのでそれぞれに IP アドレスを手動で割り振りました。

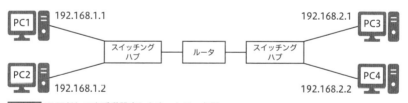

`10-3-4` IP アドレスを手動設定したネットワーク図

> これからの解説では，通信したい相手の IP アドレスは知っていることが前提です。知らないと通信自体ができません。住所を知らずに郵便物を届けることはできないので，相手からまず住所を聞くと思います。この通信相手の IP アドレスを知る方法についても，学習を進めるうちに理解できてくるはずです。

PC1 は PC2 に対して何かデータを送りたいとします。そこで PC1 は送りたいデータを用意します。そして，そのデータに**宛先 IP アドレスと送信元 IP アドレ**

**ス**を付与します。それ以外にも安全に通信をするためのいくつかの情報を付与し,以下のフォーマットにします。これを**パケット**といいます。また付与した情報を**IP ヘッダ**といいます。

| バージョン | ヘッダ長 | サービスタイプ | パケット長 | | |
|---|---|---|---|---|---|
| 識別子 | | | フラグ | フラグメントオフセット | |
| 生存時間 | | プロトコル | チェックサム | | |
| 送信元 IP アドレス | | | | | |
| 宛先 IP アドレス | | | | | |
| オプション | | | | パディング | |
| データ | | | | | |

IP ヘッダ

`10-3-5` パケットのフォーマット

　フォーマットのうち,緑の太字部分以外はほとんど出題されないはずです。緑の太字部分だけを覚えてください。なお**このパケットの先頭に「プリアンブル」「宛先 MAC アドレス」「送信元 MAC アドレス」などを付与し,末尾に「FCS」を付与するとフレーム**になります。つまり,第 2 層で学習したフレームとは,パケットの前後に第 2 層で扱う情報を付与したものなのです。

　このように,**パケットに対してさらに情報を包み込むようにして付加することを**カプセル化などと呼びます。またフレームを受信した機器が,宛先 MAC アドレスなどの情報を削除してパケットにすることを,カプセル化の解除などと呼びます。

`10-3-6` フレームとパケットの関係

　パケットをカプセル化することでフレームという名前に変わり,PC1 から送信されました。すでに学習した通り,フレームがスイッチングハブに届きます。スイッチングハブにはすでに PC2 の MAC アドレスが学習済みだとすると,難なく PC

2 に届けることができました。学習済みではない場合の動きも非常に重要ですので，この後解説します。

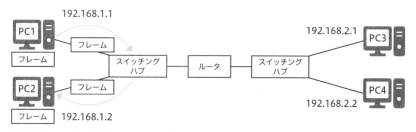

192.168.1.1

192.168.2.1

**10-3-7** フレームが相手のパソコンに届くまでの流れ

## パケットを別のネットワークに届ける ▶10-3-2

さて，ここまではすでに学習した話です。次に PC1 と PC3 との通信を見てみます。同じく PC3 の IP アドレスは，すでに知っていることが前提です。そこで PC1 は，PC3 向けのパケットを組み立てます。そして，第 2 層の情報を付与（カプセル化）することでフレームになり送信されます。

次に**宛先 IP アドレスを見て「自分と同じネットワーク」なのか，それとも「違うネットワークなのか」を判断**します。どうやって判断するのかは非常に重要なテーマですので，この次に解説します。この段階で，すでに保留にした解説がいくつかありますが，話をいったん進めましょう。

もし，他のネットワークへの送信であると判断した場合，フレームは**ネットワークの境界であるルータに送られます**。このルータをゲートウェイといいます。行き先が海外の場合には，いったん国際空港に行くのと同じことです。

さらに考えなければならないことがあります。ネットワークの境界となるルータ，つまりゲートウェイが複数ある場合についてです。例えば，ロサンゼルスへの直行便は羽田空港，成田空港，関西空港から出ていますが，当然 1 つだけを選ぶことになります。ネットワークの境界となるルータ（ゲートウェイ）の場合には，複数の候補から選ばれた 1 つのゲートウェイを**デフォルトゲートウェイ**といいます。

どうやって 1 つだけを選ぶかというと，手動と自動があります。手動の場合には，パソコンにゲートウェイの IP アドレスを手で入力しますが，一般的ではありません。通常は自動化しますが，それについても後で解説します。

ここで疑問が出てきました。デフォルトゲートウェイに指定されているルータの IP アドレスが決まったとして，どうやって送信を行うのでしょうか。これも次に説明します。

### いよいよ他のネットワークへ ▶10-3-3

　PC1 から飛び出したフレームが最初に向かう先は，デフォルトゲートウェイです。ですから**送信元 MAC アドレスは PC1 であり，宛先 MAC アドレスはデフォルトゲートウェイ**です。これらは，この後すぐ書き換わることになりますので覚えておいてください。

　さて，ルータに到着したフレームは別のポート（接続口）から送り出されます。どのポートから送り出すかは**ルーティングテーブル（経路表）**を参照して決めます。これを**ルーティング**などと表現されます。スイッチングハブは MAC アドレステーブルを見て送り先のポートを決めますし，ルータはルーティングテーブルを見て決めます。

　ルータには**ポートごとに別の IP アドレスが設定**されています。図の例だと，ポート 1 にはネットワーク A が，ポート 2 にはネットワーク B が所属していますが，それぞれ別の IP アドレスです。接続ポート 1 から受信したフレームを，接続ポート 2 から送信するということは，ネットワーク A からネットワーク B に転送することを意味しています。

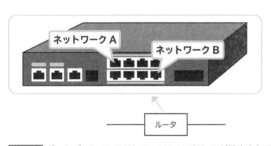

10-3-8 ポートごとに IP アドレス，MAC アドレスが設定される

　ルータにより別のネットワークに入ることができましたが，実はこのときフレームに修正が入ります。**送信元 MAC アドレスはルータのものとなり，宛先 MAC アドレスは PC3 のもの**となります。

　MAC アドレスはネットワーク内で通信を行うために使用しますので，ネットワーク B に入ったタイミングで，ルータの MAC アドレスに書き換えられます。**IP アドレスに変化はありません**ので注意してください。変わるのは MAC アドレスです。

　東京の自宅からロサンゼルスのホテルに行く場合，自宅→電車→空港などが国内の移動であり，これらの住所が MAC アドレスです。アメリカに到着しても同様にアメリカ国内移動がありますが，これらの移動も MAC アドレスを使います。しかし，もともとは日本の自宅からアメリカのホテルなのであり，これらの住所が IP アドレスです。近場の目的地はコロコロ変わりますが，最終的な目的地は変わりません。**MAC アドレスはコロコロ変わりますが，IP アドレスは原則として変わりません。**

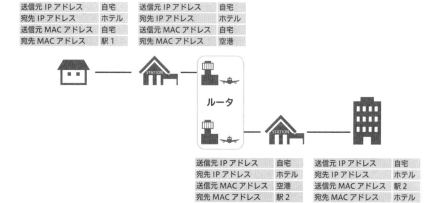

| 送信元 IP アドレス | 自宅 |
|---|---|
| 宛先 IP アドレス | ホテル |
| 送信元 MAC アドレス | 自宅 |
| 宛先 MAC アドレス | 駅 1 |

| 送信元 IP アドレス | 自宅 |
|---|---|
| 宛先 IP アドレス | ホテル |
| 送信元 MAC アドレス | 自宅 |
| 宛先 MAC アドレス | 空港 |

ルータ

| 送信元 IP アドレス | 自宅 |
|---|---|
| 宛先 IP アドレス | ホテル |
| 送信元 MAC アドレス | 空港 |
| 宛先 MAC アドレス | 駅 2 |

| 送信元 IP アドレス | 自宅 |
|---|---|
| 宛先 IP アドレス | ホテル |
| 送信元 MAC アドレス | 駅 2 |
| 宛先 MAC アドレス | ホテル |

10-3-9 ルータで宛先と送信元の MAC アドレスが変化する

ネットワーク B に入ったフレームは, 第 2 層で解説した流れで PC3 に届けられます。一度ネットワーク B に入ると, あとは同一ネットワーク内のフレームの動きなのでスイッチングハブなどの役割です。

## 過去問にチャレンジ！ [AP-H22秋AM 問34]

図のような IP ネットワークの LAN 環境で, ホスト A からホスト B にパケットを送信する。LAN1 において, パケット内のイーサネットフレームのあて先と IP データグラムのあて先の組合せとして, 適切なものはどれか。ここで, 図中の MAC$n$/IP$m$ はホスト又はルータがもつインタフェースの MAC アドレスと IP アドレスを示す。

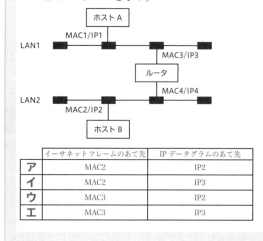

|   | イーサネットフレームのあて先 | IP データグラムのあて先 |
|---|---|---|
| ア | MAC2 | IP2 |
| イ | MAC2 | IP3 |
| ウ | MAC3 | IP2 |
| エ | MAC3 | IP3 |

[解説]

　**イーサネット**とありますが，現在主流の通信規格であり出題されるのもイーサネットが前提ですから，問題で見かけた場合には無視しても大丈夫です。また**「IP データグラム」とはパケットと似た意味**です。厳密には少し異なりますが，パケットだと考えても問題ありません。

　まず MAC アドレスから考えます。MAC アドレスは同一ネットワーク内での宛先となるものです。LAN1 においてということですから，LAN1 内部での最終目的地を考えることになります。

　海外旅行に行くにあたって，日本国内における目的地は空港です。ネットワークの場合にはルータがネットワーク内における目的地です。そのため宛先 MAC アドレスは MAC3 です。

　一方 IP アドレスは最終目的地です。ホスト A からホスト B への送信ということですから，最終目的地はホスト B です。パケットの宛先 IP アドレスはホスト B の IP アドレスになっています。

　なお，LAN2 に届いたパケットの場合は，送信元 MAC アドレスは MAC4，宛先 MAC アドレスは MAC2 です。送信元 IP アドレスと宛先 IP アドレスに変化はありませんが，MAC アドレスはそのネットワーク内の MAC アドレスに，コロコロと変化しますので覚えておきましょう。

答え：ウ

## IPアドレスの自動設定 AM PM

　さて，ここからは今まで残してきた疑問を一つひとつ解決していきます。まずは IP アドレスの自動設定についてです。

　すべてのネットワーク機器には IP アドレスが必要です。しかしあなたは，そんなことをせずに，買ったばかりのパソコンやスマートフォンを使えています。なぜでしょうか？　自動的に割り当てられているからです。

　では，いったい誰が割り当てているのでしょうか？　すべてのネットワーク機器がランダムで割り当てては重複してしまう可能性がありますので，IP アドレスを集中管理する機器が必要になります。

　IP アドレスを割り当てるためのプロトコルを **DHCP** といい，**IP アドレスを集中管理する機器を DHCP サーバ**といいます。企業の場合には DHCP サーバのためのサーバを用意する場合もありますが，一般家庭では契約したプロバイダから送られてきたルータが担うことがほとんどです。

| | |
|---|---|
| 自動 | |
| 手動 | ✓ |
| BootP | |
| 手入力のIP | |
| IPアドレス | 0.0.0.0 |
| サブネットマスク | 255.255.0.0 |
| ルーター | |

**10-3-10** iPhone で DHCP 機能を OFF にすると IP アドレスを手入力できる

## IPアドレスを自動設定する流れ

ここでさらに疑問が出てきます。いつ，どのようにして IP アドレスを割り当ててもらうのかです。タイミングについてはかなり急ぐはずです。IP アドレスがないとネットワークが利用できないわけですから，ゆっくりしている暇はありません。

まずパソコンを起動した場合に，すぐに DHCP サーバに依頼をします。スマートフォンも同様です。とにかく急ぎます。

しかし，またまた問題があります。自分に IP アドレスがないため，DHCP サーバに依頼することができません。返事が届かないからです。「私の家には住所がありません。住所を決めてください。決まったら郵送してください」と言っているようなものです。

かなり強引なのですが，しかたがありません。**「IP アドレスを割り当ててください」というフレームを一斉送信**します。範囲は自分のネットワークです。つまりルータを超えません。このように，自分が所属しているネットワークの範囲の，すべての機器に対して一斉送信することを**ブロードキャスト**といいます。ブロードは「広い」，キャストは「投げる」です。それに対して今まで見てきたような，ある特定のパソコンやルータへの送信を**ユニキャスト**といいます。ユニは「1つの」という意味です。

ブロードキャストの場合には，当然ですが特定の宛先 IP アドレスがありません。そこで宛先 IP アドレスをオール 1 （255.255.255.255）にします。送信元 IP アドレスは自分の IP アドレスにするべきですが，このタイミングだとまだ IP アドレスがありません。そのため 0.0.0.0 を送信元 IP アドレスにします。この後の流れも含めて次の過去問題を見ながら学習していきましょう。

### 過去問にチャレンジ！ [AP-R2AM 問35]

IPv4 ネットワークにおいて，IP アドレスを付与されていない PC が DHCP サーバを利用してネットワーク設定を行う際，最初に DHCPDISCOVER メッセージをブロードキャストする。このメッセージの送信元 IP アドレスと宛先 IP アドレスの適切な組合せはどれか。ここで，この PC には DHCP サーバから IP アドレス 192.168.10.24 が付与されるものとする。

|   | 送信元 IP アドレス | 宛先 IP アドレス |
|---|---|---|
| ア | 0.0.0.0 | 0.0.0.0 |
| イ | 0.0.0.0 | 255.255.255.255 |
| ウ | 192.168.10.24 | 255.255.255.255 |
| エ | 255.255.255.255 | 0.0.0.0 |

[解説]

たった今説明した通りで，答えは「イ」です。せっかくですから問題文を使って，もう少し知識を深めましょう。IP アドレスを使った通信にはバージョンが存在します。現在主流なのは 4 ですが，6 の策定が完了しています。IP バージョン 6 については後で学習します。

**IP アドレスを割り振ってもらうには 2 往復が必要**です。1 往復目では **DHCP DISCOVER**（ディスカバー）と呼ばれるフレームがブロードキャストされます。DISCOVER は「発見」であり「DHCP サーバはどこですか。いたら返事をしてください」というフレームです。

DHCP サーバは返事をしたいのですが，届いたフレームに書いてある「送信元 IP アドレス」は 0.0.0.0 なので，個別に応答することができません。そこで返事もブロードキャストで行います。この返事は **DHCP OFFER**（オファー：提案）といいます。その返事の際に IP アドレスの候補も書いておきます。

ここで設定されるのであれば話は単純なのですが，あと 1 往復のやり取りがあります。

DHCP OFFER を受け取ったパソコンは，その提案を受け入れることを DHCP サーバに伝えます。これを **DHCP REQUEST**（リクエスト）といいます。この時点でまだ IP アドレスは未設定なので同じくブロードキャストします。

最後に DHCP サーバは了解を意味する **DHCP ACK**（アック：肯定）を送りますが，ここでもブロードキャストするしかありません。DHCP ACK を受け取ったパソコンは，ようやく IP アドレスを設定します。

なお，最初のフレームである DHCP DISCOVER には，「送信元 MAC アドレス」は設定されているので相手を特定できます。つまり実のところユニキャスト通信が可能です。しかし OS によっては，IP アドレス未設定時にはユニキャスト通信ができないようになっている場合もあります。そのためブロードキャスト通信するのが一般的です。

答え：イ

## デフォルトゲートウェイはどうやって決まるのか？

　他のネットワーク宛の通信の場合には，まずはデフォルトゲートウェイ宛に通信を行います。デフォルトゲートウェイの IP アドレス設定は手動でも可能であり，パソコンやスマートフォンにはデフォルトゲートウェイを入力する欄があります。しかし通常は自動設定します。実は**デフォルトゲートウェイの自動設定にも DHCP を使用**するのです。

　DHCP の「C」は「Configure」であり，「構成」を意味しています。DHCP には IP アドレスを依頼者に割り当てる役割がありますが，その他の情報についても割り当てる役割があります。その情報の１つがデフォルトゲートウェイの IP アドレスなのです。

　DHCP サーバに対して，デフォルトゲートウェイの IP アドレス（各パソコンに割り当てるため）を設定するのは，通常はネットワークの管理者です。つまり，いずれにしても手入力が必要なのですが，各パソコンやスマートフォンに手入力するよりは簡単です。

　契約したプロバイダから届く家庭用のルータには，DHCP の機能も入っています。そして，デフォルトゲートウェイの IP アドレスの設定は，プロバイダによってすでにされている状態であなたの家に届きますので，あなたは何もする必要がなかったわけです。

## MACアドレスの学習 AM PM

　保留にしてきた疑問点のうち MAC アドレスの学習関連について見ていきましょう。

### IPアドレスを基にMACアドレスを知る ▶10-3-4

　フレームを送信するには必ず宛先 MAC アドレスが必要です。IP アドレスだけ知っていても，MAC アドレスがなければスイッチングハブは理解できません。MAC アドレスが空欄のままスイッチングハブに届いても，スイッチングハブは困ります。第２層の機器なので，MAC アドレスだけを見ているからです。

　知らない MAC アドレス宛の場合にはフラッディングで「誰ですか？」と質問する流れは解説しました。宛先 MAC アドレスが空欄の場合には「誰ですか？」とブロードキャストで質問します。「IP アドレスが ABC であるパソコンは誰ですか？」と質問すると，該当するパソコンが「私です」と返事をして，MAC アドレスを教えてくれます。

　この IP アドレスを基に MAC アドレスを聞き出すのは **ARP（アープ）** というプロトコルを使って行います。「誰ですか」と聞くことを **ARP 要求** といい，「私です。MAC アドレスは 987 です」と返事することを **APR 応答** といいます。

## IPアドレスとMACアドレスの対応表もある　▶10-3-5

　対応表が今まで 2 つ登場しました。MAC アドレステーブルと，ルーティングテーブルです。もう 1 つ見てみましょう。

　IP アドレスを知っているけれども MAC アドレスがわからない。そんな場合には ARP で MAC アドレスを知ることができます。しかし毎回同じことをするのは無駄です。IP アドレスに対応する MAC アドレスなど，そうそう変わるものではありません。そこで**せっかく知ったこの対応を，パソコンは一時的に覚えておきます。**

　例えば，ARP で「IP アドレス 123 の MAC アドレスは 987 である」ことを知ったとします。パソコンは自身で持っている「IP アドレス 123：MAC アドレス 987」の対応関係を **ARP テーブル** に保存します。次に IP アドレス 123 宛にデータを送りたい場合には，この ARP テーブルを参照し MAC アドレスを取得します。フレームの「宛先 MAC アドレス」には，ARP テーブルから取得した「987」をセットして送ります。

---

**過去問にチャレンジ！**　[AP-H24春AM 問33]

　TCP/IP ネットワークにおける ARP の説明として，適切なものはどれか。
**ア**　IP アドレスから MAC アドレスを得るプロトコルである。
**イ**　IP ネットワークにおける誤り制御のためのプロトコルである。
**ウ**　ゲートウェイ間のホップ数によって経路を制御するプロトコルである。
**エ**　端末に対して動的に IP アドレスを割り当てるためのプロトコルである。

[解説]
　ARP は IP アドレスから MAC アドレスを得るために使用します。逆にMAC アドレスから IP アドレスを得ることも可能ですが，それは「逆」という意味の「Reverse」をつけて **RARP** というプロトコルです。

答え：ア

# 同一ネットワーク, 別ネットワークの判断

　IP アドレスを見て, どうやって「宛先は別のネットワークである」と判断するのかについて解説します。

　実は IP アドレスだけでは, その IP アドレスの所属ネットワークを知ることができません。もう 1 つの情報が必要です。それを**サブネットマスク**といいます。

## サブネットマスクでネットワークを判断する ▶ 10-3-6

　IP アドレスから所属ネットワークを知るには, 2 進数の知識が必要になります。この知識は非常に重要です。大変かもしれませんが, ぜひマスターしてください。以下の 3 ステップで求めます。

【ステップ1】

　IP アドレスを 2 進数にします。IP アドレスはもともと 2 進数なのですが, 人間にわかりやすいように 10 進数で表現していただけでした。ですから 2 進数に戻します。

　その方法は覚えていますか?　基礎理論編でしっかり解説しているので, 忘れた方は復習してみてください。

　今ここに, 192.168.1.2 という IP アドレスがあったとします。これをオクテットごとに 2 進数にすると, こうなります。

```
192 → 11000000
168 → 10101000
1   → 00000001
2   → 00000010
```

　これをずらっと並べます。さすがにわかりづらいので, オクテットごとに半角スペースを入れておきました。

```
11000000 10101000 00000001 00000010
```

　やっぱり人間にはわかりづらいですね。しかし, コンピュータにとってはものすごくわかりやすいのです。所属しているネットワークを知るにはこの方法しかないので, もう少し頑張りましょう。

**【ステップ2】**

　次にサブネットマスクを見ます。サブネットマスクもまた IP アドレスと同じ
フォーマットであり，IP アドレスを持つ機器に設定されています。こちらも手動
設定と自動設定があります。

　ここでは，以下のサブネットマスクが設定されていると仮定します。

11111111 00000000 00000000 00000000（255.0.0.0）

**【ステップ3】**

　IP アドレスとサブネットマスクの AND 演算をします。AND 演算とは，1 と 1
なら 1 であり，それ以外なら 0 です。

11000000 10101000 00000001 00000010（192.168.1.2）
11111111 00000000 00000000 00000000（255.0.0.0）
-------------------------------------------------------
11000000 00000000 00000000 00000000（192.0.0.0）

　この 3 ステップでやっと得られたのが，ネットワークを識別するためのビット列
です。これを**ネットワークアドレス**といいます。ネットワークアドレスを得るため
の方法はかなり出題されますので，確実にできるようにしておきましょう。

　まずは，送信元 IP アドレス（自分の IP アドレス）のネットワークアドレスを
求めました。同じことを宛先 IP アドレスでもやります。そして，**ネットワークア
ドレスがまったく同じであれば，同じネットワークであると判断**できます。少しで
も違えば，違うネットワークであると判断します。
　つまり**サブネットマスクとは，どこまでがネットワークを識別するビット列なの
かの境界を表している**わけです。そのため，以下のようなサブネットマスクは存在
しません。

11111111100000000111111111100000000

　上位はずっと 1 ですし，下位はずっと 0 です。
　なお，サブネットマスクも手動設定と自動設定があり，**自動設定の場合には
DHCP サーバに設定してもらいます。**

サブネットマスクが 255.255.252.0 のとき，IP アドレス 172.30.123.45 のホストが属するサブネットワークのアドレスはどれか。

**ア** 172.30.3.0

**イ** 172.30.120.0

**ウ** 172.30.123.0

**エ** 172.30.252.0

[解説]

まずは，サブネットマスクを 2 進数で表現してみます。

**255 は 11111111（1 が 8 個）**ですから簡単です。この機会に覚えてください。

252 は「2 で割り算をして，その余りを下から読む」方法で計算しましょう。
11111100 となりました。

したがって，サブネットマスクは

11111111 11111111 11111100 00000000

です。

次に出題にある IP アドレスから，サブネットマスクを使ってネットワークアドレスを計算します。

172.30.123.45 は 2 進数では以下になりました。

10101100 00011110 01111011 00101101

サブネットマスクとの AND 演算をすると，ネットワークアドレスが得られました。

```
10101100 00011110 01111011 00101101
11111111 11111111 11111100 00000000
------------------------------------------------------
10101100 00011110 01111000 00000000
```

これをオクテットごとに 10 進数に変換すると 172.30.120.0 になります。

答え：イ

## サブネットマスクのもう1つの表記方法

サブネットマスクは 255.255.255.0 のような表記とは別に，以下のような表記も可能です。

### IP アドレス：1.2.3.1/24

「/24」が末尾につきました。これは**サブネットマスクの先頭の1の数**を表しています。

24 とあるため上位に 1 を 24 個並べます。それ以降の下位は 0 を並べます。

11111111 11111111 11111111 00000000

この表記方法を使った「24」のことを**プレフィックス**といいます。プレフィックスで表記すると 1 行で済みますので，かなり見やすくなります。どちらの表記方法も出題されるため，扱えるようにしましょう。

## ネットワークアドレスとブロードキャストアドレス ▶10-3-7

ある IP アドレスにおいて，ネットワークを識別する部分を**ネットワーク部**といいます。それ以外の部分を**ホスト部**といいます。**ネットワークアドレスとは，ホスト部をオール 0 にしたもの**です。

ネットワーク部　ホスト部

## 192.168.1.123/24
`10-3-11` IP アドレスのネットワーク部とホスト部

またブロードキャストをするための IP アドレスは，**ホスト部をオール1**にします。つまりホスト部のオール 0 とオール 1 はそれぞれ，ネットワークアドレスとブロードキャストのためのアドレスであると決まっています。ですから，パソコンなどの IP アドレスとして使用することはできません。

では問題です。この IP アドレスはパソコンに設定できるでしょうか？

192.168.1.0/24

答えは
⋮
できません。

「/24」ですと，先頭から 24 ビット，つまり 3 オクテットがネットワーク部ですから「192.168.1」の部分です。

最後の 1 オクテットはホスト部であり「0」です。ホスト部をオール 0 にした場合にはネットワークアドレスを意味しており，パソコンなどに設定するとエラーになります。またホスト部をオール 1 にした「192.168.1.255/24」はブロードキャストアドレスを意味しているため，同じく設定不可です。

## 過去問にチャレンジ！ [AP-H26春AM 問33]

IPv4 アドレス 172.22.29.44/20 のホストが存在するネットワークのブロードキャストアドレスはどれか。

- **ア** 172.22.29.255
- **イ** 172.22.30.255
- **ウ** 172.22.31.255
- **エ** 172.22.32.255

### [解説]

ブロードキャストアドレスはホスト部がオール 1 のアドレスです。何ビットをオール 1 にするのかを知るためには，ネットワーク部を知る必要があります。お決まりの手順で，IP アドレスを 2 進数にします。

**10101100 00010110 0001**1101 00101100

プレフィックスが 20 なので，先頭から 20 ビットがネットワーク部です（太字にしました）。それ以降がホスト部です。ホスト部をオール 1 にするとこうなります。

**10101100 00010110 0001**1111 11111111

これを 10 進数表記に戻すと 172.22.31.255 になります。この問題のように，ネットワーク部とホスト部の境界が，ちょうどオクテットの区切りになるとは限りません。

答え：**ウ**

**過去問にチャレンジ！** ［AP-H27秋PM 問5改］

　W社は，首都圏で事務所向け家具販売を手掛ける，中堅企業である。首都
圏でのオフィス需要の増加を背景に，事業規模の拡大を目指している。これ
までは，1か所の事務所及びデータセンタで業務を行ってきたが，スペース
が足りなくなったので事務所2を新設することになった。

　事務所2には最大で300人程度まで収容可能な執務スペースがあるので，
PCを300台設置できるように，PCには192.168.12.0/23からIPアドレス
を割り当てる。

　なおネットワーク図にあるL2SWはスイッチングハブのことである。

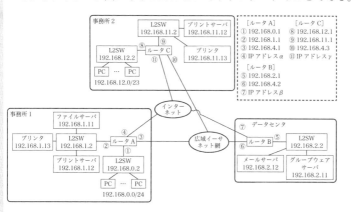

　設問：事務所2のPCに割り当てられるIPアドレスの最大数を答えよ。

**［解説］**

　注意が必要なのは「事務所2に割り当てられる」ではなく「事務所2のPC
に割り当てられる」です。つまり，ルータで区切られたネットワーク内のPC
が対象です。

10
章
ネットワーク

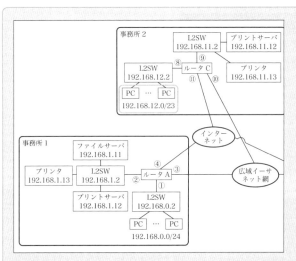

事務所2のPC

　ルータはネットワークを区切る役割です。そのルータの左側のエリアだけが聞かれています。ルータでネットワークを区切る話はよく出てくるので慣れておきましょう。また「192.168.12.0/23 から IP アドレスを割り当てる」という表現にも慣れておいてください。

　192.168.12.0/23 という情報だけあればネットワークアドレスを知ることができます。

　2進数表記にしてみます。

11000000 10101000 00001100 00000000

　先頭から 23 ビットがネットワークアドレスを意味します。太字部分です。

**11000000 10101000 0000110**0 00000000

　この 23 ビットさえ固定されていれば，それ以降のビットは自由にパソコンなどに割り当てることができます。そのようにして割り当てたパソコンなどは，すべてこのネットワークに所属していることになります。もちろんオール0はネットワークアドレスを意味するので設定できません。またオール1はブロードキャスト用ですから使用できません。この個数を数えることになります。並べてみましょう。

```
11000000 10101000 00001100 00000000（ネットワークアドレス）
11000000 10101000 00001100 00000001
11000000 10101000 00001100 00000010
　　⋮
11000000 10101000 00001101 11111101
11000000 10101000 00001101 11111110
11000000 10101000 00001101 11111111（ブロードキャストアドレス）
```

　ホスト部は9ビットです。9ビットで表現できる数は2の9乗で求めることができます。

　2，4，8，16，32，64……と2倍ずつしていくと9個目は512です。しかし，オール0とオール1は使えませんから，2を引いた510個となります。

　正解は510個……と言いたいところですが，午後問題の解答には少しばかり注意力が必要です。もう一度，ネットワーク図を見てみましょう。

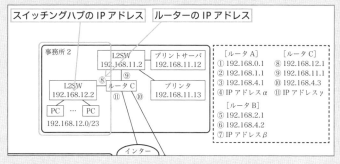

事務所2のネットワーク

　すでに使われてしまっているIPアドレスがありました。それらをPCに割り当てることはできません。IPアドレスは重複してはいけないからです。

　使用済みIPアドレスの1つ目は⑧に該当するIPアドレスです。これはルータのポートです。ルータはポートごとにIPアドレスを割り当てることになります。

10章｜ネットワーク

547

使用済みIPアドレスの2つ目はスイッチングハブ（L2SW）です。実はスイッチングハブにIPアドレスを振るのは珍しいことです。スイッチングハブには通常，IPアドレスもMACアドレスもありません。必要な場面というのは高機能なスイッチングハブの場合であり，例えばログを取得したりなどの特殊機能がある場合です。ただその話がわからなくても，ネットワーク図のスイッチングハブに192.168.12.2と書かれていますから，割り振られていることに気がつくだけで十分です。

　この2つを除くと508個になります。

答え：508

## ルーティングテーブルとネクストホップ　AM　PM

　ここでルーティングテーブルについてもう少し学習を進めます。

　ルーティングテーブルはルータが持っています。このルーティングテーブルの説明が途中でしたが，今ならできそうです。サブネットマスクを学習したからです。

| エントリ | 宛先 | サブネットマスク | ネクストホップ |
|---|---|---|---|
| ① | 10.0.0.0 | 255.0.0.0 | 192.168.2.1 |
| ② | 10.1.1.0 | 255.255.255.0 | 192.268.3.1 |
| ③ | 10.1.1.128 | 255.255.255.128 | 192.168.4.1 |
| ④ | 0.0.0.0 | 0.0.0.0 | 192.168.1.1 |

10-3-12　ルーティングテーブルの例

　ロサンゼルスに行きたい場合，日本の駅→日本の空港→アメリカの空港1→アメリカの空港2→駅……などといろいろな場所を経由しながら進んでいくはずです。パリに行きたいのであればまた別の経路になりますし，シドニーならまた別の経路です。

　ルータの場合には，ネットワークアドレスが「行きたい場所」に該当します。そして，その場所に行きたい場合には，**ネクストホップ**に書かれているルータに転送します。

　上のルーティングテーブルのエントリ③を見てください。「宛先」「サブネットマスク」からネットワークアドレスがわかるはずです。10.1.1.128となりました。

　ネットワークアドレスが「10.1.1.128」のネットワークにパケットを送りたいのであれば，「ネクストホップ」に書かれている「192.168.4.1」のルータに転送します。

　このルーティングテーブルがどうやって作られたのかは，ネットワークスペシャリスト試験の範囲になるのでここでは深く触れませんが，ルータ同士で情報をやり取りしています。そのルータ同士でルーティングの情報をやり取りするプロトコルとして**RIP**（リップ）や**OSPF**があります。現在，RIPはほとんど使われておりません。主流はOSPFです。

**過去問にチャレンジ！** [AP-H27秋AM 問32]

　ルータがルーティングテーブルに①～④のエントリをもつとき，10.1.1.250 宛てのパケットをルーティングする場合に選択するエントリはどれか。ここで，ルータは最長一致検索及び可変長サブネットマスクをサポートしているものとする。

| エントリ | 宛先 | サブネットマスク | ネクストホップ |
|---|---|---|---|
| ① | 10.0.0.0 | 255.0.0.0 | 192.168.2.1 |
| ② | 10.1.1.0 | 255.255.255.0 | 192.168.3.1 |
| ③ | 10.1.1.128 | 255.255.255.128 | 192.168.4.1 |
| ④ | 0.0.0.0 | 0.0.0.0 | 192.168.1.1 |

**ア** ①　　**イ** ②　　**ウ** ③　　**エ** ④

[解説]

　どのエントリに合致するかを知る必要がありますが，実は全部に当てはまってしまいます。やってみましょう。なお，サブネットマスクはルーティングテーブルに記載されているものを使います。**パケットにはサブネットマスクは書かれません。**

■エントリ①

「サブネットマスク」は 255.0.0.0 です。1 オクテット目だけがオール 1 なので，「宛先」欄の 1 オクテット目 "以外" をオール 0 にします。**10.0.0.0** になりました。

　次に宛先 IP アドレスである 10.1.1.250 のネットワークアドレスを得るために，同様の演算をします。サブネットマスクの 1 オクテット目がオール 1 ですので **10.0.0.0** となりました。このエントリに合致しています。

■エントリ②

「サブネットマスク」は 255.255.255.0 です。1 ～ 3 オクテットがオール 1 なので，「宛先」欄の 4 オクテット目だけをオール 0 にします。**10.1.1.0** になりました。

　次に，宛先 IP アドレスである 10.1.1.250 のネットワークアドレスを得るために，同様の演算で **10.1.1.0** となりました。このエントリに合致しています。

■エントリ③
「サブネットマスク」は 255.255.255.128 です。1 ～ 3 オクテットがオール 1 ですが，さらに 4 オクテット目にも食い込んでいます。その場合少し複雑なので丁寧に進めます。

サブネットマスクの 255.255.255.128 は 2 進数表記だとこうなります。
11111111 11111111 11111111 10000000

宛先欄の「10.1.1.128」を 2 進数表記にするとこうなります。
00001010 00000001 00000001 10000000

AND 演算をするとこうなりました。
00001010 00000001 00000001 10000000 (**10.1.1.128**)

次に宛先 IP アドレスである 10.1.1.250 のネットワークアドレスを得るために，同様の演算で **10.1.1.128** となりました。このエントリに合致しています。

■エントリ④
なんだか変わったエントリです。一応やってみましょう。
「サブネットマスク」は 0.0.0.0 です。すべて 0 なので，「宛先」欄のすべてをオール 0 にします。**0.0.0.0** になりました。
次に宛先 IP アドレスである 10.1.1.250 のネットワークアドレスを得るために，同様の演算で **0.0.0.0** となりました。このエントリに合致しています。

さて，すべてのエントリに合致することがわかりました。ではどのエントリを採用しましょう。問題文にある「ここで」以降がそのルールです。「最長一致検索」とあります。これはもっとも長く一致したエントリを採用するということです。
**しかし最長一致検索しか出題されない**はずです。なお最長一致検索はロンゲストマッチともいわれます。また，可変長サブネットマスクも覚えなくて結構です。**可変長サブネットマスクしか出題されません。**
では最長一致検索という条件でエントリを見ていきましょう。何が「もっとも長く」なのかというとネットワーク部のビット数です。つまりプレフィックスです。
エントリ 1 は，1 オクテット目だけが一致しているということは 8 ビットの一致です。

　エントリ2，は1～3オクテットの一致なので24ビットの一致です。

　エントリ3，は1～3オクテットに加えて1ビットが一致していますから25ビットの一致です。

　エントリ4はプレフィックスが0なので，0ビットの一致です。

　一致しているビット数がもっとも多いのは，エントリ3です。したがって，このパケットは192.168.4.1のIPアドレスを持つルータに送られます。そして，次のルータでも同じことが行われ，最終的に目的とするネットワークにたどり着き，その後は第2層の仕組みでパソコンに届くことでしょう。

答え：**ウ**

ネットワーク内部の動きは目に見えないためイメージがしにくく，学習が進まない場面もあると思います。

午前試験ではネットワークに関しては数問出題されますが，深い知識が必要なのは2問程度です。ネットワークに興味を持てないようであれば，思い切って勉強量を減らしてしまうのも手です。

もし興味を持ったのなら，ぜひ高度試験のネットワークスペシャリストに挑戦してみましょう。

**10**章

ネットワーク

　W 社は，首都圏で事務所向け家具販売を手掛ける，社員数約 150 人の中堅企業である。首都圏でのオフィス需要の増加を背景に，事業規模の拡大を目指している。これまでは，1 か所の事務所 (以下, 事務所 1 という) 及びサーバ類を設置するデータセンタで業務を行ってきたが，社員数の増加に伴い事務所スペースが足りなくなったので，2 か所目の事務所 (以下，事務所 2 という) を，事務所 1 とは別の地域に新設することにした。事務所 2 の新設に当たり，ネットワークの設計を企画部の X さんが担当することになった。

　X さんは，新たなネットワークを次の方針で設計することにした。

- 事務所 2 からは，広域イーサネット回線で，事務所 1 及びデータセンタと通信可能とする。
- 事務所 2 からは，光回線でインターネットに接続する。

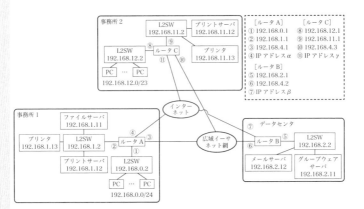

　このネットワーク構成において，データセンタに設置したルータ B のルーティングテーブル (抜粋) を表 1 に示す。

表 1　ルータ B のルーティングテーブル (抜粋)

| 宛先アドレス | サブネットマスク | ネクストホップ |
|---|---|---|
| 192.168.0.0 | 255.255.255.0 | 192.168.4.1 |
| a | 255.255.255.0 | 192.168.4.1 |
| 192.168.12.0 | b | c |

　設問：表 1 中の a 〜 c に入れる適切な字句を答えよ。

[解説]

　複雑なネットワーク図に見えると思います。一つひとつ確認し慣れていきましょう。

　**ネットワーク図を見るときは，まずルータを探します。**今回は 3 つあります。ルータはネットワークを分ける機器ですので，以下のようにネットワークを囲んでみます。

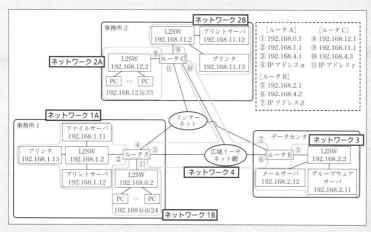

ルータを基準にネットワークを分ける

　なお，インターネットは当然ですが，事務所やデータセンタとは別のネットワークです。家庭からインターネットに接続する際には，インターネットとの境界にルータが設置されています。家庭のネットワークとインターネットが分かれているためです。分かれているネットワークを接続するためにルータがあります。ただし上の図では，見づらくなることもありインターネットは囲んでいません。

　**広域イーサネット**というのはインターネットとは違います。**遠くの拠点だとしても第2層で通信**を行います。第 2 層で通信を行うのは近隣の機器間であり，同一ネットワーク内の通信です。しかし，札幌 – 東京間のように非常に距離が離れていたとしてもルータを経由せずに，まるで近隣の機器と通信するかのような通信ができるサービスです。つまりインターネットとは違い，広域イーサネット網でネットワークは分かれることはありません。

　ネットワーク図では，広域イーサネット網への接続にルータを使っているのでネットワークが分かれていますが，これは事務所 1，事務所 2，データセンタでネットワークを分けたいためです。もしそのような用途がない場合には，**広域イーサネット網はスイッチングハブだけで接続が可能**です。

さて設問では，ルータ B のルーティングテーブルの空欄を埋めます。これ
から少し長い解説に入りますが，今求めようとしているのは「ルータ B」のルー
ティングテーブルであることを忘れないでください。

　ルーティングテーブルにはたくさんのルート情報があるはずですが，抜粋
して書かれています。では，どのルート情報を抜粋したのかを推理していき
ましょう。少々難易度が高いのですが，この話が理解できればかなりネット
ワークの知識が身についたといえるでしょう。

### 【1行目】

| 宛先アドレス | サブネットマスク | ネクストホップ |
|---|---|---|
| 192.168.0.0 | 255.255.255.0 | 192.168.4.1 |

ルーティングテーブルの1行目

　宛先アドレスが 192.168.0.0 となっています。これだけではネットワーク
を識別できません。他に必要な情報がありました。それがサブネットマスク
です。255.255.255.0 となっていますので，先頭から3オクテットがネットワー
ク部のようです。つまり1行目に合致するのは，**宛先 IP アドレスのネットワー
ク部が 192.168.0 のパケット**となります。探してみるとありました（ネッ
トワーク 1B）。

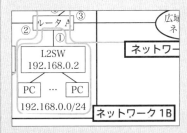

ネットワーク部が 192.168.0 のネットワーク

　これらの機器はプレフィックスが 24 となっているため，ネットワーク部は
192.168.0 です。ルーティングテーブルの1行目と合致します。これらの機
器を宛先としたパケットは，ネクストホップにある 192.168.4.1 に送られま
す。右上の枠に書かれている通り，このネクストホップはルータ A の③のポー
トです。

```
┌─────────────────────────────────────┐
│  ［ルータ A］        ［ルータ C］      │
│  ① 192.168.0.1     ⑧ 192.168.12.1   │
│  ② 192.168.1.1     ⑨ 192.168.11.1   │
│  ③ 192.168.4.1     ⑩ 192.168.4.3    │
│  ④ IP アドレスα    ⑪ IP アドレスγ   │
│                                      │
│  ［ルータ B］                         │
│  ⑤ 192.168.2.1                       │
│  ⑥ 192.168.4.2                       │
│  ⑦ IP アドレスβ                      │
└─────────────────────────────────────┘
```

**192.168.4.1 はルータ A の③のポート**

　パケットを受け取ったルータ A は，自身が持っているルーティングテーブルを参照して転送を行うことになるでしょう。

## 【2 行目】

| 宛先アドレス | サブネットマスク | ネクストホップ |
|---|---|---|
| a | 255.255.255.0 | 192.168.4.1 |

**ルーティングテーブルの 2 行目**

　2 行目のネクストホップは，1 行目と同じく 192.168.4.1 です。この IP アドレスはルータ A の③ですから，事務所 1 の機器になりそうです。
　事務所 1 には 2 つのネットワークがありますが，ネットワーク 1 B 宛の設定は 1 行目であることが判明しています。ですから，2 行目はネットワーク 1A に関する設定であると推測できます。

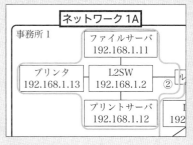

**事務所 1 のもう 1 つのネットワーク**

10 章 — ネットワーク

サブネットマスクを見ると，ネットワーク部は先頭から3オクテットです。ですから，ネットワーク1Aにある4台（ファイルサーバ2台とスイッチングハブとプリンタ）について，先頭から3オクテットを確認します。するとすべて192.168.1です。つまり，ネットワーク1Aのネットワークアドレスは192.168.1.0であることがわかります（ネットワークアドレスは，ホスト部がオール0）。これが空欄（a）です。宛先IPアドレスのネットワーク部が192.168.1であれば，これもまたルータAの③に転送します。

【3行目】

| 宛先アドレス | サブネットマスク | ネクストホップ |
|---|---|---|
| 192.168.12.0 | b | c |

ルーティングテーブルの3行目

　3行目の宛先アドレスは192.168.12.0になっています。今まで見てきた通り，この欄はネットワークアドレスです。ネットワークアドレスが192.168.12.0になっているのはネットワーク2Aです。プレフィックスが「23」であるため，いったん2進数に直してからネットワークアドレスを求める必要があります。

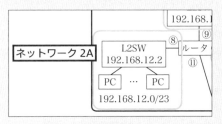

ネットワークアドレスが192.168.12.0 1のネットワーク

　3行目は，ネットワーク2A向けのパケットに関する設定であることがわかりました。ネットワーク2Aのプレフィックスは23ですから以下のビット列です。
　11111111 11111111 11111110 00000000
　これをサブネットマスクに直すと255.255.254.0です。これが空欄（b）です。

次に空欄（ c ）のネクストホップを考えます。ルータ B からネットワーク 2 A にパケットを届ける場合，ルータ B から次に経由するルータはどれでしょうか？

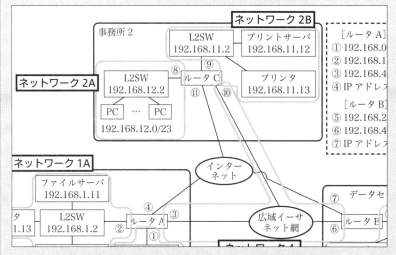

ルータ B からネットワーク 2 A に向かう場合のネクストホップ

ネットワーク 2 A に行くには，ルータ B の次にルータ C へ向かうべきです。しかし，ここで少し迷うかもしれません。ルートが 2 つあるからです。

ルート 1 ：⑥→広域イーサネット→⑩
ルート 2 ：⑦→インターネット→⑪

どちらにパケットを送ればいいのでしょうか？　その違いは広域イーサネット網を使うか，インターネットを使うかです。答えは設問に書いてあります。「事務所 2 からは，広域イーサネット回線で，事務所 1 及びデータセンタと通信可能とする。」
　事務所 2 とデータセンタ間は広域イーサネット網を使うようですので，ネクストホップは⑩になります。⑩の IP アドレスは右上の枠に書いてあるので，それを使います。空欄（ c ）は 192.168.4.3 です。

**答え　a：192.168.1.0　　b：255.255.254.0　c：192.168.4.3**

10
章

ネットワーク

# IPアドレス枯渇問題への対処 AM PM

　IP アドレスがないと通信ができないという話をしてきました。IP アドレスは 32 ビットで表されますので 2 の 32 乗 = 約 48 億であり，明らかに不足しています。これを IP アドレス枯渇問題といいます。なぜ不足するかというと，すべてのネットワーク機器に別々の IP アドレスを付与するからです。重複すると通信ができませんから当然そうなるでしょう。最初からもう少し多いビット数に決めておけばよかったのですが，いまさら悔やんでもしょうがありません。世界中のネットワーク機器は，32 ビットの前提で作られています。そこで対策が 2 つ考えられました。

### IPアドレスのバージョンアップ

　1 つは 32 ビットではなく，もっと長くすることです。そして実現しました。今までの IP アドレス体系をバージョン 4 とし，**新しく策定されたバージョンは 6**（IPv6）です。IP アドレスのビット数は **128 ビット**もあります。

　ビット数はたったの 4 倍です。しかし 2 進数の計算を学習したあなたならわかる通り，表現できる数は 4 倍どころではありません。128 ビットで扱える数は 2 の 128 乗であり，なんと 34 兆個のさらに 1,000 倍です。これだけあれば十分でしょう。

　IPv6 はビット数が拡張されただけではありません。暗号化機能や，DHCP を使わなくてもパソコンに自動設定できるなど非常に高機能です。しかし，すでに IPv4 が浸透しきっており，IPv6 に切り替わるのにはもう少し時間がかかりそうです。

### IPアドレスの重複を許す

　IP アドレス枯渇問題のもう 1 つの対策は「重複を許す」ことです。MAC アドレスも IP アドレスも重複してはいけない話は何度もしてきました。その理由は「どっちに送るのか，わからなくなる」からでした。しかし，閉じられた範囲が 2 つあるとして，それぞれの中だけで重複していなければ問題ないはずです。

　IPv6 の浸透まではまだまだ時間がかかりそうなので，今は 2 つ目の方法が主流です。この仕組みを NAT（ナット）といいますが，この機能はあなたが今学習している第 3 層だけではなく第 4 層も関わってきますから，次で学習しましょう。

Q 午後の解答力UP!　　　　　　　　　　　　　　　　　　　　　　　解説は次ページ ▶▶

　パソコンに保存されている ARP テーブルには有効期限があります。有効期限が切れると対応表は削除されますが，これは必要な機能です。どのような場合を想定しての機能でしょうか？

# 10.4

# トランスポート層

もし通信相手がニセモノだとしたら……。当然考えておかなければならないことです。TCP/IP では，トランスポート層がその対策を行います。また下の層と上の層の橋渡しをするのもこの層の役割です。ここまでの学習ではデータを届ける流れだけを見てきましたが，ここからは届いたデータを処理する流れを学習していきます。

　　第4層は**トランスポート層**と呼ばれています。OSI 基本参照モデルでも TCP/IP でも同じ名前であり，覚えるのが楽です。

　　第2層の MAC アドレスを使って近い機器と通信し，第3層の IP アドレスを使って遠い機器と通信できることを学習しました。そして広域イーサネット網を使うと，第2層でありながら物理的に離れている機器とでも，近い機器と同じ扱いで通信できることも触れました。

　　つまり**第2層と第3層は，通信相手の機器までフレームやパケットを届けることだけを担当**していたのです。届けた後は処理をする必要がありますが，それがここから上の層（トランスポート層，アプリケーション層）です。

## トランスポート層のデータ AM PM

　　トランスポート層が第3層から受け取ったパケットには，トランスポート層では不要となる情報がたくさんあります。第3層の役割は相手に届けることですから，届けるための情報は不要になりますのでカプセル化を解除します。郵便物が届いたら書かれている住所などは不要になりますので，中身を取り出して封筒は破って捨てることが多いかもしれません。それと同じです。

　　トランスポート層では，パケットから送信元 IP アドレスや宛先 IP アドレス，バージョン情報などが取り外され，トランスポート層で必要となる情報だけになります（カプセル化の解除）。こうして得たデータを，セグメントや **TCP セグメント**と呼びます。セグメントという言葉は，ネットワークを分割したある範囲のことをいう場合にも使います。同じ単語では混乱を招きますから，「TCP」をつけて「TCP セグメント」ということが多いようです。

　　玉ねぎの皮を向くように情報が削除されてむき出しになった TCP セグメントですが，このようなフォーマットです。

| 送信元ポート番号 | | 宛先ポート番号 | |
|---|---|---|---|
| シーケンス番号 | | | |
| 確認応答番号 | | | |
| データオフセット | 予約 | コントロールフラグ | ウィンドウサイズ |
| チェックサム | | 緊急ポインタ | |
| オプション | | | パディング |
| データ | | | |

**10-4-1** TCP セグメントのフォーマット

第2層では MAC アドレスを扱いました。第3層では IP アドレスを扱いました。第4層であるトランスポート層では**ポート番号**を使います。「ポート」という言葉は接続口の意味で，今まで何度か出てきました。同じスペル「Port」なので，ここもまた混乱しやすいところです。**トランスポート層で扱う「ポート」は物理的な接続口ではなく，論理的な受け入れ口**です。

## アプリケーションを識別する番号 ▶10-4-1 AM PM

パソコンがサーバと通信したい目的はさまざまですが，ここでは Web ページの閲覧を例にとります。

1台のサーバが1つの役割しか果たさないとしたらコストがかかりすぎます。例えば，あなたが持っているパソコンでは，表計算ソフトも使えるしインターネットもできます。本も読めるし，メールもできます。目的ごとにパソコンを揃える必要はなく，1台でいくつものアプリケーションを使うことができます。

サーバも同じであり，Web ページのデータを返したり，メールを転送したり，データベースを使えたりと，1台でいろいろなことができるようになっています。それぞれの用途ごとに通常はアプリケーションがあります。**ポート番号はアプリケーションを指定するため**に使います。

例えば，サーバにアプリケーション A が入っているとします。パソコンはサーバにあるこのアプリケーション A を使いたいために通信を開始しました。その際にパソコンは「A を使いたい」という指定を行います。この指定がポート番号です。「番号」とあるように数値で指定します。サーバでアプリケーション A は「50 番」と設定されているとしたら，パソコンは「ポート番号は 50」と記述した TCP セグメントをサーバに届けることになります。一致するポート番号のアプリケーションが稼働していない場合には，エラーとして処理されることになります。

なお，MAC アドレスや IP アドレスで「宛先」と「送信元」があったように，ポート番号にも「宛先ポート番号」「送信元ポート番号」があります。「宛先ポート番号」

は今説明したようにアプリケーションを指定するための番号です。**「送信元ポート番号」は原則として 1024 〜 65535 の範囲で，ランダムで決められます。**この送信元ポート番号はどのような用途で使われるのでしょうか？

　ある PC が，あるサーバに 2 件の送信を行ったとします。

・1 件目：送信元ポート番号が 1234（ランダムに決定）
・2 件目：送信元ポート番号が 9876（ランダムに決定）

　戻ってきたデータの「宛先ポート番号」が 9876 であれば，パソコンは「2 件目に送信したデータが戻ってきた」ことを認識します。そのような用途で「送信元ポート番号」は使われています。

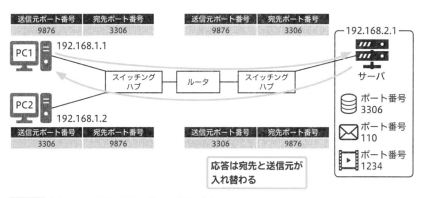

`10-4-2` 宛先ポート番号と送信元ポート番号の動き

---

**過去問にチャレンジ！**［AP-R5春AM 問33］

　1 個の TCP パケットをイーサネットに送出したとき，イーサネットフレームに含まれる宛先情報の，送出順序はどれか。

　**ア**　宛先 IP アドレス，宛先 MAC アドレス，宛先ポート番号
　**イ**　宛先 IP アドレス，宛先ポート番号，宛先 MAC アドレス
　**ウ**　宛先 MAC アドレス，宛先 IP アドレス，宛先ポート番号
　**エ**　宛先 MAC アドレス，宛先ポート番号，宛先 IP アドレス

10 章 — ネットワーク

## 過去問にチャレンジ！ [AP-R4秋AM 問35]

　次の URL に対し，受理する Web サーバのポート番号 (8080) を指定できる箇所はどれか。

https://www.example.com/member/login?id=user

**ア**　クエリ文字列 (id=user) の直後

https://www.example.com/member/login?id=user:8080

**イ**　スキーム (https) の直後

https:8080://www.example.com/member/login?id=user

**ウ**　パス (/member/login) の直後

https://www.example.com/member/login:8080?id=user

**エ**　ホスト名 (www.example.com) の直後

https://www.example.com:8080/member/login?id=user

[解説]

　Web ページを見るときには，ブラウザに URL を入力します。Web ページを見るときのポート番号は一般的には 80 です。しかし，サーバが「Web ページを見たいなら，ポート番号は 8080 です」と設定することができます。このように 80 以外の場合には，ポート番号を指定する必要があります。URL の場合には「www.example.com:8080」のように指定します。

答え：**エ**

### よく知られたポート番号

Web ページを見るときのポート番号は一般的には 80 であるという説明をしました。これを**ウェルノウンポート番号**といいます。ちょっと読みにくいのですが「ウェル (Well)」「ノウン (Known)」で「よく知られたポート番号」という意味です。

他には，メール送信は 25 や 587 であったり，メール受信は 110 であったりするのですが，詳しくは次のアプリケーション層で解説します。

## IPアドレスを重複させて枯渇問題を乗り切る　AM　PM

前節の最後で予告していた NAT ( ナット ) について解説します。IP アドレスが不足している問題を IP アドレス枯渇問題といいます。この問題に対応するために IPv6 が策定されていますが，まだ浸透するには至っていません。そのため別の方法として，条件付きで IP アドレスを重複させて運用することにしました。

IP アドレスは住所ですから，重複すると通信ができません。重複していたらどこに届けたらいいのか，わからなくなるためです。しかし，閉じられた範囲が 2 つあって，それぞれの中だけで重複していなければ問題ないはずです。

`10-4-3` それぞれ閉じられていれば重複は許されるはず

このままだと IP アドレスが重複しているため，左のネットワークと右のネットワークとの通信ができません。しかし一時的に IP アドレスを変えることで，通信を可能にする方法があります。じっくりと学習していきましょう。

### プライベートIPアドレス

IP アドレスは第 3 層で扱いますから，すでに解説を終えています。この節は第 4 層の解説ですから，いまさら IP アドレスの説明をすると混乱してしまうかもしれません。しかし，どうしても第 4 層で説明する必要があります。

IP アドレスには 2 種類あります。まずは**プライベート IP アドレス**です。これは閉じられた範囲で設定される IP アドレスです。とはいってもプライベート IP アドレスであることを示すようなマークがついているわけではなく，範囲が決められています。その範囲を覚える必要はありませんが，「範囲」の意味を理解しやすいようにするために以下に記載します。

10 章 ネットワーク

10.0.0.0 ～ 10.255.255.255
172.16.0.0 ～ 172.31.255.255
192.168.0.0 ～ 192.168.255.255

　これらのいずれかの範囲に該当する IP アドレスであれば，それはプライベート IP アドレスです。**他のネットワークとの間がルータで分割されているようなプライベート空間では，この範囲のアドレスを使うことが推奨**されています。あくまで推奨であり，実際には範囲外の IP アドレスの割り当ても可能なのですが，出題範囲外の内容ですので考えなくても結構です。

## プライベートIPアドレスで外出禁止
　パソコンやスマートフォンでは，今割り当てられている IP アドレスなどを見ることができます。私がスマートフォンを開き，接続している Wi-Fi を選択すると，以下のように表示されました。

| | |
|---|---|
| IP アドレス | 192.168.0.143 |
| サブネットマスク | 255.255.255.0 |
| ルータ | 192.168.0.1 |

　ここに書かれているルータとはデフォルトゲートウェイのことであり，インターネットにつながる境界ルータです。ルータはポート（接続口）ごとに IP アドレスが振られていますが，192.168.0.1 は内側のポートです。外側のポートの IP アドレスもまた別に設定されているはずです。ここまでは，すでに学習した内容です。
　さて，私のスマートフォンの IP アドレス 192.168.0.143 と，まったく同じ IP アドレスは，おそらく世界中に存在します。もしかしたらあなたのスマートフォンも，私と同じ IP アドレスかもしれません。ということは，私がこのままインターネットにパケットを流すとどうなるでしょうか。送信元 IP アドレスが 192.168.0.143 であるパケットが，インターネットに流れることになります。
　Web ページを見ようとした場合，Web ページの情報は 192.168.0.143 宛に返すことになります。しかし，192.168.0.143 のパソコンは世界中にありますから，おそらく私には届かないでしょう。

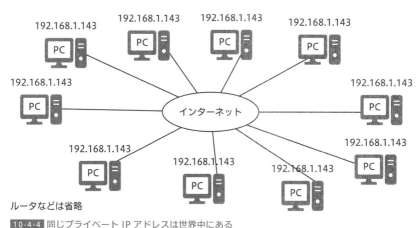

192.168.1.143
192.168.1.143
192.168.1.143
192.168.1.143
192.168.1.143
192.168.1.143
192.168.1.143
192.168.1.143
192.168.1.143
192.168.1.143
192.168.1.143

インターネット

ルータなどは省略

`10-4-4` 同じプライベート IP アドレスは世界中にある

　このように，プライベートな空間内であれば 192.168.0.143 のまま通信しても問題ありませんが，インターネットに出ていくと重複する可能性があるので問題になります。

　そこで**インターネットに出るときにはプライベート IP アドレスから，絶対に重複しない IP アドレスに変換する仕組み**が考え出されました。それが NAT（ナット）です。

## グローバルIPアドレスへの変換

　インターネット上で絶対に重複しない IP アドレスを**グローバル IP アドレス**といいます。絶対に重複しないためには，誰かが管理する必要があります。その組織を **ICANN**（アイキャン）といいます。ICANN は国際組織で，世界規模で重複しないように IP アドレスを管理しています。

　家庭でインターネットができるようにプロバイダ契約した際に，そのプロバイダからルータが送られてきたはずです。その**ルータのインターネット側のポートには，一般的にグローバル IP アドレスが割り当て**られます。このグローバル IP アドレスは世界中で重複しません。プロバイダが ICANN にお金を払って，いくつかのグローバル IP アドレスを借り，あなたのルータに設定しているのです。

　パケットはルータにより，**プライベート IP アドレスからグローバル IP アドレスに変換**されてインターネットに出ていきます。正確にはパケットに書かれている「送信元 IP アドレス」が，プライベート IP アドレスからグローバル IP アドレスに書き換えられます。

　この変換の仕組みを **NAT** といいます。

10章
ネットワーク

192.168.1.143
プライベート IP アドレス

**NAT**

PC1 — ルータ — インターネット

192.168.0.1
プライベート IP アドレス

203.0.113.123
グローバル IP アドレス
世界中で重複しない

`10-4-5` ルータを超えたときに IP アドレスが変換される

 これだけであれば第3層のときに解説してもよかったのですが、第4層の解説まで待ってもらいました。その理由は、実は NAT はあまり使われていないからです。NAT のバージョンアップ版である NAPT が主流です。

## NAPT機能 AM PM

　NAT によりプライベート IP アドレスがグローバル IP アドレスに変換されることで、家庭のパケットがインターネットに出ていけるようになりました。しかし戻りはどうでしょうか？

　パケットに書かれている「送信元 IP アドレス」はグローバル IP アドレス（例：203.0.113.123）です。そのためその返信パケットはグローバル IP アドレス宛になり、ルータのインターネット側ポートに届きます。

　ルータは NAT 機能を使って、今度は「宛先 IP アドレス」をグローバル IP アドレスからプライベート IP アドレスに書き換えます。

192.168.1.143
プライベート IP アドレス

**NAT**

PC1 ← ルータ ← インターネット

192.168.0.1
プライベート IP アドレス

203.0.113.123
グローバル IP アドレス
世界中で重複しない

`10-4-6` 戻ってきたときは逆変換され元に戻る

　一見するとこれで問題ないようですが、プライベート IP アドレスは何にすればよいでしょうか？

　例えば、私のスマートフォン（192.168.0.143）からインターネットにアクセスしたとします。インターネットに出ていくときは、プロバイダが割り当てたグローバル IP アドレスに変換されます。

　インターネットから返ってくるときは、192.168.0.143に戻せばよさそうですが、どうやって実現すればいいのでしょうか？

　すぐに思いつくのは，ルータが覚えておく仕組みです。NAT で IP アドレス変換が行われるときに「192.168.0.143 をグローバル IP アドレスに変換した」と記憶しておきます。こうすればインターネットから戻ってきたときに，この保持した情報を使って「192.168.0.143」に戻すことができそうです。

　実際この方法は採用されていますが，これでもまだ半分しか解決できていません。さらに問題が残っています。

## ポート番号も変換する ▶10-4-2

　家庭内の A さんと B さんがインターネットをしている場合，NAT 機能だけでは問題が残ります。

A さんの IP アドレス：192.168.0.100
B さんの IP アドレス：192.168.0.200

　NAT と同じくルータに記憶しておくのですが，インターネットから戻ってきた場合，どちらに戻せばいいのかがわからなくなります。そこで情報を 1 つ追加することで解決することにしました。それが「送信元ポート番号」です。

　送信元ポート番号はランダムで決まるという話をしました。それを変換表に加えましょう。

| IP アドレス | ポート番号 |
|---|---|
| 192.168.0.100 | 2000 |
| 192.168.0.200 | 3000 |

10-4-7 IP アドレスとポート番号の対応表（途中）

　これでどうでしょう。戻ってきたときに宛先ポート番号が 3000 であれば，2 行目であることがわかるので，グローバル IP アドレスを 192.168.0.200 に変換します。これで問題はすべて解決したようですが，もう少し考えてみます。

　送信元ポート番号はランダムに決めるという話はしました。それぞれのパソコンが勝手にランダムで決めているため，たまたま両方ともポート番号が 3000 になってしまうこともあるでしょう。その場合にはこうなってしまうので，うまくいきません。

10
章
│
ネットワーク

| IP アドレス | ポート番号 |
|---|---|
| 192.168.0.100 | 3000 |
| 192.168.0.200 | 3000 |

10-4-8 不正な IP アドレスとポート番号の対応表

　そこで，さらにポート番号の変換も行うことにしました。ルータがこの 2 行に対して別々のポート番号をランダムで割り振ります。今回はルータ内で行っていることですから，重複しないように割り当てることができます。

| IP アドレス | 変換前ポート番号 | 変換後ポート番号 |
|---|---|---|
| 192.168.0.100 | 3000 | 4000 |
| 192.168.0.200 | 3000 | 5000 |

10-4-9 IP アドレスとポート番号の対応表（完成）

　このように IP アドレスに加えてポート番号も変換する仕組みを **NAPT**（ナプト）といいます。追加になった「P」は「ポート」です。NAPT は **IP マスカレード**ともいわれますが，最近の問題では「NAPT」が使われるようになってきています。

**過去問にチャレンジ！** ［AP-H31春AM 問31］

　プライベートIPアドレスを割り当てられたPCがNAPT（IPマスカレード）機能をもつルータを経由して，インターネット上のWebサーバにアクセスしている。WebサーバからPCへの応答パケットに含まれるヘッダ情報のうち，このルータで書き換えられるフィールドの組合せとして，適切なものはどれか。ここで，表中の○はフィールドの情報が書き換えられることを表す。

| | 宛先IPアドレス | 送信元IPアドレス | 宛先ポート番号 | 送信元ポート番号 |
|---|---|---|---|---|
| ア | ○ | ○ | | |
| イ | ○ | | ○ | |
| ウ | | ○ | | ○ |
| エ | | | ○ | ○ |

**［解説］**

　プライベートIPアドレスのままではインターネットに出ていけないため，グローバルIPアドレスに変換するのがNAPTです。送信時は「送信元IPアドレス」がプライベートIPアドレスですので，これを変換します。応答時はその逆の変換をする必要があるので，そのために変換表を保持しておきます。

　また複数の通信が発生する場合に備え，識別するための情報として「送信元ポート番号」も変換テーブルに保持しておきます。ただし「送信元ポート番号」は機器ごとにランダムなので，ルータに到着した際には重複している場合も考えられます。そこで，ルータはさらにポート番号を重複がないように変換します。

　ただしこれは送信時です。出題では「応答パケット」となっているので，「宛先IPアドレス」「宛先ポート番号」を，変換する前の値に戻します。

**答え：イ**

　A社は，首都圏の広告制作会社であり，顧客からの依頼によって，画像広告や動画広告などのインターネット広告を制作している。A社は，10名の広告クリエイタが在籍するまでに成長した。このため，オフィスの移転を検討しており，新ネットワークの構築をSIベンダのB社に委託した。B社に勤務するシステムエンジニアのC君と若手社員のD君が，A社の新ネットワークの構築を担当することになった。

　D君は，新ネットワークの設計を行うために，新ネットワークに対する要求のヒアリングを行った。A社の新ネットワークに対する要求は次の1〜5である。

・要求1　デスクトップPCやノートPCを使ってインターネットにアクセスし，顧客のWebサイトにある画像広告や動画広告を閲覧できるようにしたい。
・要求2　ノートPCは，無線LANを使ってインターネットに接続できるようにしたい。
・要求3　広告の素材データをNASに格納し，全デスクトップPCからアクセスしたい。
・要求4　デスクトップPCで制作した広告データを，NASに格納できるようにしたい。
・要求5　NASに格納した広告データを，ノートPCを使って閲覧できるようにしたい。

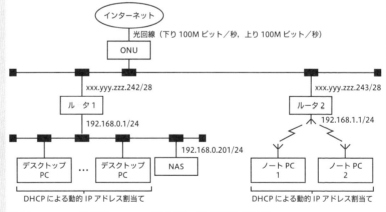

注記1　xxx.yyy.zzz.242及びxxx.yyy.zzz.243はグローバルIPアドレスである。
注記2　/24及び/28はネットワーク部のビット長（プリフィックス長）を示す。

図1　D君の設計した新ネットワーク

```
ルータ1の設定

  ルータ設定
    NAPT機能：有効
    静的アドレス変換（WAN→LAN）：なし
  WAN側設定
    IPアドレス：          xxx.yyy.zzz.242
    ネットマスク：        255.255.255.[  a  ]
    デフォルトゲートウェイ：  xxx.yyy.zzz.241
  LAN側設定
    IPアドレス：          192.168.0.1
    DHCPサーバ設定
      IPアドレス割当範囲：  192.168.0.100 ～ 192.168.0.200
      ネットマスク：        255.255.255.0
      デフォルトゲートウェイ：   [      b      ]

ルータ2の設定

  無線設定
    伝送規格：           [      c      ]
    暗号化方式：         [      d      ]
    SSID：              a-network
    暗号化キー：         ************************
  ルータ設定
    ルータ機能：有効
    NAPT機能：有効
    静的アドレス変換（WAN→LAN）：なし
  WAN側設定
    IPアドレス：          xxx.yyy.zzz.243
    ネットマスク：        255.255.255.[  a  ]
    デフォルトゲートウェイ：  xxx.yyy.zzz.243
  LAN側設定
    IPアドレス：          192.168.1.1
    DHCPサーバ設定
      IPアドレス割当範囲：  192.168.1.100 ～ 192.168.1.200
      ネットマスク：        255.255.255.0
      デフォルトゲートウェイ：   192.168.1.1
```

図2　ルータの設定

C君のレビューを受けたところ，①A社の要求のうち実現できない要求があるとの指摘を受けた。そこで，D君はルータ( e )のWAN側ポートを( f ).0(ドット付き10進表記)のネットワークへ接続し，有線LANと無線LANが同一ネットワークとなるようにルータ( e )の②設定を変更することにした。

設問：本文中の下線①について，(1)，(2)に答えよ。

（1）C君が指摘した実現できない要求はどれか。"要求○"の形式で答えよ。

（2）（1）の要求が実現できない理由はどれか。解答群の中から選び，記号で答えよ。

**ア**　ルータ1からデスクトップPCのMACアドレスが求められないから

**イ**　ルータ1からデスクトップPCのTCP/UDPポートにアクセスできないから

**ウ**　ルータ2が，NAS宛てIPパケットの受信を拒否するから

**エ**　ルータ2が，NAS宛てIPパケットの送信先を特定できないから

10章　ネットワーク

## [解説]

　要求が5つありますので，書いてあることが実現可能かを一つひとつ見て
いきましょう。

・要求1　デスクトップPCやノートPCを使ってインターネットにアクセ
　し，顧客のWebサイトにある画像広告や動画広告を閲覧できるようにしたい。

　家庭でも普通に行われる使い方ですのでイメージしやすいかもしれません。
しかし，ルータ2台によってネットワークが2つに分かれているので（イン
ターネットを除く），その点が家庭用とは違います。家庭用は通常プロバイダ
から届けられたルータ1台構成です。
　そこで，身近なイメージに結びつけるために，デスクトップPCが並んでい
る左下のネットワークとインターネットだけで，まずは考えてみます。ルー
タ2のネットワークはひとまず取り払いましょう。

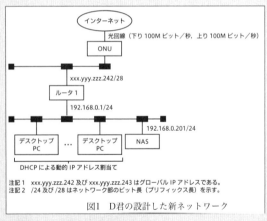

注記1　xxx.yyy.zzz.242及びxxx.yyy.zzz.243はグローバルIPアドレスである。
注記2　/24及び/28はネットワーク部のビット長（プリフィックス長）を示す。

図1　D君の設計した新ネットワーク

**左のネットワークだけで考えてみる**

　これだとよくある形です。ONUという見慣れない機器がありますが，実は
これは多くの家庭にもあります。自宅から近くの電柱に向けて，何本かのケー
ブルが引かれているかと思います。おそらくこのうちの1本が光回線であり，
**ONUで変換した光信号**が流れています。そう考えると，まさに一般的な家
庭のネットワークとあまり変わりません。

　では IP アドレスはどうでしょう。ルータを挟んで内側は，プライベート IP アドレスになっていますし，外側はグローバル IP アドレスになっています。家庭と同じです。

　同じように左側のネットワークを取り外し，右側のネットワークだけで考えてみても家庭と変わりませんから，要求 1 は満たすことができそうです。確かに 2 つのネットワークが両方とも存在しているというのはあまり目にしないかもしれませんが，IP アドレスの重複などがない限り問題ありません。

　次に要求 2 ですが，同様に問題ありません。家庭と同じです。

　要求 3 では，**NAS**（ナス）という機器が登場しました。こういった，知らない機器が出てきても焦る必要はありません。IP アドレスが割り当てられていますから「なんらかのネットワーク機器であろう」という認識で大丈夫です。

　午前問題で出題されるかもしれないので一応説明しておくと，Network Attached Storage の略で，有線 LAN ケーブルで接続した補助記憶装置です。NAS の「N」はネットワーク，「S」はストレージです。補助記憶装置は USB ケーブルでパソコンに接続して外部記憶として使うことが多いと思いますが，NAS は LAN ケーブルを使います。

　気になるのは IP アドレスの重複です。なぜなら NAS については手動で「192.168.0.201」と設定しているからです。しかし，同じネットワーク内にあるデスクトップ PC は，ルータの DHCP 機能を使って 192.168.0.100 ～ 192.168.0.200 の範囲で自動設定されるようなので，重複することはなさそうです。

```
ルータ 1 の設定
┌─────────────────────────────────────────────┐
│ ルータ設定                                       │
│   NAPT 機能：有効                                 │
│   静的アドレス変換（WAN → LAN）：なし              │
│ WAN 側設定                                       │
│   IP アドレス：           xxx.yyy.zzz.242         │
│   ネットマスク：          255.255.255.[ a ]       │
│   デフォルトゲートウェイ： xxx.yyy.zzz.241         │
│ LAN 側設定                                       │
│   IP アドレス：           192.168.0.1             │
│   DHCP サーバ設定                                 │
│     IP アドレス割当範囲：  192.168.0.100 ～ 192.168.0.200 │
│     ネットマスク：        255.255.255.0           │
│     デフォルトゲートウェイ：[ b ]                  │
└─────────────────────────────────────────────┘
```

**ルータ 1 の設定**

　要求 3 もクリアすることがわかりました。要求 4 は要求 3 と逆の通信ですが，同じく問題ありません。そうなると要求 5 は満たされないことになりますので，確認していきましょう。

要求 5 は今までとは毛色が違います。今までは，あるネットワークとインターネットや，あるネットワーク内での通信ばかりでした。しかし要求 5 は，右のネットワークと左のネットワークの間の通信です。

　このレベルの違和感でも十分答えを導き出すことができます。（2）ではその理由を問われていますが，選択肢があります。これも消去法で見ていきましょう。

　アとイは間違いであることがわかります。要求 5 にデスクトップ PC は関わってきません。ですから，要求 5 を満たすことができないと決まった時点で，この 4 択問題は 2 択問題になりました。

　ウは「ルータ 2 が，NAS 宛 IP パケットの受信を拒否するから」です。問題文にはそのような制限をしている記述はありませんので，要求 5 を満たさない理由ではありません。答えはエの「ルータ 2 が，NAS 宛 IP パケットの送信先を特定できないから」です。具体的に見ていきましょう。

　まず，NAS の IP アドレスは知っているという前提で大丈夫そうです。このネットワークを構築した人が手動で IP アドレスを設定したのですから，同じ社内の人にその IP アドレスを通知することは特に不自然ではありません。

　もし DHCP が NAS に IP アドレスを自動で割り当てたのなら，現在の構成では NAS の利用は困難です。IP アドレスは，再起動などにより別のものが割り当てられる可能性があります。ある時点での IP アドレスが長期間続くとは言い切れません。手動で IP アドレスを設定して固定化したのには，そういった意味があるようです。

　ノート PC は NAS に保存されている画像を見るために，ソフトウェアなどを使ってアクセスしようとします。このときノート PC は「NAS は自分と異なるネットワークである」ことを認識します。なぜでしょうか？　いったんここで，少し考えてみてください。

　ヒントは「ネットワークアドレスの比較」です。

　　⋮

　答えです。ノート PC には，ルータ 2 から DHCP で IP アドレスを192.168.1.100 ～ 192.168.1.200 の範囲で割り当ててもらいます。サブネットマスクは 255.255.255.0 なので，第 3 オクテットまでです。つまり，自分のネットワークアドレスは 192.168.1.0 であり，ネットワーク部は 192.168.1 です。

　NAS の IP アドレスのネットワーク部は 192.168.0 ですから異なります。したがって「自分と違うネットワークにアクセスしようとしている」ことを知ります。

「自分と違うネットワークにアクセスしようとしている」場合には，ノート PC は特殊な動作をしますが，覚えていますでしょうか？ 少し考えてみてください。

　　⁝

　答えです。デフォルトゲートウェイに送信を行います。自分と違うネットワークに送信する場合に存在するのがデフォルトゲートウェイで，今回はルータ2です。ルータ2のDHCP機能によって，デフォルトゲートウェイはルータ2（自分自身）であることを教えてもらっていましたので，その通りにします。

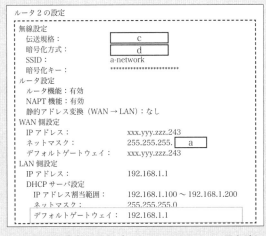

ルータ2では「デフォルトゲートウェイは私である」設定がされている

また出題とは無関係ですが，もしデフォルトゲートウェイの IP アドレス「192.168.1.1」の MAC アドレスを知らなければ，どのような動きをするのかも復習がてら考えてみてください。

　　⁝

　答えです。ARP 要求をして，MAC アドレスを入手します。同一ネットワークでの通信には MAC アドレスが必須だからです。IP アドレスと MAC アドレスの対応ができたら，それを ARP テーブルに一定期間保存しておくことはすでに学習しています。MAC アドレスを知ることができたので，同一ネットワークにあるルータ2（正確には，ルータ2のうちの内側ポート）に送信できるようになります。

このあたりの流れは非常に重要です。知っているのと知らないのとでは、ネットワークに関する理解に大きな差が出ますので「少し考えてみてください」と問いかけたあたりを、何度か復習しておいてください。

　話を戻します。このような流れで、NAS（192.168.0.201）向けのフレームがルータ2に届きました（ルータ2がデフォルトゲートウェイであるため）。ルータ2ではNAPT機能が有効になっていますので、ここでグローバルIPアドレスに変換が行われます。ポート番号の変換も行われますが、そもそも「到達できるか」の検証ですからポート番号変換は考えなくても大丈夫そうです。データを到達させるのは第3層以下の役割です。
　さて問題はここからです。ルータ2は受け取ったパケットをどこに向けて送信すればいいのでしょうか？　理想としてはNASに行きたいため、ルータ1に送信してほしいところです。
　しかしNASのIPアドレス「192.168.0.201」は、ルータ1から外側にはまったく漏れていません。ルータ1がグローバルIPアドレスに変換しているため、ルータ1の外側の機器は「192.168.0.201」の存在を知らないのです。
　そのため、ルータ2が「192.168.0.201に行きたい」というフレームが到着しても「その宛先は知りません」となり、破棄されます。
　以上の理由から、ノートPCからNASへのアクセスは不可能となります。解答群にある「ルータ2が、NAS宛IPパケットの送信先を特定できないから」というのは、今説明してきたことを表しています。

答え：（1）要求5　（2）エ

　かなり難しかったと思います。しかし、ここまで細かい話を完全に理解する必要はありません。もしネットワークスペシャリスト試験を受験するのであれば絶対に知らなければならない流れですが、応用情報技術者試験においては、以下の2点が理解できていれば十分でしょう。

・NAPT機能が搭載されているルータの場合、外側から内側に行くには変換テーブルに沿ってIPアドレスとポート番号が変換される
・プライベートIPアドレスはそのままではインターネットに出ていけない

深い知識までは問われていないため、この設問は記述式ではなく解答群から選ぶ形式になっていると思われます。

# トランスポート層における2つの通信プロトコル AM PM

この節ではトランスポート層のデータ通信について学習しています。

・あるパソコンがデータを送信する
・IP アドレスで指定したサーバに届く
・指定したポート番号に対応したアプリケーションに届く
・そのアプリケーションが処理を行う（アプリケーション層で行うので次に解説します）

ここまでが送信の流れです。通常はアプリケーションがなんらかの応答をします。例えば，Web ページを見ようとしてブラウザに「https://example.com/」と入力すると，上記の手順で Web サーバに要求を送ります。

要求を受け取ったアプリケーションは Web ページを表示するための情報を返し，ブラウザは Web ページを表示します。

しかし，悪意のある第三者が Web サーバのフリをして嘘の応答をしたとしたらどうなるでしょうか？　偽の Web ページが表示されることになります。

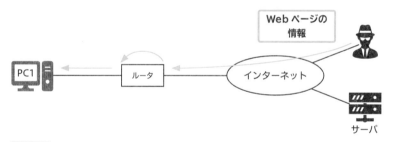

`10-4-10` 応答のフリをした偽情報を送りつけてくる可能性

## 信頼性を重視したプロトコル ▶10-4-3

そこで，通信している2者間がしっかりと相手を確認しながら通信することで，このような不正を排除しています。それが **TCP** というトランスポート層のプロトコルです。Web ページの閲覧は TCP を使っています。そのため，悪意のある第三者が偽の情報を応答することはありません。

通信に先立って以下のやり取りをすることで，2者間で通信することの合意をとります。これを**3ウェイハンドシェイク**といいます。

10
章
ネットワーク

10-4-11 3ウェイハンドシェイクの流れ

1. PC1 はランダムで決めた**シーケンス番号**を送ります。

2. サーバは受け取ったシーケンス番号を**確認応答番号**にしますが，その際に1を加算します。自身でもランダムにシーケンス番号を決めてこの2つを送ります。

3. PC1 は受け取ったシーケンス番号を確認応答番号としますが，その際に1を加算します（2と同じ流れ）。また受け取った確認応答番号をそのままシーケンス番号として送ります。

この3ステップで通信の合意をとります。これ以降の通常の通信も**シーケンス番号と確認応答番号を，同様の手順でカウントアップしながら通信**します。そのため悪意のある第三者が偽のデータを送ったとしても，正しいシーケンス番号と確認応答番号にできないため，通信は失敗してしまいます。

このように，2者間でのコネクションをしっかりと確立してから通信を行う方式を**コネクション型通信**といいます。コネクション型通信では偽装防止の工夫だけではなく，途中のトラブルで情報がおかしくなった場合の再送機能もあります。このようにして **TCP 通信は高い信頼性を確保**することができます。

### 効率性を重視したプロトコル

TCP のようなコネクション型通信にはデメリットもあります。さまざまな処理があるため，**時間がかかったり負荷が大きくなったり**します。また相手をきちんと確認して通信するため，**ユニキャスト通信（1対1）しかできません。**

そこでもっと軽く通信ができるプロトコルも使われています。それが **UDP** です。UDP は3ウェイハンドシェイクを行わず，いきなりパケットを送ります。これを

コネクションレス型通信といいます。受信側は届いたことを送信側に伝えないため、再送要求もありません。送信元 IP アドレスの偽装も可能です。これらのデメリットの解決はアプリケーションに任せます。

　例えば、オンライン会議ソフトは UDP を使います。動画や音声は重要ですが、たまに途切れることがあったり、ノイズが入ったりすることは「しょうがない」としてユーザは諦めています。また **UDP はブロードキャスト通信やマルチキャスト通信（希望者だけに送信する）ができる**ため、オンライン会議では複数人の参加が可能なのです。

---

### 過去問にチャレンジ！［AP-R3秋AM 問34］

　UDP のヘッダフィールドにはないが、TCP のヘッダフィールドには含まれる情報はどれか。

　　**ア**　宛先ポート番号
　　**イ**　シーケンス番号
　　**ウ**　送信元ポート番号
　　**エ**　チェックサム

[解説]

　TCP は 3 ウェイハンドシェイクを行います。まずはランダムにシーケンス番号と確認応答番号を決め、それらをカウントアップしながら通信します。カウントアップは 1 ずつであるため、次に相手から届く番号は自分が送った番号に ＋ 1 したものであるはずです。シーケンス番号 ＝ 100 を送った場合には、相手からは確認応答番号 ＝ 101 のパケットが届くはずです。そうなっていない場合にはエラーとみなします。

　UDP ではそのような確認は存在せず、TCP だけで必要になる情報です。ですから答えは「イ」です。

　「ア」「ウ」のポート番号はアプリケーションの識別などにどうしても必要になりますから、トランスポート層のプロトコルである TCP でも UDP でも必要です。

　「エ」の**チェックサムというのは、簡単な誤り検出符号**です。UDP が信頼性を犠牲にした効率重視のプロトコルとはいえ、チェックサムだけはあります。チェックサムによる誤り検出は非常に簡単であり、時間も負荷もほとんどかかりません。

答え：イ

10 章｜ネットワーク

# トランスポート層の暗号化通信 ▶10-4-4 AM PM

Webページにアクセスする際に，ブラウザにURLを入力します。ブラウザによりますが，一般的にはこのように鍵マークがつくはずです。

K KADOKAWAオフィシャルサイト ✕ ＋

⌂ 🔒 https://www.kadokawa.co.jp

**10-4-12** 暗号化されていることを示す鍵アイコン

これは通信内容が暗号化されていることを示す記号です。この暗号化はトランスポート層で行われ，**TLS**といいます。「T L」は「トランスポート・レイヤー（層）」で「S」は「セキュリティ」の略です。

以前はSSLといっていたのですが，脆弱性が見つかったためにTLSが開発され，現在はこちらが使われています。しかし，昔のなごりでSSLという言葉もまだ使われているため，**TLS/SSLと表記される場合もあります。**

TLS対応されているWebサイトとの通信は暗号化されているため，傍受されたとしても比較的安心です。後で学習する無線LANにも暗号化機能はあります。しかし，もし無線LANの暗号化が無効になっていたとしても，鍵マークがついていれば暗号化されています。

> Googleが，TLS対応していないサイトを検索結果で冷遇しだしてから，一気にTLS対応のサイトが増えました。非常に良い傾向ですが，だからと言って安易にクレジットカード番号などを入力しないようにしましょう。暗号化されていることで安心できるのは通信経路だけです。

(Q 午後の解答力UP!) ─────────────────────────────────── 解説は次ページ ▶▶

TCPセグメントの宛先，送信元ポート番号の最大値は65535ですが，これはTCPセグメントのどの項目のどんな制限によるものですか？

# 10.5 重要度 ★★★

# アプリケーション層

我々が目にするいわゆる「アプリ」がこの層に該当します。下位の層が、通信に関する多くの役割を担ってくれたおかげで、アプリ開発者が通信に関する処理を細かくプログラミングしなくても、遠い外国まで情報を届けられます。そんなアプリのうち国際標準になっているネットワーク関連アプリを学習します。

　TCP/IP における最上位は**アプリケーション層**といわれています。ここではその名の通り、いわゆる「アプリ」が所属します。求人で「プログラマ募集」とあれば、基本的にはアプリケーション開発技術者のことですから、アプリケーション層の技術者ということになります。

　トランスポート層で受け取った TCP セグメントにはポート番号が格納されています。この**ポート番号によってアプリケーションを識別**します。

## アプリケーションの種類 AM PM

### NTP

　シンプルなものから見ていきます。**NTP** は「Network Time Protocol」の略であり、**時刻合わせのアプリケーション**です。ポート番号は 123 ですが、あまり覚える必要はありません。ただ覚えやすいため、もし「123」と「時刻」がイメージとして結びつきやすいようであれば覚えてしまいましょう。

### HTTPとHTTPS

　**HTTP** は Web ページの情報をやり取りするためのプロトコルで「Hyper Text Transfer Protocol」の略です。ブラウザは HTTP を扱うアプリケーションの代表です。URL 欄に http:// から始まる URL を入力しますが、この HTTP はプロトコルの指定です。なお **HTTPS** は HTTP にセキュリティ機能がついたプロトコルです。最近の Web ページは HTTPS 通信が当たり前になってきており、ブラウザの URL 欄には https:// から始まる URL を入力するのが一般的です。

　**HTTPのポート番号は80で、HTTPSのポート番号は443**です。これらのポート番号は比較的よく出題されるので覚えておきましょう。

　セキュリティ機能というとトランスポート層で触れた TLS があります。実は**HTTPS は TLS を使用した HTTP**です。HTTP はアプリケーション層で、TLS は

**A 午後の解答力UP! 解説**

パケット内のポート番号を格納する箇所のビット数が 16 であるためです。

トランスポート層ですから，TLS の上に HTTP が乗っているイメージが HTTPS です。そのため HTTPS は **HTTP over TLS とも表現されます。**

## DHCP

第 3 層（インターネット層，ネットワーク層）では IP アドレスについて学習しました。その際に，IP アドレスなどを自動設定するためのプロトコルとして DHCP について見ていきました。DHCP には IP アドレス以外に，サブネットマスクやデフォルトゲートウェイの IP アドレスも自動設定できます。

DHCP もアプリケーション層のプロトコルであり，当然ポート番号もありますが出題されることはないと思います。一応解説すると DHCP サーバとの 2 往復の通信うち，パソコンからサーバに行く場合のポート番号は 67 で，サーバからパソコンに戻るときのポート番号は 68 です。

## DNS ▶10-5-1 AM PM

とても重要なプロトコルについて学習していきます。出題されることも多いのでぜひマスターしてください。それは **DNS**（Domain Name System）です。

Web ページを閲覧する際に，URL 欄に https://example.com などと入力します。考えてみれば不思議なことがあります。ネットワークにおいて，相手先を指定するには IP アドレスの指定が必要でした。しかしブラウザに，203.0.113.10 などと入力した経験はないはずです。

実はそのように入力しても Web ページを閲覧することができます。もしサーバの IP アドレスが 203.0.113.10 だとすると，https://203.0.113.10 のように入力しても通常通りに Web ページにアクセスすることができるのです。

しかし IP アドレスは覚えにくいので，わかりやすい名前と IP アドレスの対応表を作ることにしました。203.0.113.10 にわかりやすい名前をつけることができるのです。その名前は世界で 1 つである必要がありますし（インターネット上で使用する場合），名前のつけ方にもある程度の制限がありますが，原則として自由に名前をつけることができます。

そうです。我々がブラウザの URL 欄に入力していた「example.com」のような文字列は，IP アドレスと対応させた名前だったのです。

また www.example.com のような URL も見たことがあると思います。

これらを **FQDN** といいます。また example.com の部分を**ドメイン名**といい，www の部分を**ホスト名**といいます。ホスト名は省略が可能です。

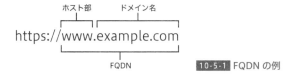

10-5-1 FQDN の例

このような対応情報を管理するプロトコルが DNS です。そして対応情報を管理し，FQDN に対応する IP アドレスを教えてくれるサーバを **DNS サーバ**といいます。なお，対応情報のことを**ゾーン情報**といいます。FQDN に対応する IP アドレスは，nslookup コマンドで知ることができます。

```
[████████████████████████████████] ~ % nslookup digital-planning.jp
Server:          10.128.128.128
```

`10-5-2` nslookup コマンドで IP アドレスを問い合わせた例

## DNSでIPアドレスを知るまでの流れ

ブラウザに example.com と入力し，IP アドレスに変換され，Web ページが表示されるまでの流れを見てみましょう。

・ブラウザに https://example.com と入力します。
・パソコンは DNS サーバに「example.com の IP アドレスは何か」と問い合わせます。実際に問合せを行うソフトウェアを**スタブリゾルバ**または単に**リゾルバ**といいます。
・DNS サーバは自身に保存されている対応情報であるゾーン情報を参照し，IP アドレスを応答します。
・パソコンは，受け取った IP アドレス宛に通信を開始します。

パソコンが「IP アドレスではなく，FQDN で通信しようとしている」ことを知ると，DNS サーバに問合せをするという手順が入ります。ここで使われるのが DNS というプロトコルです。ポート番号は 53 ですが，これもあまり覚える必要はないでしょう。

今まで学習してきたあなたであれば，1 つの疑問が生まれたと思います。DNS サーバへはどうやって問合せに行くかです。もちろん IP アドレスを使い，今まで見てきたのと同じような流れで通信を行いますが，その IP アドレスはどうやって知るのでしょうか？

実は **DNS サーバの IP アドレスも DHCP サーバで管理**され，パソコンに自動設定されます。

> **DNS はトランスポート層では UDP** が使われます。TCP のように 3 ウェイハンドシェイクを使わないため，シンプルであり高速通信が可能です。しかし UDP は，信頼性が大きく劣るという欠点があるという解説をしてきました。その欠点を悪用した手口として DNS キャッシュポイズニングがあります。

### 権威DNSサーバとキャッシュDNSサーバ ▶10-5-2

DNS サバは役割に応じて 2 種類あります。まずは珍しい名前なので覚えやすい**権威 DNS サバ**です。これは今解説してきた DNS サバのことで，**コンテンツサバ**ともいいゾーン情報を管理しています。

先ほど FQDN から IP アドレスを取得する流れを解説しましたが，膨大な回数になることが推測できるでしょう。例えば，あなたがブラウザに https://example.com/ にアクセスしようとしたときに，まず 1 度目の IP アドレスの問合せが発生します。

次に同じ Web サイトの https://example.com/abc/ というページにアクセスしても IP アドレスの問合せが発生します。

このようにたった 1 人でも大量の IP アドレス問合せが発生するわけですから，DNS サバには大きな負荷が発生することになります。しかし，考えてみれば FQDN と IP アドレスの対応関係は，一度決まったらそれほど頻繁に変わるわけでありません。そこでもう 1 台 DNS サバが使われます。それが**キャッシュ DNS サバ**です。

実は **IP アドレスの問合せを行う際には，パソコンは権威 DNS サバに問い合わせることはありません。キャッシュ DNS サバに問い合わせます**。キャッシュ DNS サバに対応情報がなければ，**キャッシュ DNS サバが権威 DNS サバに問い合わせます**。問い合わせた結果の対応情報はキャッシュ DNS サバに保存され，今後同じ問合せがあった場合にはキャッシュ DNS サバが返答します。

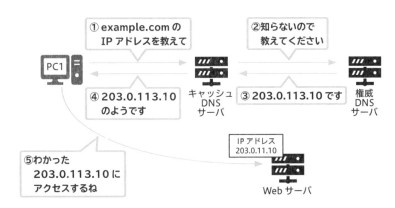

**10-5-3** キャッシュ DNS サバが権威 DNS サバに問い合わせる

権威 DNS サバ（コンテンツサバ）には**プライマリサーバ**と，**セカンダリサーバ**があります。セカンダリサーバはバックアップとしての役割であり，プライマリサーバからゾーン情報がコピーされます。なお**プライマリサーバはマスターサーバ，**

**セカンダリサーバはスレーブサーバと呼ばれることもあります**が，最近はあまり使われません。

## DNSサーバはどこにあるのか？

　家庭のルータを例に，もう少しDNSについて学習していきます。パソコンでFQDNを使ったアクセスをするには，権威DNSサーバが必要です。しかし，実際にはキャッシュDNSサーバに問合せに行くため，**パソコンの「DNSサーバのIPアドレス」にはキャッシュDNSサーバのIPアドレスを設定**することになります。手動で設定してもいいのですが面倒なので，通常はDHCPの仕組みを使ってパソコンに自動設定します。

　家庭の場合は，キャッシュDNSサーバは契約しているプロバイダが管理しています。プロバイダから渡されたルータのDHCP設定には，そのキャッシュDNSサーバのIPアドレスが設定されているわけです。

> 企業では，キャッシュDNSサーバや権威DNSサーバを自社で管理する場合もあります。出題されるときはこちらのケースが多いと思いますので，過去問で確認していきましょう。

### 過去問にチャレンジ！ [AP-R3春PM 問1改]

　R社は，Webサイト向けソフトウェアの開発を主業務とする，従業員約50名の企業である。R社の会社概要や事業内容などをR社のWebサイト(以下，R社サイトという)に掲示している。

　R社内からインターネットへのアクセスは，R社が使用するデータセンタを経由して行われている。

　データセンタには，R社のWebサーバ，権威DNSサーバ，キャッシュDNSサーバなどが設置され，外部からアクセスできるようにしている。

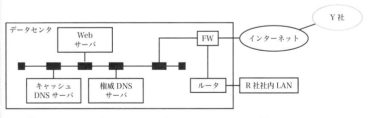

　R社サイトは，データセンタ内のWebサーバで運用され，インターネットからR社サイトへは，HTTP Over TLS(以下，HTTPSという)によるアクセスだけが許されている。

10章 ネットワーク

〔トラブルの発生〕

　ある日，R社の顧客であるY社の担当者から，"社員のPCが，R社サイトに埋め込まれていたリンクからマルウェアに感染したと思われる"との連絡を受けた。Y社は，Y社が契約しているISPであるZ社のDNSサーバを利用していた。

　Tさんが調査した結果，R社の権威DNSサーバ上の，R社のWebサーバのAレコードが別のサイトのIPアドレスに改ざんされていることが分かった。R社のキャッシュDNSサーバとWebサーバには，侵入や改ざんされた形跡はなかった。

　R社の情報システム部は①Y社のPCがR社の偽サイトに誘導され，マルウェアに感染した可能性が高いと判断した。

設問：本文中の下線①で，Y社のPCがR社の偽サイトに誘導された際に，Y社のPCに偽のIPアドレスを返した可能性のあるDNSサーバを，解答群の中から2つ選び，記号で答えよ。

　　**ア**　R社のキャッシュDNSサーバ
　　**イ**　R社の権威DNSサーバ
　　**ウ**　Z社のDNSサーバ
　　**エ**　R社のWebサーバ

**［解説］**

　FWはファイアーウォールといい，おかしなパケットを遮断するなどの機能を持っています。詳しくはセキュリティの章で学習します。

　今回のトラブルの発端はY社の担当者からの連絡です。Y社はR社のWebページを見た後から，何やら様子がおかしいことに気がついた様子です。そこで「R社のWebページに，マルウェアへのリンクが埋め込まれていた」と推測したようです。

　もしこれが事実であれば，R社のWebページが改ざんされておかしなリンクが記述されたことになります。しかし「R社のキャッシュDNSサーバとWebサーバには，侵入や改ざんされた形跡はなかった」とありますから，推測は正しくないようです。他の原因を探ってみます。

　あとは「R社のWebページだと思っていたけれど，実は悪意のある第三者のページであった」という可能性です。どうすればそのようなことが可能なのでしょうか。DNSサーバの改ざんです。

　R社のWebページがexample.comだとします。Y社の担当者がこのURL

をブラウザに入力し，その際に悪意のある第三者のページが開いたとすると，DNSサーバが偽のIPアドレスを応答したケースが考えられます。

FQDN に対して IP アドレスを応答するのは，キャッシュ DNS サーバと権威 DNS サーバのどちらかです。しかし「R 社のキャッシュ DNS サーバと Web サーバには，侵入や改ざんされた形跡はなかった」とありますから，キャッシュ DNS サーバの疑いは消えました。残りは権威 DNS サーバです。権威 DNS サーバのゾーン情報「example.com に対する IP アドレス」が改ざんされた可能性がまず考えられますので，これが答えの 1 つ目です。

残る選択肢は「Z 社の DNS サーバ」だけとなりますが，なぜ可能性があるのかを見ていきましょう。インターネットで FQDN を使った通信をするには必ず DNS の仕組みが必要です。Y 社も同様です。ネットワーク図にはありませんが，Y 社にもキャッシュ DNS サーバがあるはずです。

Y 社の社員が A という Web ページにアクセスしたのであれば，A を管理している権威 DNS サーバに「あなたが管理している A の IP アドレスは？」と問い合わせます（キャッシュ DNS サーバ経由）。同じように，R 社の Web ページにアクセスしたい場合には，R 社の Web ページの FQDN を管理している権威 DNS サーバに「IP アドレスを教えて」と問い合わせます（キャッシュ DNS サーバ経由）。その権威 DNS サーバはネットワーク図にあり，改ざんが疑われています。

問題はこの後です。改ざんされてしまった情報を，Y 社のキャッシュ DNS サーバは記憶してしまいます。その後，権威 DNS サーバの改ざんが修正されたとしても，しばらくは Y 社のキャッシュ DNS サーバは改ざん時の情報を覚えています。そのため改ざん情報に従い，偽の IP アドレスに応答してしまいます。

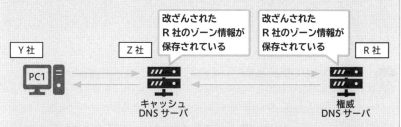

出題におけるキャッシュ DNS サーバ，権威 DNS サーバの関係

キャッシュは有効期限が決められているので，しばらくするとクリアされて，再度権威 DNS サーバから情報を取得することになります。

答え：**イ，ウ**

## 電子メール AM PM

**電子メールは送信と受信とでアプリケーションが分かれています。** したがって，プロトコルもポート番号もそれぞれ異なっています。

ここでは，私があなたにメールを送るという設定で説明していきます。メールの内容は「こんにちは」です。

### メール送信と転送

メールを送信する場合にはメールサーバが必要です。私が契約しているメールサーバに「こんにちは」を送って，そのメールを預かってもらいます。送信時のこの流れは **SMTP**（Simple Mail Transfer Protocol）というプロトコルで行われます。

その後は，あなたが契約しているメールサーバまで「こんにちは」を届ける必要があります。つまりメールサーバ間の転送ですが，ここでも SMTP が使われます。**つまり SMTP は，メールの送信とサーバ間転送で使われます。**

あなたが契約しているメールサーバまで届いたら，そこで SMTP の役割は終了です。あなたが受信をするまで「こんにちは」は，あなたのメールサーバで残り続けます。

### メールの受信

メールを受信するために使うのは **POP**（ポップ：Post Office Protocol）というプロトコルです。契約しているメールサーバには，私以外にもいろいろな人から届いたメールが保存されているはずです。あなたはメールサーバにアクセスし，POP を用いて自分のパソコンにメールを移動させます。「移動」させるわけですから，メールサーバからは削除されます。

移動ではなく，そのまま残すこともできるプロトコルが **IMAP**（アイ マップ：Internet Message Access Protocol）です。「こんにちは」が残り続けるということは，メールサーバにアクセスできる環境さえあれば，世界中のどこからでも過去のメールを見ることができるので便利です。会社でメールを受信したとしても，IMAP ならメールは残り続けるので，同じメールを自宅でも見ることができます。

それぞれバージョン番号をつけて POP3，IMAP4 と表記される場合もあります。

---

Q 午後の解答力UP!                                            解説は次ページ ▶▶

権威 DNS サーバのゾーン情報の設定において，ある FQDN に対して複数の IP アドレスの対応付けが可能です。その場合，1 度目の問合せでは 1 つ目の IP アドレスを，2 度目の問合せでは 2 つ目の IP アドレスを……のように順番に応答します。このメリットは何でしょうか？

# VLAN

ルータを使ってネットワークを分ける重要性については，すでに学習しました。「もっと簡単に」ということで登場したのが VLAN（ブイラン）。「V」は仮想を意味する「バーチャル」です。この技術でもネットワークを仮想的に分割することができます。仮想的なネットワーク分割とは一体どういうことなのでしょうか？

　複数のネットワークをつなげる機器としてルータがあるという話をしました。ネットワークが分かれることのメリットは，「ネットワーク負荷の軽減」「セキュリティ向上」です。ルータで区切られた 1 つのネットワークを，さらに**スイッチングハブに搭載されている VLAN という機能**で分割することができます。スイッチングハブを使うということは，VLAN は第 2 層（ネットワークインターフェース層，データリンク層）の技術ということになります。

## ネットワークをさらに分ける

　ルータで区切られた範囲をネットワークといいますが，ネットワーク内をさらにスイッチングハブの VLAN 機能で区切られた範囲は**セグメント**といいます。ただし単に「セグメント」という場合には，VLAN を使用せずに分けられた範囲を意味することもあります。そのため，VLAN で分割された場合には「VLAN セグメント」や「VLAN で区切られたセグメント」などと呼ぶ場合がありますが，ここでは単にセグメントと呼びます。

　セグメント内の PC は同じセグメント内の PC とだけ通信できます。つまり**VLAN を超えた通信は原則としてできません**（VLAN を超える方法は重要なのでこの後に解説します）。この機能を利用してセキュリティを確保しています。例えば，営業部セグメントと開発部セグメントが VLAN によって分けられているとします。この場合，営業部の A さんは，開発部の B さんとは直接通信することができません。

　また 1 対 1 の通信（ユニキャスト通信）だけではなく，ブロードキャスト通信のような 1 対多の通信も同様です。あるセグメントの PC が ARP などのブロードキャストフレームを送信した場合，このフレームは別のセグメントには届きません。

---

**A 午後の解答力UP! 解説**

サーバの負荷を分散することができます。

## ポートベースVLAN AM PM

　ルータは第3層（インターネット層, ネットワーク層）の機器であるため, パケットの IP アドレスを見てルーティングをしていました。しかし, VLAN は第2層の機器であるスイッチングハブに搭載されている機能です。そのため **IP アドレスを見ることができません**。では何を見て制御しているかというと, いくつかのモードがあります。よく出題されるのは, 接続口である「ポート」によって制御するポートベース VLAN です。

　例えば, あるスイッチングハブに5個の接続口があったとします。1, 2, 3番には営業部の PC を接続し, 4, 5番には開発部の PC を接続します。そしてスイッチングハブの設定で, 1, 2, 3番には VLAN 1を割り当て, 4, 5番には VLAN 2を割り当てます。

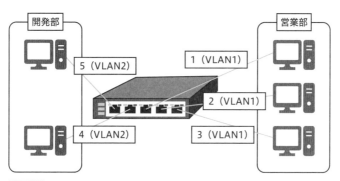

**10-6-1** ポートごとにセグメントを対応付ける

　もし, 4番に接続した PC からスイッチングハブにフレームが届いた場合には「これは VLAN 2の PC から届いたフレームである」と判断します。そして宛先が VLAN 2以外の場合には, そのフレームを転送しません。このようにしてセグメントの分割を実現しています。

## タグVLAN

　非常にシンプルなのですが, ポートベース VLAN には不都合があります。離れた別のスイッチングハブがフレームを受け取った場合,「これは VLAN 2のフレームである」ということが理解できません。

　自分のポートに接続されている PC から届いた場合には, VLAN の識別ができます。しかしどこか遠くの PC から, いろいろ経由してようやく届いたフレームについては, 当然のことながら VLAN 1なのか VLAN 2なのかは理解ができません。

　そこで目印としてタグをつける機能があります。これをタグ VLAN といいます。例えば、4番目のポートに接続した PC から届いたフレームには、VLAN 2を意味するタグを付与します。これでこのフレームが長い旅に出ても、その先で出会ったスイッチングハブは、タグを見ることで VLAN を識別することができます。

　またタグ VLAN 機能によって、あるポートに「VLAN 1と VLAN 2」のように設定した場合には、それ以外のセグメント（例えば VLAN3 など）から届いたフレームは破棄します。つまり**ポートごとに複数のセグメントを対応させて「これ以外は破棄」と設定**することができます。

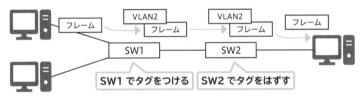

10-6-2 スイッチングハブによる VLAN タグの付与と削除

## セグメントを超えてフレームを送る AM PM

　ネットワークを超えるにはルータがルーティングを行いました。**VLAN で分割したセグメントを超えるためにも同じくルータが必要**です。セグメントを超えたい場面は多くありそうですが、そのたびにルータを用意するのは手間がかかります。VLAN を使ったネットワークの分割や変更は、実際の機器の配置換えがなく設定だけで行うことができます。しかし、セグメントを超えるためにルータが必要であるのなら、そのメリットも薄れてしまいます。

　そこで VLAN を使ったセグメント分割を行う場合には、スイッチングハブではなく**レイヤー3スイッチ**という機器を使うこともあります。**レイヤー3スイッチは、スイッチングハブとルータが1つになった機器**です。レイヤー3スイッチに対して、スイッチングハブは**レイヤー2スイッチ**と呼ぶこともあります。

10章 ネットワーク

　K社は，従業員約200名の自動車部品製造会社である。K社の事務所は，3階建ての事務棟に置かれている。

　事務棟では，一つのフロアに複数部署が混在したり，部署がフロア内やフロア間で移動する可能性を考慮して，スイッチングハブのポート単位にVLANを設定するポートベースVLANではなく，一つのポートに複数のVLANを同時に設定できる（　d　）VLANの機能を備えるスイッチングハブを導入することにした。

　現状の部署の配置を前提とした，スイッチングハブのフロア配置を図に示す。またこの配置における各スイッチングハブのVLAN構成の案を表に示す。

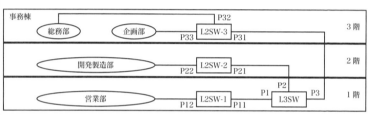

注記　Pnは各ネットワークスイッチのポートIDを示す。

| ネットワークスイッチ | ポートID | 設定するVLAN ID |
| --- | --- | --- |
| L3SW | P1 | VLAN66 |
| | P2 | VLAN65 |
| | P3 | e |
| L2SW-1 | P11 | VLAN66 |
| | P12 | VLAN66 |
| L2SW-2 | P21 | f |
| | P22 | f |
| L2SW-3 | P31 | e |
| | P32 | VLAN67 |
| | P33 | VLAN64 |

設問1：本文中の（d）に入れる適切な字句を5字以内で答えよ。

設問2：表中の（e）（f）に入れる適切なVLAN IDを答えよ。

[解説]

　1つのポートに1つのVLANのセグメントを対応させる機能を，ポートベースVLANといいます。またタグVLAN機能を有効にすることで，VLANタグがフレームに付与されます。VLANタグが付与されている限りは，どのVLAN対応機器でもセグメントの識別が可能です。

　VLANタグがフレームに付与されたまま中継されると，ネットワーク上にある別のスイッチングハブには，いろいろなセグメントのフレームが流れることになります。このあたりの仕組みは非常に重要になるので，ネットワーク図を見ながら確認していきましょう。

　まずP32とP33です。P32は総務部に接続され，P33は企画部に接続されています。これらはそれぞれがセグメントであるため，P32とP33はポートベースVLANです。

　この2つはP31で合流しています。ここには，総務部と企画部の2つのセグメントのフレームが流れ込んでくることになるため，「どっちのフレームか」をタグで識別する必要があります。そのためP31にはタグVLAN機能を有効にする必要があります。問題文にある「一つのポートに複数のVLANを同時に設定できる」とは，このP31などのことを意味しています。ですから空欄（a）は「タグ」です。

　空欄（b）のポートIDはP3であり，接続されているケーブルの反対側のポートはP31です。P3には，P31と同じくP32とP33のフレームが流れ込んでくるため，それらを受け入れるように設定する必要があります。答えは「VLAN64，VLAN67」です。

　空欄（c）も考え方は同じです。P21はP2と同じケーブルであり，P2にはVLAN65が設定されていることが表からわかります。P2では「VLAN65」を示すタグが付与されP21に流れてきます。P21ではこのフレームを受け入れる必要がありますので，P2と同じ「VLAN65」を設定する必要があります。

　P2で受け入れたVLAN65のフレームは，そのままP22から送出して開発製造部に転送する必要があるため，P22にも同じくVLAN65を設定することになります。空欄（c）の答えは「VLAN65」です。

**答え　d：タグ，e：VLAN64，VLAN67，f：VLAN65**

　VLAN機能をもった1台のレイヤ3スイッチに40台のPCを接続している。スイッチのポートをグループ化して複数のセグメントに分けたとき，スイッチのポートをセグメントに分けない場合に比べて得られるセキュリティ上の効果の一つはどれか。

　　**ア**　スイッチが，PCから送出されるICMPパケットを同一セグメント内も含め，全て遮断するので，PC間のマルウェア感染のリスクを低減できる。

　　**イ**　スイッチが，PCからのブロードキャストパケットの到達範囲を制限するので，アドレス情報の不要な流出のリスクを低減できる。

　　**ウ**　スイッチが，PCのMACアドレスから接続可否を判別するので，PCの不正接続のリスクを低減できる。

　　**エ**　スイッチが，物理ポートごとに，決まったIPアドレスをもつPCの接続だけを許可するので，PCの不正接続のリスクを低減できる。

### [解説]

　難しい表現になっていますが，まず冒頭の「40台」などの記述は，解答するにおいては無視できます。単に「VLANでセグメントに分割すると，どんなセキュリティ上の効果があるか」とだけ聞かれています。

　答えは「イ」です。1対多の通信であるブロードキャストは，同一セグメントにだけ届きます。

　「ア」にある「**ICMP**」とはpingコマンドを使って，ネットワークの疎通確認をするために使用するプロトコルです。VLANは，同一セグメントではなく別セグメントへの通信が遮断されるため誤りです。

　「ウ」「エ」は実際に存在するVLAN方式ですが，今回は「ポートで分ける」とありますから誤りです。

**答え：イ**

**Q 午後の解答力UP！**────────────────解説は次ページ ▶▶

「エ」には「スイッチが，決まったIPアドレスをもつPCの接続だけを許可する」とあります。これは実際に存在する方式です。VLANは第2層の機能であると解説しましたが，なぜ第3層であるIPアドレスを使って制御できているのでしょうか？

# 10.7 重要度 ★★★

# 無線ネットワーク

有線ネットワークと無線ネットワークとでは使われる技術がまったく異なります。まず0と1の表現方法が違います。そして電波は四方八方すべてに広がっていきますから，盗聴対策やなりすまし対策もさらに重要になってきます。この節では，もはや我々の生活になくてはならない無線について学習していきます。

　無線ネットワークにはさまざまな種類があります。真っ先に思いつくのは Wi-Fi でしょう。次に，Wi-Fi がない場所でスマートフォンを使う場合の LTE。それからワイヤレスイヤホンで使われる Bluetooth。

　無線ネットワークはすでに我々の生活の一部となっています。午後試験では特に Wi-Fi を使った企業内ネットワークについてよく出題されますので，重点的な学習が必要です。それ以外の無線ネットワークついては概要を押さえるだけでよいでしょう。

　なお，解説で出てくる **bps** とは1秒間に送ることができるビット数です。計算問題で出題されることがあるので慣れておきましょう。

## LTE AM PM

　携帯電話の通信規格として3Gがありました。Gは「ジェネレーション」であり，世代という意味です。つまり第3世代の携帯電話通信規格が3Gです。現在は4Gと5Gが主流です。

　LTE は 3.9G ともいわれ，4Gへの橋渡し的な存在として登場しましたが，その後 LTE = 4G として認識されるようになりました。通信可能距離は数 km 以上であり，かなり遠くまで電波が届きます。

　また，LTE の省電力規格として **LPWA**(Low Power Wide Area) があります。通信速度は遅いのですが，その分消費電力が小さく乾電池だけで長期間動作させることが可能です。

## Bluetooth AM PM

　ワイヤレスイヤホンなどで使われています。通信可能距離は最大で 100 メートル程度ですが，室内だと 10 メートルも離れると通信が不安定になります。**周波数は 2.4GHz 帯でありこれは電子レンジと同じ**です。そのため電子レンジが動作中にその近くにいて，ワイヤレスイヤホンで曲を聴いていると途切れ途切れ

**A 午後の解答力UP! 解説**
レイヤー3スイッチにはルータ機能とスイッチングハブの機能の両方が備わっているためです。

10
章
ネットワーク

になる経験があるのではないでしょうか。無線では同じ周波数だと干渉して電波状態が悪化することがあります。

　なお，Bluetooth の省電力規格として **BLE（Bluetooth Low Energy）** があります。例えば，スマートロックというスマートフォンと連動した鍵があるのですが，BLE が使われている製品もあります。乾電池やボタン電池だけで長期間使用できなければならない製品の場合には，BLE が採用されることが多くなっています。

# Wi-Fi AM PM

　Wi-Fi を使ったネットワーク構築については頻出ですので，しっかりと学習していきましょう。

　Wi-Fi は無線 LAN に関するブランド名です。**アクセスポイント**と呼ばれる機器を中心に屋外だと 100 メートルほどの無線通信が可能です。アクセスポイントの識別子は **SSID** や **ESSID** と呼ばれており，重複が可能です。

　1 階だけにアクセスポイントがある場合，2 階に行くと遮蔽物の影響で，スマートフォンなどの通信が遅いと感じることがあると思います。その場合 2 階にもアクセスポイントを設置し，SSID を同じものにします。

　このような構成にすると，スマートフォンはこれらのアクセスポイントのうち，つながりやすい方を自動的に選択して接続します。この機能を**ハンドオーバー**といいます。

### 規格の進化

　Wi-Fi が登場した当初，通信速度はかなり遅かったのですが，近年は有線と遜色ないほどに速くなっています。

| 規格名 | 周波数帯 | 通信速度 |
|---|---|---|
| IEEE802.11b | 2.4GHz | 11Mbps |
| IEEE802.11a | 5GHz | 54Mbps |
| IEEE802.11g | 2.4GHz | 54Mbps |
| IEEE802.11n | 2.4GHz/5GHz | 600Mbps |
| IEEE802.11ac | 5GHz | 6.9Gbps |
| IEEE802.11ax | 2.4GHz/5GHz | 9.6Gbps |

10-7-1 Wi-Fi の規格

　**IEEE802.11n 以降の3つがよく出題される**ので，これらを中心に学習を進

めていってください。なお IEEE は「アイ・トリプル・イー」と読みます。

　電子レンジの周波数帯が 2.4GHz であることに触れましたが，Wi-Fi でも同じ周波数帯を使っています。そのため動作中の電子レンジの近くで動画を見ていると，突然再生が止まるなどの現象が発生することがあります。**一方 5GHz の場合には，そのような電波干渉が少なくなります。**ただし，周波数が高くなると**障害物を避ける性質が弱くなります。**

　両方の周波数帯に対応している規格は 2 つだけです。試験で問われることがあるので「n と ax は，両方の周波数帯に対応」していることは覚えておきましょう。また「ac」は 5GHz だけが使用できます。

# n　　ax

2.4Ghz　5Ghz　　2.4Ghz　5Ghz

`10-7-2` n と ax だけは 2 つの周波数帯に対応していることについての覚え方

---

### 過去問にチャレンジ！[AP-R3春AM 問33]

　日本国内において，無線 LAN の規格 IEEE802.11ac に関する説明のうち，適切なものはどれか。

**ア**　IEEE802.11g に対応している端末は IEEE802.11ac に対応しているアクセスポイントと通信が可能である。

**イ**　最大通信速度は 600M ビット／秒である。

**ウ**　使用するアクセス制御方式は CSMA/CD 方式である。

**エ**　使用する周波数帯は 5GHz 帯である。

**[解説]**

　「ac」は 5GHz での通信が可能です。それがわかれば「エ」であることがすぐにわかります。他の解答群も見てみましょう。

　「ア」は「"ac" のアクセスポイントは "g" の機器と通信できるか」ということですが，周波数帯が異なるので通信できません。他の規格でも，周波数帯が同じであれば通信可能です。

　「イ」は，通信速度が 600Mbps とのことですが，「ac」の最大通信速度は 6.93Gbps です。通信速度については最新から 3 つほど覚えておけばよいでしょう。「600M」「6.9G」「9.6G」と，出てくる数字が限られているため比較的覚えやすいと思います。古すぎる規格は出題されませんので，学習は不要です。

「ウ」は CSMA/CD 方式であるとのことですが，正しくは **CSMA/CA** 方式です。**CSMA/CD 方式は有線 LAN で使われていた衝突回避の技術**ですが，今は衝突が発生しないため使われていません。CSMA/CA 方式は Wi-Fi で使われている衝突回避の技術です。

　無線は空気中を伝搬しますので，他の電波と衝突して干渉する可能性は非常に多くあります。他の機器が通信していることを検知した場合には，**ランダム時間待機してから送信**します。また受信したアクセスポイントは，**届いたことを機器に伝えるための信号**を出します。機器はその信号を一定時間検知できなかった場合には再送します。

答え：**エ**

## Wi-Fiの暗号化

　有線と違い，無線は常に傍受の危険性があります。室内にあるアクセスポイントには室外からもアクセスできますから，対策をしなければ悪意を持った人も傍受することは容易です。そこで暗号化が必須になります。

　以前は **WEP**（Wired Equivalent Privacy）という方式で暗号化をしていたのですが，すぐに脆弱性が見つかってしまいました。そこで，新たに WPA（Wi-Fi Protected Access）という方式で暗号化されるようになったのですがこれも破られ，現在は **WPA 2** という方式が主流になっています。ただ WPA 2 にも脆弱性が見つかり，さらに強力な **WPA 3** が策定されています。

WPA 2 / 3 ともに，**AES**（Advanced Encryption Standard）という暗号化アルゴリズムを使っています。なお，すでに学習した TLS でも AES は使われています。AES の「A」は「アドバンス（高度）」という意味です。

（Q 午後の解答力UP!）　　　　　　　　　　　　　　　　　　　　　　　　　解説は次ページ ▶▶

2 台の Wi-Fi アクセスポイントがあります。それぞれの電波が届く範囲を重ねることでどんなメリットがありますか？

# 確認問題

**問題1** [AP-R1秋AM 問31]

VoIP 通信において 8k ビット／秒の音声符号化を行い，パケット生成周期が 10 ミリ秒のとき，1 パケットに含まれる音声ペイロードは何バイトか。

**ア** 8 **イ** 10 **ウ** 80 **エ** 100

**問題2** [AP-R4秋AM 問33]

IPv4 のネットワークアドレスが 192.168.16.40/29 のとき，適切なものはどれか。

**ア** 192.168.16.48 は同一サブネットワーク内の IP アドレスである。
**イ** サブネットマスクは，255.255.255.240 である。
**ウ** 使用可能なホストアドレスは最大 6 個である。
**エ** ホスト部は 29 ビットである。

**問題3** [AP-R1秋AM 問34]

IPv6 アドレスの表記として，適切なものはどれか。

**ア** 2001:db8::3ab::ff01
**イ** 2001:db8::3ab:ff01
**ウ** 2001:db8.3ab:ff01
**エ** 2001.db8.3ab.ff01

**問題4** [AP-H27秋AM 問33]

電子メールの内容の機密性を高めるために用いられるプロトコルはどれか。

**ア** IMAP4
**イ** POP3
**ウ** SMTP
**エ** S/MIME

**問題5** [AP-R4秋AM 問31]

IP アドレスの自動設定をするために DHCP サーバが設置された LAN 環境の説明のうち，適切なものはどれか。

**ア** DHCP による自動設定を行う PC では，IP アドレスは自動設定できるが，サブネットマスクやデフォルトゲートウェイアドレスは自動設定できない。
**イ** DHCP による自動設定を行う PC と，IP アドレスが固定の PC を混在させることはできない。
**ウ** DHCP による自動設定を行う PC に，DHCP サーバのアドレスを設定しておく必要はない。
**エ** 一度 IP アドレスを割り当てられた PC は，その後電源が切られた期間があっても必ず同じ IP アドレスを割り当てられる。

10章 ネットワーク

**A 午後の解答力UP! 解説**

自動的に，つながりやすい方の Wi-Fi アクセスポイントに切り替わるメリットがあります。

**問題6** ［AP-H23特別AM 問37］

TCP/IP ネットワークにおける，ARP 要求パケットと ARP 応答パケットの種類の組合せはどれか。ここで，ARP キャッシュに保持するエントリの有効性を確認する場合は除くものとする。

| | ARP 要求パケット | ARP 応答パケット |
|---|---|---|
| ア | ブロードキャスト | ブロードキャスト |
| イ | ブロードキャスト | ユニキャスト |
| ウ | ユニキャスト | ブロードキャスト |
| エ | ユニキャスト | ユニキャスト |

**問題7** ［AP-R3春AM 問32］

IoT で用いられる無線通信技術であり，近距離の IT 機器同士が通信する無線 PAN（Personal Area Network）と呼ばれるネットワークに利用されるものはどれか。

ア　BLE（Bluetooth Low Energy）
イ　LTE（Long Term Evolution）
ウ　PLC（Power Line Communication）
エ　PPP（Point-to-Point Protocol）

---

## 解答・解説

### 解説1　イ

　この問題の **VoIP 通信** は，あまり出題されることはありません。音声を電話回線ではなくネットワーク回線に乗せて送る技術であり，例えば LINE 電話などがそれです。しかし，わからなくても答えることができます。

　ネットワークで送るためには，音声を 0 と 1 のデジタルデータに変換する必要があります。この問題では，1 秒で 8,000 ビットのデジタルデータに変換される仕様のようです。つまり 1 秒で「こんにちは」と話すと，「こんにちは」が 8,000 ビットに変換されて相手に届くということです。ではその変換がいつ行われるかというと，0.01 秒ごとの仕様です。それがパケット生成周期であり，1 パケットではどのくらいのバイト数になるかというのがこの問題です。

　1 秒で 8,000 ビットということは，0.01 秒では 80 ビットです。これをバイトに直すと 10 バイトとなります。

　なお，音声ペイロードの意味がわからなくても解答に影響はありません。一応説明すると「荷物」が語源であり，データ本体のことです。

### 解説2　ウ

　まず「ア」の 192.168.16.48 のネットワークアドレスが同一かどうかの比較です。それぞれを 2 進数に変換して比較してみましょう。比較するのは，先頭からプレフィックスの数までです。太字にしました。

■ 192.168.16.40
**110000000.10100000.00010000.00101**000
■ 192.168.16.48
**110000000.10100000.00010000.00110**000

　同じであれば同じネットワークですが，異なっているので「ア」は間違いです。
　次は「イ」です。プレフィックスをサブネットマスクに変換します。先頭から 1 を 29 個並べ，他を 0 にします。

11111111.11111111.11111111.111110000

　これを 10 進数に変換すると 255.255.255.248 となりますので「イ」は誤りです。「ウ」は，使用可能はホスト数についてです。ネットワーク部が 29 ビットということは，ホスト部は 3 ビットです。3 ビットで表現できる数は 2 の 3 乗ですから 8 個です。しかし，ホスト部をオール 0 にしたアドレスはネットワークアドレスであり，オール 1 にしたアドレスはブロードキャストアドレスです。この 2 つを除いたアドレスをホストに割り当てることができるので，「ウ」は正解です。
　今見たようにホスト部は 3 ビットなので「エ」は誤りです。

### 解説3　イ

　IPv 4 は 192.168.1.2 のような表記法ですが，IPv6 の場合には 16 進数で表記します。16 ビットごとに「：（コロン）」で区切りますので「ア」「イ」のどちらかになります。また，表記ルールとして「オール 0 の場合には省略できる」というものがあります。ただし省略は 1 ヵ所しか使えません。
「ア」は省略を意味する「::」が 2 ヵ所あるため誤りです。

### 解説4　エ

　選択肢すべてが電子メールに関するプロトコルです。「ア」「イ」は電子メールを受信するプロトコルで，「ウ」は電子メールの送信と転送を行うプロトコルです。「エ」が正解ですが，S/MIME の前に MIME について解説します。**MIME** の「M」は「マルチ」であり，本来は文字しか送ることができなかった電子メールを多目的用途に拡張したものです。その代表例が添付ファイルです。**S/MIME** は MIME の技術を使ってセキュリティ強度を高めた規格です。

### 解説5　ウ

　DHCP はパソコンなどがネットワークに接続するために必要となる，さまざまな情報を自動で設定するためのプロトコルです。さまざまな情報とは, IP アドレス,サブネットマスク, デフォルトゲートウェイなどです。そのため「ア」は間違いです。

　IP アドレスを割り当ててもらうのは，IP アドレスが未設定のパソコンなどの機器だけであり，手動で IP アドレスを設定した機器については DHCP による割り当てはありません。そのため「イ」のように混在できないということはありません。

　パソコンなどの機器に DHCP サーバの IP アドレスを設定しておく必要はなく，ブロードキャストにより探しますので「ウ」が正解です。

　また，IP アドレスの割り当ては DHCP サーバがランダムで行うため，再度同じ IP アドレスが割り当てられるとは限らず「エ」は誤りです。

### 解説6　イ

　ARP は IP アドレスから MAC アドレスを取得するプロトコルです。「MAC アドレスを教えて」と要求する時点では，当然まだ MAC アドレスを知りませんので特定のパソコンに送ることができません。しかたなく一斉送信をして全員に聞くしかないため，ブロードキャスト通信を行います。ブロードキャスト用のフレームには送信元 MAC アドレス（自分の MAC アドレス）は書かれています。そのため ARP 応答はその MAC アドレスに対して直接送信することが可能であり，これはユニキャスト通信となります。

### 解説7　ア

　ネットワークの規模により，いくつかの略語があります。WAN とは「Wide Area Network」の略であり，広域通信網と訳されます。LAN とは「Local Area Network」の略であり，家庭内や社内などの比較的小さな規模のネットワークをいいます。**PAN** は「Personal Area Network」の略であり，LAN よりさらに小さい 10 メートル以下の非常に狭いネットワークです。

　「ア」は Bluetooth を省電力にした通信方式です。ボタン電池 1 個で数年間動作させることも可能で，これが正解です。「イ」はスマートフォンなどの通信で使われる，遠くまで届く通信方式です。「ウ」の **PLC** は電力線をネットワークとして使うことができる技術です。Wi-Fi ルータ（アクセスポイント）を家庭で配置する場合には，LAN ケーブルと電源ケーブルが必要ですが，PLC 対応機器であれば電源ケーブルだけで通信ができます。「エ」の **PPP** とは，1 対 1 の通信で利用されるプロトコルです。

# 11章

## セキュリティ

情報処理技術者試験の全般において，必ず出題されるのがセキュリティに関する知識です。どんなに便利なシステムを構築しても，悪意のある攻撃によって一瞬で崩壊することもあります。世間を賑わせている攻撃手法からシステムを守る方法をしっかりと学習していきましょう。

# 11.1

重要度 ★

# 情報セキュリティマネジメント

パソコンが普及するまではセキュリティのことなど気にする必要がありませんでした。しかし，インターネットによって世界中がつながることで，悪意のあるプログラムであるマルウェアが一気に広がる環境ができました。この章では IT が身近になることで必須となった情報セキュリティについて学習します。

情報セキュリティは情報処理技術者試験全体を通してもっとも重要な知識です。応用情報技術者試験の午後問題では唯一の必須問題であり，高度試験の午前問題でも必ず出題されます。そのため主催団体である IPA が非常に力を入れていることがわかります。

## ISMS AM

ISMS は「Information Security Management System（情報セキュリティ管理システム）」の略であり，自社の情報セキュリティを管理するための枠組みのことです。

ISO/IEC 27001 という国際的な規格がありますが，これに基づいて策定されました。

企業内において単に「気をつけましょう」だけでは管理とはいえません。世界規模でブラッシュアップされてきた，**情報セキュリティに関する成功ノウハウ集**が ISMS です。

試験では ISO/IEC 27001 や ISMS で規定されている内容についてよく問われます。

### 情報セキュリティのCIA

「情報セキュリティとは何か」については以下のように厳密に定義されています。

| 機密性 | 権限がない人は**情報にアクセスできない**ようにします。 |
|---|---|
| 完全性 | 情報を**改ざんされない**ようにします。 |
| 可用性 | 情報を**いつでも使える**ようにします。 |

**11-1-1** 情報セキュリティの CIA

それぞれの頭文字をとって **CIA**（Confidentiality, Integrity, Availability）といわれています。近年はさらに4つの定義が追加されています。

| | |
|---|---|
| 真正性 | **本物である**ことを確実に証明できるようにします。 |
| 責任追跡性 | **ログなどで責任を追跡**できるようにしておきます。 |
| 否認防止性 | ある行動を**後から否定できない**ようにします。 |
| 信頼性 | ある行動と結果に**矛盾がない**ようにします。 |

`11-1-2` 追加された情報セキュリティの定義

---

**過去問にチャレンジ！** [AP-H28春AM 問39]

　JIS Q 27000 で定義された情報セキュリティの特性に関する記述のうち，否認防止の特性に該当するものはどれか。

　**ア**：ある利用者がシステムを利用したという事実を証明可能にする。

　**イ**：意図する行動と結果が一貫性をもつ。

　**ウ**：認可されたエンティティが要求したときにアクセスが可能である。

　**エ**：認可された個人，エンティティ又はプロセスに対してだけ，情報を使用させる又は開示する。

[解説]

　問題文にある「**JIS Q 27000**」は「**ISO/IEC 27000 シリーズ**」を日本語訳したものであり，内容は同じもの**です。ただし「否認防止」という用語は特徴的であるため，規格についてわからなくても解答できるかと思います。

　答えは「ア」です。利用者がシステムを利用した事実を，後から否定できないようにします。例えば，社内の情報を漏らすような内容の電子メールを送った履歴があったとします。この章で学習するデジタル署名などを使うことで，間違いなく本人が送ったことが証明されますので，後から「自分ではない」と否定することができなくなります。

　「イ」は行動と結果に矛盾がないようにする，という信頼性についての説明です。例えば医療関連のシステムなどで，「更新」ボタンをクリックしたにもかかわらずデータが更新されていなければ，大きな危険性が発生することになるでしょう。この場合，そのシステムの信頼性は低いことになります。

　「ウ」は「要求したときにアクセス可能」とありますので可用性です。使いたいときに使えるようにする必要があります。

　「エ」は機密性です。権限がある人にだけアクセスを許可します。

答え：ア

11章 ── セキュリティ

## 情報セキュリティポリシー AM

　総務省が定めた情報セキュリティに関する規定を情報セキュリティポリシーといいます。ガイドラインには「情報セキュリティポリシーに関する体系図」として以下の図が掲載されています。

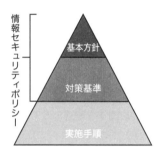

`11-1-3` 情報セキュリティポリシー体系図

　この図は情報セキュリティポリシーに関するドキュメントを表しています。

### 基本方針

　情報セキュリティポリシー最上部の基本方針は**情報セキュリティ方針**とも呼ばれ，組織の情報セキュリティに関する基本的な考え方を記述した文章です。これは**経営陣が承認して社内のみならず外部に公開**します。以下は東京都が公開している基本方針です。具体性はなく，方針だけが書かれています。

---

1 目的
　東京都は，行政運営上，個人情報などの重要な情報を多数取り扱っているだけでなく，交通，水道，下水道等の公共インフラ事業を担うことにより，都民生活及び社会経済活動に必要不可欠なサービスを提供している。よって，これらを支える情報システムや制御システム（以下「情報システム等」という。）に加え，これらで取り扱う重要な情報などの情報資産を様々な脅威から守り，安全性を確保することは，行政及び公共インフラ事業の安定的・継続的な運営を実現するために，東京都に課せられた責務である。
　そのため，東京都が実施するサイバーセキュリティ対策に関する基本的な事項を定め，サイバー攻撃等の様々な脅威から，東京都が保有する情報資産の機密性，完全性及び可用性を維持することを本基本方針の目的とする。
　また，全ての職員等は，東京都が保有する情報資産に対する脅威への対応が重大かつ喫緊の課題であることを改めて認識し，東京都におけるサイバーセキュリティ対策の推進に積極的に取り組むこととする。

---

`11-1-4` 東京都が公開している情報セキュリティ方針

## 対策基準

2階層目は対策基準です。経営陣が承認した基本方針を実現するために，どのような対策を行うのかを定めた文章です。以下は経産省が実際に作成した対策基準です。「不審な電子メールを受信した場合には，定められた手順に従い，対処する」とある通り，どのように対策するのかが具体的に記述されています。

---

（電子メールの利用時の対策）
第53条 職員等は，要機密情報を含む電子メールを送受信する場合には，経済産業省が運営し，又は外部委託した電子メールサーバにより提供される電子メールサービスを利用しなければならない。
2 職員等は，経済産業省外の者と電子メールにより情報を送受信する場合は，当該電子メールのドメイン名に政府ドメイン名を使用しなければならない。ただし，経済産業省外の者にとって，当該職員等が既知の場合には，この限りでない。
3 職員等は，不審な電子メールを受信した場合には，定められた手順に従い，対処する。

---

**11-1-5** 経産省が策定した情報セキュリティ対策基準

以上2つだけが情報セキュリティポリシーです。対策基準に従って3階層目の「**実施手順**」が定められ，具体的な対策を行うことになります。なおこれら2つはこの後で学習する，**情報セキュリティ委員会**が作成します。

# 情報セキュリティ関連組織 AM

セキュリティを脅かす攻撃は年々進化しています。組織をその脅威から守るには個人的な対策だけではなく，組織的な対策が重要です。

## 情報セキュリティ委員会

組織内部に設置される情報セキュリティに関する意思決定組織です。企業における役職としてCEO（最高経営責任者）やCIO（最高情報責任者）などがありますが，情報セキュリティ委員会の責任者は主に**CISO**（最高情報セキュリティ責任者）です。

ここでは**情報セキュリティポリシーの作成**に加え，情報セキュリティに関する管理や計画，社員教育などを行います。

## CSIRT（シーサート）

組織内部に設置され，**発生したインシデントに対応する組織**です。例えば，不審な電子メールがある従業員に届いた場合には，組織内に設置されたCSIRTに連絡することになります。また**ナショナルCSIRT**（国際連携CSIRT）は国レベルのCSIRTです。日本では，次に説明するJPCERT/CCとNISCが担っています。

## JPCERT/CC
### ジェイピー・サート・シーシー

**CSIRT の支援や他の CSIRT との情報連携**を行う非営利組織です。情報処理技術者試験の主催団体である IPA と共同で JVN を運営しています。**JVN** は日本で使用されているソフトウェアなどの脆弱性情報を提供しているポータルサイトです。あるソフトウェアが抱えている脆弱性情報を一般に公開しています。

## 内閣サイバーセキュリティセンター（NISC）

内閣官房に設置された組織です。2014 年にサイバーセキュリティ基本法が成立し，その翌年に NISC が設立されました。**日本におけるサイバーセキュリティ戦略の構築**などを行っています。

## セキュリティオペレーションセンター

**SOC** と略されます。組織の外部に存在する，情報セキュリティに関しての**インシデントを検知**するための組織です。一般的には企業などの情報セキュリティを 24 時間 365 日監視しています。監視においては，多くの場合 **SIEM**（シーム）という異常検知システムを利用しています。

## J-CRAT
### ジェイ・クラート

情報処理技術者試験を主催している IPA が設立した組織であり，**サイバーレスキュー隊**ともいわれます。「標的型サイバー攻撃特別相談窓口」が設置され，**相談を受けた組織に対しての被害低減や攻撃連鎖遮断を支援**します。

## 過去問にチャレンジ！ [AP-R4秋AM 問39]

　組織的なインシデント対応体制の構築を支援する目的でJPCERTコーディ
ネーションセンターが作成したものはどれか。

ア　CSIRT マテリアル
イ　ISMS ユーザーズガイド
ウ　証拠保全ガイドライン
エ　組織における内部不正防止ガイドライン

### [解説]

　JPCERT では，組織内 CSIRT の支援などを行っています。支援内容には
CSIRT の構築も含まれていますので，答えは「ア」の「CSIRT マテリアル」です。
「マテリアル」とは「材料」という意味であり，CSIRT 構築ガイドラインです。

---

**CSIRTマテリアル 構築フェーズ**　　　　　　　　　　最終更新: 2021-11-30

[ X ポスト ] [ ✉ メール ]

| 構想フェーズ | ▶ | 構築フェーズ | ▶ | 運用フェーズ |

このマテリアルは、組織的なインシデント対応体制である「組織内CSIRT」の構築を支援する目的で作成したものです。「組織内CSIRTの理解」で組織内CSIRTの必要性と全体的なイメージをつかみ、「組織内CSIRT構築の実践」と「組織内CSIRTの実作業 フォームと作成例」で実際に構築活動を行なえるように構成しました。さらに「参考資料」では組織内CSIRTの運用に役立つ資料を提供しています。

| タイトル | PDF |
| --- | --- |
| 組織内CSIRT構築支援マテリアルの公開にあたって | 404KB |

本マテリアルのフルパッケージ

| タイトル | ZIP |
| --- | --- |
| 組織内CSIRT構築支援マテリアルのフルパッケージ | 14MB |

---

**JPCERT/CC でダウンロードできる CSIRT マテリアル**

　　出典：一般社団法人 JPCERT コーディネーションセンター／ CSIRT マテリアル 構想フェーズ
　　https://www.jpcert.or.jp/csirt_material/build_phase.html

**答え：ア**

Ⓠ 午後の解答力UP!　　　　　　　　　　　　　　　　　　　　　　　　　　解説は次ページ ▶▶

インシデントが発生した場合には CSIRT へ連絡するべきですが，その流れをスムーズにするため
にあらかじめやっておきべきことは何でしょう？

11
章

セキュリティ

# 11.2

重要度 ★★

# サイバー攻撃

苦い経験があります。随分と前の話になりますが，知らない人から届いたメールを不用意に開いてしまいました。直後にファイルがどんどんと消えていきます。慌ててLANケーブルを抜くことで被害は最低限で収まりました。サイバー攻撃の手口を学び，私と同じ目に遭わないようにしてください。

　　コンピュータシステムの破壊を狙った攻撃について学習します。**攻撃者は刑法で定められている「不正指令電磁的記録に関する罪」や「電子計算機損壊等業務妨害などの罪」に問われる**ことになります。

## プログラムの脆弱性を利用した攻撃 AM PM

### バッファオーバフロー

　　最近よく使われるプログラミング言語では発生しません。しかし**C言語などのような，コンピュータのメモリを直接操作することができる言語で発生**します。

　　例えば，変数としてAとBを用意したとします。すると以下のように隣り合った記憶領域が予約されました。

| 変数A | | | | | | | 変数B | | | | | | | |
|---|---|---|---|---|---|---|---|---|---|---|---|---|---|---|

`11-2-1` 変数を宣言して記憶領域を予約

　　変数Bに「password」と入れ，その後に変数Aに想定を超えた文字数を入れてみます。

「pass」が上書きされてしまった

| 変数A | | | | | | | 変数B | | | | | | | |
|---|---|---|---|---|---|---|---|---|---|---|---|---|---|---|
| i | s | h | i | d | a | h | i | r | o | m | i | w | o | r | d |

`11-2-2` 変数Aに想定を答えた文字数を入れる

　　変数Aのあふれた文字が変数Bに上書きされてしまいました。このようなことがないように，C言語などでプログラミングする際には注意が必要です。もし対策

**A 午後の解答力UP! 解説**

インシデント発生時に行うべき行動のマニュアルを作成しておくことです。

が漏れてしまった場合にはこのような現象を利用して，稼働中のソフトウェアを停止させたり，マルウェアを埋め込んだりすることができてしまいます。

### ディレクトリトラバーサル

Webアプリケーションの場合に，URLに上位のディレクトリを表す記号などを入れることで，**公開予定ではないファイルなどにアクセスする攻撃**です。

例えば，あるディレクトリに格納されている写真を，一覧表示しているWebアプリケーションがあったとします。

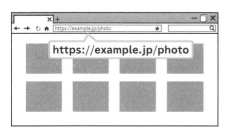

**11-2-3** Webアプリケーションで写真一覧を表示

ディレクトリの場所をURLに書かれている文字で決めている場合，URLを以下のように書き換えることで発生します。

**https://example.jp/photo/../user.txt**

この例ですと「photo」というディレクトリに写真一覧があるのですが，「..」という記号を入れることで1つ上のディレクトリに遷移し，そこにある「user.txt」を表示してしまいます。このような攻撃を受ける可能性を考慮して，アプリケーションを開発しなければなりません。

## 不正ログインに関する攻撃 AM PM

### ブルートフォース攻撃

ブルートは「粗暴な」などの意味であり，ブルートフォース攻撃は**強引にログインを試みる攻撃**です。パスワードを「1234」に設定したところ，悪意のある第三者が「1」から順番に試したとします。まず，パスワード欄に「1」を入力してログインボタンを押します。ログインに失敗した場合には，次に「2」を入力してログインボタンを押します。このように繰り返していくことで，理論的には1234回目にはログインできてしまうのです。

これを避けるために，最近のシステムでは「パスワードを12文字以上にする」「英数字の組み合わせにする」などの制限をつけて，結果的にパスワードが複雑になるようにしています。

また「3回ログインに失敗したら，1時間はログインできないようにする」などのようなアカウントロックによる対策もとられています。

### リバースブルートフォース攻撃

よく使われるパスワードを入力し，**ユーザ名をいろいろと変化させて不正ログイン試みます。**よく使われるパスワードとしては「password」などが有名ですので，パスワード欄に「password」と入力します。その状態でユーザ名を「admin」や「user」，「guest」やサイト運営者の名前などをいろいろ試します。

> リバースブルートフォース攻撃は，アカウントロックによる対策はできません。ユーザIDをいろいろと変えるため，ある特定のアカウントでログインを試行するわけではないためです。対策がしにくく，最近も多くの被害が発生しています。被害に遭わないようにするために，複雑なパスワードにするべきです。

### SQLインジェクション

**不正なSQL文を意図的に注入**（インジェクション）し，不正ログインなどを試みます。例えばデータベースに以下のような会員データがあったとします。

| 会員ID | 会員名 | ユーザID | パスワード |
|---|---|---|---|
| 1 | 北海太郎 | taro | k1jl_ruog |
| 2 | 東京一郎 | ichiro | 8r41j*afe9 |
| 3 | 大阪次郎 | jiro | 1u7f;fd |
| 4 | 横浜三郎 | saburo | 92jlikas@12 |
| 5 | 博多四郎 | shiro | jd1_ao'hjiu |

11-2-4 会員データの例

パスワードは十分複雑であるため，ブルートフォース攻撃などでログインされる可能性は低そうです。システムのログイン機能において「ユーザIDとパスワードが正しいか」の確認を，以下のSQL文で行ったとします。

```
SELECT 会員ID
FROM 会員
WHERE ユーザID = 'taro' AND パスワード = 'k1jl_ruog'
```

「taro」「k1jl_ruog」は，利用者がログイン画面に入力した文字です。悪意のある第三者がこのような SQL 文になっていることを想定し，パスワード欄に以下のような文字を入力したとします。

**' OR '1' = '1**

　これをパスワードだと解釈して，SQL 文を組み立ててみます。

SELECT 会員 ID
FROM 会員
WHERE ユーザ ID = 'taro' AND パスワード = '' **OR '1' = '1'**

「または 1 が 1 である」という条件が付与された形になりました。この SQL 文を実行すると「ユーザ名が taro である」と同じ結果になりますので，不正にログインできてしまいます。対策として，パスワードに「'」を使えないようにするのがシンプルです。また**サニタイジング**（無害化）という手法もよく使われます。先ほどの会員データにある「博多四郎」をもう一度見てみましょう。パスワードに「'」が入っています。

| 1 | 横浜三郎 | saburo | ンzjtきka...42 |
| 5 | 博多四郎 | shiro | jd1_ao'hjiu |

11-2-5 パスワードに「'」が含まれている

　DBMS によりますが，このような正当な「'」をサニタイジングという処理を入れることで SQL 文の中で使用できるようになります。

## パスワードリスト攻撃
　**他のシステムで入手したパスワードを，別のシステムのログインでも使います。**セキュリティ的な対策があまりされていない A というシステムがあったとします。ここでユーザ ID とパスワードを取得することは比較的容易でしょう。これらの情報を使って，セキュリティ対策がしっかりとされた B システムに不正ログインします。こうなると B システムがいかに強力なセキュリティ対策がされていても，あまり意味がありません。パスワードはシステムごとに別のものにすると安全です。

## レインボー攻撃
　先ほどの会員データをもう一度見てみます。

| 会員ID | 会員名 | ユーザID | パスワード |
|---:|---|---|---|
| 1 | 北海太郎 | taro | k1jl_ruog |
| 2 | 東京一郎 | ichiro | 8r41j*afe9 |
| 3 | 大阪次郎 | jiro | 1u7f;fd |
| 4 | 横浜三郎 | saburo | 92jlikas@12 |
| 5 | 博多四郎 | shiro | jd1_ao'hjiu |

**11-2-6** 会員データの例

このパスワードは会員が自分で設定したものです。もしこのデータが流出したら，大変なことになります。また，システムの管理者がいつでも目視できてしまうのもかなり危険です。そこで通常は**パスワードをハッシュ値にして保存**します。

| 会員ID | 会員名 | ユーザID | パスワード |
|---:|---|---|---|
| 1 | 北海太郎 | taro | cb2070e3814d135d9110e154fdd5a56e |
| 2 | 東京一郎 | ichiro | 5c3f644883905a6c0a38edaeb2372361 |
| 3 | 大阪次郎 | jiro | 885109e0acb1c4b00bd3496ce200a113 |
| 4 | 横浜三郎 | saburo | 4b2c1758af2c9183dd10231670d326c2 |
| 5 | 博多四郎 | shiro | 9eb7485e9a5b52475dd46daeee2aa561 |

**11-2-7** パスワードはハッシュ化して保存する

ログインの際には，ユーザが入力したパスワードもハッシュ値にします。例えばユーザIDに「taro」と入力し，パスワードに「k1jl_ruog」と入力したとします。「k1jl_ruog」をハッシュ化すると上記のものと同じになりますので，「パスワードは正しい」という判断ができます。

すでに学習したように，ハッシュ値から元のパスワードを復元することは困難です。そのためこの状態の会員データは流出しても大きな問題にならないかもしれません。しかしレインボー攻撃を使うと，ハッシュ値から元のパスワードを推測できてしまいます。そのためには，**あらかじめよく使われるパスワードを大量に用意して，それらをすべてハッシュ値にします。**

| password | 5f4dcc3b5aa765d61d8327deb882cf99 |
|---|---|
| 1234 | 81dc9bdb52d04dc20036dbd8313ed055 |
| 12345 | 827ccb0eea8a706c4c34a16891f84e7b |
| 123456 | e10adc3949ba56abbe56e057f20f883e |
| qazwsx | 76419c58730d9f35de7ac538c2fd6737 |
| abcdefg | 7ac66c0f148de9519b8bd264312c4d64 |
| apple | 1f3870be274f6c49b3e31a0c6728957f |
| orange | fe01d67a002dfa0f3ac084298142eccd |
| grape | b781cbb29054db12f88f08c6e161c199 |

**11-2-8** あらかじめよく使われるパスワードとハッシュ値の対応表を用意する

　流出したハッシュ化パスワードが「1f3870be274f6c49b3e31a0c6728957f」だったとします。11-2-8 の対応表の下から 3 つ目と合致するため，パスワードは「apple」であることが判明しました。レインボー攻撃による不正ログインを回避するには，よくあるパスワードを避けてこのような対応表に合致させないことです。

## ソーシャルエンジニアリング AM

　人間の心理の隙をついた攻撃です。別人になりすましてパスワードを聞き出したり，コンピュータ操作の様子をこっそりと盗み見る**ショルダーハッキング**などが含まれます。

## ネットワークを使った攻撃 AM PM

### DNSキャッシュポイズニング

　DNS サーバのキャッシュを不正に書き換え，その DNS サーバにアクセスした利用者を偽の Web サイトへ誘導する攻撃です。DNS サーバにドメイン名を問い合わせると，IP アドレスを返します。このやり取りを毎回行うと DNS サーバに大きな負荷がかかります。そこで DNS キャッシュサーバを別に用意することが一般的ですが，この DNS キャッシュサーバの情報を改ざんします。

改ざんは外部からの不正アクセスで行います。**DNS キャッシュサーバを，ルータで区切られた内側のネットワークに配置し，内部からのアクセスだけを受け付けるようにすることで対策が可能**です。

### DoS攻撃

　サーバに大量のパケットを送りつけて負荷を大きくし，サーバをダウンさせてしまう攻撃です。特に複数の拠点から大量にパケットを一斉に送る攻撃を **DDoS 攻撃**といいます。また DNS 応答を悪用した攻撃を **DNS リフレクタ攻撃**といいます。DNS リフレクタ攻撃もまた，DNS キャッシュサーバを外部から遮断することで対策できます。

11 章　セキュリティ

615

　M社は，ある製品の開発，販売を手掛ける企業であり，東京本社のほか
に，大阪と福岡に営業所をもっている。自社のホームページは東京本社に設
置したWebサーバW1で運営しており，自社製品のショッピングサイトは
同じく東京本社に設置した別のWebサーバW2を使っている。M社のWeb
サーバW1，W2のホスト名の情報は，東京本社に設置したDNSサーバD1
で管理している。東京本社はインターネットサービスプロバイダ(以下，ISP
という)Xと，大阪営業所及び福岡営業所はISP Yと契約してインターネッ
トに接続している。M社のネットワーク構成を図に示す。また，M社のPC
に設定されているDNSサーバの情報を表に示す。

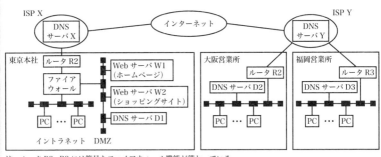

注　ルータR2, R3には簡易なファイアウォール機能が備わっている。

**図　M社のネットワーク構成**

**表　M社のPCに設定されているDNSサーバの情報**

| PC | DNSサーバの情報 |
|---|---|
| 東京本社のPC | DNSサーバD1 |
| 大阪営業所のPC | DNSサーバD2 |
| 福岡営業所のPC | DNSサーバD3 |

　あるとき，掲載されている商品を確認するためにM社のショッピングサ
イトにアクセスしていた福岡営業所の社員Aさんから，①「ホームページの
リンクをクリックしてショッピングサイトにアクセスしようとしたところ，
いつも表示されるショッピングサイトとは違うサイトが表示された。」とい
う報告が東京本社に入った。M社のネットワーク管理者Bさんが，東京本社
と大阪営業所に在席する社員に指示し，各自のPCから，Aさんの報告と同
様の手順でショッピングサイトにアクセスさせてみたところ，Aさんの報告
のような状態にはならなかった。そこで，原因究明のためにセキュリティ対
策会社であるN社に調査と対策の検討を依頼した。

　しばらくした後，A さんから②「再度同様の手順でアクセスしたところ，今度は正しいショッピングサイトが表示された。」という報告が入った。

　調査を開始した N 社の担当者 C さんは，東京本社に設置されている Web サーバ W1，W2 及び DNS サーバ D1 に改ざんの跡がないかを確認したが，コンテンツの異常や不正アクセスを示す証跡は発見されなかった。大阪営業所及び福岡営業所に設置されている PC のウイルスチェック結果や DNS サーバ D2 と D3 の状態も確認したが，異常は発見されなかった。さらに，ISP X 及び ISP Y にインシデントの発生状況について問い合わせたが，当該期間での発生はないとの回答を受けた。

　調査結果から，C さんは "DNS キャッシュポイズニング" が今回の現象の原因だろうと判断した。C さんが取りまとめた調査結果の概略は，次のとおりである。

〔調査結果の概略〕
　・福岡営業所で発生した現象は，DNS キャッシュポイズニングが原因だと推定される。
　・具体的には，（　a　）の DNS キャッシュに偽りの情報が一時的に埋め込まれていたので，A さんからの報告の現象が発生した。
　・DNS キャッシュポイズニングの攻撃手法は各種あるが，今回のものは 2008 年に公表されたカミンスキー・アタックである可能性が考えられる。
　・（　a　）の DNS ソフトウェアのバージョンが古いので，早急にカミンスキー・アタック対策を施した最新版を導入するべきである。

　設問 1：本文中の下線①，②の現象について，(1)，(2) に答えよ。
（1）：①のようにして，目的とは異なる Web サイトに誘導されて，その結果個人情報などを盗まれてしまう脅威の名称を解答群の中から選び，記号で答えよ。
　**ア**：改ざん　　　　**イ**：ソーシャルエンジニアリング
　**ウ**：盗聴　　　　　**エ**：フィッシング　　　**オ**：不正侵入

（2）：①の状態から②の状態に変化した理由を，20 字以内で述べよ。

　設問 2：本文中の（　a　）に入れる適切な字句を図中から選び，その名称を答えよ。

## ［解説］

　ネットワーク図が表示されていると，難しそうに感じてしまいます。しかし冷静にゆっくり見ていけば，解答は可能です。

### 【設問1（1）】

　問題文だけで答えることができます。「目的とは異なるWebサイトに誘導されて，その結果個人情報などを盗まれてしまう脅威」は**フィッシング詐欺**です。例えば，銀行を装ったメールが届いたとします。本文のリンクをクリックして偽の銀行のサイトを開き，気がつかずにパスワードを入力してしまった場合，パスワードが悪意のある第三者の手に渡ってしまいます。

### 【設問1（2）】

　②についてですが，その前に①に至った経緯を考えてみます。いつものサイトにもかかわらず，他のサイトが表示された原因は，DNSキャッシュポイズニングしか出題されないはずです。この攻撃は「キャッシュ」とある通り，DNSキャッシュサーバに保存されているキャッシュが改ざんされてしまうのが手口です。キャッシュの改ざんというと難しそうですが，特に対策をしないのであれば実はそれほど難しくはありません。

　キャッシュとは一時的なデータであり，定期的にクリアされて最新のデータを取得しなおします。

　その仕組みがわかっていれば②の現象も推測できます。しばらく後にアクセスしたため，キャッシュがクリアされたのです。これを20文字以内で答えます。模範解答では「キャッシュの有効期限が切れたから」となっていますが，「キャッシュがクリアされた」や「キャッシュが更新された」などでも得点できたかと思います。

### 【設問2】

　どのDNSキャッシュサーバが改ざんされたのかを答えるのが設問2です。図にある「DNSサーバ」は，どれもDNSキャッシュサーバであると考えられます。パソコンのDNSサーバに設定するのは通常，DNSキャッシュサーバです。権威DNSサーバは，DNSキャッシュサーバから問合せを受け付けて応答します。つまり「DNSサーバ」とある機器すべてが，「DNSキャッシュポイズニング」の攻撃を受けた候補のサーバとなります。

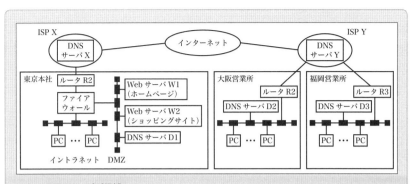

5台の DNS サーバが候補

　インシデントは福岡営業所の社員のアクセスより発生しました。この社員は福岡営業所ですから「DNS サーバ D3」と「DNS サーバ Y」を使っています。しかし同じく「DNS サーバ Y」を使っている大阪営業所の社員に問題はないわけですから，「DNS サーバ Y」の疑いは晴れました。残った「DNS サーバ D3」が答えです。

　なおカミンスキー・アタックとは，その名の通りカミンスキー氏が発見した攻撃手法です。現在はかなりの DNS サーバで対策がとられており，具体的な攻撃方法については問われることはないかと思います。

答え　設問1（1）：エ

（2）：キャッシュの有効期限が切れたから

設問2：DNS サーバ D3

## Webサイトを使った攻撃　AM　PM

### クロスサイトスクリプティング（XSS）

　2010 年に Twitter（現在の X）の脆弱性を利用した XSS が大問題となりました。「スクリプティング」とある通りスクリプトを使います。**スクリプト**とは小さなプログラムであり，XSS ではブラウザで動作する JavaScript というスクリプトを利用します。

　例えば，ある掲示板に JavaScript で記述したスクリプトを埋め込みます。難しそうに思えるかもしれませんが，投稿欄にスクリプトを記述するだけですので非常に簡単です。

11章

セキュリティ

JavaScript を使うと，あるサイトに強制転送させることもできます。掲示板にそのようなスクリプトを記述した場合，それを見た利用者は強制的にある特定のサイトに強制転送させられます。

---

**本文**

```
<script>
document.location = "https://digital-planning.jp/";
</script>
```

投稿

---

`11-2-9` 別のサイトに転送するスクリプトを掲示板の投稿として記述

　それ以外にも，ログイン情報を埋め込んでから強制的に転送させることもできます。その場合，転送先のサイトからはそのログイン情報が取得できてしまいます。
　掲示板の例で説明しましたが，実際に X（旧 Twitter）で XSS が発生したため，どんどんこのスクリプトが拡散していき大問題となりました。

## クロスサイトリクエストフォージェリー（CSRF）

　同じくスクリプトを使います。JavaScript を使えば，特定のサイトに遷移しなくても，バックグラウンドでそのサイトにアクセスして情報を取得するコードを記述することができます。
　例えば，天気予報を提供しているサービスがあったとします。JavaScript を使えば，そのサービスから情報を取得し，自分のサイトに載せることができます。この情報取得はユーザが意識することなく，ページ遷移を伴わずにバックグラウンドで行われます。この仕組みを悪用すると，あるサイトのプログラムを実行することができてしまいます。

　天気予報の情報を取得するスクリプトを例にとりましたが，情報取得ではなくショッピングサイトでの購入を勝手に行うなどの被害が出ています。

　**XSS はブラウザに対して強制的に遷移させるなど**をして悪用します。**CSRF はブラウザではなくサーバ上のプログラム（ショッピングサイトの注文プログラムなど）に対して不正**な実行を行います。

**過去問にチャレンジ！** [AP-H30秋AM 問41]

クロスサイトスクリプティング対策に該当するものはどれか。

**ア**：Web サーバで SNMP エージェントを常時稼働させることによって，攻撃を検知する。

**イ**：Web サーバの OS にセキュリティパッチを適用する。

**ウ**：Web ページに入力されたデータの出力データが，HTML タグとして解釈されないように処理する。

**エ**：許容量を超えた大きさのデータを Web ページに入力することを禁止する。

[解説]

XSS はサイバー攻撃です。「ア」は攻撃の検知についての説明です。「イ」は脆弱性などを修正する説明です。「エ」は，例えば入力フォームの名前欄を20 文字までに制限するなどの説明となりますので間違いです。また，メモリを直接操作できる C 言語などの場合には，バッファオーバーフローが発生することもあります。

答えは「ウ」です。「データ」とありますが，これを「スクリプト」に置き換えると理解しやすくなります。掲示板の投稿欄に入力されたスクリプトを，スクリプトとして解釈されないような対策が有用です。JavaScript では<script></script> で囲まれた部分をスクリプトとして実行します。<script>が入力された場合には，その文字を無視するなどの処理を入れることで，スクリプトの実行を防ぐことができます。

**答え：ウ**

11 章 セキュリティ

# マルウェア AM PM

悪意のあるソフトウェアをマルウェアといいます。マルウェアを作成すると刑法で罰せられます（不正指令電磁的記録に関する罪）。一般的にコンピュータウィルスなどと呼ばれていますが，正しくはマルウェアといいます。

| | |
|---|---|
| コンピュータウィルス | いわゆるウィルスはマルウェアの一種です。あるプログラムに寄生して，プログラムを書き換えて不正な命令を実行します。また自己増殖するウィルスも多くあります。例えば EXCEL ファイルに寄生した場合には，その**ファイルを宿主として他のファイルにも感染**していきます。 |
| ワーム | ウィルスと同じく自己増殖しますが，寄生するプログラムは不要です。**ワーム単体で1つの不正なプログラムです。** |
| トロイの木馬 | **正常なプログラムに偽装**して不正な動作をするマルウェアです。 |
| スパイウェア | システムに入り込み**個人情報を抜き取り外部に送信**します。 |
| ランサムウェア | アプリケーションやデータを使えなくし，身代金と引き換えに解除する通知をします。非常に効果的な攻撃であるため，ランサムウェアを提供する事業者が存在し，これを **RaaS**（Ransomware as a Service）といいます。また，身代金を支払わないと「使えなくしたデータをネット上などに公開する」などの脅迫を追加で行う**二重脅迫**が社会問題化しています。 |
| ボットネット | 感染したコンピュータを，外部に設置した **C&C サーバ**（Command and Control Server）がネットワーク経由で操作します。 |

`11-2-10` マルウェアの種類

( Q 午後の解答力UP! )──────────────────────────────────解説は次ページ ▶▶

少しおかしな電子メールが届きましたが，あまり気にせずに添付ファイルをダブルクリックしてしまいました。その後に「マルウェアかもしれない」と気になりました。真っ先にやるべきことは何でしょう？

# セキュリティ対策

Windows や Mac にはすでに強力なマルウェア対策ソフトが入っています。また多くのブラウザには悪意のあるサイトを自動的に判別する仕組みがあり，現在ではサイバー攻撃の被害に遭うことは少なくなりました。しかし油断はできません。この節でサイバー攻撃の対策について学習し，身近な人にも教えてあげましょう。

## マルウェア対策 AM PM

対策ソフトウェアがマルウェアを検知すると，パソコンに被害が出ないように自動で対策を行います。マルウェアの検知方法にはいくつかの種類があります。

### コンペア法

正常なファイルをコピーとして保存しておき，マルウェアに感染したと思われるファイルと比較をして検知します。

### パターンマッチング法

**マルウェア定義ファイル**や**シグネチャファイル**と呼ばれるファイルと比較します。これらのファイルには現時点で見つかっているマルウェアの特徴が記述されており，マルウェア対策ソフトの提供元が自動で配布します。マルウェア定義ファイルが古い場合には，新しいマルウェアの検知ができません。また当然，まだ見つかっていないマルウェアの検知も不可能です。さらにマルウェア定義ファイルに記述があったとしても，自分自身を暗号化して検知から逃れるマルウェアもあり，これを**ポリモーフィック型**といいます。関連して，暗号化はせずに，自分自身のプログラムそのものを書き換えて検知から逃れるタイプを**メタモーフィック型**といいます。

### ビヘイビア法

マルウェアであると疑われるファイルを，安全な仮想環境であるサンドボックス（砂場）の中で動作させます。サンドボックスで挙動を監視し，異常が認められた場合にはマルウェアとして判断します。**動的ヒューリスティック法**とも呼ばれます。

## ネットワークセキュリティ対策 AM

### ファイアーウォール

ネットワーク上に配置される機器であり，パケットを通過させるかどうかを決め

**A 午後の解答力UP! 解説**
他の機器に影響がないようにネットワークを切ることです。

ます。これを**パケットフィルタリング**といいます。**通過させるかどうかの判断には IP アドレス（送信元と宛先）やポート番号（送信元と宛先），プロトコル（TCP や UDP など指定）**の 5 つが使われます。これらはあらかじめリスト化しておきますが，このリストを**フィルタリングテーブル**といいます。

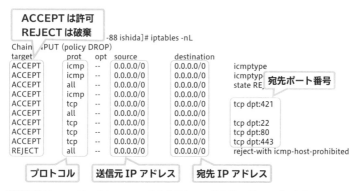

11-3-1 Linux で iptables コマンドを実行しフィルタリングテーブルを表示

以下のようなネットワークがあったとします。

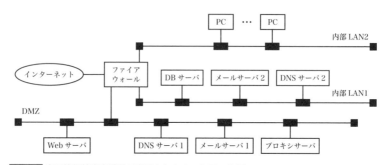

11-3-2 応用情報技術者試験で出題されたネットワーク図

「インターネット」は外部であり，ファイアウォールから先が内部です。ファイアウォールはパケットを中継するか遮断するかを決める装置ですから，主に外部と内部の境界に設置されます。

そして，インターネットから内部への通信のうち，特定のものだけを許可することになります。上記のネットワークですと Web サーバでは自社の Web サイトが稼働していますので，インターネットからのアクセスを許可する必要があります。このとき Web サイトを見るための通信だけを許可するべきです。例えばメール関連の通信（SMTP や POP など）や，サーバの死活監視のための通信（ping など），

ファイル操作の通信（FTP など）はすべて遮断するべきです。

この場合，フィルタリングテーブルには「ポート番号 80 の通信だけを許可する」と記述することになります。

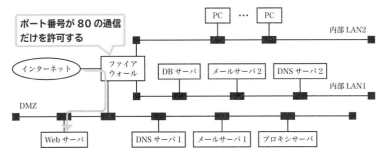

**11-3-3** 外部から Web サーバへの通信はポート番号 80 を許可する

ただしポート番号 80 番以外を禁止にしてしまうと，内部の PC からもアクセスすることができません。メンテナンスの目的で Web サーバにアクセスする場合もありますから，内部からのアクセスについては，すべてのポート番号を許可するように設定する必要があるかもしれません。

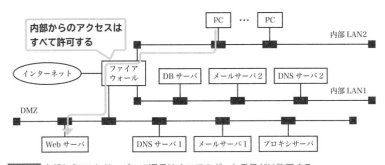

**11-3-4** 内部から Web サーバへの通信はすべてのポート番号だけ許可する

ただしマルウェアに感染した場合に備え，内部からのアクセスだとしても許可するポート番号を最低限に絞る必要があるでしょう。マルウェアが不正に Web サーバにアクセスする可能性があるためです。

また Web サーバでは Web アプリケーションが稼働しており，データベースにアクセスをしてデータを取得する場面もあるでしょう。例えばログイン処理においては，ユーザ ID とパスワードが正しいかを，データベースの会員テーブルへのSELECT 文で判定するはずです。この場合，Web サーバから DB サーバへの通信を許可する必要があります。また，想定される通信はデータベースとの通信だけに

したいため，データベースのポート番号だけを許可するようにフィルタリングテーブルに記述します。

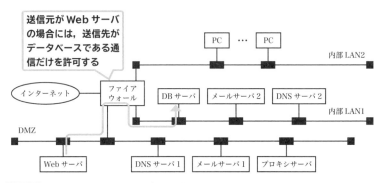

**11-3-5** Web サーバから DB サーバへの通信を許可する

　ネットワークをしっかりと学習したあなたは「ルータは？」と気になったはずです。ルータはネットワークの境界に置かれますが，ファイアウォールはその内側に置かれます。

**11-3-6** ルータとファイアウォールの配置

　図 11-3-5 のネットワークではルータにファイアウォール機能が入っているようです。家庭で使っているルータはプロバイダから送られてきたはずですが，最低限のファイアウォール設定がされています。

## DMZ
　非武装地帯を略したものです。図 11-3-5 のネットワーク図の下にあるエリアです。**DMZ は外部からアクセスできる領域**のことです。また内部からもアクセスできるようにすることが多いため，DMZ へは外部と内部の両方からアクセスできることになります。

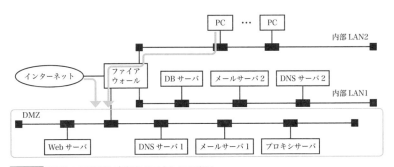

**11-3-7** DMZ へは外部と内部からアクセスできる

　このような領域を設けることで「インターネット」と「内部」との間で通信が不要になります。例えば，外部（インターネット）から到着した通信は，DB サーバのデータを取得したいとします。しかし，外部から内部へ通信を通すのはリスクがありますから，DMZ までのアクセスを許可するに留めます。DMZ 内の自社の機器から，改めて内部にアクセスして結果だけを外部へ返します。

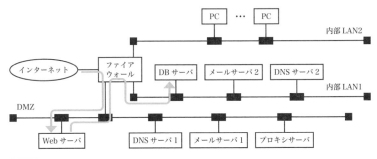

**11-3-8** Web サーバが改めて DB サーバにアクセスする

　なおこれは，**Web サーバに比べて DB サーバの方が圧倒的に重要であるという前提**です。通常，DB サーバにあるデータが流出したり，消えてしまった場合の悪影響は Web サーバよりも大きいはずです。そのため，Web サーバを DMZ に配置して比較的気軽にアクセスできるようにし，DB サーバを内部に隔離したのです。

11
章
―
セキュリティ

　1台のファイアウォールによって，外部セグメント，DMZ，内部ネットワークの三つのセグメントに分割されたネットワークがある。このネットワークにおいて，Webサーバと，重要なデータをもつデータベースサーバから成るシステムを使って，利用者向けのサービスをインターネットに公開する場合，インターネットからの不正アクセスから重要なデータを保護するためのサーバの設置方法のうち，最も適切なものはどれか。ここで，ファイアウォールでは，外部セグメントとDMZとの間及びDMZと内部ネットワークとの間の通信は特定のプロトコルだけを許可し，外部セグメントと内部ネットワークとの間の直接の通信は許可しないものとする。

- **ア**：WebサーバとデータベースサーバをDMZに設置する。
- **イ**：Webサーバとデータベースサーバを内部ネットワークに設置する。
- **ウ**：WebサーバをDMZに，データベースサーバを内部ネットワークに設置する。
- **エ**：Webサーバを外部セグメントに，データベースサーバをDMZに設置する。

**[解説]**

　先ほど解説した通りWebサーバはDMZに配置し，データベースサーバは内部に配置する構成が一般的です。「ア」は両方ともDMZに配置しています。この構成ですと，データベースサーバも外部に晒されてしまい，万が一の場合にはデータベースサーバからデータが流出してしまうなどの危険があります。「イ」はWebサーバも内部に配置していますので，外部からアクセスすることができません。ファイアウォールの設定によって，内部にあるWebサーバへアクセスできるようにすることも可能ですが，外部のパケットを内部へ通すのは最小限にするべきです。万が一Webサーバがマルウェアに感染した場合，内部に波及してしまうことも考えられます。「ウ」は正解で，「エ」は配置が逆です。

**答え：ウ**

## WAF

「Web アプリケーションファイアウォール」の略です。WAF は **Web アプリケーションへの攻撃に対する防御**を行います。Web アプリケーションへの攻撃としては SQL インジェクションや XSS，CSRF などがありました。WAF 機能が備わっているサーバの場合には，例えばパスワード欄に「' OR '1' = '1'」などと入力すると，プログラムの実行が強制的に遮断されます。

## プロキシサーバ

内部の機器は外部と直接通信をしない方がセキュリティ的に安心です。そこで，さらに通信の代行だけを行うサーバを用意する場合があります。これをプロキシサーバといいます。プロキシは「代理」という意味です。内部のパソコンからの通信要求をいったん受け取り，代わりに通信を行います。応答もプロキシサーバが受け取り，パソコンに返します。プロキシサーバを使うメリットには以下のようなものがあります。

- **送信元の隠ぺい**：通信をしたいパソコンの情報が外部に漏れないため，安全性が高まります。例えば相手のサーバに，パソコンの IP アドレスが漏れることを防ぐなどの効果があります。

- **高速な通信**：プロキシサーバにはキャッシュ機能があり，あるパソコンがアクセスしたページのデータが残ります。その後に他のパソコンが同じページにアクセスした場合には，キャッシュからデータを返すことで高速化を実現します。

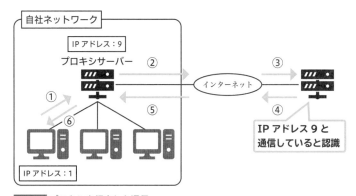

**11-3-9** プロキシを経由した通信

以下のように設定した場合には「アドレス」欄に入力したプロキシサーバが，代理通信を行います。

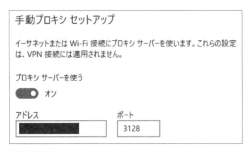

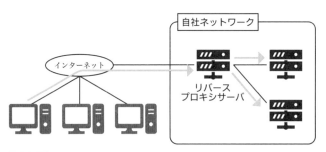

11-3-10 Windows でのプロキシ設定画面

プロキシは**フォワードプロキシ**とも呼ばれます。

なお NAPT を使っている場合には，プライベート IP アドレスがグローバル IP アドレスに変換されるため，この場合もパソコンの IP アドレスは隠蔽されることになります。

## リバースプロキシサーバ

プロキシサーバは内部の通信をいったん受け取り，代理で外部との通信を行いました。リバースプロキシサーバはその逆で外部からの通信をいったん受け取り，代理で内部に送ります。リバースプロキシーサーバは，サーバを提供している組織に配置することになります。つまり Web サーバを公開している会社が，自社に配置するのがリバースプロキシサーバです。自社でサーバを複数用意し，負荷を分散する目的などで利用されます。

11-3-11 リバースプロキシを経由した通信

**過去問にチャレンジ！** [AP-H31春AM 問35]

Web サーバを使ったシステムにおいて，インターネット経由でアクセスしてくるクライアントから受け取ったリクエストを Web サーバに中継する仕組みはどれか。

**ア**：DMZ
**イ**：フォワードプロキシ
**ウ**：プロキシ ARP
**エ**：リバースプロキシ

[解説]

フォワードプロキシ（プロキシ）は内部から届いたパケットをいったん受け取り，外部へ転送する仕組みです。リバースプロキシは外部から届いたパケットを受け取り，内部のサーバへ転送するための仕組みです。今回の問題では「インターネット経由で（中略）Web サーバに中継する」とあるため，リバースプロキシについてです。

「ア」は非武装地帯と訳され，外部と内部の両方からアクセスできる領域です。DMZ はファイアウォールで区切ることで作られます。「ウ」の**プロキシ ARP** は「プロキシ」とありますが，用途はまったく異なります。ARP 要求に対して ARP 応答を代理で行う仕組みです。

**答え：エ**

## 侵入検知 AM

パソコンやサーバ，ネットワークなどをリアルタイムで監視して，もし侵入を検知したら管理者に通知するシステムを **IDS**（不正侵入検知システム：Intrusion Detection System）といいます。実際に侵入が発生したため緊急性が非常に高く，通知も急がれます。そのため多くの場合，電子メールではなく，SMS やチャットなどリアルタイム性が高いメッセージで通知されます。パソコンやサーバに導入して自分自身を監視するシステムを **HIDS**（ホスト型 IDS）といいます。ネットワークを監視するシステムを **NIDS**（ネットワーク型 IDS）といいます。IDS は検知と通知だけを行いますが，さらに防御も行うのが **IPS**（不正侵入防止システム：Intrusion Prevention System）です。

11 章 セキュリティ

**Q 午後の解答力UP!** ——————————————————— 解説は次ページ ▶▶

FW で内部からの通信をすべて許可することで考えられる，マルウェアの不正な行動には何があるでしょうか？

# 11.4

重要度 ★★★

# 暗号化

「かえらえ」はそれぞれの文字を，後ろに1文字ずつずらしたことで得られた暗号です。元に戻してみましょう。このように「1文字ずらした」がばれてしまうと，簡単に元に戻せてしまうのが暗号化の課題でした。しかしばれても戻せないすごい方法もあります。仲良し数学者たちが発明した驚きの方法を学習します。

　今あなたが読んでいるような**普通の文章を平文（ひらぶん）**といいます。この節では，暗号化により平文を読めなくする技術について解説します。なお「暗号化する」に対して，元に戻すことは「復号する」といいます。あまり「復号化」とはいいません。試験でも「復号する」となっていますので，「平文を暗号化して暗号にする」「暗号を復号して平文にする」という表現になります。

## 共通鍵暗号方式 ▶ 11-4-1 AM PM

　共通鍵暗号方式では，暗号化と復号で同じ鍵を使います。「鍵」の実態はファイルです。では実際に A さんが B さんに，テキストファイルを暗号化して渡す手順を考えてみます。なお，ここではオープンソースである OpenSSL を使って実験しています。

　A さんはテキストファイルを用意しました。

`11-4-1` A さんがテキストファイルを用意

　試しに開くと平文が書かれています。

```
*吾輩は猫である.txt - メモ帳                      －  □  ×
ファイル(F)  編集(E)  書式(O)  表示(V)  ヘルプ(H)
　吾輩は猫である。名前はまだ無い。
　どこで生れたか頓と見當がつかぬ。何でも暗薄いじめじめした所
でニャー／＼泣いて居た事丈は記憶して居る。吾輩はこゝで始めて人
間といふものを見た。然もあとで聞くとそれは書生といふ人間で一番
獰惡な種族であつたさうだ。此書生といふのは時々我々を捕へて煮て
食ふといふ話である。然し其當時は何といふ考もなかつたから別段恐
```

`11-4-2` メモ帳で開くと平文であることが確認できる（夏目漱石『吾輩は猫である』より抜粋）

**A 午後の解答力UP! 解説**

外部にある C&C サーバと通信し，不正な指令をマルウェアに与えてしまうことがあります。

　Aさんはこのファイルを共通鍵暗号で暗号化します。暗号化するには鍵が必要ですので，以下のコマンドで作成しました。

```
CⅡ コマンド プロンプト

F:¥Users¥ishida¥Documents¥共通鍵暗号の実験¥A>openssl rand -base64 -out key 32
```

**11-4-3** Aさんが共通鍵を作成するコマンドを実行

　この時点でAさんの手元には，平文で記述されたファイルと鍵があります。

**11-4-4** 共通鍵が作成された

　この鍵は復号でも使いますので，なんらかの方法でBさんにも渡しておきます。実は**この受け渡しが大きな課題**ですが，ひとまず話を進めます。

**11-4-5** Bさんに共通鍵を渡す

　Aさんはこの共通鍵を使って暗号化を行います。

**11-4-6** Aさんは共通鍵を使って暗号化を行う

　encという暗号化されたファイルが作られました。試しにメモ帳で開いてみます。暗号化されているため当然，読み取れません。

```
📄 enc - メモ帳
ファイル(F)  編集(E)  書式(O)  表示(V)  ヘルプ(H)
gojjgYbjgoTjgY/jgZPjga7poIPnn6XjgaPjgZ/jgIINCuOAg0OBk+0Bruabu0eU
n+0BruaOj00Bruijj+0Bhu0Boe0Bp+0BI+0Bs00Cie0Bj+0Br+0Ci00BhOW/g+aM
ge0Bq+Wdk00Bo+0Bpu0Biu0Bo+0Bn+0Bj00Age0BI+0Bs00Cie0Bj+0Bme0Ci+0B
q0mdnuW4u00Bqum An+Wkm+0Bp+mBi+i7ou0BI+Wni+0Cge0Bn+0Aguabu0eUn+0B
jOWLIe0Bj+0Bru0Bi+iHquWIhu0Bo00Bke0BjOWLIe0Bj+0Bru0Bi+WIhu0Cie0B
qu0Bh00Bj0eEoeaaI+0Cg00Ch00Bv+0Bq+ecv00Bj0W7u+0Ci+0AguiDu00Bj0aC
```

**11-4-7** 暗号化されたファイルを無理やりメモ帳で開いてみた

このファイルを B さんに送ります。

11-4-8 B さんの手元には共通鍵と暗号化されたファイルがある

B さんは，あらかじめ A さんからもらっていた鍵で復号します。無事，テキストファイルが手に入りました。

11-4-9 B さんは共通鍵で復号した

ここでの問題は鍵のやり取りです。先ほど A さんは鍵を作って B さんに渡しました。しかし，もし誤って別の人に送ってしまったり，ネットワークを盗聴されてしまったりしたらセキュリティ上のリスクとなります。また複数の取引先で同じ鍵を使うわけにもいきませんから，取引先ごとに用意をする必要があります。もしくは同じ相手でも，送るたびに毎回違う鍵にすることの方が多いと思います。このように**共通鍵暗号方式では，鍵の共有方法と管理の煩雑さが問題**になります。

なお鍵は共有さえできていればよいので，誰が作っても結構です。例えば私があなたに請求書を暗号化してメールで送るのであれば，私が鍵を作って「この鍵で復号してください」とあなたに渡してもよいでしょう。または，あなたが「この鍵で暗号化してください」と，私に渡してもよいでしょう。いずれの場合にも，安全に鍵を渡せるのかが課題として残ります。

共通鍵暗号は非常にシンプルなアルゴリズムであるため**高速で暗号化できるというメリット**があります。なお，暗号化のためのアルゴリズムにはいくつか代表的なものがあります。

| RC4 | ビット単位で暗号化するストリーム暗号の一種です。ビット単位での暗号化は安全性が低く，現在はほとんど使われていません。 |
|---|---|
| DEC | ブロック（複数バイト）ごとに暗号化するブロック暗号の一種です。鍵の長さが 56 ビットと短すぎるため，現在はあまり使われていません。 |
| AES | ブロック暗号化の一種であり，鍵の長さが比較的長いため現在の主流です。 |

11-4-10 代表的な共通鍵暗号アルゴリズム

**「鍵の長さ」とは作成される鍵のビット数**であり，長いほど強力です。

## 公開鍵暗号方式 ▶11-4-2 AM PM

　公開鍵暗号方式では必ず**鍵は受信者が作ります**。例えば請求書を暗号化して送るのであれば，請求書を受け取る側が鍵を作成し送信者に渡します。ただし共通鍵暗号方式のように，**鍵が流出したとしてもまったく問題がありません**。詳しく見ていきます。

　公開鍵暗号方式では鍵が2つ必要です。1つ目は暗号化だけができる鍵であり「**暗号化鍵**」といいます。2つ目は復号だけができる鍵であり「**復号鍵**」といいます。これを「鍵ペア」などと表現します。

　このうち1つ目の暗号化鍵は流出しても問題ありません。また場合によっては公開されることもあります。そのためこの鍵を**公開鍵**と呼びます。つまり暗号化鍵は公開鍵です。ただし復号鍵は絶対に流出は許されません。そのため復号鍵は**秘密鍵**となります。

| 暗号化鍵 | 暗号化するための鍵 | 受信者が作り，送信者に渡す | 公開してもよい鍵（公開鍵） |
|---|---|---|---|
| 復号鍵 | 復号するための鍵 | 受信者が作り，自分で持っておく | 秘密にしておかなければならない鍵（秘密鍵） |

`11-4-11` 公開鍵暗号方式の2つの鍵の役割

　宝箱にたとえると，鍵を閉めることは誰でもできますが，開けることができる人は限られていることになります。

`11-4-12` 公開鍵暗号方式のイメージ

このようなルールで運用することで, 共通鍵暗号方式のデメリットが解消されます。

・メリット1:復号鍵だけを相手に渡すが, これは流出してもまったく悪影響がない。

・メリット2:すべての取引先とで同じ鍵を使ってもよく, 管理が不要である。

　ただし**複雑なアルゴリズムであるため低速**です。

　では実際に試してみます。同じく OpenSSL を使います。まず受信者である B さんが暗号化鍵と復号鍵を作ります。

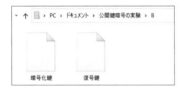

**11-4-13** B さんが暗号化鍵と復号鍵を作る

　暗号化鍵だけを A さんに渡します。ここでこの鍵が漏れてもまったく問題ありません。Web サイト上に公開している場合もあります。

**11-4-14** A さんに暗号化鍵が受け渡された

　ただし, 復号鍵は絶対に漏れないように B さんが厳重に管理する必要があります。それでは A さんにファイルの送付を依頼しましょう。

**11-4-15** A さんがファイルを用意した

　A さんはファイルを暗号化鍵で暗号化しました。

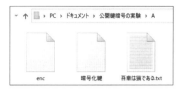

11-4-16　A さんが暗号化鍵で暗号化をした

　A さんは暗号化したファイル「enc」を，B さんに送ります。

11-4-17　B さんは暗号化されたファイルを受け取った

　B さんは自分が持っている復号鍵で復号します。

11-4-18　B さんは復号鍵で復号した

　これで無事，ファイルが受け渡されました。暗号化鍵は暗号化しかできませんので，複数の取引先で同じ鍵を使っても問題ありません。なお公開鍵暗号方式では **DH 鍵交換**や **RSA** などのアルゴリズムが使われます。なお DH は発明者 2 人の名前（ディフィー，ヘルマン）で，RSA は発明者 3 人の名前（リベスト，シャミア，エーデルマン）の頭文字を合わせたものが語源です。

### ハイブリッド暗号方式

　共通鍵暗号方式と公開鍵暗号方式の両方を使うことで，それぞれのデメリットをなくすことができます。

　共通鍵暗号方式は鍵の受け渡しにセキュリティ上のリスクがありました。公開鍵暗号方式は暗号化の計算量が大きいため，短時間に多くの処理は困難です。そこで**共通鍵を公開鍵暗号方式で暗号化して送る**ことで，安全に共通鍵のやり取りを実現するハイブリッド暗号方式が使われる場面があります。

　**Web サイトを見る際に通信を暗号化する TLS/SSL や，電子メールの暗号化である S/MIME，サーバにリモート接続する SSH などで使われています。**

11 章 ― セキュリティ

暗号方式に関する説明のうち，適切なものはどれか。

**ア**：共通鍵暗号方式で相手ごとに秘密の通信をする場合，通信相手が多くなるに従って，鍵管理の手間が増える。

**イ**：共通鍵暗号方式を用いて通信を暗号化するときには，送信者と受信者で異なる鍵を用いるが，通信相手にその鍵を知らせる必要はない。

**ウ**：公開鍵暗号方式で通信文を暗号化して内容を秘密にした通信をするときには，復号鍵を公開することによって，鍵管理の手間を減らす。

**エ**：公開鍵暗号方式では，署名に用いる鍵を公開しておく必要がある。

[解説]

「ア」は共通鍵暗号方式についてです。通信相手によって鍵を分ける必要があり，鍵管理の手間が増えますので「ア」が正解です。

「イ」も共通鍵暗号方式についてですが，「共通」とある通り送信者と受信者で同じ鍵を使いますので，この説明は誤りです。

「ウ」は公開鍵暗号方式についてです。公開してもよいのは暗号化鍵ですので，誤りです。

「エ」はデジタル署名についてです。この次に解説しますが，デジタル署名に用いる鍵は秘密にします。デジタル署名は日本であれば実印と同じ役割です。実印は秘匿するはずですので，デジタル署名に使う鍵も秘匿します。

答え：ア

**Q 午後の解答力UP!** ──────────────── 解説は次ページ ▶▶

公開鍵暗号方式において鍵の長さが5ビットだとします。その場合，平均で何回の試行で破ることができますか？

# 11.5

重要度 ★★★

# 認証

オレオレ詐欺を防ぐにはどうしたらよいでしょうか？　合言葉を決めておくとか，信頼できる第三者が保証などするとよいでしょう。ネットワーク経由での情報のやり取りは相手を目視で確認するのが困難ですから，同じような方法で相手を認証する技術を使います。相手が「本人です」と言ったところで簡単に信用してはいけません。

　機密性や真正性を確保するためには本人確認が必須です。相手の顔が見えないからこそ非常に重要になる技術です。

## 利用者認証　AM　PM

　ある特定の人であることを認証するには，大きく分けて 3 つのタイプがあります。

1. 記憶……パスワードや暗証番号で認証します。

2. 所持……IC カードや電話番号などの所有物で認証します。

3. 生体……指紋や虹彩，静脈などの身体的特徴で認証します。また**署名する速度や筆圧**で認証することも可能です。

## デジタル署名　▶ 11-5-1　AM　PM

　公開鍵暗号方式を応用した技術です。我々が日常で行う手書きのサインや実印のような効力を，デジタルデータに持たせることができます。

　例えば，私があなたからシステム開発を請け負ったとします。私は Excel で契約書を作成してあなたに送りました。そこには「100 万円」と書かれています。

　開発が完了した後に，私は契約書を改ざんして「1,000 万円」に書き直すことができてしまいます。しかし，あなたは「こちらにある契約書に 100 万円とある」と主張しても，私は「こちらの契約書では 1,000 万円とある」と主張できてしまいます。

　**紙の契約書であれば改ざんが困難ですが，デジタルデータの場合には改ざんは簡単**です。そこでデジタル署名が役に立ちます。少しでもデータに変化があった場合に，その事実を検知することができます。

　デジタル署名は公開鍵暗号方式とは異なり，送信者が 2 つの鍵（鍵ペア）を作成します。そして受信者に渡すのは復号鍵です。**公開鍵暗号方式とまったく逆**ですので注意してください。

11 章 ─ セキュリティ

**A 午後の解答力UP! 解説**

2 の 5 乗は 32 です。最大で 32 回であるため，平均ではその半分の 16 回です。

| 暗号化鍵<br>署名生成鍵 | 暗号化する<br>ための鍵 | 送信者が作り，自分で持って<br>おく | 秘密にしておかなければならない<br>鍵（秘密鍵） |
|---|---|---|---|
| 復号鍵<br>署名検証鍵 | 復号する<br>ための鍵 | 送信者が作り，受信者に渡す | 公開してもよい鍵（公開鍵） |

11-5-1 デジタル署名の2つの鍵の役割

　暗号化が署名の役割を担います。暗号化鍵が流出してしまうと誰でも署名できることになりますので，デジタル署名では暗号化鍵を厳重に管理することになります。

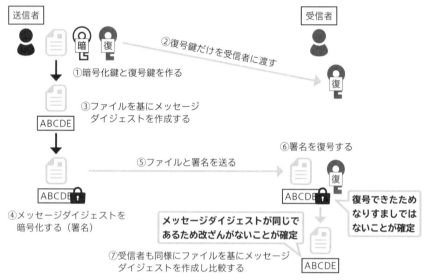

11-5-2 デジタル署名のイメージ

### ・署名からメッセージダイジェストに戻すことができた

　→ その署名は最初に鍵をもらった人と同じ人のものであることが証明されます。

### ・送信者が作ったメッセージダイジェストと，自分で作ったメッセージダイジェストが同じ

　→ 改ざんがないことが証明されます。

　なお，元データから**メッセージダイジェストを作成するには，ハッシュ関数**を使います。そのため同じ元データからは必ず同じメッセージダイジェストが作成されます。そして少しでも元データが変化すれば，メッセージダイジェストは大きく変わります。またメッセージダイジェストから元のデータに戻すことは現実的に困難です。

### 過去問にチャレンジ！ [AP-R2秋AM 問40]

　送信者Aからの文書ファイルと，その文書ファイルのディジタル署名を受信者Bが受信したとき，受信者Bができることはどれか。ここで，受信者Bは送信者Aの署名検証鍵Xを保有しており，受信者Bと第三者は送信者Aの署名生成鍵Yを知らないものとする。

**ア**：ディジタル署名，文書ファイル及び署名検証鍵Xを比較することによって，文書ファイルに改ざんがあった場合，その部分を判別できる。

**イ**：文書ファイルが改ざんされていないこと，及びディジタル署名が署名生成鍵Yによって生成されたことを確認できる。

**ウ**：文書ファイルがマルウェアに感染していないことを認証局に問い合わせて確認できる。

**エ**：文書ファイルとディジタル署名のどちらかが改ざんされた場合，どちらが改ざんされたかを判別できる。

[解説]

　ディジタル署名は公開鍵暗号方式を応用したものです。暗号化鍵はメッセージダイジェストから署名を作成する際に使うため，署名生成鍵といいます。また，署名からメッセージダイジェストに戻す際には復号鍵を使いますが，これを署名検証鍵といいます。

「ア」は間違いです。改ざんの検証は，メッセージダイジェストの比較で行います。また改ざんされた事実だけがわかります。改ざん場所の判別はできません。

「イ」は正しい説明です。ディジタル署名では「改ざんされていないこと」に加え，「なりすましがないこと」も判別できます。このようにディジタル署名は，マルウェア感染の検証に使うわけではないため「ウ」は誤りです。「エ」も誤りです。もしディジタル署名が改ざんされた場合には，復号することができなくなるはずですが，その原因の特定はできません。

答え：**イ**

**11章 セキュリティ**

# PKI AM

　PKI は「公開鍵基盤（Public Key Infrastructure）」の略であり，**公開鍵暗号方式を活用した社会基盤**です。我々の日常生活のように，PKI でも証明書が重要です。特にインターネット空間は相手の顔が見えないこともあり，より本人であることの証明が重要になります。

　日常でも運転免許証やパスポートなどが本人確認のための証明書として有効ですが，それは政府が認めているからです。PKI でも政府が認めた機関が証明書を発行します。この機関を **CA（認証局）** といいます。CA が発行する証明書は**デジタル証明書**といいます。**デジタル証明書は，公開鍵が正しいことを証明**します。

　デジタル署名で見たように，公開鍵（復号鍵，署名検証鍵）はあらかじめ相手に送ります。その後に，受け取った署名を公開鍵で復号できたとしたら「なりすましではない」と判断できます。しかしこの流れでは，**最初に送られてきた公開鍵が正しいものなのかまでは確認できていません。**

　例えば誰かが悪意を持って「石田です」と名乗り，メールで復号鍵を送ってきたとします。その後に偽の請求書がデジタル署名されていたとしても，なりすましの検証はできません。なぜなら最初に復号鍵が送られてきた際に，すでになりすましが発生していたためです。このようなトラブルは，政府が認めた CA にきちんと確認してもらうことで回避できます。

　CA に認めてもらうには，個人情報や企業情報を細かく記載して申請します。また作成した公開鍵を CA に送ります。CA に認められるとデジタル証明書をダウンロードすることができます。

**11-5-3** デジタル証明書を発行してもらうための申請用紙の抜粋

　デジタル証明書はファイルであり，公開鍵が含まれます。**デジタル証明書は CA がデジタル署名**しており，改ざんすることはできません。

## CRL

　運転免許証に有効期限があるように，デジタル証明書にも有効期限があります。また運転免許の取り消しや返納があるように，デジタル証明書も失効があります。しかしデジタル証明書はファイルです。そのため運転免許証と違って回収がありませんし，コピーが可能です。そこで CRL という失効リストに，失効となったデジタル証明書を登録します。デジタル証明書を使う際にはまず CRL に存在していないかを確認することになります。ただし**有効期限切れによる失効の場合には CRL に登録されません**。

　CRL を参照する以外にも **OCSP** というプロトコルを使うことで，ネットワーク経由でデジタル証明書の失効情報を取得することができます。

### サーバ証明書とクライアント証明書 ●11-5-2

　デジタル証明書には**サーバ証明書**や**クライアント証明書**があります。サーバ証明書はサーバが正しいものであることを証明するためにサーバに配置します。パソコンでこのサーバにアクセスすると，サーバ証明書を確認して正しいものであるかを確認します。

　なお Web サイトにサーバ証明書が配置されているかを，ブラウザで確認することができます。

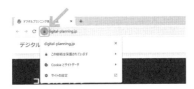

11-5-4 Chrome で URL 欄にある鍵マークをクリックする

11-5-5 Web サイトのサーバ証明書の情報を表示した例

11
章
──
セキュリティ

サーバ証明書が配置されていなかったり，偽物が配置されている場合には警告が表示されます。

> ⚠ **このサイトへの接続は保護されていません**
> このサイトでは機密情報（パスワード，クレジットカードなど）を入力しないでください。悪意のあるユーザーに情報が盗まれる恐れがあります。 詳細

`11-5-6` サーバ証明書がインストールされていない場合の警告

また，**クライアント証明書によってクライアントのなりすましが防止**できます。例えば，ある重要なデータが大量に格納されているサーバがあったとします。このサーバにはパスワードによる制限だけではなく，特定のパソコンからだけアクセスできるようにした方がより安全です。そのために，例えば3台のパソコンだけにクライアント証明書をインストールし，他のパソコンからはアクセスできないような制限ができます。

クライアント証明書の認証はサーバが行います。そのため**サーバでクライアント証明書を作成して，各パソコンにインストール**する流れです。

---

**過去問にチャレンジ！** [AP-H21秋AM 問39]

公開鍵暗号方式を採用した電子商取引において，認証局 (CA) の役割はどれか。

**ア**：取引当事者の公開鍵に対するディジタル証明書を発行する。
**イ**：取引当事者のディジタル署名を管理する。
**ウ**：取引当事者のパスワードを管理する。
**エ**：取引当事者の秘密鍵に対するディジタル証明書を発行する。

[解説]

CA は，企業などから提出された公開鍵が申請内容通りであることを証明するために，ディジタル証明書を発行します。この説明になっているのは「ア」です。

答え：ア

## 過去問にチャレンジ！［AP-H26春PM 問1改］

　P社は，コンピュータ関連製品の販売会社である。P社では，営業支援システムと販売管理システムを運用している。営業支援システムでは，製品資料，顧客情報，プレゼンテーション資料などが参照できる。営業支援システムは，販売管理システムと連携しており，在庫数の確認や在庫の引当てもできる。各システムは，それぞれのサーバで稼働している。

　P社では，全社員がノートPC(以下，PCという)を業務で使用している。営業員は，社内で営業支援サーバから各種資料をPCにダウンロードした後，PCを顧客先に持参して製品説明やプレゼンテーションなどを行っている。

　P社では，情報システム部が許可したアプリケーションプログラムだけを，PCにインストールさせている。PCは，社内LANに接続されたときにPC管理サーバにアクセスして，ウイルス対策ソフトの最新のパターンファイル，及びOSとアプリケーションプログラムのセキュリティパッチを適用する。

〔クライアント認証の検討〕

　営業支援サーバには，信頼できる認証機関によって発行されたサーバ証明書を導入して，営業支援サーバの正当性を証明する。営業支援サーバにSSLを導入しても，社外から営業支援サーバへのアクセスが不特定のPCによって行われると，新たなセキュリティリスクが発生してしまう。そこで，R君は，社外から営業支援サーバにアクセスするときに，利用者IDとパスワードによる認証に加えて，SSLがもつ，クライアント証明書を用いたクライアント認証機能も利用することを考えた。クライアント認証には，クライアント証明書をインストールしたICカードやUSBトークンを利用することができるが，今回はこれらを利用せず，①クライアント証明書をPC自体にインストールする方式を採用することにした。

　R君は，検討結果をQ課長に報告したところ，証明書の有効期限の満了によって社外から営業支援システムが利用できなくなったり，②PCの盗難や紛失が発生したりすることがあるので，PC管理台帳を作成して，間違いのない運用ができるようにしなければならないとの指摘があった。そこで，R君は，PC管理台帳で，証明書の発行日，有効期限，証明書の識別情報，使用者，インストールしたPCの情報などに加えて，証明書が有効かどうかを示す情報も併せて管理することにした。

　設問1：本文中の下線①の方法によるクライアント認証の目的を，30字以内で述べよ。

11章　セキュリティ

設問2：本文中の下線②が発生したとき，営業支援システムの不正利用を防ぐために，クライアント証明書に対して実施すべき対応策は何か。25文字以内で述べよ。

**[解説]**

クライアント証明書についての問題です。

**【設問1】**

クライアント証明書は，USBメモリに入れることも可能です。その場合，そのUSBメモリを差したパソコンだけがサーバに接続することができます。このように認証を行うためのUSBメモリをUSBトークンと表現しています。しかし今回はその方式を採用しないようです。その理由は特に本文から読み取ることはできないと思います。しかし，USBトークンを利用するメリットを考えることで，解答を導くことができます。

USBメモリは持ち運びできる便利さがあります。それをトークンとしているわけですから，USBトークンもまた持ち運びできる便利さがあると考えられます。しかしその便利さを採用しないということは，その便利さが危険であるためでしょう。つまり，USBトークンさえあればサーバにアクセスできてしまうことが危険であると考えたのです。USBトークンを使わない理由は「サーバにアクセスできるパソコンを限定するため」などとなります。ただし「サーバにアクセス」という書き方は抽象的です。**具体化できる場合にはできるだけ具体化してください。**そこで「サーバにアクセス」を「営業支援システムを利用」に置き換えると「営業支援システムを利用できるパソコンを限定するため」となります。これでも正解になると思いますが，実は本文に「パソコン」という言葉は出てこず「ノートPC」や「PC」となっています。これらの用語を使った方がよさそうです。

**【設問2】**

ノートPCさえあればシステムを使えてしまうため，ノートPCの盗難などによる不正利用が考えられます。一応パスワードによる認証もありますので直ちに危険というわけではありませんが，該当するクライアント証明書を使えなくする対応はできるだけ早い方がよいでしょう。クライアント証明書はサーバで作られています。そのため，サーバ側でそのクライアント証明書を使えない状態にすることができます。そこで「盗難されたPCや紛失したPCにインストールされているクライアント証明書を使えなくする」などが答えになります。25文字という制限があるため，もう少しまとめましょう。「盗難

に遭ったPCや紛失したPC」は明らかに長すぎます。情報処理技術者試験では問題文でも「当該」という言葉が比較的多く使われますので，ここでも「当該PC」としましょう。記述式問題で，ある特定の物をいうときに「当該」は便利な言葉なので活用してください。

「当該PCにインストールされているクライアント証明書を使えなくする」でもまだ削る必要があります。「インストールされている」はそのまま削除しても文章としては通じるはずですので「当該PCのクライアント証明書を使えなくする」としてみました。模範解答では「失効」という言葉が使われています。

> **答え　設問1：営業支援システムを利用できるPCを限定するため**
>
> **設問2：当該PCのクライアント証明書を失効させる**

## 電子メール関連の認証 AM PM

　電子メールが本人から送られてきたのかを認証します。ネットワークを使ったメッセージのやり取りには，電子メールの他にチャットアプリなどの利用があります。電子メールは古くからある仕組みであるため，本人認証の考え方が薄く，迷惑メールの被害が広がりました。その対策として電子メール認証の仕組みがいくつか考え出されました。

### SMTP-AUTH

　SMTPとは電子メールの送信や転送を行うプロトコルです。電子メールは我々が日常的に使っている手紙と似た仕組みです。手紙は，自分の住所を偽っても相手に届きます。ただし，その手紙は相手の自宅のポストに届くため，原則として受信者の本人に認証ができています。

　当初の電子メールも送信者の情報は偽ることができますが，受信者はユーザ名とパスワードで認証する必要がありました。

　SMTP-AUTHに対応しているメールサーバでは，送信時にもユーザ名とパスワードでの認証が必要になります。

### POP before SMTP

　SMTP-AUTHが使えない設定のときには，この方式が採用される場合があります。**電子メールを送信する前に電子メールの受信が強制**されます。電子メールの受信には本人認証が必要ですから，電子メールが受信できたということは受信者の本人に認証ができているとみなし，一定期間は電子メールの送信ができます。

## OP25B

SMTP のポート番号は 25 です。当初の SMTP は認証不要でした。そのため多くの迷惑メール業者が，勝手に他人が契約しているメールサーバを使って，SMTP を使った迷惑メールの送信をしていました。

25 番ポートを遮断することでスパム業者を排除できます。これを OP25B といいます。これは「Outbound Port 25 Blocking」の略です。しかし単に遮断しただけだと，通常の利用者もメール送信ができなくなってしまいます。そこで代わりに 587 番ポートを使ってもらうようにします。このポートを**サブミッションポート**といいます。**587 番ポートを使った SMTP では認証が必要**になります。

ただし 25 番ポートはすべての接続を遮断するわけではありません。インターネット接続しているプロバイダのメールサーバであれば，今まで通り 25 番ポートでも認証不要で電子メールの送信をすることができます。自宅でインターネットを使っているのであれば，必ずプロバイダと契約をしているはずです。ですから，自宅でそのプロバイダのメールサーバを使うのであれば，25 番ポートでも認証不要で電子メールを送ることができます。

しかし出張先のホテルでインターネットに接続すると，そのホテルが契約しているプロバイダを使うことになります。その状態で自宅のプロバイダのメールサーバを使おうとする場合には，OP25B の対象となります。

## SPF ●11-5-3

「Sender Policy Framework」の略で，比較的容易に使用することができます。SPF 認証では，送られてきた電子メールのメールアドレスが実在し，正しく本人から送られてきたかを検証できます。

| 件名: | おはようございます。 |
| --- | --- |
| SPF: | PASS（IP: 2░░░░░░░░B）。詳細 |

11-5-8 Gmail では送られてきた電子メールが SPF にパスしたことがわかる

DNS サーバは通常，ドメイン名に対する IP アドレスを返す役割です。これを A レコードで設定します。その他にもいろいろな用途で使える **TXT レコード**の登録が可能です。**SPF では TXT レコードが持つ汎用的な用途を利用**します。

例えば，私があなたに電子メールを送るとしましょう。私のメールアドレスは「info@ishida-hiromi.com」です。私はあらかじめ DNS サーバに TXT レコードを設定しました。

| エントリ名 | タイプ | データ |
|---|---|---|
| @ (ishida-hiromi.com) | NS | ns1.dns.ne.jp. |
| | NS | ns2.dns.ne.jp. |
| | A | 2■■■■■■43 |
| | MX | 10 @ |
| | TXT | "v=spf1 +ip4:2■■■■■■43 mx ~all" |

**11-5-9** DNS サーバの TXT レコードに電子メールサーバの IP アドレスを設定

あなたに「info@ishida-hiromi.com」からの電子メールが届きました。電子メールには，まず**メールを送信したメールサーバの IP アドレスが強制的に記述**されています。この IP アドレスを①とします。

また「SPF に対応している」旨の情報も付与されています。そこであなたのメールサーバは「@」以降を見てドメイン名を得ます。今回の例ですと「ishida-hiromi.com」です。そして通常の DNS 問合せと同じ手順で DNS サーバを参照し，TXT レコードを取得します。すると，そこにはメールサーバの IP アドレスが書かれています（上記の枠内）。この **TXT レコードは送信者である私があらかじめ記述**しておきました。「私は今後，このメールサーバからメールを送ります」という宣言です。このサーバの IP アドレスを②とします。

①と②を比較することで「実際にメールを送信したメールサーバ」と「送信者が想定しているメールサーバ」との比較ができます。もし①と②が異なっていれば，悪意のある第三者が「info@ishida-hiromi.com」になりすましてメールを送信したと判断されます。

電子メールは郵便を模倣して考え出されました。メール受信プロトコル「POP」の「PO」は，郵便局を意味する「Post Office」の略です。

通常の郵便物はセキュリティがあまり考慮されていないため，電子メールも当初はセキュリティへの対応が非常に薄かったのが実情です。しかし近年はかなり対策がされてきており，迷惑メールなども激減してきています。

セキュリティは IPA が最も重視している分野です。今後，高度試験を目指していく際にも必須の知識になりますので，ぜひ重点的に学習しましょう。
今回の学習でセキュリティに興味を持ったのなら，高度試験の情報処理安全確保支援士試験に挑戦してみてください。これからの時代，特に重要になる知識を学習することができます。

11 章 ― セキュリティ

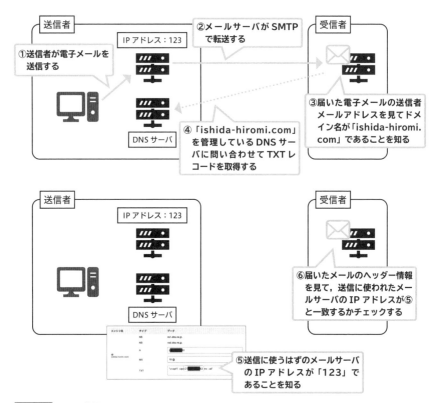

**11-5-10** SPF の仕組み

### DKIM（ディー・キム） ▶11-5-4

「Domain Keys Identified Mail」の略で，デジタル署名を使います。デジタル署名がされたデータは，なりすましや改ざんが困難になります。

### DMARC（ディーマーク）

SPF や DKIM と組み合わせて使う，なりすまし対策技術です。

DMARC（Domain-based Message Authentication, Reporting, and Conformance）では，SPF や DKIM での認証が失敗した場合に，そのメールをどのように扱うかを指定します。これを **DMARC ポリシー**といいます。

DMARC ポリシーも SPF レコードと同じく，送信者の DNS サーバの TXT レコードに記述します。

## 過去問にチャレンジ！[AP-H28秋AM 問43]

　受信した電子メールの送信元ドメインが詐称されていないことを検証する仕組みである SPF(Sender Policy Framework) の特徴はどれか。
**ア**：受信側のメールサーバが，受信メールの送信元 IP アドレスから送信元ドメインを検索して DNSBL に照会する。
**イ**：受信側のメールサーバが，受信メールの送信元 IP アドレスと，送信元ドメインの DNS に登録されているメールサーバの IP アドレスとを照合する。
**ウ**：受信側のメールサーバが，受信メールの送信元ドメインから送信元メールサーバの IP アドレスを検索して DNSBL に照会する。
**エ**：メール受信者の PC が，送信元ドメインから算出したハッシュ値と受信メールに添付されているハッシュ値とを照合する。

### [解説]

　SPF 認証では，送られてきた電子メールに書かれているメールサーバ IP アドレスと，メールアドレスに書かれているドメインから参照したメールサーバ IP アドレスを比較します。答えは「イ」です。「ア」と「ウ」にある**DNSBL** は DNS サーバのブラックリストですが，SPF ではブラックリストの参照は行いません。

**答え：イ**

11章 セキュリティ

---

**Q 午後の解答力UP！** ————————————————————— 解説は次ページ ▶▶

一般的なシステムではデジタル証明書ではなく，パスワードでログインするようになっています。デジタル証明書を使わない理由は何でしょうか？

# 確認問題

**問題1** [AP-R4春AM 問37]

サイバーキルチェーンの偵察段階に関する記述として，適切なものはどれか。

ア 攻撃対象企業の公開 Web サイトの脆弱性を悪用してネットワークに侵入を試みる。

イ 攻撃対象企業の社員に標的型攻撃メールを送って PC をマルウェアに感染させ，PC 内の個人情報を入手する。

ウ 攻撃対象企業の社員の SNS 上の経歴，肩書などを足がかりに，関連する組織や人物の情報を洗い出す。

エ サイバーキルチェーンの 2 番目の段階をいい，攻撃対象に特化した PDF やドキュメントファイルにマルウェアを仕込む。

**問題2** [AP-R4秋AM 問36]

オープンリゾルバを悪用した攻撃はどれか。

ア ICMP パケットの送信元を偽装し，多数の宛先に送ることによって，攻撃対象のコンピュータに大量の偽の ICMP パケットの応答を送る。

イ PC 内の hosts ファイルにある，ドメインと IP アドレスとの対応付けを大量に書き換え，偽の Web サイトに誘導し，大量のコンテンツをダウンロードさせる。

ウ 送信元 IP アドレスを偽装した DNS 問合せを多数の DNS サーバに送ることによって，攻撃対象のコンピュータに大量の応答を送る。

エ 誰でも電子メールの送信ができるメールサーバを踏み台にして，電子メールの送信元アドレスを詐称したなりすましメールを大量に送信する。

**問題3** [AP-R3秋AM 問43]

OSI 基本参照モデルのネットワーク層で動作し，" 認証ヘッダ (AH)" と " 暗号ペイロード (ESP)" の二つのプロトコルを含むものはどれか。

ア IPsec
イ S/MIME
ウ SSH
エ XML 暗号

**A 午後の解答力UP! 解説**

記憶だけで認証することができ手軽であるためです。

**問題4**　[AP-H31春AM 問36]

情報セキュリティにおけるエクスプロイトコードの説明はどれか。

**ア**　同じセキュリティ機能をもつ製品に乗り換える場合に，CSV 形式など他の製品に取り込むことができる形式でファイルを出力するプログラム

**イ**　コンピュータに接続されたハードディスクなどの外部記憶装置や，その中に保存されている暗号化されたファイルなどを閲覧，管理するソフトウェア

**ウ**　セキュリティ製品を設計する際の早い段階から実際に動作する試作品を作成し，それに対する利用者の反応を見ながら徐々に完成に近づける開発手法

**エ**　ソフトウェアやハードウェアの脆弱性を検査するために作成されたプログラム

**問題5**　[AP-R1秋PM 問1]

標的型サイバー攻撃に関する次の記述を読んで，設問 1，2 に答えよ。

> 今回はこの前提の話は
> 非常に重要です

　P 社は，工場などで使用する制御機器の設計・開発・製造・販売を手掛ける，従業員数約 50 人の製造業である。P 社では，顧客との連絡やファイルのやり取りに電子メール（以下，メールという）を利用している。従業員は一人 1 台の PC を貸与されており，メールの送受信には PC 上のメールクライアントソフトを使っている。メールの受信には POP3，メールの送信には SMTP を使い，メールの受信だけに利用者 ID とパスワードによる認証を行っている。PC はケーブル配線で社内LAN に接続され，インターネットへのアクセスはファイアウォール（以下，FWという）で HTTP 及び HTTPS によるアクセスだけを許可している。また，社内情報共有のためのポータルサイト用に，社内 LAN 上の Web サーバを利用している。P 社のネットワーク構成の一部を図1に示す。社内 LAN 及び DMZ 上の各機器には，固定の IP アドレスを割り当てている。

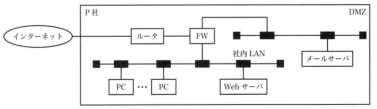

図1　P 社のネットワーク構成（一部）

**【エリア1】**
**トラブルの発生**

〔P社に届いた不審なメール〕

　ある日，"添付ファイルがある不審な内容のメールを受信したがどうしたらよいか"との問合せが，複数の従業員から総務部の情報システム担当に寄せられた。P社に届いた不審なメール（以下，P社に届いた当該メールを，不審メールという）の文面を図2に示す。

---

P社従業員の皆様
総務部長のXです。

　通達でお知らせしたとおり，PCで利用しているアプリケーションソフトウェアの調査を依頼します。このメールに情報収集ツールを添付しましたので，圧縮された添付ファイルを次に示すパスワードを使ってPC上で展開の上，情報収集ツールを実行して，画面の指示に従ってください。

---

図2 不審メールの文面（抜粋）

　情報システム担当のYさんが不審メールのヘッダを確認したところ，送信元メールアドレスのドメインはP社以外となっていた。また，総務部のX部長に確認したところ，そのようなメールは送信していないとのことであった。X部長は，不審メールの添付ファイルを実行しないように，全従業員に社内のポータルサイト，館内放送及び緊急連絡網で周知するとともに，Yさんに不審メールの調査を指示した。

　Yさんが社内の各部署で聞き取り調査を行ったところ，設計部のZさんも不審メールを受信しており，添付ファイルを展開して実行してしまっていたことが分かった。Yさんは，Zさんが使用していたPC（以下，被疑PCという）のケーブルを①ネットワークから切り離し，P社のネットワーク運用を委託しているQ社に調査を依頼した。

　Q社で被疑PCを調査した結果，不審なプロセスが稼働しており，インターネット上の特定のサーバと不審な通信を試みていたことが判明した。不審な通信はSSHを使っていたので，②特定のサーバとの通信には失敗していた。また，Q社は　　a　　のログを分析して，不審な通信が被疑PC以外には観測されていないので，被害はないと判断した。

　Q社は，今回のインシデントはP社に対する標的型サイバー攻撃であったと判断し，調査の内容を取りまとめた調査レポートをYさんに提出した。

〔標的型サイバー攻撃対策の検討〕

　Yさんからの報告とQ社の調査レポートを確認したX部長は，今回のインシデントの教訓を生かして，情報セキュリティ対策として，図1のP社の社内LANのネットワーク構成を変更せずに実施できる技術的対策の検討をQ社に依頼するよう，Yさんに指示した。Q社のW氏はYさんとともに，P社で実施済みの情報セキュリティ対策のうち，標的型サイバー攻撃に有効な技術的対策を確認し，表1にまとめた。

表1　標的型サイバー攻撃に有効なP社で実施済みの情報セキュリティ対策（一部）

| 対策の名称 | 対策の内容 |
|---|---|
| FWによる遮断 | ・PCからインターネットへのアクセスには，FWでHTTP及びHTTPSだけを許可し，それ以外は遮断する。 |
| PCへのマルウェア対策ソフトの導入 | ・PCにマルウェア対策ソフトを導入し，定期的にパターンファイルの更新とPC上の全ファイルのチェックを行う。<br>・リアルタイムスキャンを有効化する。 |

　W氏は，表1の実施済みの情報セキュリティ対策を踏まえて，図1のP社の社内LANのネットワーク構成を変更せずに実施できる技術的対策の検討を進め，表2に示す標的型サイバー攻撃に有効な新たな情報セキュリティ対策案をYさんに示した。

表2　標的型サイバー攻撃に有効な新たな情報セキュリティ対策案

| 対策の名称 | 対策の内容 |
|---|---|
| メールサーバにおけるメール受信対策 | ・メールサーバ向けマルウェア対策ソフトを導入して，届いたメールの本文や添付ファイルのチェックを行い，不審なメールは隔離する。<br>・　　b　　などの送信ドメイン認証を導入する。 |
| メールサーバにおけるメール送信対策 | ・PCからメールを送信する際にも，利用者認証を行う。 |
| インターネットアクセス対策 | ・PCから直接インターネットにアクセスすることを禁止（FWで遮断）し，DMZに新たに設置するプロキシサーバ経由でアクセスさせる。<br>・プロキシサーバでは，利用者IDとパスワードによる利用者認証を導入する。<br>・プロキシサーバでは，不正サイトや改ざんなどで侵害されたサイトを遮断する機能を含むURLフィルタリング機能を導入する。 |
| ログ監視対策 | ・Q社のログ監視サービスを利用して，FW及びプロキシサーバのログ監視を行い，不審な通信を検知する。 |

　W氏は，新たな情報セキュリティ対策案について，Yさんに次のように説明した。

Yさん： メールサーバに導入する送信ドメイン認証は，標的型サイバー攻撃にどのような効果がありますか。

W氏： 送信ドメイン認証は，メールの ___c___ を検知することができます。導入すれば，今回の不審メールは検知できたと思います。

Yさん： メールサーバで送信する際に利用者認証を行う理由を教えてください。

W氏： 標的型サイバー攻撃の目的が情報窃取だった場合，メール経由で情報が外部に漏えいするおそれがあります。利用者認証を行うことでそのようなリスクを低減できます。

Yさん： インターネットアクセス対策は，今回の不審な通信に対してどのような効果がありますか。

W氏： 今回の不審な通信は特定のサーバとの通信に失敗していましたが，マルウェアが使用する通信プロトコルが ___d___ だった場合，サイバー攻撃の被害が拡大していたおそれがありました。その場合でも，表2に示したインターネットアクセス対策を導入することで防げる可能性が高まります。

Yさん： URLフィルタリング機能は，どのようなリスクへの対策ですか。

W氏： 標的型サイバー攻撃はメール経由とは限りません。例えば，③水飲み場攻撃によってマルウェアをダウンロードさせられることがあります。URLフィルタリング機能を用いると，そのような被害を軽減できます。

Yさん： ログ監視対策の目的も教えてください。

W氏： 表2に示したインターネットアクセス対策を導入した場合でも，高度な標的型サイバー攻撃が行われると，④こちらが講じた対策を回避してC&C（Command and Control）サーバと通信されてしまうおそれがあります。その場合に行われる不審な通信を検知するためにログ監視を行います。

　W氏から説明を受けたYさんは，Q社から提案された新たな情報セキュリティ対策案をX部長に報告した。報告を受けたX部長は，各対策を導入する計画を立てるとともに，⑤不審なメールの適切な取扱いについて従業員に周知するように，Yさんに指示した。

**設問 1** 〔P 社に届いた不審なメール〕について，(1) 〜 (3) に答えよ。

(1) 本文中の下線①で，Y さんが被疑 PC をネットワークから切り離した目的を 20 字以内で述べよ。

(2) 本文中の下線②で，不審なプロセスが特定のサーバとの通信に失敗した理由を 20 字以内で述べよ。

(3) 本文中の　　a　　に入れる適切な字句を，図 1 中の構成機器の名称で答えよ。

**設問 2** 〔標的型サイバー攻撃対策の検討〕について，(1) 〜 (5) に答えよ。

(1) 表 2 中の　　b　　に入れる適切な字句を解答群の中から選び，記号で答えよ。

解答群

ア OP25B　　イ PGP　　ウ S/MIME　　エ SPF

(2) 本文中の　　c　　，　　d　　に入れる適切な字句を，それぞれ 20 字以内で答えよ。

(3) 本文中の下線③の水飲み場攻撃では，どこかにあらかじめ仕込んでおいたマルウェアをダウンロードするように仕向ける。マルウェアはどこに仕込まれる可能性が高いか，適切な内容を解答群の中から選び，記号で答えよ。

解答群

ア P 社従業員がよく利用するサイト

イ P 社従業員の利用が少ないサイト

ウ P 社のプロキシサーバ

エ P 社のメールサーバ

(4) 本文中の下線④で，C&C サーバが URL フィルタリング機能でアクセスが遮断されないサイトに設置された場合，マルウェアがどのような機能を備えていると対策を回避されてしまうか，適切な内容を解答群の中から選び，記号で答えよ。

解答群

ア PC 上のファイルを暗号化する機能

イ 感染後にしばらく潜伏してから攻撃を開始する機能

ウ 自身の亜種を作成する機能

エ プロキシサーバの利用者認証情報を窃取する機能

(5) 本文中の下線⑤で，P社従業員が不審なメールに気付いた場合，不審なメールに添付されているファイルを展開したり実行したりすることなくとるべき行動として，適切な内容を解答群の中から選び，記号で答えよ。

解答群

**ア** PCのメールクライアントソフトを再インストールする。

**イ** 不審なメールが届いたことをP社の情報システム担当に連絡する。

**ウ** 不審なメールの本文と添付ファイルをPCに保存する。

**エ** 不審なメールの本文に書かれているURLにアクセスして真偽を確認する。

## 解答・解説

### 解説1　ウ

**サイバーキルチェーン**とは，サイバー攻撃を達成するための段階を説明したモデルです。段階1は「偵察」ですが，最後の7段階目は「目的の実行」です。この問題では第1段階目の「偵察」について問われています。

「ア」は実際に侵入を試みていますので「偵察」ではありません。「イ」は，個人情報を入手しているため「目的の実行」です。「ウ」は「偵察」です。「偵察」では，インターネットから標的となる企業などの調査を行います。「偵察」はサイバーキルチェーンの最初の段階ですので「エ」は誤りです。マルウェアを作成するのは2段階目の「武器化」にあたります。

サイバーキルチェーンについては主だった段階として，第1段階目（偵察）と最後の第7段階目（目的の実行）を覚える程度でも解答できるかと思います。

### 解説2　ウ

リゾルバはDNSサーバへ問合せを行うソフトウェアです。WindowsなどのOSにも最初からインストールされています。また**フルサービスリゾルバ**はDNSサーバにインストールされており，リゾルバが行った問合せに対して返答を行うソフトウェアです。フルサービスリゾルバのうち，誰からの問合せに対しても返答してしまうものを特に**オープンリゾルバ**といいます。

問題文にある攻撃手法では，オープンリゾルバ宛に悪意のある第三者が大量の問合せを行います。このとき，自分のIPアドレスを偽ることは容易です。自分のIPアドレスを，攻撃したいサーバのIPアドレスにして問い合わせると，オープンリゾルバは攻撃したいサーバ宛に大量の応答をすることになります。そして，攻撃対象のサーバに大きな負荷がかかりダウンする場合があります。これを説明したのは「ウ」です。

「ア」は ping を使った攻撃であり **ICMP フラッド攻撃**と呼ばれます。「フラッド」は「洪水」という意味です。「イ」は**ファーミング攻撃**と呼ばれます。ドメイン名に対する IP アドレスを得るためには，**DNS サーバに問い合わせる前に，自身で持っている hosts ファイルを参照**します。この hosts ファイルを改ざんして偽の Web サイトに誘導するのがファーミング攻撃です。

「エ」は，電子メールサーバのセキュリティ設定が適切にされていないために発生した攻撃です。

### 解説3　ア

ネットワーク層で動作するという説明から，IP アドレス関連のプロトコルであると推測できます。答えは「IPsec」です。**IPsec**（Security Architecture for Internet Protocol）を用いた通信では**暗号化や認証，改ざん検知が可能**となります。ただし，IPsec に対応した機器である必要があります。

「イ」の S/MIME は電子メールを暗号化するプロトコルです。「ウ」の「SSH」はサーバをリモートで操作するためのプロトコルで，ハイブリット暗号方式で行われます。「エ」の「**XML 暗号**」は，XML 文章を暗号化するための仕様です。

### 解説4　エ

**エクスプロイトコード**は**エクスプロイトキット**とも呼ばれます。ソフトウェアの脆弱性を検証するためのプログラムのことであり，答えは「エ」です。「エクスプロイト」とは「悪用」という意味であり，本来のエクスプロイトコードは攻撃手法の１つでした。現在は，脆弱性の検証に使われます。

### 解説5　設問1（1）：社内の他の機器と通信させないため
　　　　　設問1（2）：FW でアクセスが許可されていないから
　　　　　設問1（3）：FW
　　　　　設問2（1）：エ
　　　　　設問2（2）　c：送信元メールアドレスのなりすまし　d：HTTP 又は HTTPS
　　　　　設問2（3）：ア
　　　　　設問2（4）：エ
　　　　　設問2（5）：イ

情報セキュリティは必須問題ですので，重点的な学習が必要です。多くの場合，情報セキュリティに関する知識問題と読解力問題とがバランスよく含まれています。

今回の問題は最初に記述問題が集中しており，難易度が高い印象を受けます。しかし，後半は解答群から選ぶ問題ばかりですので，全体としては平均的な難易度かと思います。

【設問1 (1)】

20文字での記述式であり知識問題です。マルウェアへの感染が疑われた場合に真っ先にやらなければならないことは，パソコンをネットワークから切り離すことです。有線LANの場合にはケーブルを抜きますし，無線LANの場合には設定でOFFにします。同様の問題が令和5年春でも出題されました。

> らず，数時間後に連絡が取れた上司からの指示によって，R社の情報システム部に連絡した。連絡を受けた情報システム部のTさんは，PCがランサムウェアに感染したと考え，①PC-Sに対して直ちに実施すべき対策を伝えるとともに，PC-Sを情報システム部に提出するようにSさんに指示した。

AP-R5春 PM 問1より抜粋

①の「直ちに実施すべき対策」は解答群からの選択でしたが，答えは「ウ」の「ネットワークから切り離す。」です。

> ア 怪しいファイルを削除する。　イ 業務アプリケーションを終了する。
> ウ ネットワークから切り離す。　エ 表示されたメッセージに従う。

AP-R5春 PM 問1より抜粋

今回の問題では，なぜネットワークから切り離すのかを答えることになります。知識問題ですので本文にヒントはありませんが，感染拡大を防ぐ以外に理由はありません。模範解答では「社内の他の機器と通信させないため」となっていますが，似たようなことを書けば得点できたはずです。

【設問1 (2)】

②の理由を答えます。同じく記述式ですが，今回は知識問題と読解力で解答する問題です。②には「特定のサーバとの通信には失敗していた」とあります。また，その前には「不審な通信はSSHを使っていたため」とあります。ではその「不審な通信」は，どこと通信を行っていたのでしょうか？　「インターネット上の特定のサーバ」とあります。

「通信」「SSH」「インターネット」というキーワードが出てきていますから，ネットワーク構成が気になるところです。ネットワーク図を確認しましょう。PCから「インターネット上の特定のサーバ」と通信するには，このようなルートしかありません。

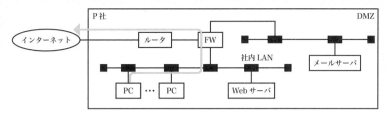

図1　P 社のネットワーク構成（一部）

**PC からインターネット上の特定のサーバと通信する唯一のルート**

　ルート上にある機器はルータと FW だけです。そしてセキュリティのために存在しているのは FW です。そのため FW に備わっているパケットフィルタリング機能が影響していると考えられます。

　パケットフィルタリング機能では「宛先 IP アドレス」「送信元 IP アドレス」「宛先ポート番号」「送信元ポート番号」「プロトコル」の 5 つでフィルタリングを行います。ここまでの話で IP アドレスやポート番号は出てきていません。また「SSH」はプロトコルに該当しますので，FW のパケットフィルタリングに引っかかったと考えられるでしょう。パケットフィルタリングの話に関しては冒頭に説明がありました。

> れ，インターネットへのアクセスはファイアウォール（以下，FW という）で HTTP
> 及び HTTPS によるアクセスだけを許可している。また，社内情報共有のためのポー

**冒頭にあるパケットフィルタリングに関する説明**

　5 つのフィルタリングの基準のうち，プロトコルについての説明があります。ここには「HTTP と HTTPS だけを許可」と書かれています。SSH については許可されていないため，不審な通信は失敗したようです。この話を 20 文字以内でまとめます。

「プロトコルが SSH である通信は FW で許可されていないため」だと長すぎます。問題文で「不審な通信は SSH を使っていたので」とありますから，それにならって「SSH を使った通信は FW で許可されていないため」にしてみました。これでも少しだけ超過するのですが，これ以上削るのは少々困難です。無理やり削るとなると以下のようなパターンが考えられます。

・SSH 通信は FW で許可されていないため
・SSH を使った通信は FW で不許可である
・SSH を使った通信は FW で許可されない
・SSH を使った通信は FW で禁止されている

どれも 20 文字ぎりぎりです。模範解答では単に「FW でアクセスが許可されていないから」となっていますが，「SSH」について触れた方がよいと思います。

【設問 1（3）】
　不審な通信を試みていたわけですから，通信のログを分析するのは当然のことです。そのログはどの機器にあるのでしょうか？　先ほど見たように，PC とインターネットの間にはルータと FW しかありません。そこに気がつけば，この問題は 2 択です。答えは「FW」です。不審な通信は FW で遮断されているのでルータへは届きません。したがってルータにはログが残らないのです。なお，答えは「PC」であると考えたかもしれません。その場合，Web サーバやメールサーバからの不審な通信は検出することができませんから，すべての不審な通信が集まる「FW」のログを分析するべきです。

【設問 2（1）】
　送信ドメイン認証の仕組みが（　b　）に入ります。
　解答群を一つひとつ見てみましょう。「ア」OP25B は，25 番ポートをブロックすることです。「イ」の「PGP」はメールを暗号化するためのソフトです。「ウ」の「S/MIME」もまたメールを暗号化する仕組みです。なりすまし防止のための送信ドメイン認証は「エ」の「SPF」です。他にも「DKIM」があります。

【設問 2（2）】
　まず（　c　）の空欄を埋めます。送信ドメイン認証で何を検知できるかが（　c　）です。「送信ドメイン認証」は「送信ドメイン」と「認証」を組み合わせた用語ですから，「送信者のメールアドレスに書かれているドメイン名」が正しいかを検証する仕組みであることが推測できます。これを文字数制限を無視して答えると，「送信者のメールアドレスに書かれているドメイン名が正しいか」となります。ただし「メールの」から始まり「を検知する」で終わりますので，「（メールの）送信者のメールアドレスに書かれているドメイン名が偽装されていること（を検知する）」とすることで，文章として成立します。ただし 20 文字という制限があるため，もう少しまとめます。「（メールの）送信者メールアドレスのドメイン名の偽装（を検知する）」となりました。模範解答では「送信元メールアドレスのなりすまし」となっています。「なりすまし」は試験でもよく使われる用語なので，記述式問題でも安心して使ってください。
　次に（　d　）の空欄を埋めます。マルウェアの攻撃が成功するのは，どんなプロトコルを使ったときでしょうか？　設問 1 で見た通り，FW では HTTP とHTTPS だけを許可しています。それ以外は，どんなプロトコルであっても攻撃は失敗します。「HTTP 又は HTTPS」や「HTTP や HTTPS」などが正解になります。

【設問2 (3)】

**水飲み場攻撃**とは，水たまりに野生動物が水を飲みに来る様子が語源です。標的がよく使うと思われるサイトに不正なプログラムをしかける攻撃です。解答群では「ア」の「P社従業員がよく利用するサイト」が該当します。この問題は設問だけを見ても答えることができました。

【設問2 (4)】

以下の新しい対策をしたにもかかわらず，それが無効になる場合を考えます。ただし解答群から選ぶことになるため難易度としては低いでしょう。

| 対策の名称 | 対策の内容 |
|---|---|
| メールサーバにおけるメール受信対策 | ・メールサーバ向けマルウェア対策ソフトを導入して，届いたメールの本文や添付ファイルのチェックを行い，不審なメールは隔離する。<br>・ b などの送信ドメイン認証を導入する。 |
| メールサーバにおけるメール送信対策 | ・PCからメールを送信する際にも，利用者認証を行う。 |
| インターネットアクセス対策 | ・PCから直接インターネットにアクセスすることを禁止（FWで遮断）し，DMZに新たに設置するプロキシサーバ経由でアクセスさせる。<br>・プロキシサーバでは，利用者IDとパスワードによる利用者認証を導入する。<br>・プロキシサーバでは，不正サイトや改ざんなどで侵害されたサイトを遮断する機能を含むURLフィルタリング機能を導入する。 |
| ログ監視対策 | ・Q社のログ監視サービスを利用して，FW及びプロキシサーバのログ監視を行い，不審な通信を検知する。 |

新たな情報セキュリティ対策案

全部で7項目の対策があります。このうちの「URLフィルタリング機能」については，今回問題となっているマルウェアにおいては無効です。設問に「C&CサーバがURLフィルタリング機能でアクセスが遮断されないサイトに設置された場合」とあるためです。他の6つの対策うち，解答群にある回避策で破られてしまうものを探します。

「ア」の「PC上のファイルを暗号化する機能」によって破られてしまう対策はありません。「イ」の「感染後にしばらく潜伏してから攻撃を開始する機能」によって破られる対策もありません。例えば，上記の新しい対策に「感染したことを検知したら，そのファイルは安全な場所に移して様子を見る」などがあれば，この「イ」の回避策が有効となってしまいます。「ウ」の「自身の亜種を作成する機能」についても新しい対策とは無関係です。正解は「エ」です。「プロキシサーバの利用者認証情報を窃取する機能」があると，プロキシサーバの利用者認証をマルウェアが行い，プロキシ経由でインターネット上のC&Cサーバと通信ができてしまいます。

【設問2 （5）】

　不審なメールを受信した場合の対策についての設問です。当然とるべき対策は「添付ファイルを開かない」などですが，それ以外の行動としては「何もしない」が適切です。そのため「再インストール」や「添付ファイルの保存」や「本文に書かれているURLをクリック」などは間違いです。何もせずに専門部署に連絡するべきですので「イ」が正解です。

## 読者特典

　本書をご購入いただいた方は，次の3つの特典が利用できます。

- **基礎知識フォロー動画**：書籍内 ▶ マークがある箇所に関する動画
- **過去問解説動画**：5回分の過去問題の解説動画
- **Webアプリ問題集**：本書内掲載の問題（午後問題を除く）

### 読者特典の利用方法

①下記 URL にアクセスしてください。

## https://kdq.jp/4v97z

②表示される案内にしたがって，アンケートにお答えください。
③アンケートに回答後，特典URLが表示されるので，そちらにアクセスします
　（特典URLは，その後直接アクセスできるように，保存しておくと便利です）。

---

【注意事項】
- 本特典は，「N予備校」（株式会社ドワンゴ）アプリのプラットフォームを使用しています。N予備校の利用規約に従って利用してください（利用規約　https://kdq.jp/cjwds）。
- スマートフォンをご利用の場合は事前に「N予備校」スマートフォンアプリ（iOS・Android対応）をインストールしていただく必要がございます（一部の機種ではご利用いただけない場合があります）。PC の場合は Web ブラウザよりご利用いただけます。
- パケット通信料を含む通信費用はお客様のご負担になります。
- 第三者や SNS 等での公開・配布は固くお断りいたします。
- システム等のやむを得ない事情により予告なくサービスを終了する場合があります。

【お問い合わせ】
▼アプリ「N予備校」について
ヘルプページ　https://kdq.jp/qkhyj

▼記載内容について
ＫＡＤＯＫＡＷＡカスタマーサポート　https://kdq.jp/kdbook
※かならず「書籍名」をご明記ください。※サポートは日本国内に限ります。

# 索引

石田 宏実（いしだ ひろみ）
デジタルプランニング株式会社 代表取締役社長。札幌在住。プログラミングとマーケティングに強みを持ち，インターネットマーケティングに有用なソフトウェアを自社開発。SNS関連のWEBサービスを開発し，3日で2万人が使用するヒット作となる（2012年）。オンライン講座Udemyにて情報処理技術者試験対策動画を公開しており，受講生数は5万人超，応用情報技術者試験関連コースではトップの3万人超が受講（「午前版」「午後版」コースの合計。2024年1月現在）。著書に『顧客を生み出すビジネス新戦略 ゲーミフィケーション』（大和出版，共著）がある。

この1冊で合格！
石田宏実の応用情報技術者 テキスト&問題集

2024年 3 月 4 日　初版発行

著者／石田 宏実

発行者／山下 直久

発行／株式会社KADOKAWA
〒102-8177　東京都千代田区富士見2-13-3
電話 0570-002-301（ナビダイヤル）

印刷所／株式会社加藤文明社印刷所
製本所／株式会社加藤文明社印刷所

◦お問い合わせ
https://www.kadokawa.co.jp/（「お問い合わせ」へお進みください）
※内容によっては，お答えできない場合があります。
※サポートは日本国内のみとさせていただきます。
※Japanese text only

定価はカバーに表示してあります。